AMetal 从入门到实践

周立功　白金龙　主编

立功科技　编著

北京航空航天大学出版社

内容简介

  本书作为使用 AMetal 的基础教材,重点介绍广州立功科技股份有限公司在平台战略中所推出的 AMetal 开发平台,内容包括 AMetal 快速入门、AMetal 初步了解、AMetal 硬件平台、AMetal 外设详解、存储组件详解、传感器组件详解、通用逻辑组件详解、AMetal 深入了解、专用芯片和模块以及典型应用方案参考设计。

  本书可供从事嵌入式软件开发、工业控制或工业通信的工程技术人员使用,也可作为大学本科、高职高专电子信息、自动化、机电一体化等专业的教学参考书,使学生在掌握 MCU、各类外设及操作系统使用方法的同时,还可学习到在嵌入式开发中使用 C 语言实现面向对象的编程思想。

图书在版编目(CIP)数据

AMetal 从入门到实践 / 周立功,白金龙主编. -- 北京 : 北京航空航天大学出版社,2023.1
  ISBN 978 - 7 - 5124 - 3974 - 0

  Ⅰ. ①A… Ⅱ. ①周… ②白… Ⅲ. ①C 语言—程序设计 Ⅳ. ①TP312.8

  中国版本图书馆 CIP 数据核字(2022)第 251408 号

AMetal 从入门到实践
周立功 白金龙 主编
立功科技 编著
策划编辑 胡晓柏 责任编辑 孙兴芳
*
北京航空航天大学出版社出版发行

北京市海淀区学院路 37 号(邮编 100191) http://www.buaapress.com.cn
发行部电话:(010)82317024 传真:(010)82328026
读者信箱:emsbook@buaacm.com.cn 邮购电话:(010)82316936
涿州市新华印刷有限公司印装 各地书店经销
*
开本:710×1 000 1/16 印张:28.5 字数:607 千字
2023 年 1 月第 1 版 2023 年 1 月第 1 次印刷 印数:3 000 册
ISBN 978 - 7 - 5124 - 3974 - 0 定价:99.00 元

前言

一、嵌入式行业的困境

嵌入式系统发展到今天,所面对的问题也日益变得复杂起来,而编程模式却没有太大的进步,这就是所面临的困境。相信大家都或多或少地感觉到了,嵌入式行业的环境已经从根本上发生了改变,智能硬件和工业互联网等的发展都让人始料不及,危机感油然而生。

代码的优劣不仅直接决定软件的质量,而且将直接影响软件的成本。软件成本是由开发成本和维护成本组成的,而维护成本远高于开发成本,大量来之不易的资金被无声无息地吞没,整个社会的资源浪费严重。嵌入式行业蛮力开发的现象比比皆是,团队合作效率低、技术积累薄弱、积累复用困难、项目被工程师绑定、老板被工程师"绑架"等情况更是屡见不鲜。尽管企业投入巨资,不遗余力地组建庞大的开发团队,并且当产品开发完成后,从原材料 BOM 与制造成本的角度来看,毛利还算不错,但是扣除研发投入和合理的营销成本,最后企业的利润所剩无几。即便是这样,员工依然还是感到不满意,这就是传统企业管理者的窘境。

二、利润模型

产品的 BOM 成本很低,毛利又很高,为何很多上市公司的年利润却买不起一套房?这个问题值得我们反思!

强大的企业除了愿景、使命和价值观之外,其核心指标就是利润。作为开发人员,最痛苦的就是很难精准把握并开发出好卖的产品;而作为企业,很多都不知道利润是如何而来的,所以有必要建立一个利润模型,即"利润=需求-设计"。需求致力于解决"产品如何好卖"的问题,设计致力于解决"如何降低成本"的问题。

Apple 之所以成为全球最赚钱的手机公司,关键在于产品的性能超越了用户的预期,并且因为拥有大量可重用的核心域知识,使得综合成本做到了极致。Yourdon 和 Constantine 在《结构化设计》一书中提到,应将经济学作为软件设计的底层驱动力,软件设计应致力于降低整体软件成本。人们逐渐发现,软件的维护成本远高于它的初始成本,因为理解现有代码需要花费时间,而且容易出错,改动之后,还要进行测试和部署。

更多的时候,程序员不是在编码,而是在阅读代码。由于阅读代码需要从细节和概念上理解,因此修改程序的投入会远远大于最初编程的投入。基于这样的共识,让我们操心的一系列事情,需要不断地思考和总结,使之可以重用,这就是方法论的起源。

通过财务数据分析发现,由于决策失误,我们开发了一些周期长、技术难度大且回报率极低的产品;由于缺乏科学的软件工程方法,不仅软件难以复用,而且扩展和维护难度很大,从而导致开发成本居高不下。

从软件开发来看,软件工程与计算机科学是完全不同的两个领域的知识,其主要区别在于人,因为软件开发是以人为中心的过程。如果考虑人的因素,软件工程更接近经济学,而非计算机科学。如果不改变思维方式,则很难开发出既好卖又成本低的产品。

三、核心域和非核心域

一个软件系统封装了若干领域的知识,其中一个领域的知识代表系统的核心竞争力,这个领域被称为"核心域",其他的领域被称为"非核心域"。

非核心域就是别人擅长的领域,比如底层驱动、操作系统和组件,即便你有一些优势,那也是暂时的,因为竞争对手可以通过其他渠道获得。非核心域的改进是必要的,但不充分,还是要在自己的核心域上深入挖掘,让竞争对手无法轻易从第三方获得。基于核心域的深入挖掘,才是保持竞争力的根本手段。

要做到核心域的深入挖掘,有必要将"核心域"和"非核心域"分开考虑,因为核心域和非核心域的知识都是独立的。过早地将各领域的知识混杂,会增加不必要的负担,待解决的问题规模一旦变大,而人脑的容量和运算能力有限,将会导致研发人员没有足够的脑力思考核心域中更深刻的问题。因此,核心域和非核心域必须分而治之。比如,一个计算器要做到没有漏洞,但其中的问题很复杂,如果不使用状态图对领域逻辑显式地建模,再根据模型映射到实现,而是直接下手编程,临时去想逻辑领域的知识,那么最终得到的代码肯定破绽百出。其实有利润的系统,其内部都很复杂,千万不要幼稚地认为"我的系统不复杂"。

四、共性和差异性

不同产品的需求往往是五花八门的,尽管人们做出了巨大的努力,期望最大限度地降低开发成本,但还是难以高度重用通过艰苦卓绝的努力积累的知识。由于商业利益的驱使,强大企业的不强大之处在于,企图将客户绑在他们的战车上,让竞争对手绝望,但凡成功的企业无不如此。

有没有破解的方法呢? 有,那就是"共性与差异性分析"抽象工具。实际上,不论何种 MCU,也不管是哪家的 OS,其设计原理都是一样的,只是实现方法和实体不一样,但只要将其共性抽象为统一接口,差异性用特殊接口应对即可。

基于此,我们不妨认为,虽然 PCF85063、RX8025T 和 DS1302 来自不同的半导体公司,但其共性都是 RTC 实时日历时钟芯片,也就是说,可高度抽象并共用相同的驱动接口,而其差异性用特殊的驱动接口来应对;虽然 FreeRTOS、μC/OS-II 或 sysBIOS、Linux、Windows 各不相同,但 OS、多线程、信号量、消息、邮箱、队列等是它们特有的共性,显然 QT 和 emWin 同样可以高度抽象为 GUI 框架。不同芯片厂商推出的 MCU 外设可能千差万别,即使是同类外设,底层差异性也很大,但用途基本相同,只要对其核心功能进行抽象,设计相应的通用接口,就可以屏蔽不同芯片底层的差异性,实现相同接口函数。也就是说,不管什么 MCU,也不管是否使用 OS,只要修改相应的头文件,即可复用应用代码。

由此可见,无论选择何种 MCU 和 OS,只要 AMetal 支持它,就可以在目标板上实现跨平台运行。无论哪一种 OS,它只是 AMetal 的一个组件,针对不同的 OS,AMetal 都能提供相应的适配器。由此可见,所有的组件都可以根据需求互换。AMetal 以采用高度复用的原则和只针对接口编程思想为前提,应用软件均可实现"一次编程,终身使用,跨平台",其所带来的最大价值就是不需要再重新发明轮子。

五、生态系统

如果仅有 OS 和应用软件框架来构成生态系统,这是远远不够的。在万物互联的时代,一个完整的 IoT 系统还包括传感器、信号调理电路、算法和接入云端的技术,可以说异常复杂、包罗万象,这不是一个公司拿到需求,就可以在几个月之内完成的,需要长时间的大量积累。

广州立功科技股份有限公司(原名周立功单片机,简称立功科技),坚持深耕嵌入式领域,定位于芯片与智能物联解决方案供应商。随着时间的推移和时代的发展,经过艰苦卓绝的努力,自然而然成为"嵌入式系统"的领导品牌。这不是刻意而为的,而是通过长期奋斗顺理成章的结果。

立功科技除了芯片技术增值分销、解决方案输出以外,还将多年积累的嵌入式软件开发技术经验平台化输出,旨在推动行业生态搭建与进步,帮助更多人取得更大的成功,推动"中国智造 2025"计划的高速发展。

六、丛书简介

本套丛书命名为《嵌入式软件工程方法与实践丛书》,除本书以外,目前已经完成《程序设计与数据结构》、《面向 AMetal 框架和接口的 C 编程》、《面向 AWorks 框架和接口的 C 编程(上)》、《软件单元测试入门与实践》和《CAN FD 现场总线原理和应用设计》,后续还将推出《面向 AWorks 框架和接口的 C 编程(下)》、《AMetal 深入浅出》、《面向 AWorks 框架和接口的 C++编程》、《面向 AWorks 框架和接口的 GUI 编程》、《面向 AWorks 框架和接口的网络编程》、《面向 AWorks 框架和接口的 EtherCAT 编程》和《嵌入式系统应用设计》等系列图书,最新动态详见 www.zlg.cn(致远电子官网)和 www.zlgmcu.com(立功科技官网)。

周立功

2023 年 1 月

目　录

第 1 章

AMetal 快速入门

📖 **本章导读**

　　AMetal 的源码已在 github 及码云上进行开源,本章将对 AMetal 作简要介绍,包括如何获取源码,如何搭建开发环境,如何编写、调试和固化应用程序,使读者能够运行 AMetal 中的代码,正式"入门"AMetal。

1.1　AMetal 简介

　　在 MCU 产业快速发展的今天,芯片厂商推出了越来越多的 MCU。不同厂商、型号之间,MCU 外设的使用方法千差万别。比如,不同芯片厂商的 I^2C 外设寄存器的定义和配置流程可能差异很大,而且使用方法大不相同。这给广大嵌入式开发人员带来了诸多烦恼,特别是在出于种种原因要更换 MCU 时(比如,更换资源更大的 MCU、性价比更高的 MCU 等)。硬件外设的作用是为系统提供某种功能,AMetal 基于外设的共性(例如,无论何种硬件 I^2C,它们都是为系统提供以 I^2C 形式发送或接收的数据),对同一类外设功能进行了高度抽象,由此形成了"服务"的抽象概念,即各种硬件外设可以为系统提供某种服务(例如,I^2C 提供数据收发的服务)。服务是抽象的,不与具体硬件绑定。同时,为了使应用程序使用这些服务,AMetal 还定义了一系列标准化的软件接口。由于这些标准化的软件接口用于应用程序使用硬件外设提供的各种服务,因此可以将其视为标准化的服务接口。

　　由于服务是对某一类功能高度抽象的结果,与具体芯片、外设、器件及实现方式均无关,所以使不同厂商、型号的 MCU 外设都能以相同的一套服务接口进行操作,即使底层硬件千变万化,也可以通过使用一套简洁的接口来控制相应的外设。如此一来,只要应用程序基于标准化的服务接口进行开发,应用程序就可以跨平台使用,在任何满足资源需求的硬件平台上运行,即使更换了底层硬件,也不会影响应用程序。换句话说,无论 MCU 如何改变,基于 AMetal 平台的应用软件均可复用。

　　可以标准化的服务接口具有跨平台(可以在不同的 MCU 中使用)特性,为便于描述,通常将其称为"标准接口"或"通用接口"。

1.1.1　AMetal 的特点

AMetal 具有以下特点：

- 在 gitee 开源，开源地址：https://gitee.com/zlgmcuopen/ametal；
- 外设功能标准化，提供了一系列跨平台 API，使应用程序可以跨平台复用；
- 不依赖于操作系统服务；
- 开放外设所有功能；
- 独立的命名空间 am_，可以避免与其他软件包冲突；
- 能独立运行，提供工程模板与 demo，用户能在此基础上快速开发应用程序；
- 封装时将效率和变化部分放在第一位，用户不看手册也能使用；
- 上层系统基于 AMetal 开发外设驱动，无须针对各种繁杂外设分别开发驱动；
- 丰富的硬件平台，各类 MCU 主板详见图 1.1，扩展板详见图 1.2。
- 快速搭建原型机，各个扩展模块可以自由组合，搭建方便，其搭建图详见图 1.3。

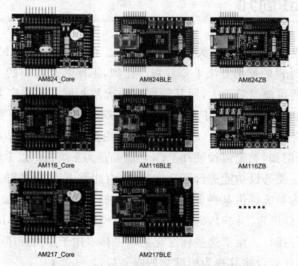

图 1.1　支持丰富的硬件平台（MCU 主板）

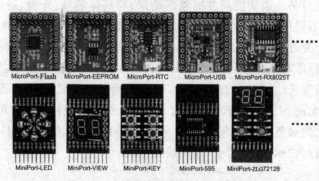

图 1.2　支持丰富的硬件平台（扩展板）

图 1.3　快速搭建原型机

1.1.2　AMetal 源码获取

1.　获取源码(github)

　　AMetal 开源于 github,其开源网址为"https://github.com/zlgopen/ametal",用户可直接通过此页面下载 AMetal 开源代码包。如图 1.4 所示,单击 Clone or download 按钮,再单击 Download ZIP 按钮即可下载开源代码包。

图 1.4　在 github 上下载 AMetal 代码包

下载解压后,在"ametal/documents"目录下有一系列文档,可帮助用户快速了解 AMetal,并使用 AMetal 进行项目开发。

2. 获取源码(码云)

AMetal 同步开源于码云,其开源网址为"https://gitee.com/zlgmcuopen/ametal",用户可直接通过此页面下载 AMetal 开源代码包。如图 1.5 所示,单击"克隆/下载"按钮,再单击"下载 ZIP"按钮即可下载开源代码包。

图 1.5　在码云上下载 AMetal 代码包

下载解压后,在"ametal/documents"目录下有一系列文档,可帮助用户快速了解 AMetal,并使用 AMetal 进行项目开发。

1.1.3　AMetal 源码目录结构简介

本小节将详细介绍 AMetal 软件包的目录架构,用户可通过查阅本小节来了解应将自己编写的文件放在软件包的哪个位置。

AMetal 根目录详见图 1.6,表 1.1 简单描述了这些文件夹及文件的功能。

1. 3rdparty

3rdparty 文件夹用于存放一些完全由第三方提供的软件包,比如 CMSIS 软件包。CMSIS(Cortex Microcontroller Software Interface Standard)是 Arm Cortex 微控制器软件接口标准,是 Cortex - M 处理器系列的与供应商无关的硬件抽象层。

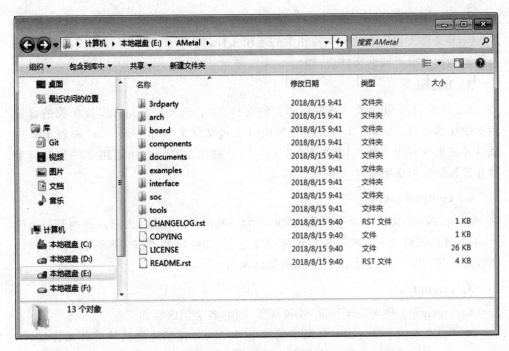

图 1.6 AMetal 根目录架构

表 1.1 AMetal 根目录架构中的文件夹及文件的功能

文件/文件名	描　述
3rdparty	存放第三方软件包
arch	存放内核相关文件
board	存放板级相关文件
components	存放组件文件
documents	存放各类文档
examples	存放各类例程
interface	存放 AMetal 标准接口文件
soc	存放片上系统(MCU,如 ZLG116)相关文件
tools	存放一些工具包,如 Keil 的 PACK 包
CHANGELOG. rst	版本修改记录文件
COPYING	版本声明文件
LICENSE	版权许可证文件(AMetal 采用的是 LGPL 许可证)
README. rst	README 文件

2. arch

arch 文件夹用于存放与架构相关的通用文件,如 Arm、X86 等。在该目录下,按不同的架构分成不同的文件夹,如 arm 文件夹。

3. board

board 文件夹包含了与开发板相关的文件,如启动文件及与开发板相关的设置和初始化函数等。board 文件夹内分为板级通用文件夹"bsp_common"和若干某一型号开发板的专用文件夹,如"am116_core",分别用于存放板级通用文件和对应型号开发板的专用板级文件。

4. components

components 文件夹用于存放 AMetal 的一些组件。比如 AMetal 通用服务组件 service,其内部包含了一些通用外设的抽象定义,如蜂鸣器、数码管等及其标准接口函数定义等,用户可通过 AMetal 标准接口调用。

5. documents

documents 文件夹用于存放 SDK 相关文档,各文档内容如下:

- 《快速入门手册.pdf》:介绍了获取 SDK 后,如何快速地搭建好开发环境,然后成功运行、调试第一个程序。建议首先阅读。
- 《用户手册.pdf》:详细介绍了 AMetal 架构、目录架构、平台资源以及通用外设常见的配置方法。
- 《API 参考手册.chm》:详细描述了 SDK 各层中每个 API 函数的使用方法,往往还提供了 API 函数的使用范例。在使用 API 之前,应通过该文档详细了解 API 的使用方法和注意事项。
- 《引脚配置及查询.xlsm》:可以用于查询引脚的上下拉模式和引脚速率,而且详细介绍了各个引脚可用于哪些外设,并提供了可快速生成对应于外设的引脚配置代码。

documents 文件夹内部按不同型号的开发板分成不同的文件夹(如"am116_core 文件夹"),存放与其开发板硬件直接相关的文档(如《引脚配置及查询.xlsm》)。其他通用文件直接存放在 documents 文件夹的第一级目录下。

6. examples

examples 文件夹主要包含各级示例程序,如硬件层 demo、驱动层 demo、板级 demo 及组件 demo 等。

7. interface

interface 文件夹包含 AMetal 提供的通用文件,包括标准接口文件和一些工具文件,这些标准接口与具体芯片无关,只与外设的功能相关,屏蔽了不同芯片底层的差异性,使不同厂商、型号的 MCU 都能以通用接口进行操作。

以"am_gpio.h"文件为例,它包含了用于控制 GPIO 的各个函数的函数原型及一些参数宏定义,如 GPIO 配置函数"int am_gpio_pin_cfg（int pin，uint32_t flags）",用户可以直接调用此函数对 MCU 的 GPIO 引脚进行配置,而不用考虑不同芯片之间的差异。

8. soc

soc,片上系统文件夹,主要包含与 MCU 密切相关的文件,包括硬件层和驱动层文件。

9. tools

tools 目录下存放 SDK 相关工具,如 Keil 的 PACK 包。

1.2 搭建开发环境

1.2.1 搭建开发环境——Keil

1. Keil μVision 集成开发环境

Keil μVision 是 Keil 公司开发的一个集成开发环境,目前共有 μVision2、μVision3、μVision4 以及 μVision5 几个版本。Keil 对应的安装文件为 MDK-Arm。MDK-Arm 包含了完整的软件开发环境。安装后,可用于开发基于 Cortex-M、Cortex-R4、Arm7 和 Arm9 内核的微控制器。MDK-Arm 是为微控制器应用程序开发特别设计的,非常容易学习和使用,适用于目前大部分的嵌入式应用程序开发。

2. MDK-Arm 软件获取

进入 Arm 官方网站 https://www.keil.com/download/product/,然后单击如图 1.7 所示的方框,进入下一个页面。

在下一个页面中复制 Flexlicense 序列号,用于下载各个版本的 MDK-Arm 软件,如图 1.8 所示。

复制完成后,返回到上一个界面,在 PSN or LIC 文本框中,粘贴输入刚才复制的 Flexlicense 序列号,再单击 Submit 按钮进入下一个页面,如图 1.9 所示。

在接下来出现的页面中有各种 MDK-Arm 版本的下载,可看出目前最新的 MDK-Arm 版本为 V5.24a,推荐用户使用我公司验证过的 MDK-Arm V5.17 版本来进行应用开发。本书默认使用的 Keil 版本为 5.17,单击如图 1.10 所示的方框即可进行下载。

Download Products

Select a product from the list below to download the latest version.

 MDK-Arm
Version 5.24a (July 2017)
Development environment for Cortex and Arm devices.

 C51
Version 9.56 (August 2016)
Development tools for all 8051 devices.

 C251
Version 5.59 (October 2016)
Development tools for all 80251 devices.

 C166
Version 7.56 (October 2016)
Development tools for C166, XC166, & XC2000 MCUs.

Keil products use a License Management system - without a current license the product runs as a Lite/Evaluation edition with a few Limitations.

Maintenance Status and Previous Versions

Enter a valid Product Serial Number (**PSN**) or License Code (**LIC**) to get access to all product versions available to you, or to check the status of your support and maintenance agreement.

Click here to view authorized downloads for PSN xxxxx-xxxxx-HUG44

PSN or LIC: [   ] Submit

Further information about installing your software is available in the Read Me First brochure.

单击

Note
For **Flex Floating licenses**, please use the PSN mentioned in Knowledgebase Article 3698. Refer to the FlexLM Client Setup Guide for setup instructions.

图 1.7　MDK - Arm 下载网页

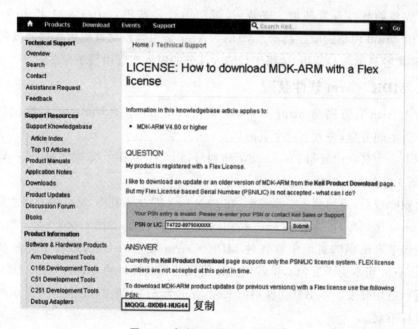

图 1.8　复制 Flexlicense 序列号

Download Products

Select a product from the list below to download the latest version.

 MDK-Arm
Version 5.24a (July 2017)
Development environment for Cortex and Arm devices.

 C51
Version 9.56 (
Development

 C251
Version 5.59 (October 2016)
Development tools for all 80251 devices.

 C166
Version 7.56 (
Development

Keil products use a License Management system - without a current license the product runs as a Li

Maintenance Status and Previous Versions

Enter a valid Product Serial Number **(PSN)** or License Code **(LIC)** to get access to all product version status of your support and maintenance agreement.

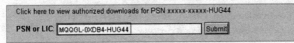

Further information about installing your software is available in the Read Me First brochure.

Note
For **Flex Floating licenses**, please use the PSN mentioned in Knowledgebase Article 3698. Refer

图 1.9 输入序列号

Product Download

This product serial number will expire on 01/31/2019.
The following downloads are available for the PSN **xxxxx-xxxxx-HUG44**.

View Current Version

- MDK-ARM V5.24a
  7/4/2017 - Release notes
- DS-MDK V5.27
  3/31/2017 -
- MDK-ARM V5.23
  2/1/2017 - Release notes
- MDK-ARM V5.22
  11/11/2016 - Release notes
- DS-MDK V5.26
  11/8/2016 -
- MDK-ARM V5.21a
  8/17/2016 - Release notes
- MDK-ARM V5.20
  5/6/2016 - Release notes
- MDK-ARM V5.18a
  3/18/2016 - Release notes
- MDK-ARM V5.18
  2/5/2016 - Release notes
- MDK-ARM V5.17
  10/30/2015 - Release notes
- MDK-ARM V5.16a
  8/27/2015 - Release notes

图 1.10 下载 MDK - Arm

3. MDK - Arm 软件安装

下载完成后,双击刚刚下载的 MDK - Arm V5.17 软件,开始进行 MDK - Arm V5.17 的安装,软件安装过程如下:

软件开始安装后,在安装向导页面单击 Next 按钮,如图 1.11 所示。

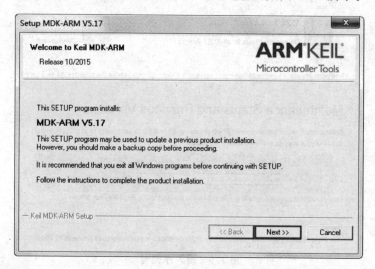

图 1.11　MDK - Arm 安装向导(1)

选中 I agree to all the terms of the preceding License Agreement 复选框,使安装继续往下进行,如图 1.12 所示。

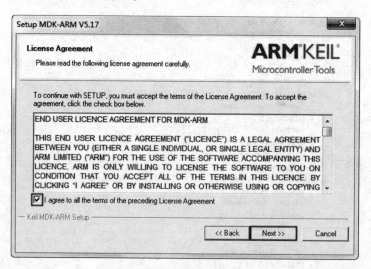

图 1.12　MDK - Arm 安装向导(2)

选择安装路径为默认安装路径(推荐使用默认安装路径,确有特殊需要可单击 Browse 按钮选择其他安装路径),如图 1.13 所示。

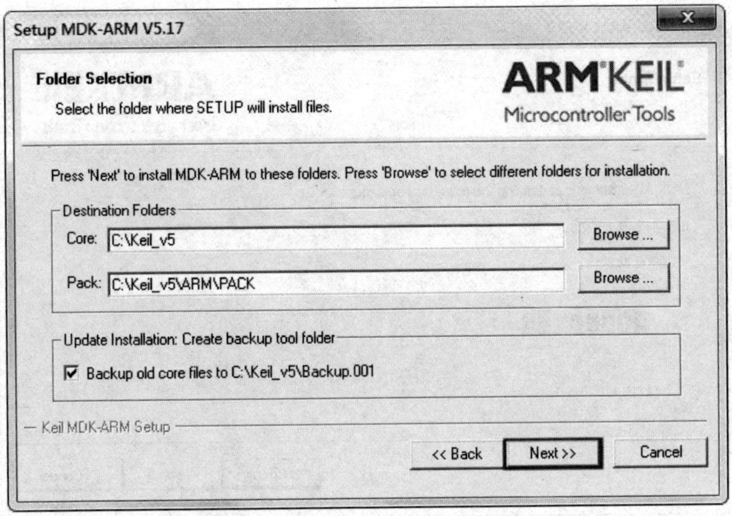

图 1.13　MDK - Arm 选择安装目录

　　进入用户信息填写界面,如图 1.14 所示,根据实际情况输入相关用户信息,然后单击 Next 按钮。

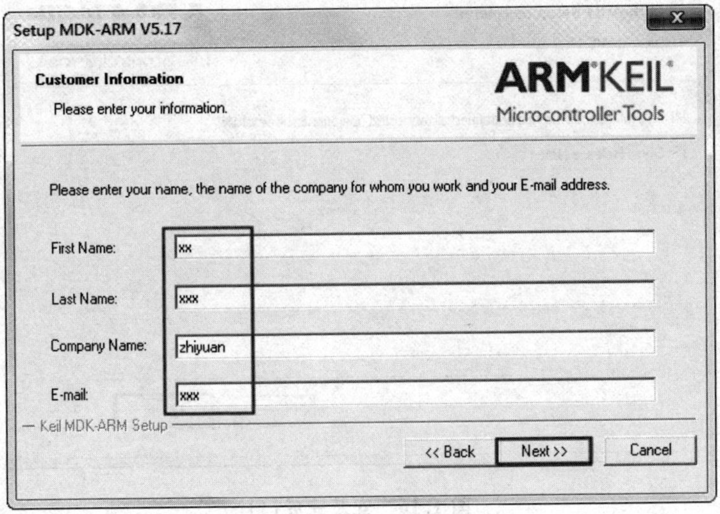

图 1.14　填写用户信息

　　接下来,MDK - Arm 便开始安装了,如图 1.15 所示。

　　在安装过程结束后,弹出如图 1.16 所示的对话框。如果不需要查看发行版本相关的说明,可以取消默认选中的 Show Release Notes 复选框,然后单击 Finish 按钮完成安装,此时会在桌面看到 Keil μVision5 的图标。

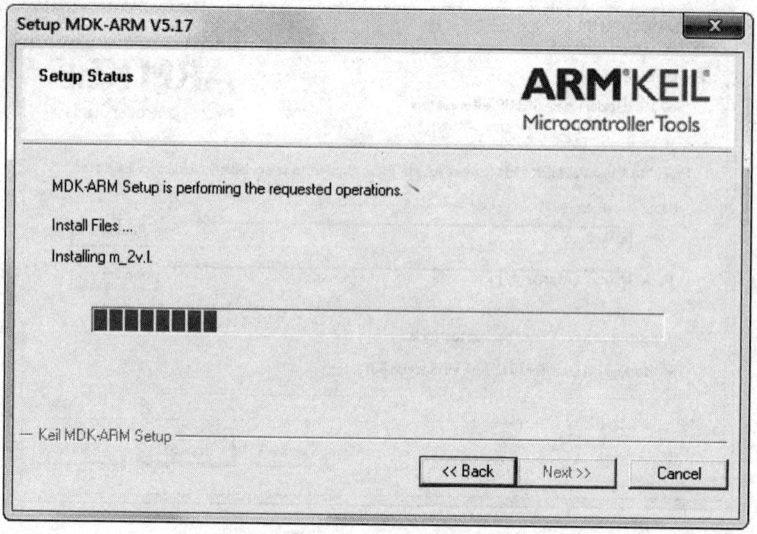

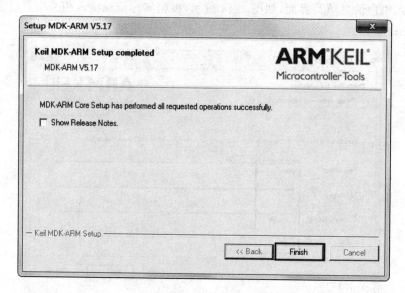

图 1.15　MDK - Arm 安装进行中

图 1.16　安装完成(1)

4. 支持包(PACK)的安装

Keil5 相对之前的版本,增加了软件接口,并且为支持的微控制器提供了软件支持包。如需使用一款具体芯片,则需要先安装该芯片的 Pack 支持包。

(1) ZLG 系列芯片支持包的获取

ZLG 系列芯片如 ZLG100、ZLG200 等的支持包位于 ametal/tools/keil_pack/,如图 1.17 所示。

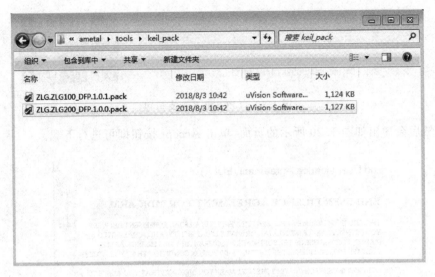

图 1.17   ZLG 系列芯片的支持包

（2）其他系列芯片支持包的获取

其他系列芯片如 LPC54000、LPC800 等，访问 Pack 下载官网 https://www.keil.com/dd2/Pack，打开网页后如图 1.18 所示。

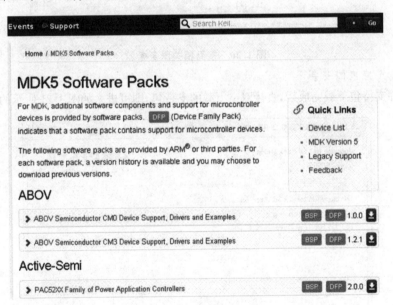

图 1.18   Pack 下载官网首页

找到具体需要的支持包并下载。例如：下载 LPC800 系列芯片的支持包，首先在网页中找到 LPC800 系列芯片支持包，然后单击其后下载图标，如图 1.19 所示。

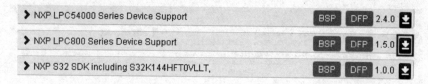

图 1.19　LPC800 系列支持包

然后会弹出如图 1.20 所示的页面，单击 Accept 按钮即可进行下载。

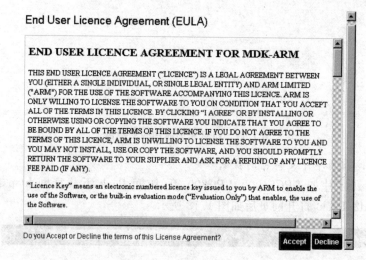

图 1.20　接受相关服务条款

（3）支持包的安装

芯片支持包下载完成后，直接双击下载的支持包，即可进入如图 1.21 所示的界面。

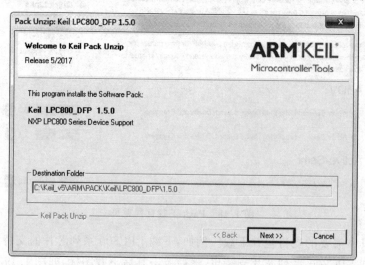

图 1.21　本地 Pack 安装

然后直接单击 Next 按钮进入安装,安装过程如图 1.22 所示。

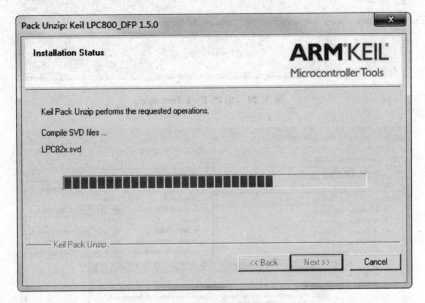

图 1.22　安装进行中

安装完成后的界面如图 1.23 所示,单击 Finish 按钮完成安装。

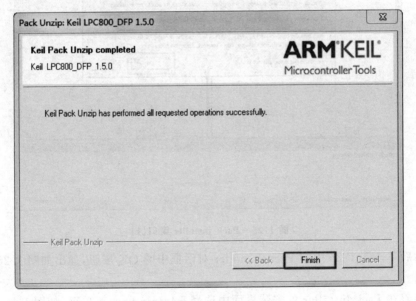

图 1.23　安装完成(2)

如果双击无法安装,则可以使用 Pack Installer 的方式进行安装。单击 Keil 界面中的图标█启动 Pack Installer,如图 1.24 所示。

单击 Pack Installer 图标后弹出如图 1.25 所示的窗口。

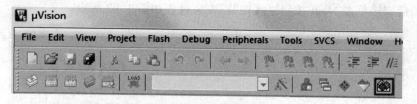

图 1.24　启动 Pack Installer

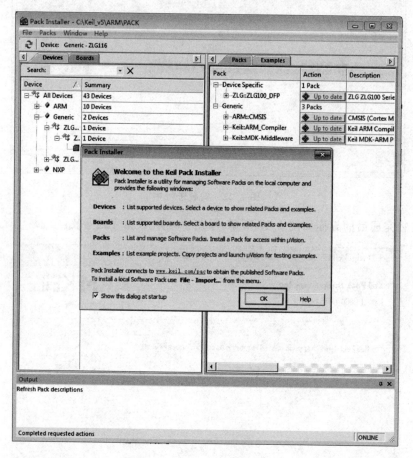

图 1.25　Pack Installer 窗口(1)

　　然后单击图 1.25 中的 Pack Installer 对话框中的 OK 按钮,弹出如图 1.26 所示的窗口。

　　接着在 Pack Installer 的安装界面中选择 File→Import 菜单项,如图 1.27 所示。

　　最后在弹出的 Import Packs 对话框中找到刚刚下载的芯片支持包的位置,如图 1.28 所示,单击【打开】按钮进行安装。接着,可以观察 Pack Installer 窗口中的进度条,查看安装进度,直至安装完成。

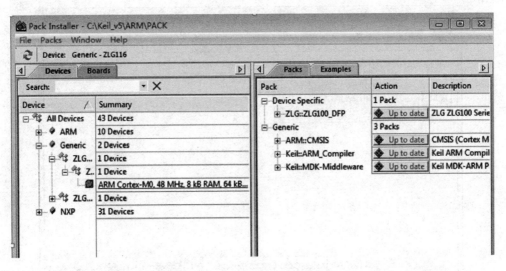

图 1.26　Pack Installer 窗口(2)

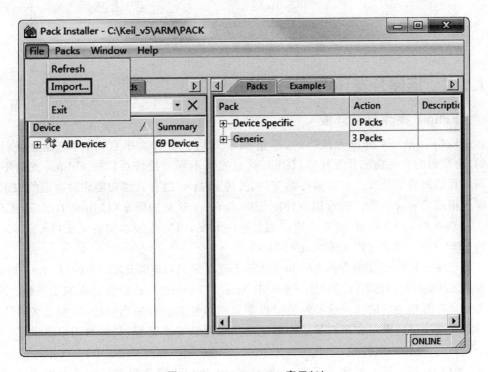

图 1.27　Pack Installer 窗口(3)

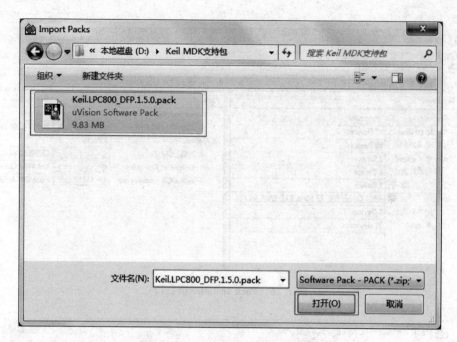

图 1.28　选择需要安装的支持包

1.2.2　搭建开发环境——Eclipse

Eclipse 集成开发环境

Eclipse 是一个开放源代码的、基于 Java 的可扩展开发平台,同时它也是著名的、跨平台的自由集成开发环境(IDE),通过安装不同的插件可以使 Eclipse 支持不同计算机语言的开发。众多插件的支持,使得 Eclipse 拥有其他功能相对固定的 IDE 软件很难具有灵活性。推荐用户使用面向 C/C++开发的版本(Eclipse IDE for C/C++Developer)进行 Arm 嵌入式应用程序的开发,因为此版本安装了支持 C/C++ 的 CDT 插件,用户可以免安装此 CDT 插件。

要使用 Eclipse,需要正确安装 Java 运行环境,并针对特定的开发语言(如 C/C++)和程序最终运行的目标平台(如 Cortex - M、Arm 和 Cortex - A)安装相应的工具链、交叉编译器等相关的插件。这些安装过程都是相对复杂且容易出错的,特别是各种工具对环境变量的要求和影响等。为避免这些烦琐的安装过程,我们给用户提供了一个完整的 Eclipse 软件包,下载链接为“http://doc. zlg. cn/aworks_tools/eclipse_ne-on_2014q1.7z”,其中包含了 Eclipse 软件、Java 运行环境及相关的插件。用户拿到软件包,直接解压后即可使用,无需其他任何安装过程。解压出的软件包目录如图 1.29 所示。

- eclipse 目录下为 neon 版本的 Eclipse 软件。
- GNU MCU Eclipse 目录下为 Windows 下的一个特殊自定义管理工程的工具包。

图 1.29　Eclipse 开发环境软件包

- GNU Tools ARM Embedded 目录下为 GCC‐Arm 工具链,GCC 的版本为 4.8.3,Eclipse 只是一个框架,需要使用 GCC‐Arm 的编译和调试工具链。
- Java 目录下为 Java 运行环境(JRE),JRE 的版本为 1.8.0。JRE 是 Sun(现在 是甲骨文公司旗下的公司)的产品,是运行 Eclipse 所必需的环境集合。
- startup_eclipse_neon. bat 为启动 Eclipse 的批处理脚本,运行该脚本会自动 设置 JRE 和 GCC‐Arm 工具链的环境变量并启动 Eclipse 软件。

用户需要使用 Eclipse 进行开发时,只需双击 startup_eclipse_neon. bat 脚本即 可启动 Eclipse 软件,可见 Eclipse 开发环境的搭建非常简单。

1.3　运行第一个程序——LED 闪烁

在 AMetal 软件包中,为目前已经支持的硬件平台(Board 评估板,具体支持情况 在第 3 章中会详细介绍)都提供了对应的模板工程,位于 board/{board_name}目录 中,通过 board 目录下的各个文件夹的命名,可以知道 AMetal 当前支持了哪些 board。获取到 AMetal 软件包后,即可基于 AMetal 快速开发应用程序。为便于用 户快速熟悉 AMetal,本节将以一个简单的示例——LED 闪烁来展示运行一个应用 程序需要经历的一些基本步骤。

1.3.1　打开模板工程

首先,需要打开手中硬件平台对应的模板工程,如图 1.30 所示。工程模板目录为 ametal/board/{board_name}/project_template。例如:硬件板 am116_core 对应的工程模板为 ametal/board/am116_core/project_template。

图 1.30　找到模板工程文件夹

打开 project_template 工程文件夹,如图 1.31 所示,里面有 Keil 版工程(其中 project_xxx 文件夹为其他类型工程,如 IAR、Eclipse 工程,startup 包含一些系统启动代码,user_code 存放着用户代码,user_config 包含用户的一些配置文件)。

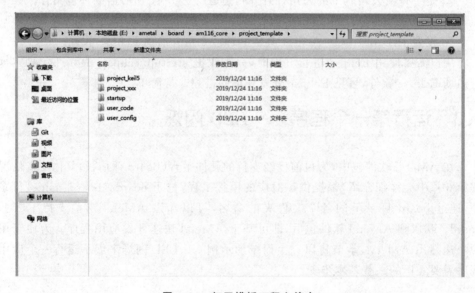

图 1.31　打开模板工程文件夹

然后打开 project_keil5 文件夹,如图 1.32 所示,template_am116_core.uvprojx 即为工程文件。

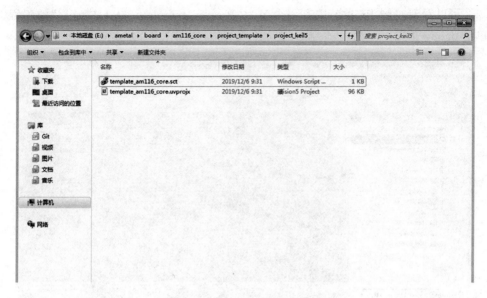

图 1.32 打开 Keil 工程文件夹

只要正确安装了 Keil，双击图 1.32 中的 template_am116_core. uvprojx 即可打开工程，打开后如图 1.33 所示。

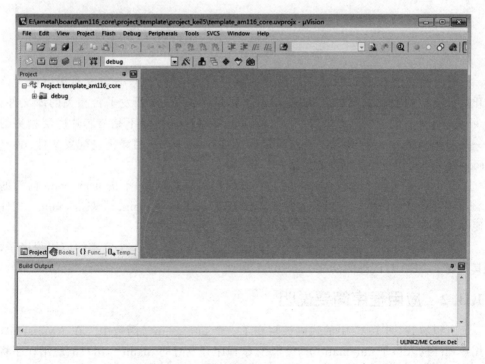

图 1.33 打开 Keil 工程

可以看到左侧 Project 中有一个名为"Project：template_am116_core"的工程。单击 debug 前的"＋"号,可以显示整个工程结构,如图 1.34 所示。

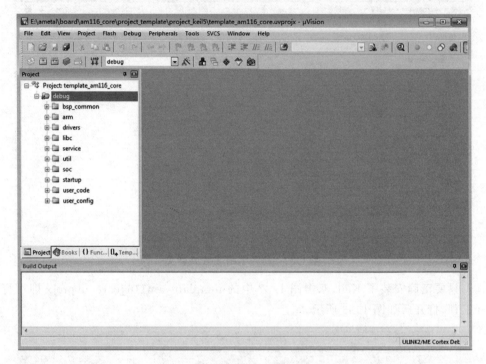

图 1.34　显示整个工程结构(1)

在工程结构中,arm 目录下存放着系统定时和中断控制,drivers 目录下包含该开发板支持的驱动源文件及实现;libc 目录下是 AMetal 开发平台相关的库文件;service 目录下是为用户提供的一些标准服务接口;soc 目录下是与芯片底层相关的一些功能实现;startup 目录下是系统启动文件;user_config 目录下是配置文件;user_code 目录下是用户添加开发的文件。

在工程窗口中,目录 user_code 是存放用户程序的地方,单击 user_code 前面的"＋"号可以显示该结点下所有的文件,默认只有一个文件 main.c,双击 main.c 文件便会出现 main.c 的代码编辑窗口,如图 1.35 所示。

可以看到,main.c 里面的程序仅有几行代码,但已经是一个完整的应用程序了,其实现了 LED 灯闪烁的功能。

1.3.2　应用程序简要说明

可以看到,图 1.35 中的代码被写在了一个 am_main()函数中。在 AMetal 中,用户程序的入口是 am_main(),类似于 C 程序开发时的 main(),用户的应用程序将从这里开始执行。

程序的主体为一个永久循环,循环中的第 1 行代码即第 41 行代码是一个 am_

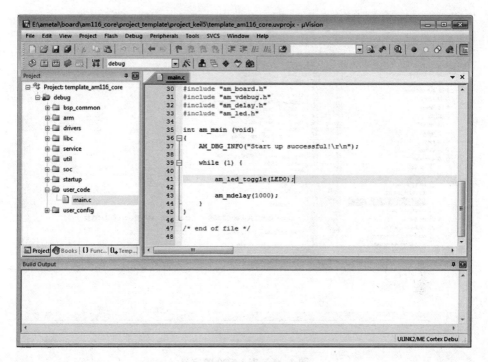

图 1.35　main. c 的代码编辑窗口(1)

led_toggle()接口,其是 AMetal 的通用标准接口,用于实现 LED 状态翻转的功能(关于通用标准接口的详细介绍见第 2 章);第 2 行即第 42 行调用了一个 am_mdelay()接口,其同样是 AMetal 的通用标准接口,用于毫秒级的延时,两个接口在一个永久循环中交替执行,实现了 LED 闪烁的功能。

　　观察程序的第 41 行,可以发现接口 am_led_toggle()传入了一个参数 LED0,该参数实际上是一个宏,用以指定翻转的 LED。宏 LED0 定义在 user_config 目录下的 am_board. h 文件中,如图 1.36 所示。

　　从图 1.36 中可以看到,宏 LED0 表示的是数字 0,看起来与 LED 并无关系,实际上,这里的数字 0 表示的是设备的 ID 号,AMetal 通过设备的 ID 号来区分硬件平台上不同的同类设备。例如,示例中的 am116_core 硬件平台上共有两个 LED,所以此处定义了两个宏,LED0 和 LED1,ID 号分别为 0 和 1。而实际物理层面上 LED0 连接的引脚可以在 user_config 目录下的 am_hwconf_led_gpio. c 文件中找到,如图 1.37 所示。

　　从图 1.37 中可以看到,LED 设备的引脚信息被存放在文件 am_hwconf_led_gpio. c 中。在该文件中的第 37 行定义了一个数组__g_led_pins[],存放 am116_core 硬件平台上两个 LED 对应的引脚编号,数组的第 0 号元素 PIOB_1 即为 LED0 对应的引脚编号,数组的第 1 号元素对应 LED1 的引脚编号,以此类推。当用户需要在其他平台上运行 AMetal 时,可通过修改这里的引脚编号,将程序中的 LED0 与硬件平

图 1.36 宏 LED0 的定义

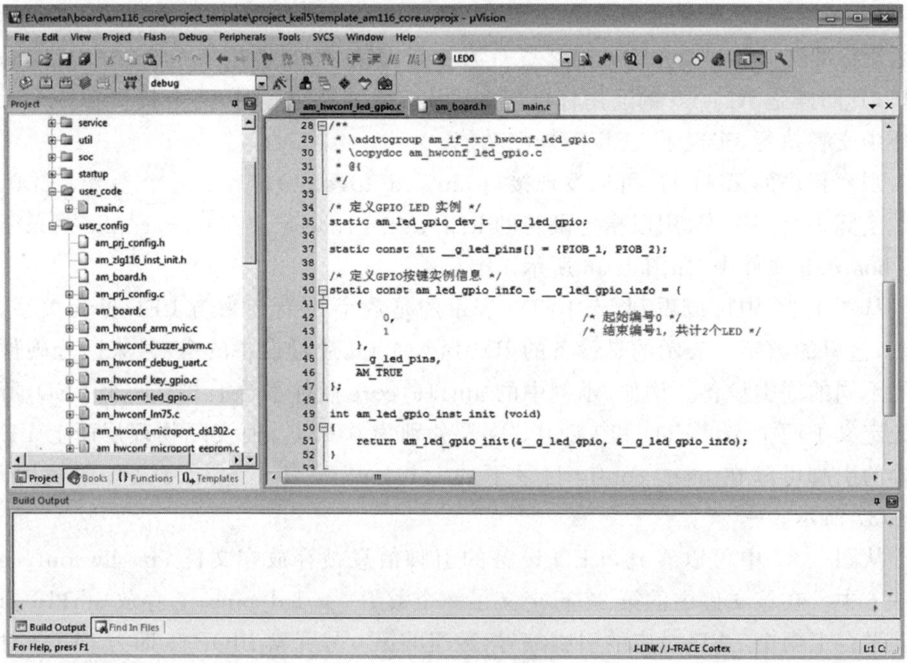

图 1.37 LED 配置文件

台上的 LED 设备对应起来。若实际硬件平台上的 LED 数量不是两个,则可在__g_led_pins[]数组中增加或减少元素并修改程序中第 43 行的 LED 结束编号。实际上,在使用该工程配套的硬件平台时,用户可完全不必关心这些信息,可直接在硬件平台上通过标号找到对应的 LED。

在 AMetal 中将这类以 am_hwconf 开头命名的文件称为用户配置文件,统一存放于 user_config 目录下。am 是 AMetal 的缩写,表示该文件用于 AMetal 平台;hwconf 是 hardware config 的缩写,意为硬件配置;led 表明该文件存放的是 LED 设备的硬件配置;gpio 是对 LED 的补充说明,表明该文件存放的是通过 gpio 控制的 LED 设备的硬件配置。这些用户配置文件主要用于存放各种设备的硬件相关信息,例如对应的引脚编号。

可以看到,通过这个用户配置文件的命名规则,可以方便地找到各种设备对应的用户配置文件,在后续的使用中,用户可根据该命名规则方便地找到各种设备对应的硬件相关信息。

在图 1.35 中,除了永久循环外,还可以看到 am_main()接口中的第 1 行代码调用了一个宏 AM_DBG_INFO()。其功能是通过调试串口向外部输出调试信息,即用户可通过该接口在程序中向外部输出调试信息。代码中通过该接口向外部输出了字符串"Start up successful! \r\n",其宏定义为

```
#define AM_DBG_INFO(...)      (void)am_kprintf(__VA_ARGS__)
```

可见,调用该宏实际上调用的是接口 am_kprintf(),而 am_kprintf()接口的定义为

```
int am_kprintf (const char * fmt, ...);
```

其中,参数 fmt 为格式化字符串,后续参数为不定参,需根据参数 fmt 的内容传入。该接口的使用方法与 printf()类似,用户可参考 printf()的使用方法来使用该函数。例如,使用该接口向外部输出一个字符串"I'm 18 years old! \n"的范例程序见程序清单 1.1。

程序清单 1.1 使用 am_kprintf()输出信息

```
1     # include "ametal.h"
2     # include "am_board.h"
3     # include "am_vdebug.h"
4
5     int am_main (void)
6     {
7         int age = 18;
8         am_kprintf("I'm % d years old! \n", age);
9     }
```

为了更明确地表明操作意图,程序更易于阅读,在 AMetal 中通常习惯于使用宏

AM_DBG_INFO()来输出调试信息,因此程序清单 1.1 中的 am_kprintf()接口通常被替换为 AM_DBG_INFO(),见程序清单 1.2。

程序清单 1.2 使用 AM_DBG_INFO()输出调试信息

```
1    # include "ametal.h"
2    # include "am_board.h"
3    # include "am_vdebug.h"
4
5    int am_main (void)
6    {
7        int age = 18;
8        AM_DBG_INFO ("I'm % d years old! \n", age);
9    }
```

此外,在上文中提到,AM_DBG_INFO()的功能是通过串口向外部输出调试信息,但在使用该接口的过程中并没有串口相关信息的体现。这是因为在一个系统中,调试串口通常只有一个且一般不需要在程序运行的过程中更改,所以 AMetal 将指定串口的参数取消,改用一个用户配置文件来存放调试串口的相关信息。根据 AMetal 用户配置文件的命名规则,调试串口的相关信息可在 user_config 目录下的 am_hwconf_debug_uart.c 文件中找到,如图 1.38 所示。

图 1.38 调试串口配置信息

图 1.38 中的第 38 行指定了系统默认的串口为 1,默认的波特率为 115 200,用户可根据实际需要对这两处进行修改。除此以外,此处的 1 同样表示的是串口的 ID 号,用户可根据 AMetal 用户配置文件的命名规则找到对应串口设备的用户配置文件,见图 1.39。

图 1.39 串口设备配置信息

可见,串口 1 的发送引脚的编号为 PIOA_9,接收引脚的编号为 PIOA_10。同样,当用户需要在其他平台上运行 AMetal 时,可通过修改这里的引脚编号将程序中的串口与实际硬件平台上的串口对应起来。

至此,控制 LED 闪烁的应用程序介绍完毕,下一步即可对该程序进行编译并下载到硬件平台中运行了。

1.3.3　编译并运行程序

程序编写好后,就需要编译程序,编译无误后才能下载到开发板上实际运行。单击如图 1.40 所示的 Build 图标■,开始编译整个工程。

图 1.40 编译工程

工程开始编译后,Build Output 窗口中会不断地输出相关的编译信息。编译链接成功后,应在 Build Output 窗口中看到“0 Error(s),0 Warning(s)”的信息,如图 1.41 所示。

1. 连接仿真器

J‐Link 仿真器支持 JTAG 与 SWD 两种调试接口,引脚的对应关系如图 1.42 所示。

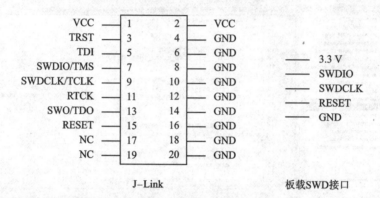

```
Build Output                                                      ⊼ ■
linking...
Program Size: Code=11560 RO-data=684 RW-data=144 ZI-data=3952
FromELF: creating hex file...
".\debug\led.axf" - 0 Error(s), 0 Warning(s).
Build Time Elapsed:   00:00:53
◄                                                                  ►
```

图 1.41　Build Output 最终输出信息

```
VCC      ──│ 1    2 │── VCC
TRST     ──│ 3    4 │── GND
TDI      ──│ 5    6 │── GND              ──── 3.3 V
SWDIO/TMS──│ 7    8 │── GND              ──── SWDIO
SWDCLK/TCLK│ 9   10 │── GND              ──── SWDCLK
RTCK     ──│ 11   12│── GND              ──── RESET
SWO/TDO  ──│ 13   14│── GND              ──── GND
RESET    ──│ 15   16│── GND
NC       ──│ 17   18│── GND
NC       ──│ 19   20│── GND

    J-Link                              板载SWD接口
```

图 1.42　仿真器与板载调试口连接关系图

　　使用 J－Link 仿真器时,根据开发板调试接口上的丝印,使用杜邦线,按照图 1.42 中所示的引脚关系,把两者名字相同的引脚连接起来,即可进行仿真调试。未使用的引脚无需连接。

2. 修改相关配置

　　进行配置前,请将 J－Link 仿真器与开发板连接起来,并将 PC 与仿真器正确连接,同时,需要给开发板供电。调试配置只需要配置一次。

● 确认开发板与仿真器连接无误后,单击如图 1.43 所示的 Target Options 图标 ,弹出工程的配置窗口,切换到 Debug 选项卡,如图 1.44 所示。

图 1.43　进入工程设置

● 如果使用 J－Link 仿真器,则在如图 1.45 所示 Use 下拉列表框中选择【J－LINK/J－TRACE Cortex】。

● 如图 1.46 所示,单击【J－LINK/J－TRACE Cortex】右侧的 Settings 按钮,弹出 Cortex JLink/JTrace Target Driver Setup 对话框,如图 1.47 所示。

● 进入该对话框时,如果使用的 J－Link 软件的版本较老,如 J－Link V5.00 或 J－Link V5.12,则有可能弹出未知器件的对话框,如图 1.48 所示。

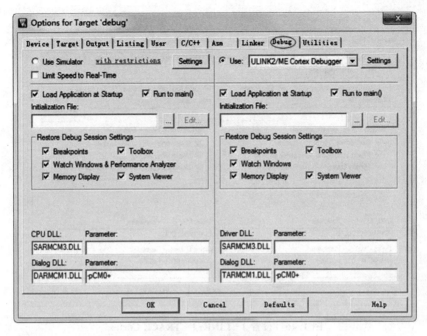

图 1.44　工程配置窗口

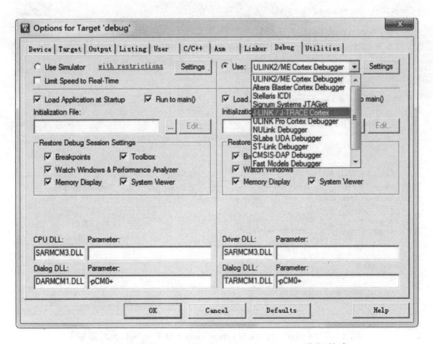

图 1.45　选用 J‑LINK/J‑TRACE Cortex 进行仿真

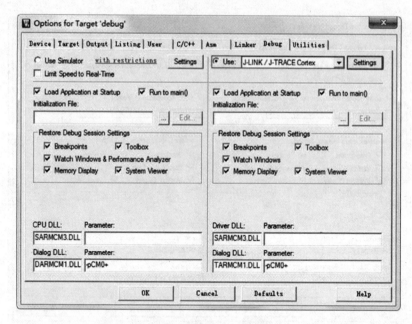

图 1.46　设置 J‑LINK/J‑TRACE Cortex

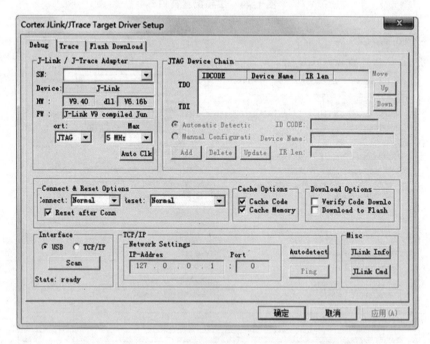

图 1.47　Cortex JLink/JTrace Target Driver Setup 对话框

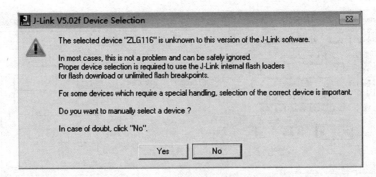

图 1.48　J-Link 未知器件警告对话框

● 一般来讲,直接单击 No 按钮即可。
● 由于仿真器默认设置的是 JTAG 接口,所以需要切换到 SW 接口才能发现内核,以便正确仿真、下载程序。在 J-Link 仿真器配置页面中选择 SW 调试接口,如图 1.49 所示。

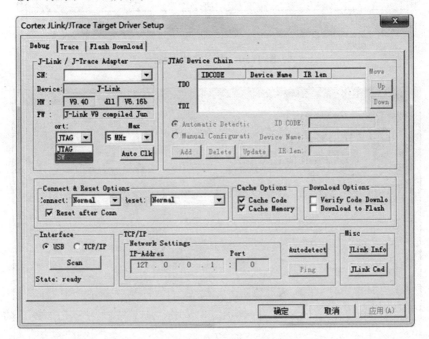

图 1.49　选择 SW 调试接口

● 选择后,即可发现内核,如图 1.50 所示。本配置页面中其他配置选项全部默认设置即可,无需修改。
● 为了使每次下载程序后都能自动启动程序,可以继续在 Flash Download 选项卡中配置,选中 Reset and Run 复选框,如图 1.51 所示(图中其他复选框已默认选中)。

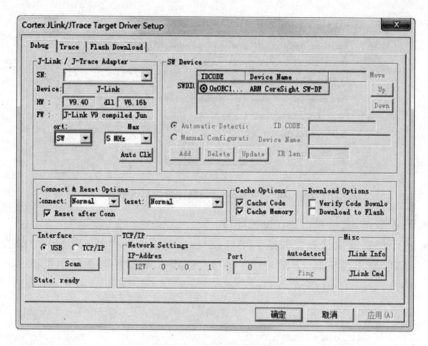

图 1.50　发现芯片内核

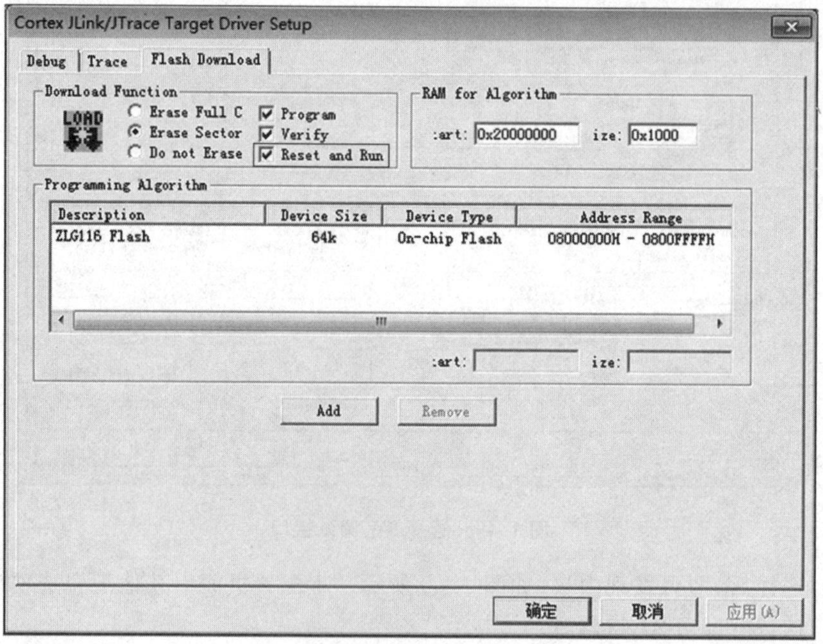

图 1.51　Flash Download 选项卡

● 若在 Programming Algorithm 选项组中没有 Flash 编程算法,如图 1.52 所示,则需要自行加载 Flash 算法。单击图 1.52 中的 Add 按钮,弹出 Add Flash Programming Algorithm 对话框,在该对话框中选择符合自己芯片类型的 Flash 算法,例如 am116 系列芯片选择【ZLG 116 Flash】,然后单击 Add 按钮即可,如图 1.53 所示。

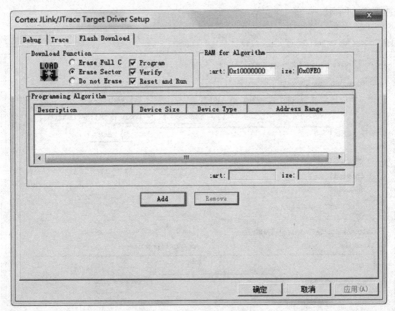

图 1.52　无 Flash 编程算法

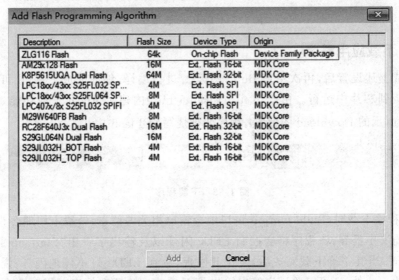

图 1.53　添加 Flash 编程算法

若添加 Flash 编程算法时无法找到上述选项,请参考 1.2.1 小节"搭建开发环境——Keil"中的支持包安装方法安装 ZLG100 支持包,该支持包位于 ametal/tools/keil_pack/。

- 回到工程配置窗口,切换到 Utilities 选项卡,选中 Use Debug Driver 复选框即选择 Flash 编程工具为 Debug 配置工具,单击 OK 按钮结束所有配置,如图 1.54 所示。

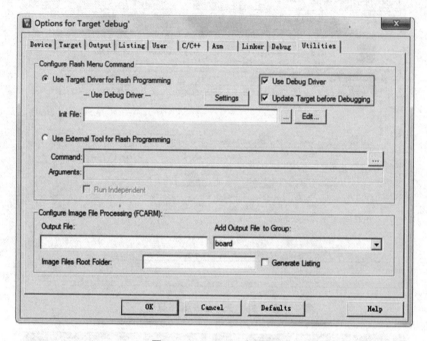

图 1.54　Utilities 选项卡

3. 下载应用程序

完成上述设置后,再次单击 Build 图标 进行编译,编译完成之后,便可将应用程序下载到芯片中运行。由于 Keil μVision5 已经内建了 Flash 下载功能,单击如图 1.55 所示的 Download 图标 ,程序便被烧写到 Flash 中。

图 1.55　下载程序

- 程序下载时,Build Output 窗口中会输出相关的信息,一般不用理会。

在前文中提到,该程序将会控制 LED0 闪烁以及输出字符串"Start up successful!\r\n",当其正确下载完成后,复位开发板,看到 LED0 灯不停地闪烁,说明程序下载成功。此外,还可以验证字符串输出是否成功。验证字符串时需要两个测试工具,即 USB 转串口工具以及 PC 上的串口测试软件。

　　USB 转串口工具可以在任意网购网站搜索"串口转 TTL 工具",即可得到类似图 1.56 所示的工具,随意购买一款即可。需要注意的是,购买到该工具后,还需获取该工具对应的驱动。根据购买工具的芯片搜索驱动安装即可,通常其芯片为 CH34X 或 CP2102。

图 1.56　串口转 TTL 工具

　　驱动安装完毕后,通过串口转 TTL 工具将硬件平台与计算机连接起来(注意串口工具的发送引脚与平台的接收引脚连接,串口工具的接收引脚与平台的发送引脚连接),右击【我的电脑】然后选择【属性】→【设备管理器】→【端口】,将会看到该工具的端口号,如图 1.57 所示。

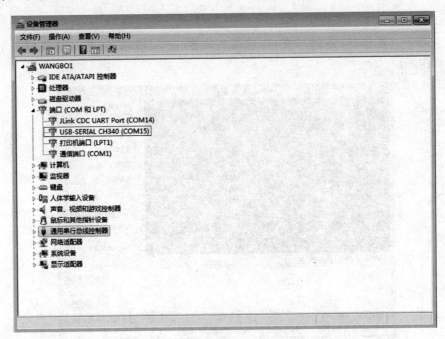

图 1.57　查看串口转 TTL 工具的端口号

同样,PC上的串口测试软件也可以通过搜索"串口测试工具"下载获得。串口测试软件安装完毕后,选择串口转 TTL 工具的端口号,将串口测试工具的串口配置与工程中的调试串口配置同步。工程中的调试串口默认配置为:波特率 115 200、8 位数据位、1 位停止位、无奇偶校验,打开串口,如图 1.58 所示。

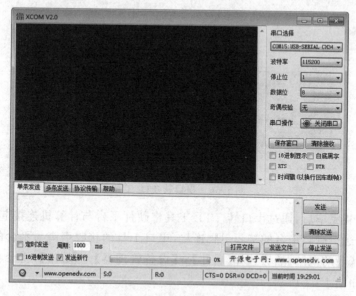

图 1.58　配置串口测试软件

完成上述操作后,复位开发板,将看到如图 1.59 所示的信息,且开发板上的LED0 闪烁。

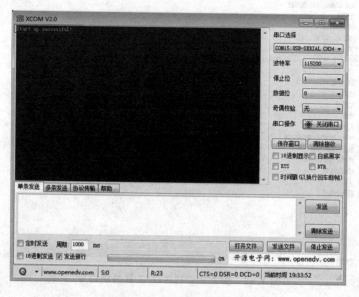

图 1.59　输出调试信息

1.3.4 运行更多的范例程序

在成功运行了第一个应用程序后,相信用户对于基于 AMetal 编程的基本流程有了一个初步的了解。下面将进一步为用户展示更多示例,以便用户进一步熟悉 AMetal。这些示例并未存放在模板工程中,而是存放在另一个 example 工程里,此处同样以 am116_core 硬件平台为例,其 example 工程存放的位置如图 1.60 所示。

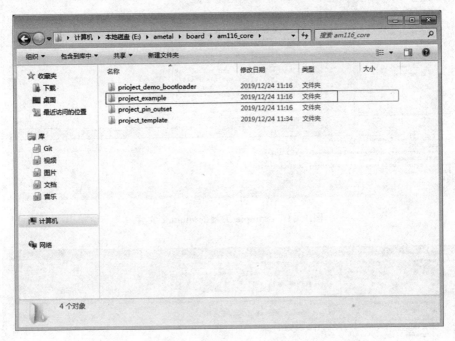

图 1.60 example 工程存放的位置

用户可根据前文介绍的打开方式打开该工程。与模板工程不同的是,双击示例工程的 main.c 文件将会看到如图 1.61 所示的内容。

可以看到,example 工程中的 am_main( )函数内存在非常多被注释的代码。它们实际上是 am116_core 平台上的各种外设及扩展板的示例程序入口,每一行代码为一个外设或扩展板的示例程序入口。各示例程序入口同样有着统一的命名规则(demo 类型详见 2.5 节),其操作的外设或扩展板可以从其命名得知。如图 1.61 所示,example 工程默认开启了使用 LED 的示例程序 demo_am116_core_std_led_entry( ),此时用户可根据 1.3.3 小节介绍的编译运行方法运行该示例程序。

若用户需要运行其他外设的示例程序(图 1.62 中第 46 行以下的代码),可取消对应行前的注释符号并将 LED 的示例程序入口进行注释,再次编译、下载程序即可。例如,想要运行图 1.62 中第 47 行的延时示例程序,可将图 1.61 修改为图 1.62。

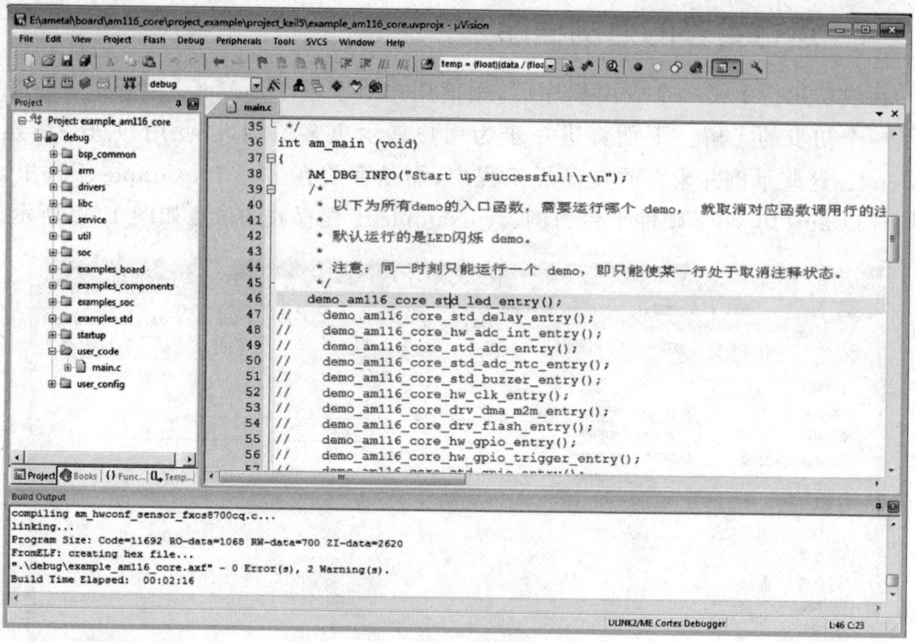

图 1.61　example 工程的 main. c 文件

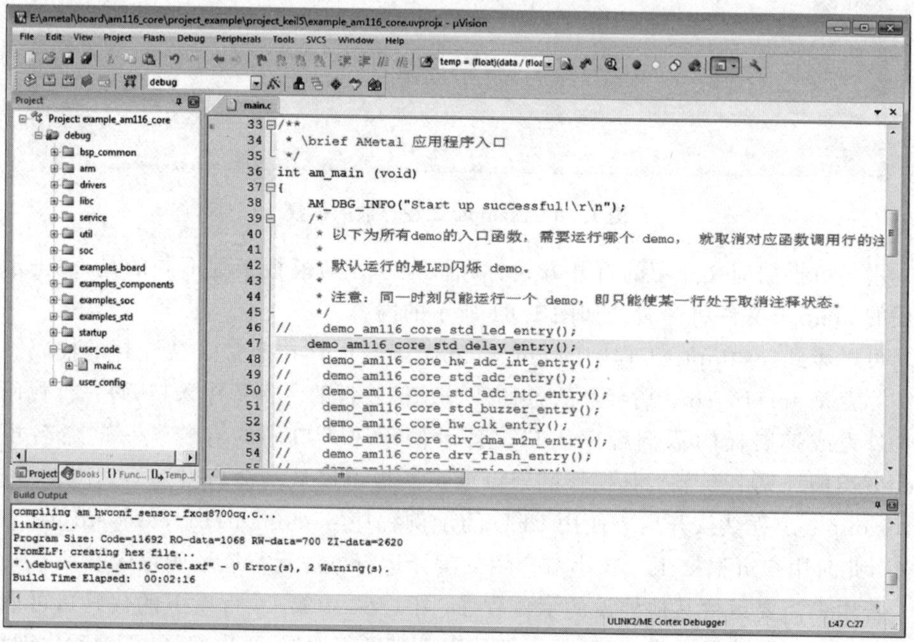

图 1.62　运行其他示例程序

在编译完成后,右击对应程序入口函数,在弹出的快捷菜单中选择 Go To Definition Of 'xxx',可以跳转到对应范例程序实现的位置,查看该函数的具体内容,如图 1.63 所示。

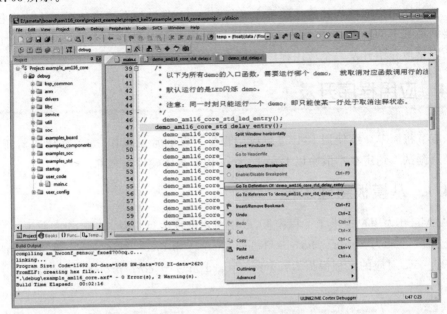

图 1.63　跳转查看范例程序内容

跳转后,即可看到如图 1.64 所示的延时示例程序的内容。

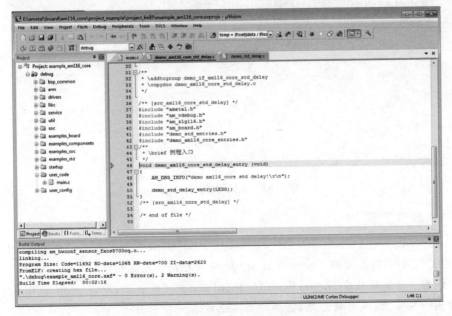

图 1.64　延时示例程序的内容

可以看到,延时示例程序 demo_am116_core_std_delay_entry()中仍然调用了一个接口 demo_std_delay_entry(),此时,同样可以通过上文介绍的跳转方法,继续查看其内容,了解示例程序的细节。

为了让用户能更加快速地将程序运行起来,本节仅仅介绍了运行一个应用程序需要的最基本的步骤,但实际上在编写应用程序时可以进行更多的操作。1.4 节将更为完整地介绍开发一个应用程序所要经历的各个流程。

1.4　应用程序开发

本节将简单介绍使用 Keil 进行应用程序开发的常见操作,如工程导入与新建,编译及调试。约定在本节中以 board_name 代表具体硬件板名称。

1.4.1　从模板新建工程

AMetal 为用户提供了工程模板,以便用户进行项目开发,如图 1.65 所示。工程模板所在目录为:ametal/board/{board_name}/project_template。例如:硬件板 am116_core 对应的工程模板为:ametal/board/am116_core/project_template。

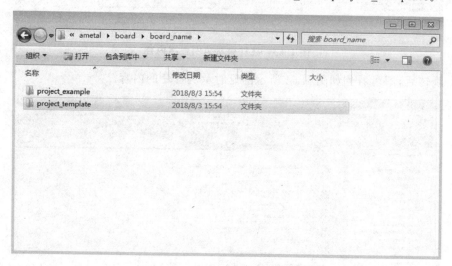

图 1.65　工程模板所在目录

1. 新建工程

用户如需新建工程,只需复制一份 project_template 并粘贴即可。以新建一个操作 led 的工程为例,直接复制一份 project_template 并粘贴。复制粘贴后如图 1.66 所示。

注意:只能粘贴在 ametal/board/{board_name}/目录下,即与 project_template 处于同一级目录,不可随意复制、粘贴至其他目录。

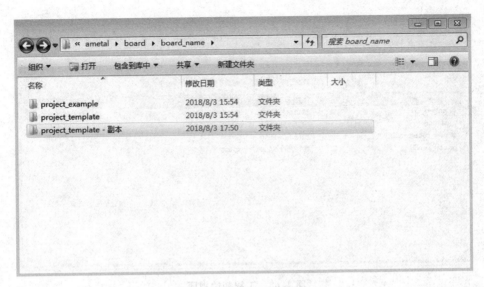

图 1.66　复制一份工程模板

复制工程模板成功后，将"project_template –副本"重命名为自己期望的工程名即可，如命名为 led。重命名后如图 1.67 所示。

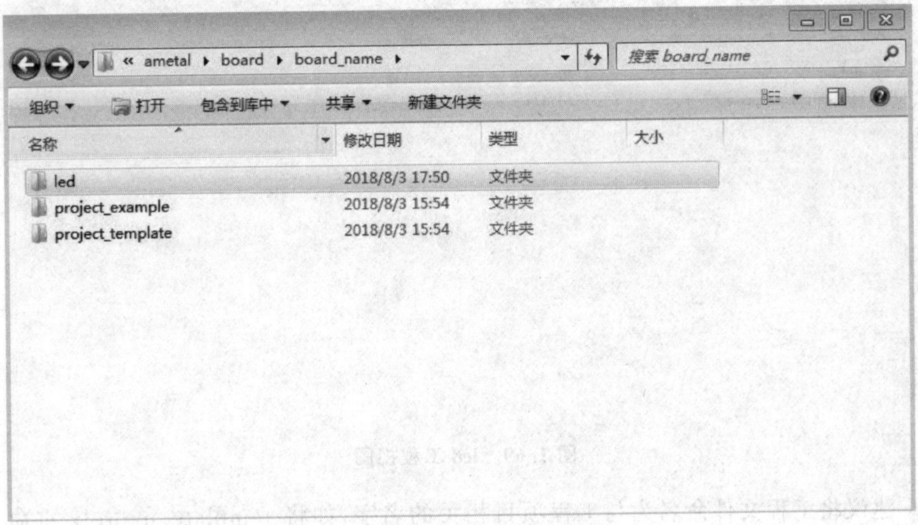

图 1.67　重命名工程目录

打开 led 工程文件夹，如图 1.68 所示，里面有 led 的 Keil 版工程（其中，project_xxx 文件夹为其他类型工程，如 IAR、Eclipse 工程，startup 包含一些系统启动代码，user_code 存放用户代码，user_config 包含用户的一些配置文件）。

然后打开 project_keil5 文件夹，如图 1.69 所示，template.uvprojx 即为工程文件，debug 文件里存放着工程编译信息文件。

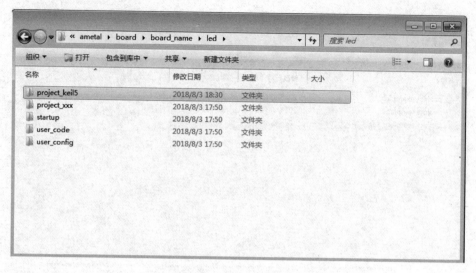

图 1.68　工程初始视图

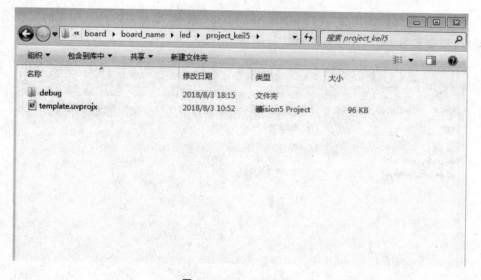

图 1.69　led 工程视图

建议将工程文件命名为与工程项目相关的名字,如将 template.uvprojx 重命名为 led.uvprojx。重命名后如图 1.70 所示。

至此,"新建"工程成功完成。

2. 打开工程

只要正确安装了 Keil,双击 led.uvprojx 即可打开工程,打开后如图 1.71 所示。

可以看到左侧 Project 中有一个名为 led 的工程。单击 debug 前面的"+",可以显示出整个工程结构,如图 1.72 所示。在工程结构中,arm 中存放着系统定时和中

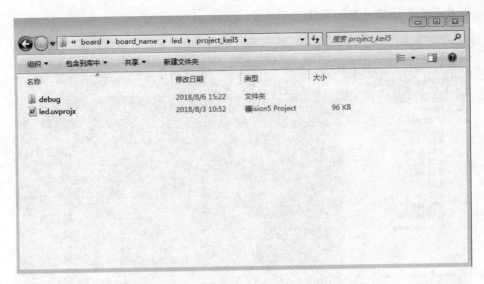

图 1.70　重命名 Keil 工程文件

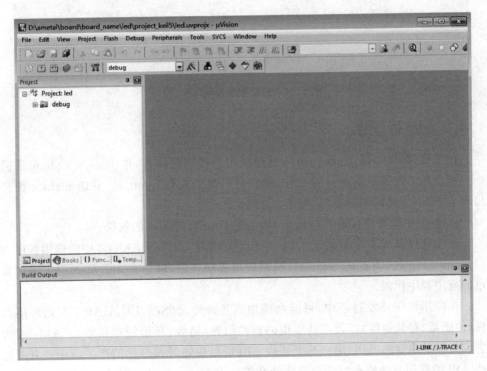

图 1.71　打开工程

断控制,drivers 中包含该开发板支持的驱动源文件及实现;libc 中是 AMetal 开发平台相关的库文件;service 中是为用户提供的一些标准服务接口;soc 中是与芯片底层相关的一些功能实现;startup 中是系统启动文件;user_config 中是配置文件;user_ code 中是用户添加开发的文件。

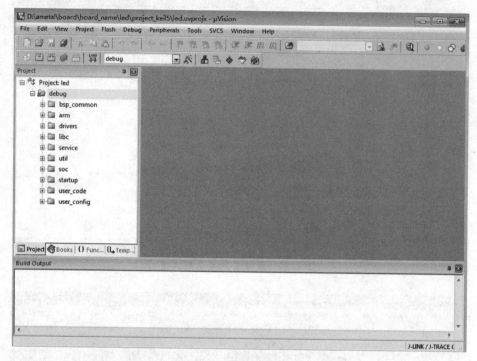

图 1.72 显示整个工程结构(2)

1.4.2 编写程序

在工程窗口中,目录 user_code 是存放用户程序的地方,单击 user_code 前面的"＋"可以显示该结点下所有的文件,默认只有一个文件 main.c。双击 main.c 便会出现 main.c 的代码编辑窗口,如图 1.73 所示。

main.c 中的程序仅有几行代码,却实现了 LED 灯闪烁的效果。

应用程序开发非常类似于在 PC 中开发 C 程序,只不过 AMetal 中的应用程序入口是 am_main(),而不是 mian()。所谓应用程序开发,就是在 am_main() 中添加自己的应用程序代码。

在应用程序开发过程中,可能会使用到各种外设(SPI、I²C、UART 等)、外围器件(传感器、存储器等)以及一些实用的软件组件(链表、环形缓冲区等)。AMetal 为它们提供了简洁的 API,用户基于这些 API 可以快速开发自己的产品应用。有关这些 API 的使用方法将在后续章节详细介绍。

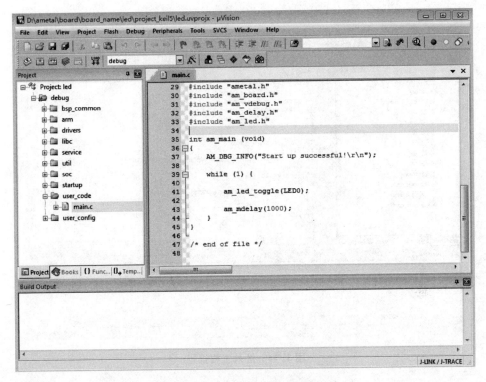

图 1.73　main.c 的代码编辑窗口(2)

1.4.3　编译程序

程序编写好后，需要编译程序，编译无误后才能下载到开发板上运行。单击图 1.74 所示的图标进入工程设置，设置编译链接最终的镜像名(也可以不用设置，设置只是为了使各个工程输出与工程名对应)。

弹出"options for Target 'debug'"对话框，切换到 Output 选项卡进行配置，如图 1.75 所示。

单击 Build 图标，开始编译整个工程。工程开始编译后，Build Output 窗口中会不断输出相关的编译信息。编译链接成功后，应在 Build Output 窗口中看到"0 Error(s),0 Warning(s)"信息。

1.4.4　调试应用程序

1. 开始调试

参照 1.3.3 小节完成工程基本配置，连接好调试器，单击 Build 图标，待程序编译完毕，点击如图 1.76 所示的 Debug 图标启动调试。接下来，便切换到调试界面，系统运行至 main()处，如图 1.77 所示。

• 45 •

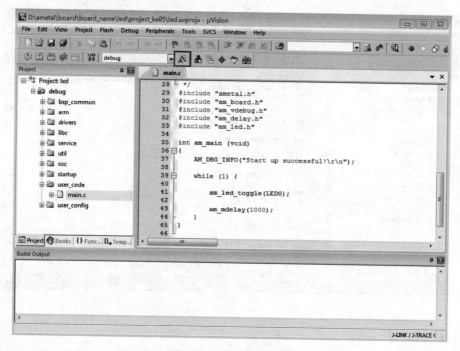

图 1.74　进入工程设置

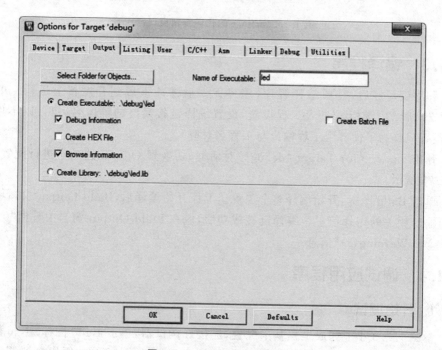

图 1.75　Output 选项卡配置

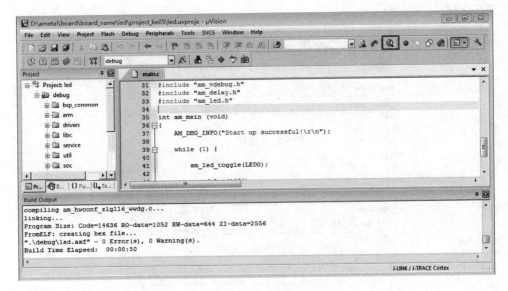

图 1.76　调试程序

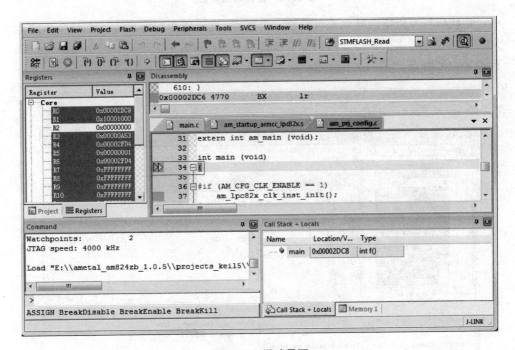

图 1.77　调试界面

进入调试界面后,在图 1.78 中单击 Peripherals 外设寄存器窗口可以查看外设寄存器的信息;使用快捷键 Ctrl+B 可以查看当前设置断点的信息,如果当前没有设置断点,则在断点窗口显示空白。同时,还可以使用以下常用的调试方法对应用程序进行调试。

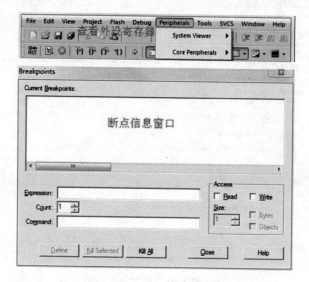

图 1.78　查看调试信息

在代码行左边空白处单击可设置一个断点，设置成功后将出现一个红色小圆点（如需取消断点，再次单击即可），如在 am_main( ) 函数中的 am_led_toggle( ) 代码行添加一个断点，如图 1.79 所示。

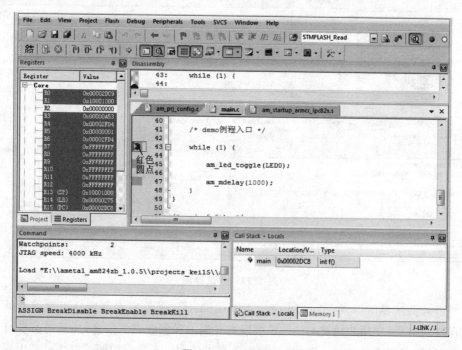

图 1.79　设置断点

调试过程中,常常需要使用到的操作按钮如图 1.80 所示,它们的作用如表 1.2 所列。

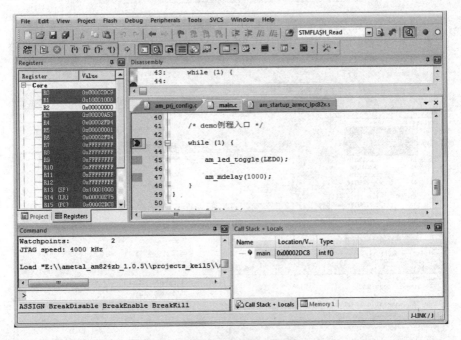

图 1.80　调试中使用到的操作按钮

表 1.2　各调试按钮的作用

按　钮	作　　用
	全速运行(遇到断点或手动暂停时暂停程序)
	暂停程序执行(只有当程序处于全速运行状态时有效)
	运行至当前光标所在行
	单步执行一行程序(遇到函数时,会进入函数继续单步执行)
	单步执行一行程序(遇到函数时,函数也被当作一行程序执行)
	运行程序至本函数退出
	复位器件,重新开始执行程序

单击如图 1.81 所示的全速运行图标,程序便会开始全速运行,运行至断点设置处即会自动暂停,如图 1.82 中的第 45 行代码处。

然后,可以多次单击如图 1.83 所示的 StepOver 图标,观察程序的执行流程以及开发板上 LED 的亮灭情况。

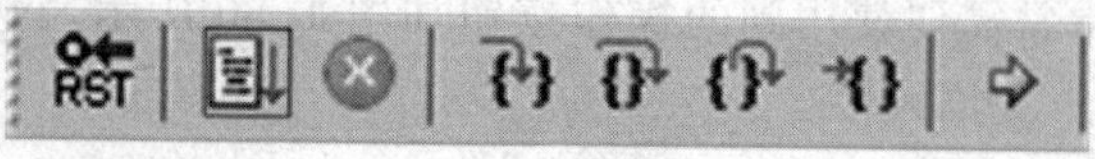

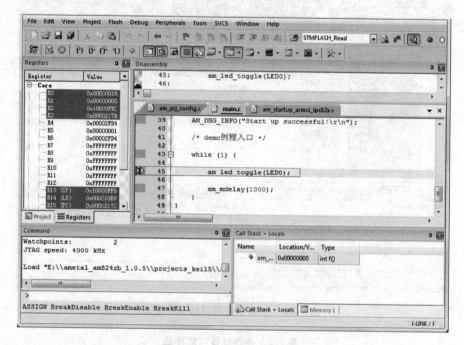

图 1.81　全速运行

图 1.82　运行至断点设置处

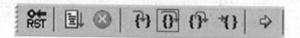

图 1.83　函数单步运行完成

双击图 1.79 中设置的断点后，可取消该断点。再次单击如图 1.81 所示的全速运行图标，程序便会全速运行，可以看到开发板的 LED 灯不停地闪烁。

如果想从 main 函数重新开始调试，则单击如图 1.84 所示的复位图标 便会复位器件，重新调试程序。

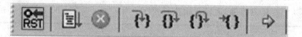

图 1.84　复位器件并重新开始调试程序

2. 停止调试

若不再需要调试程序，则单击如图 1.85 所示的停止调试图标 退出调试。

退出调试之后,即可回到代码编辑窗口,此时用户可以重新编辑修改代码,修改完成并重新编译通过后,可按图 1.76 所示再次进入调试。

图 1.85　退出调试

1.4.5　固化应用程序

当程序编写、调试完成之后,便可以将应用程序固化到芯片中。由于在 Keil μVision5 中控制器是在 Flash 中进行调试的,所以进入调试时已经将程序下载到控制器的 Flash 中,即完成了固化。所以,在进入调试的同时,通过 Keil 的 Load 功能烧写也可以固化应用程序到芯片中。另外,还可以通过第三方软件(比如 Flash Magic)固化应用程序到芯片中,使用第三方软件时通常需要生成相应格式的烧写文件,如 HEX 文件、Bin 文件。

1. 使用 μVision5 烧写程序

μVision5 已经内建了 Flash 下载功能,单击如图 1.55 所示的 Download 图标,程序便被烧写到 Flash 中。

● 程序下载时,Build Output 窗口中会输出相关的信息,一般不用理会。

● 程序正确下载完成后,复位开发板,看到 LED0 灯不停地闪烁,说明程序下载成功。

2. 使用其他工具烧写程序

(1) 生成 HEX 文件

单击 Target Options 图标,弹出工程的配置窗口,切换到 Output 选项卡,选中 Create HEX File 复选框,如图 1.86 所示。

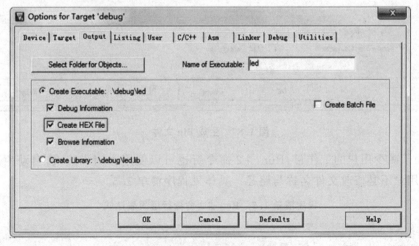

图 1.86　生成 HEX 文件

单击 Build 图标,待工程编译完毕后,便可以在工程目录的 debug 文件夹下找到名为 led. hex 的程序文件。

(2) 生成 Bin 文件

Keil 中只能通过使用命令的方式生成 Bin 文件。单击 Target Options 图标,弹出工程的配置窗口,切换到 User 选项卡,添加如程序清单 1.3 和程序清单 1.4 所示的命令,如图 1.87 所示。

程序清单 1.3 Run ♯1 命令行

```
$ K\ARM\BIN\ELFDWT.EXE ! L BASEADDRESS(0x00000000)
```

程序清单 1.4 Run ♯2 命令行

```
fromelf.exe -- bin - o .\debug\led. bin  .\debug\led. axf
```

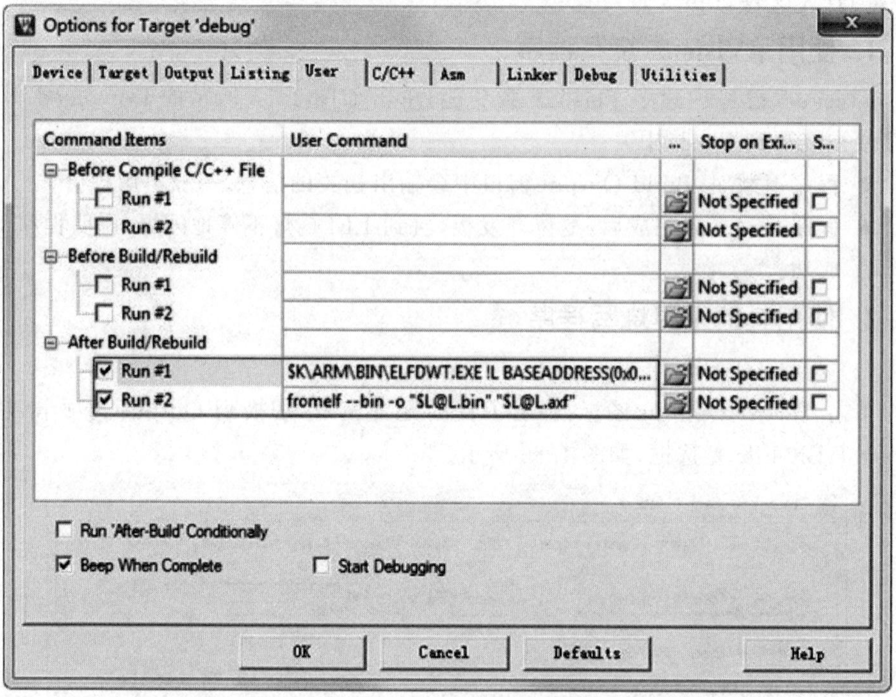

图 1.87 生成 Bin 文件

为了减少用户的工作量,Run ♯2 命令行也可以使用通用表达式,自动生成 bin 文件,用户不必修改文件名称与路径。具体见程序清单 1.5。

程序清单 1.5 Run ♯2 命令行通用表达式

```
fromelf -- bin - o " $ L@L. bin" " $ L@L. axf"
```

单击 Build 图标,待工程编译完毕后,便可以在工程目录的 debug 文件夹下找到名为 led. bin 的程序文件。

3. 烧写程序

程序更新除了可以通过仿真器和编程器以外,大部分微控制器都提供了一个串口下载用户程序的功能,即 ISP 方式,通过串口就可以进行程序烧写或更新,特别适合小批量生产,既经济又实惠。不同厂家的 MCU ISP 烧录方式会有所区别,关于 ISP 烧录的使用方式请参考 MCU 用户手册。

第 2 章

AMetal 初步了解

📖 本章导读

AMetal 是芯片级的裸机软件包,定义了跨平台的通用接口,使得不同厂商、型号的 MCU 外设都能以通用接口操作。换言之,AMetal 为用户提供了与具体芯片无关、仅与外设功能相关的通用接口,屏蔽了不同芯片底层的差异性。如果用户基于通用接口开发应用程序,将使得应用程序与具体芯片无关,非常容易跨平台(不同芯片对应的 AMetal 平台)复用。ZLG 为用户提供了大量标准的外设驱动与相关的协议组件,意在建立完整的生态系统。无论选择什么样的 MCU,只要支持 AMetal,都可实现"一次编程、终生使用"。

对于同类外设,除标准功能外,不同芯片还可能会提供一些非常特殊的功能,这些功能无法标准化,用户可能会在极少情况下需要使用到这些功能,即便如此,AMetal 还是提供了直接操作寄存器的接口,用户可直接使用这部分接口操作寄存器来实现特殊功能。特别地,直接操作寄存器的接口非常简单,往往以内联函数的形式提供,效率很高。对于某些特殊应用可能会对内存占用、运行效率等有极高的要求的情况,也可选择使用直接操作寄存器的接口。

对于上层操作系统,例如 AWorks、Linux 等,都需要为各种外设编写对应的驱动。在编写特定操作系统下的驱动时,必须熟悉特定的驱动框架及操作系统调用方式,这往往会花费开发人员相当大的精力。对于同一个外设,如果要支持多个操作系统,就需要编写多个驱动。其实,驱动底层对硬件的操作是有相通之处的。如果这部分驱动是基于 AMetal 通用接口编写的,那么,驱动将与具体芯片无关,只要 AMetal 支持该芯片,为上层操作系统编写的驱动也就支持该芯片。

2.1 AMetal 架构

AMetal 共分为 3 层,即硬件层、驱动层和标准接口层,详见图 2.1。

根据实际需求,这三层对应的接口均可被应用程序使用。对于 AWorks 平台或者其他操作系统,它们可以使用 AMetal 的标准接口层接口开发相关外设的驱动。这样,AWorks 或者其他操作系统在以后的使用过程中,针对提供相同标准服务的不同外设,就不需要再额外开发相对应的驱动了。

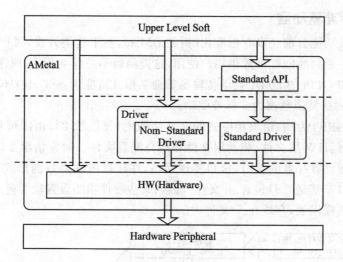

图 2.1　AMetal 架构

2.1.1　硬件层

硬件层对 SOC 做最原始封装,其提供的 API 基本上是直接操作寄存器的内联函数,效率最高。当需要操作外设的特殊功能,或者对效率等有需求时,可以调用硬件层 API。硬件层等价于传统 SOC 原厂的裸机包。硬件层接口使用 amhw_/AM-HW_ ＋芯片名作为命名空间,如 amhw_zlg116 和 AMHW_ZLG116。

注:更多的硬件层接口的定义及示例请参考 ametal\documents\《AMetal API 参考手册.chm》或 ametal\soc\zlg\drivers 文件夹中的相关文件。

2.1.2　驱动层

虽然硬件层对外设做了封装,但其通常与外设寄存器的联系比较紧密,用起来比较烦琐。为了方便使用,驱动层在硬件层的基础上做了进一步封装,进一步简化对外设的操作。

根据是否实现了标准层接口,驱动可以划分为标准驱动和非标准驱动,前者实现了标准层的接口,例如 GPIO、UART、SPI 等常见的外设;后者因为某些外设的特殊性,并未实现标准层的接口,需要自定义接口,例如 DMA 等。驱动层接口使用 am_/AM_ ＋ 芯片名作为命名空间,如 am_zlg116、AM_ZLG116、am_lpc824 和 AM_LPC824。

1. 标准驱动层

这类驱动通常只会提供一个初始化函数(例如,ZLG116 的 ADC 标准驱动提供的初始化函数命名形式可能为:am_zlg116_adc_init()),初始化后即可使用标准接口操作相应的外设。

2. 非标准驱动层

部分外设功能目前还没有标准化（例如 DMA），对于这类外设,可以根据芯片具体情况提供一系列功能性函数供用户使用,这类函数不是标准化的,同样与具体芯片相关（例如,ZLG116 的 DMA 启动传输函数命名形式可能为:am_zlg116_dma_transfer()）,因而将这类函数视为非标准驱动。

这里以 GPIO 为例,给出相应的的文件结构图（见图 2.2）,由图可见,一个外设相关的文件有:HW 层文件、驱动层文件和用户配置文件。通常情况下,HW 层提供了直接操作硬件寄存器的接口,接口实现简洁,往往以内联函数的形式存放在.h 文件中,因此,HW 层通常只包含.h 文件。但当某些硬件功能设置较为复杂时,也会提供对应的非内联函数,存放在.c 文件中。

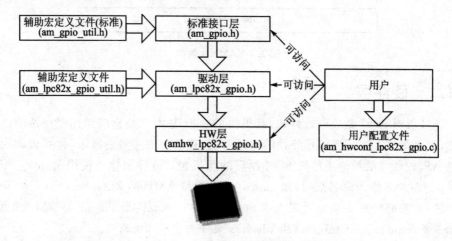

图 2.2　GPIO 文件结构

驱动层作为中间层,其使用 HW 层接口,实现了标准接口层中定义的接口,以便用户使用标准 API 访问 GPIO。用户配置文件完成了相应驱动的配置,如引脚数目等。

2.1.3　标准接口层

标准接口层对常见外设的操作进行了抽象,提出了一套标准 API 接口,可以保证在不同的硬件上,标准 API 的行为都是一样的,接口命名空间为 am_/AM_。用户使用一个 GPIO 的过程:先调用驱动初始化函数,后续在编写应用程序时仅需直接调用标准接口函数即可。可见,应用程序基于标准 API 实现,标准 API 与硬件平台无关,使得应用程序可以轻松地在不同的硬件平台上运行,传统实现是直接操作硬件寄存器实现函数接口。

2.2 AMetal 系统框图

AMetal 系统框图详见图 2.3。

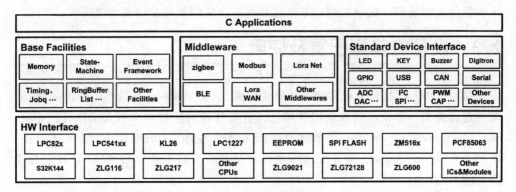

图 2.3 AMetal 系统框图

  C 应用程序可以直接基于 AMetal 提供的各类接口完成设计,接口主要包括 4 个部分:硬件层接口(HW Interface)、标准设备接口(Standard Device Interface)、中间件(Middleware)、基础工具(Base Facilities)。

2.2.1 硬件层接口

  硬件层接口直接操作硬件寄存器,以便用户使用芯片提供的各种功能。当前 AMetal 已经支持一系列 MCU 及外围器件,例如:LPC82x、LPC84x、KL16、KL26、ZLG116、ZLG126、ZML166、ZLG217、ZLG237、HC32L19x、HC32L17x、HC32L13x 和 HC32F03x 等 MCU;EEPROM、SPI Flash、ZM516X、PCF85063、ZLG72128、ZLG600、ZSN603、ZLG9021 和 ZLG52810 等外围器件。

  这类接口重在实现 MCU 或外围器件本身的功能,程序员再也不用查看芯片手册就能编写使用 MCU 或外围器件。

2.2.2 标准层接口

  标准设备接口是高度抽象的接口,与具体硬件无关,可以跨平台复用。常用的设备均已定义了相应的接口,例如:LED、KEY、Buzzer、Digitron、GPIO、USB、CAN、Serial、ADC、DAC、I^2C、SPI、PWM 和 CAP 等。用户应尽可能基于标准接口编程,以便应用程序跨平台复用。

2.2.3 中间件

  一些通用的组件,与具体芯片无关,例如:Modbus、LoRa WAN、LoRa NET 协议栈。用户使用 AMetal 时,可以直接使用这些成熟的协议栈,快速实现应用。

2.2.4 基础组件

一些基础的软件工具,便于在应用程序中使用,例如:任务队列、链表、环形缓冲区和软件定时器等。这些实用的基础工具可以为应用程序提供很大的便利。

2.3 设备的典型配置及使用

每一个 MCU 都包含众多的硬件外设资源,只要 AMetal 提供对应外设的驱动,就一定会提供一套相应的默认配置信息。所有外设的配置均由{PROJECT}\user_config\am_hwconf_usrcfg\(为叙述简便,下面统一使用{HWCONFIG}表示该路径)下的一组以 am_hwconf_* 开头的.c 文件完成。下面将主要介绍 AMetal 片上外设资源的结构。

不同评估板的硬件外设资源所对应的配置文件可查看 ametal\documents\{board_name}\{board_name}路径下的用户手册,手册包括硬件外设资源对应的配置文件表,如表 2.1 所列。

表 2.1 外设资源及其对应的配置文件

序 号	外 设	配置文件
1	INT(中断)	am_hwconf_arm_nvic.c
2	ADC	am_hwconf_{soc_name}_adc.c
3	时钟部分(CLK)	am_hwconf_{soc_name}_clk.c
4	DMA	am_hwconf_{soc_name}_dma.c
5	GPIO	am_hwconf_{soc_name}_gpio.c
6	I^2C 控制器	am_hwconf_{soc_name}_i2c.c
7	I^2C 从机控制器	am_hwconf_{soc_name}_i2c_slv.c
8	电源管理	am_hwconf_{soc_name}_pwr.c
9	SPI(DMA 传输方式)	am_hwconf_{soc_name}_spi_dma.c
10	SPI(中断方式)	am_hwconf_{soc_name}_spi_int.c
11	标准定时器的捕获功能	am_hwconf_{soc_name}_tim_cap.c
12	标准定时器的 PWM 功能	am_hwconf_{soc_name}_tim_pwm.c
13	标准定时器的定时功能	am_hwconf_{soc_name}_tim_timing.c
14	UART	am_hwconf_{soc_name}_uart.c
15	窗口看门狗	am_hwconf_{soc_name}_wwdg.c

序 号	外 设	配置文件
16	独立看门狗	am_hwconf_{soc_name}_iwdg.c
17	按键	am_hwconf_key_gpio.c
18	LED	am_hwconf_led_gpio.c
19	蜂鸣器	am_hwconf_buzzer.c
20	温度传感器（LM75）	am_hwconf_lm75.c
21	调试串口	am_hwconf_debug_uart.c
22	系统滴答和软件定时器	am_hwconf_system_tick_softimer.c

　　这里只是一部分硬件外设，实际每个硬件外设都提供了对应的配置文件。虽然看起来配置文件的数量非常多，但实际上，所有配置文件的结构和配置方法都非常类似；同时，由于所有的配置文件都已经是一种常用的默认配置，因此用户在实际配置时需要配置的项目非常少，往往只需要配置外设相关的几个引脚号就可以了。即使用户有一些特殊需求，也只需要修改当中极少部分对应的参数即可。

　　注： 从配置文件可以看到，文件名分为以 am_hwconf* 开头的.c 文件和以 am_hwconf_{soc_name} 开头的.c 文件。一个带有 MCU 名，如 am_hwconf_ZLG116_iwdg.c 的文件，属于 SOC 片上外设资源，而不带 MCU 名的则为板级外设资源。用户如果感兴趣，可以通过查看 MCU 芯片手册进行了解，不了解也没关系，将这一类资源统一为硬件外设资源处理即可。

2.3.1　配置文件

　　配置文件的核心是定义一个设备实例和设备信息结构体，并提供封装好的实例初始化函数和实例解初始化函数。上文有详述整个配置的流程和细节。一般来说，板级资源配置只需要设备信息和实例初始化函数即可，而且实例初始化函数通常情况下不需要用户手动调用，也不需要用户自己修改。只需要在工程配置文件 {PRO-JECT}\user_config\am_prj config.h 中打开或禁用相应的宏，相关资源会在系统启动时在 ametalboard{board_name}\project_template\user_configamboard.c 中自动完成初始化。以 LED 为例，初始化代码详见程序清单 2.1。

程序清单 2.1　LED 实例初始化函数调用

```
1    /**
2     *  板级初始化
3     */
4    void am_board_init (void)
5    {
6    //……
```

```
7      # if (AM_CFG_LED_ENABLE == 1)
8      am_led_gpio_inst_init();
9      # endif /* (AM_CFG_LED_ENABLE == 1) */
10     //……
11    }
```

所以对于一些设备,我们只需要找到它们对应的宏,进行修改,使能或禁能它们,如果它们没有在 user_configam_board.c 文件中被初始化,那么当我们使用到此外设资源时,手动调用即可,如程序清单 2.2。

程序清单 2.2　是否使能 GPIO 的相关宏

```
1/**为 1,初始化 GPIO 的相关功能 */
# define AM_CFG_GPIO_ENABLE1
```

2.3.2　典型配置

1. LED 配置

板上通常有两个 LED 灯,对应接两个 I/O 口,可以通过查看电路原理图,或者查看 LED 获得相关信息,其被定义在 ametal\board\{board_name}\project_template\user_config\am_hwconf_usrcfg\am_hwconf_led_gpio.c 文件中,详见程序清单 2.3。

程序清单 2.3　LED 相关配置信息

```
1      /** 定义 LED 相关的 GPIO 引脚信息 */
2      static const int __g_led_pins[] = {PIO{1}, PIO{2}};
3      /** 定义 GPIOLED 实例信息 */
4      static const am_led_gpio_info_t __g_led_gpio_info = {
5      {
6          0, /* 起始编号 0 */
7          AM_NELEMENTS(__g_led_pins) - 1/* 结束编号 1,共计 2 个 LED */
8          },
9          __g_led_pins,
10         AM_TRUE /* 低电平点亮 */
11     };
```

注:PIO{1},PIO{2}分别为 LED 对应使用的 I/O 口。

其中,am_led_gpio_info_t 类型在 ametal\components\drivers\include\am_led_gpio.h 文件中定义,详见程序清单 2.4。

程序清单 2.4　LED 引脚配置信息类型定义

```
1      typedef struct am_led_gpio_info {
2      /**LED 基础服务信息,包含起始编号和结束编号 */
3      am_led_servinfo_t serv_info;
4      /** 使用的 GPIO 引脚,引脚数应为(结束编号 - 起始编号 + 1) */
```

```
5      const int * p_pins;
6      / * * LED 是否是低电平点亮 * /
7      am_bool_t active_low;
8
9      }am_led_gpio_info_t;
```

其中,serv_info 为 LED 的基础服务信息,包含 LED 的起始编号和结束编号;p_pins 指向存放 LED 引脚的数组首地址,选择的引脚在{soc_name}_pin. h 文件中定义;active_low 参数用于确定其点亮电平,若是低电平点亮,则该值为 AM_TRUE,否则,该值为 AM_FALSE。

可见,在 LED 配置信息中,LED0 和 LED1 分别对应的两个 I/O 口均为低电平点亮。如需添加更多的 LED,只需在该配置信息数组中继续添加即可。

可使用 LED 标准接口操作这些 LED,详见 ametal\interface\am_led. h。 led_id 参数与该数组对应的索引号一致。

注:由于 LED 使用了两个 I/O 口,若应用程序需要使用这两个引脚,建议通过使能/禁能宏禁止 LED 资源的使用。在使用时请查看电路,或跳线帽功能选择表,确认是否需要短接对应的跳线帽。

2. 蜂鸣器配置

对于板载蜂鸣器,这里以无源蜂鸣器为例,因为使用多为无源蜂鸣器,需要使用 PWM 驱动才能实现发声。可以通过{PROJECT}\user_config\am_hwconf_usrcfg\am_hwconf_buzzer_PWM. c 文件中的两个相关宏来配置 PWM 的频率和占空比,相应宏名及含义详见表 2.2。

表 2.2　蜂鸣器相关宏名及含义

宏　名	含　义
__BUZZER_PWM_FREQ	PWM 的频率,默认为 2.5 kHz
__BUZZER_PWM_DUTY	PWM 的占空比,默认为 50(即 50%)

注解:由于蜂鸣器使用了一个通道 PWM 功能,若应用程序需要使用此 PWM,建议通过使能/禁能宏来禁止蜂鸣器的使用,以免冲突。

3. 按　键

一般有两个板载按键即 KEY/RES 和 RST,使用时,需要 RST 为复位按键,故可供使用的按键只有 KEY/RES。 KEY 的相关信息定义在 ametal\board\{board_name}\project_template\user_config\am_hwconf_usrcfg\am_hwconf_key_gpio. c 文件中,详见程序清单 2.5。

程序清单 2.5　KEY 相关配置信息

```
1    static const int __g_key_pins[] = {PIO{1}};
2    static const int __g_key_codes[] = {KEY_KP0};
3    /*定义 GPIO 按键实例信息*/
4    static const am_key_gpio_info_t __g_key_gpio_info = {
5        __g_key_pins,
6        __g_key_codes,
7        AM_NELEMENTS(__g_key_pins),
8        AM_TRUE,
9        10
10   };
```

其中,KEY_KP0 为默认按键编号;AM_NELEMENTS()为计算按键个数的宏函数;am_key_gpio_info_t 类型在 ametal\components\drivers\include\am_key_gpio.h 文件中定义,详见程序清单 2.6。

程序清单 2.6　KEY 配置信息类型的定义

```
1    /**
2     *   按键信息
3     */
4    typedef struct am_key_gpio_info {
5        const int      * p_pins;           /*使用的引脚号*/
6        const int      * p_codes;          /*各个按键对应的编码(上报)*/
7        int              pin_num;          /*按键数目*/
8        am_bool_t        active_low;       /*是否低电平激活(按下为低电平)*/
9        int              scan_interval_ms; /*按键扫描时间间隔,一般 10 ms*/
10   }am_key_gpio_info_t;
```

其中,p_pins 指向存放 KEY 引脚的数组首地址,在本平台可选择的引脚在 {board_name}_pin.h 文件中定义;p_codes 指向存放按键对应编码的数组首地址;pin_num 为按键数目;active_low 用于确定其点亮电平,若是低电平点亮,则该值为 AM_TRUE,否则,该值为 AM_FALSE;scan_interval_ms 为按键扫描时间,一般为 10 ms。

可见,在 KEY 配置信息中,KEY/RES 对应的 I/O 口低电平有效。如需添加更多的 KEY,只需在 __g_key_pins 和 __g_key_codes 数组中继续添加按键对应的引脚和编码即可。

注:由于 KEY/RES 使用了 I/O 口,若应用程序需要使用这个引脚,建议通过使能/禁能宏禁止 KEY 资源的使用。在使用时请查看电路,可用跳线帽功能选择,确认是否需要短接对应的跳线帽。

4. 调试串口配置

AMetal 一般具有多个串口,可以选择使用其中一个串口来输出调试信息。使用{PROJECT}\user_config\am_hwconf_usrcfg\am_hwconf_debug_uart.c 文件中的两个相关宏来配置使用的串口号和波特率,相应宏名及含义详见表 2.3。

表 2.3　调试串口相关宏名及含义

宏　名	含　义
__DEBUG_UART	串口号,1 - UART1,2 - UART2
__DEBUG_BAUDRATE	使用的波特率,默认 115 200

注:每个串口还可能需要引脚的配置,这些配置属于具体外设资源的配置,平台按每个芯片 UART 情况,默认给每组 UART 提供一组引脚配置,实际使用中如与硬件不匹配,可按设计的原理图再次分配修改。如应用程序需要使用串口,应确保调试串口与应用程序使用的串口不同,以免冲突。调试串口的其他配置固定为:8 - N - 1(8 位数据位,无奇偶校验,1 位停止位)。

5. 系统滴答定时器和软件定时器配置

系统滴答定时器需要定时器为其提供一个周期性的定时中断,不同的核心板默认使用的定时器可能也不同,下面为不同核心板使用的默认定时器和通道(见表 2.4)。

表 2.4　不同核心板使用的默认定时器和通道

核心板	默认定时器和通道
ZLG116	TIM14,通道 0
lpc824	MRT,通道 0

系统滴答定时器的频率还需要使用{PROJECT}\user_config\am_hwconf_usrcfg\am_hwconf_system_tick softimer.c 文件中的__SYSTEM_TICK_RATE 宏来设置,默认为 1 kHz。详细定义见程序清单 2.7。

程序清单 2.7　系统滴答频率的配置

```
1    /**
2     * 设置系统滴答定时器的频率,默认 1 kHz
3     *
4     * 系统滴答定时器的使用详见 am_system.h
5     */
6    #define __SYSTEM_TICK_RATE1000
```

软件定时器基于系统滴答实现,它也需要使用{PROJECT}\user_configam_hwconf_usrcfg\am_hwconf_system_tick_softimer.c 文件中的__SYSTEM_TICK_RATE 宏来设置其运行频率,默认为 1 kHz。详细定义见程序清单 2.7。

注解：使用软件定时器时必须开启系统滴答定时器。

6. 温度传感器 LM75

标准评估板都自带一个 LM75B 测温芯片,具体需查看片上外设资源,或电路原理图,如 AM116 和 AM824 等都有自带。使用 LM75 温度传感器需要配置{PRO-JECT}\user_configam_hwconf_usrcfg\am_hwconf_lm75.c 文件中 LM75 的实例信息__g_temp_lm75_info,其中,__g_temp_lm75_info 存放的是 I^2C 从机地址。详细定义见程序清单2.8。

程序清单2.8　LM75 从机地址配置

```
1    /*定义 LM75 实例信息*/
2    static const am__temp_lm75_info_t __g_temp_lm75_info = {
3    0x48
4    };
```

LM75 没有相应的使能/禁能宏,配置完成后,用户需要自行调用实例初始化函数来获得温度标准服务操作句柄,然后通过标准句柄获取温度值。

7. 典型外设初始化函数表

常见的板级资源对应的设备实例初始化函数的原型详见表2.5。

表2.5　常见的板级资源及其对应的设备实例初始化函数的原型

序　号	板级资源	实例初始化函数原型
1	按键	int am_key_gpio_inst_init (void);
2	LED	int am_led_gpio_inst_init (void);
3	蜂鸣器	am_pwm_handle_tam_buzzer_inst_init (void);
4	温度传感器（LM75）	am_temp_handle_tam_temp_lm75_inst_init (void);
5	调试串口	am_uart_handle_tam_debug_uart_inst_init (void);
6	系统滴答定时器	am_timer_handle_tam_system_tick_inst_init (void);
7	系统滴答定时器和软件定时器	am_timer_handle_tam_system_tick_softimer_inst_init (void);

注:不同的板级可能有一些细微不同。

2.3.3　外设资源的使用方法

使用外设资源的方法有两种:一种是使用软件包提供的驱动;另一种是不使用驱动,自行使用硬件层提供的函数完成相关操作。

1. 使用 AMetal 提供的驱动

一般来讲,除非必要,一般都会优先选择使用经过测试验证的驱动来完成相关的操作。使用外设的操作顺序一般是初始化、使用相应的接口函数操作该外设、解初始化。

（1）初始化

无论何种外设，在使用前均需初始化。所有外设的初始化操作均只需调用用户配置文件中提供的设备实例初始化函数，所有外设的实例初始化函数均在〈PROJECT〉\user_config\am_{board_name}_inst_init.h 文件中声明。使用实例初始化函数前，应确保已包含 am_{board_name}_inst_init.h 头文件。MCU 对应的各个外设的设备实例初始化函数可查看 ametal\documents\《{board_name}用户手册.pdf》。

（2）操作外设

根据实例初始化函数的返回值类型，可以判断后续该如何继续操作该外设。实例初始化函数的返回值可能有以下三类，下面将分别介绍这三种不同返回值的含义以及实例初始化后该如何继续使用该外设。

① 返回值为 int 型。

常见的全局资源外设对应的实例初始化函数的返回值均为 int 类型，相关外设详见表 2.6。

表 2.6 返回值为 int 类型的实例初始化函数

序 号	外 设	实例初始化函数原型
1	CLK	int am_{board_name}_clk_inst_init(void)
2	DMA	int am_{board_name}_dma_inst_init(void)
3	GPIO	int am_{board_name}_gpio_inst_init(void)
4	INT	int am_{board_name}_nvic_inst_init()

若返回值为 AM_OK，表明实例初始化成功；否则，表明实例初始化失败，需要检查设备相关的配置信息。

后续操作该类外设时直接使用相关的接口操作即可，根据接口是否标准化，可以将操作该外设的接口分为两类，即已标准化接口和未标准化接口。

接口已标准化，如 GPIO 提供了标准接口，已在 ametal\interface\am_gpio.h 文件中声明，则可以查看相关接口说明和示例。以使用 GPIO 为例，详见程序清单 2.9。

程序清单 2.9 GPIO 标准接口使用范例

```
1    am_gpio_pin_cfg(PIOA_10, AM_GPIO_OUTPUT);        /* 将 GPIO 配置为输出模式 */
2    am_gpio_set(PIOA_10,1);                          /* 将 PIOA_10 配置为输出模式 */
```

这两句是把引脚号为 PIOA_10 的 I/O 口配置为输出模式，后面接着输出高电平。

接口原型及详细的使用方法请参考 ametal\documents\《ametal API 参考手册.chm》或者 ametal\interface\am_gpio.h 文件。

接口未标准化，则相关接口由驱动头文件自行提供，例如 DMA，相关接口在 ametal/soc{core_type_name}drivers/include/dma/am_dma.h 文件中声明。

注：无论是标准接口还是非标准接口，使用前，均需要包含对应的接口头文件。需要特别注意的是，这些全局资源相关的外设设备，一般在系统启动时已默认完成初始化，无需用户再自行初始化。

② 返回值为标准服务句柄。

有些外设实例初始化函数后返回的是标准服务句柄，详细介绍可以参见 ametal\documents\《AMetal 中各 MCU 片上外设配置文件表.pdf》，其相关常用外设实例初始化函数详见表 2.7。由表 2.7 可以看到，绝大部分外设实例初始化函数均是返回标准的服务句柄。若返回值不为 NULL，表明初始化成功；否则，初始化失败，需要检查设备相关的配置信息。

表 2.7   返回值为标准服务句柄的实例初始化函数

序　号	外　设	实例初始化函数原型
1	ADC	am_{board_name}_adc_inst_init（void）
2	I2C1	am_{board_name}_i2c1_inst_init（void）
3	SPI1_INT	am_{board_name}_spi1_int_inst_init（void）
4	SPI1_DMA	am_{board_name}_spi1_dma_inst_init（void）
5	Timer1_CAP	am_{board_name}_tim1_cap_inst_init（void）
6	Timer2_CAP	am_{board_name}_tim2_cap_inst_init（void）
7	Timer1_PWM	am_{board_name}_tim1_pwm_inst_init（void）
8	Timer2_PWM	am_{board_name}_tim2_pwm_inst_init（void）
9	Timer1_timing	am_{board_name}_tim1_timing_inst_init（void）
10	Timer2_timing	am_{board_name}_tim2_timing_inst_init(void)
11	PWR	am_{board_name}_pwr_inst_init（void）
12	UART1	am_{board_name}_uart1_inst_init（void）
13	UART2	am_{board_name}_uart2_inst_init（void）
14	WWDT	am_{board_name}_wwdg_inst_init（void）
15	IWDT	am_{board_name}_iwdg_inst_init（void）
16	蜂鸣器	am_pwm_handle_t am_buzzer_inst_init（void）;
17	温度传感器（LM75）	am_temp_handle_t am_temp_lm75_inst_init（void）;
18	调试串口	am_uart_handle_t am_debug_uart_inst_init（void）;
19	系统滴答定时器	am_timer_handle_t am_system_tick_inst_init（void）;
20	系统滴答定时器和软件定时器	am_timer_handle_t am_system_tick_softimer_inst_init（void）;

可见，返回值为标准服务句柄的设备相对较多，这里没有列出所有的实例初始化函数，用户需要时可以查对应评估板的用户手册。

对于这些外设，后续可以利用返回的 handle 来使用相应的标准接口层函数。使用标准接口层函数的相关代码是可跨平台复用的。例如，ADC 设备的实例初始化函数的返回值类型为 am_adc_handle_t,为了方便后续使用,可以定义一个变量来保存该返回值,后续就可以使用该 handle 来完成电压的采集了,详见程序清单 2.10。

程序清单 2.10　ADC 简单操作示例

```
1    # include "ametal.h"
2    # include "am_adc.h"
3    # include "am_{board_name}_inst_init.h"
4    uint32_t g_adc_val_buf[200];
5    am_adc_handle_t g_adc_handle;
6    int am_main (void) {
7        g_adc_handle = am_{board_name}_adc_inst_init();
8        /* 读取 ADC 转换的电压值 */
9        am_adc_read_mv(g_adc_handle, 0, g_adc_val_buf,200);
10       /* …… */
11       while(1);
12   }
```

③ 返回值为驱动自定义服务句柄。

少数特殊的外设实例初始化函数返回的是自定义服务句柄。若返回值不为 NULL,表明初始化成功;否则,初始化失败,需要检查设备相关的配置信息。

这类外设初始化后,即可利用返回的 handle 去使用驱动提供的相关函数。例如,ZLG116 的 TIM0 相关驱动函数在\ametal\soc\common\drivers\include\am_zlg_timer.h 文件中声明。相关接口及使用方法可以参考该文件或\ametal\documents\《ametal API 参考手册.chm》。以定时器 timer handle 使用为例,调用过程详见程序清单 2.11。

程序清单 2.11　timer handle 简单操作示例

```
1    # include "ametal.h"
2    # include "am_zlg116_inst_init.h"
3    am_zlg116_timer_handle_t g_zlg116_timer_handle;
4    int am_main (void)
5    {
6        g_zlg116_timer_handle = am_zlg116_timer0_inst_init();
7
8        /* 设置 TIM 状态为 0 */
9        am_zlg_timer_state_set(g_zlg116_timer0_handle, 0);
10
11       //……
12       while(1);
13   }
```

（3）解初始化

外设使用完毕后,应调用相应设备配置文件提供的实例解初始化函数,以释放相关资源。外设实例解初始化函数相对简单,所有实例解初始化函数均无返回值。所有外设的实例解初始化函数均在{PROJECT}\user_config\am_{board_name}_inst_init.h 文件中声明。使用实例解初始化函数前,应确保已包含 am_{board_name}_inst_init.h 头文件。对应板子各个外设对应的设备实例解初始化函数的原型可以参见 ametal\documents\《AMetal 中各 MCU 片上外设资源表.pdf》,这里仅列出部分外设对应的设备实例解初始化函数的原型,如表 2.8 所列。

表 2.8 部分外设对应的设备实例解初始化函数的原型

序 号	外 设	实例解初始化函数原型
1	ADC	void am_{board_name}_adc_inst_deinit（void）
2	DMA	void am_{board_name}_dma_inst_deinit（void）
3	GPIO	void am_{board_name}_gpio_inst_deinit（void）
4	I2C1	void am_{board_name}_i2c1_inst_deinit（void）
5	SPI1_INT	void am_{board_name}_spi1_int_inst_deinit（void）
6	SPI1_DMA	void am_{board_name}_spi1_dma_inst_deinit（void）
7	Timer1_CAP	void am_{board_name}_tim1_cap_inst_deinit（void）
8	Timer2_CAP	void am_{board_name}_tim2_cap_inst_deinit（void）
9	Timer1_PWM	void am_{board_name}_tim1_pwm_inst_deinit（void）
10	Timer2_PWM	void am_{board_name}_tim2_pwm_inst_deinit（void）
11	INT	void am_{board_name}_nvic_inst_deinit（void）
12	PWR	void am_{board_name}_pwr_inst_deinit（void）
13	UART1	void am_{board_name}_uart1_inst_deinit（void）
14	UART2	void am_{board_name}_uart2_inst_deinit（void）
15	WWDT	void am_{board_name}_wwdg_inst_deinit（void）
16	IWDT	void am_{board_name}_iwdg_inst_init（void）

此处未列出所有的实例解初始化函数,如有需要,用户可以查看对应评估板的用户手册。

注:时钟部分不能被解初始化。

2. 直接使用硬件层函数

一般情况下,使用设备实例初始化函数返回的 handle,再利用标准接口层或驱动层提供的函数,已能满足绝大部分应用场合。若在一些效率要求很高或功能要求很特殊的场合,可能需要直接操作硬件,则可以直接使用 HW 层提供的相关接口。

通常,HW 层的接口函数都以外设寄存器结构体指针为参数(特殊地,系统控制部分功能混杂,默认所有函数直接操作 SYSCON 各个功能,无需再传入相应的外设寄存器结构体指针)。

以 GPIO 为例,所有硬件层函数均在 ametal\soc\{core_type_name}\drivers\includegpio\hw\amhw_{core_type_name}_gpio. h 文件中声明(一些简单的内联函数直接在该文件中定义)。简单列举一个函数,设置 GPIO 输出高电平,详见程序清单 2.12。

程序清单 2.12　设置 GPIO 引脚输出高电平的硬件接口

```
1    / **
2     *   设置 GPIO 引脚输出高电平
3     *
4     * \param[in] p_hw_gpio : 指向 GPIO 寄存器块的指针
5     * \param[in] pin : 引脚编号,值为 PIO *
6     *
7     * \return 无
8     *
9     * \note 配置引脚输出高电平
10    * /
11
12   void amhw_zlg_gpio_pin_out_high (amhw_zlg_gpio_t * p_hw_gpio, int pin)
13   {
14       amhw_zlg_gpio_t * p_gpio_addr = (amhw_zlg_gpio_t * )((int)p_hw_gpio \
15       + (pin >> 4) * 0x400);
16
17       / * 相应引脚输出高电平 * /
18       p_gpio_addr ->bsrr | = (1UL << (pin & 0x0f));
19   }
```

2.4　AMetal 提供的 demo

AMetal 提供了丰富的硬件支持及协议支持,为了使用户能够快速熟悉这些硬件与协议,在 examples 目录下提供了大量与这些硬件及协议相关的 demo,examples 目录下的 demo 分为四类,分别在 board、components、soc 和 std 四个文件中。这四个文件中的 demo 源程序范例、demo 头文件中包含了详尽的注释,包括操作步骤、demo 现象等。用户在使用相关内容时可以先查看对应的 demo 文件,这样就可以很快上手使用相应的外设资源,4 个文件夹中的 demo 特点如下:

● board 文件夹的 demo:可以在具体硬件板上运行的 demo;
● components 文件夹的 demo:组件相关的 demo 源程序;
● soc 文件夹的 demo:芯片驱动层的 demo 源程序;

● std 文件夹的 demo：驱动层例程，调用驱动层标准接口实现的 demo。

除了 board 和 soc 外，其他文件夹中（components 和 std）的 demo 是通用的，不与具体硬件绑定，可以应用在多个硬件板中。components 和 std 的 demo 正常运行需要一定的条件，这些条件通过入口函数的参数传入。

2.4.1 板级例程

板级例程主要存放在 board 文件夹中，它们调用驱动层和硬件层的例程，控制评估板的各个硬件。这些例程与板级硬件密切相关，不同的评估板，其硬件有所不同，例程文件也不同，因此，按照不同的评估板分成了不同的文件夹，如 am116_core 文件夹内存放的是 AM116_Core 评估板对应的例程文件。根据 demo 例程的实现过程是通过调用驱动层例程还是调用硬件层例程，这些 demo 例程又被分为两类，即通过其文件名中的"hw"或"std"来区分，文件名中含有"hw"的，表明其通过调用硬件层例程实现；文件名中含有"std"的，表明其通过调用驱动层例程来实现。

例如，demo_am116_core_hw_adc_int.c 文件中存放的是 ADC 中断例程，实现电压采样并用串口输出，通过调用 HW 层接口实现。demo_am116_core_std_adc_ntc.c 利用板子的热敏电阻（NTC）推算出温度，通过标准接口实现。ADC 中断板级范例程序详见程序清单 2.13。

程序清单 2.13　ADC 中断板级范例程序

```
1    # include "ametal.h"
2    # include "am_clk.h"
3    # include "am_gpio.h"
4    # include "am_vdebug.h"
5    # include "am_zlg116.h"
6    # include "demo_zlg_entries.h"
7    /**
8     *    例程入口
9     */
10   void demo_am116_core_hw_adc_int_entry (void)
11   {
12       AM_DBG_INFO("demoam116_corehwadcint! \r\n");
13       /* 运行硬件层例程前的环境设置、配置引脚、使能时钟等 */
14       am_gpio_pin_cfg(PIOA_1, PIOA_1_AIN);
15       am_clk_enable(CLK_ADC1);
16       demo_zlg_hw_adc_int_entry(ZLG116_ADC,
17                           INUM_ADC_COMP,
18                           AMHW_ZLG_ADC_CHANNEL1,
19                           3300);
20   }
```

除了这些外设例程外,am116_core 文件夹中还有 demo_am116_core_entries.h,
其包含 am116_core 文件夹中的所有例程入口函数的声明,在使用这些例程时,只需
包含该头文件。例如上边所使用的 ADC 中断例程,其定义详见程序清单 2.14。

程序清单 2.14   ADC 中断声明

```
1    / **
2     * ADCINT 例程,通过 HW 层接口来实现
3     */
4    void demo_am116_core_hw_adc_int_entry (void);
```

2.4.2   组件例程

组件例程主要存放在 components 文件夹中,其包含一些常用外围器件的例程,
如常见的 Flash 芯片"EP24Cxx"和"MX25xx"等器件的例程,以及一些服务型组件例
程,如闪存转换层例程"demo_ftl.c"等。以 EEPROM 的组件范例程序为例,详见程
序清单 2.15。

程序清单 2.15   EEPROM 组件范例程序

```
1    # include "ametal.h"
2    # include "am_delay.h"
3    # include "am_vdebug.h"
4    # include "am_ep24cxx.h"
5    # define __BUF_SIZE16 / **< 缓冲区大小 * /
6    / **
7     *   例程入口
8     */
9    void demo_ep24cxx_entry (am_ep24cxx_handle_t ep24cxx_handle, int32_t test_lenth)
10   {
11       uint8_t i;
12       uint8_t wr_buf[__BUF_SIZE] = {0}; / * 写数据缓存定义 * /
13       uint8_t rd_buf[__BUF_SIZE] = {0}; / * 读数据缓存定义 * /
14       int ret;
15       if ( __BUF_SIZE < test_lenth) {
16           test_lenth = __BUF_SIZE;
17       }
18       / * 填充发送缓冲区 * /
19       for (! = 0;i < test_lenth; i++ ) {
20           wr_buf[i] = (i + 6);
21       }
22       / * 写数据 * /
23       ret = am_ep24cxx_write(ep24cxx_handle,
24                              0x00,
```

```
25                              &wr_buf[0],
26                              test_lenth);
27          if (ret ! = AM_OK) {
28              AM_DBG_INFO("am_ep24cxx_write error(id: % d).\r\n", ret);
29              return;
30          }
31          am_mdelay(5);
32          /* 读数据 */
33          ret = am_ep24cxx_read(ep24cxx_handle,
34                              0x00,
35                              &rd_buf[0],
36                              test_lenth);
37          if (ret ! = AM_OK) {
38              AM_DBG_INFO("am_ep24cxx_read error(id: % d).\r\n", ret);
39              return;
40          }
41          /* 校验写入和读取的数据是否一致 */
42          for ( ! = 0; i < test_lenth; i ++ ) {
43              AM_DBG_INFO("ReadEEPROMthe % 2dth data is 0x% 02x\r\n", i ,rd_buf[i]);
44              /* 校验失败 */
45              if(wr_buf[i] ! = rd_buf[i]) {
46                  AM_DBG_INFO("verify faiLEDat index % d.\r\n", i);
47                  break;
48              }
49          }
50          if (test_lenth == i) {
51              AM_DBG_INFO("verify success! \r\n");
52          }
53          AM_FOREVER {
54              ;/* VOID */
55          }
56      }
```

从上面的例程中可以看到,主机写数据到 EEPROM,然后主机从 EEPROM 读取数据,并通过串口打印处理,最后串口打印出测试结果。在组件例程中有 demo_components_entries.h 文件用于存放这些例程入口函数的声明。在使用这些例程时,只需包含该头文件,如 EEPROM 的例程入口声明,详见程序清单 2.16。

程序清单 2.16 EEPROM 的例程入口函数声明

```
1   /**
2    *   EP24Cxx 器件例程
3    *
```

```
4      * \param[in] ep24cxx_handle EP24Cxx 标准服务句柄
5      * \param[in] test_lenth 测试字节数
6      *
7      * \return 无
8      */
9      void demo_ep24cxx_entry (am_ep24cxx_handle_t ep24cxx_handle,
10     uint32_ttest_lenth);
```

2.4.3 硬件层例程

硬件层例程放在 soc 文件夹中,这些例程通过调用硬件层函数实现。soc 文件夹内有不同品牌的芯片,如 zlg、nxp 等品牌,不同厂家芯片对应不同的相关硬件层例程,如"adc""clk"等例程,这些例程因缺少板级环境支持,一般无法直接运行,主要是通过被板级例程文件夹中的例程调用来实现功能。下面是一个硬件层例程中串口打印指定总线时钟频率的例子,详见程序清单 2.17。

程序清单 2.17　硬件层 CLK 时钟频率获取范例程序

```
1      #include "ametal.h"
2      #include "am_clk.h"
3      #include "am_vdebug.h"
4      /**
5      *    例程入口
6      */
7      void demo_zlg_hw_clk_entry (am_clk_id_t * p_clk_id_buf, uint8_t buf_lenth)
8      {
9      int32_t i;
10     uint32_t clk = 0;
11     for (!= 0; i < buf_lenth; i++) {
12     clk = am_clk_rate_get(p_clk_id_buf[i]);
13     AM_DBG_INFO("CLK ID % d = % d\r\n", p_clk_id_buf[i], clk);
14     }
15     AM_FOREVER {
16     ; /* VOID */
17     }
18     }
```

同样的,每一个系列的芯片文件夹目录下也都有一个头文件 demo_xxx_entries. h,用于存放其例程入口函数的声明。在使用这些例程时,只需包含该头文件即可。例如以 ZLG 系列芯片的 CLK 例程声明为例,详见程序清单 2.18。

程序清单 2.18　硬件层 CLK 例程声明

```
1      /**
2      *    CLK 例程,通过 HW 层接口实现
3      *
```

```
4      * \param[in] p_clk_id_buf 保存时钟 ID 的缓冲区
5      * \param[in] buf_lenth 时钟 ID 缓冲区大小
6      *
7      * \return 无
8      */
9      void demo_zlg_hw_clk_entry (am_clk_id_t * p_clk_id_buf, uint8_t buf_lenth);
```

2.4.4 标准层例程

标准层例程主要存放在 std 文件夹中,这些例程实现的功能与硬件层例程类似,不同的是,这里的例程主要通过调用驱动层的函数来实现。如 adc 文件夹内存放有两个例程,demo_std_adc_ntc. c 和 demo_std_adc. c,前者利用板子的热敏电阻(NTC)实现温度测量,后者利用查询方式获取采样结果,两个例程都是通过标准接口实现的。由于这些例程缺少相应板级环境支持,同样不能直接运行,通常在板级例程中被调用。例如通过查询方式获取 ADC 值,用标准层函数实现的代码详见程序清单 2.19。

程序清单 2.19 标准层查询方式获取 ADC 范例程序

```
1      /**
2      * ADC 例程入口
3      */
4      void demo_std_adc_entry (am_adc_handle_t handle, int chan)
5      {
6      intadc_bits = am_adc_bits_get(handle , chan); /* 获取 ADC 转换精度 */
7      intadc_vref = am_adc_vref_get(handle , chan);
8      uint32_t adc_code;          /* 采样 Code 值 */
9      uint32_t adc_mv;            /* 采样电压 */
10     am_kprintf("TheADCvalue channel is %d: \r\n",chan);
11     if (adc_bits < 0 ||adc_bits >= 32) {
12     am_kprintf("TheADCchannel is error, Please check! \r\n");
13     return;
14     }
15     while (1) {
16     adc_code = __adc_code_get(handle, chan);
17     adc_mv = adc_code * adc_vref / ((1UL << adc_bits) − 1);
18     /* 串口输出采样电压值 */
19     am_kprintf("Sample : %d, Vol: %d mv\r\n",adc_code,adc_mv);
20     am_mdelay(500);
21     }
22     }
```

同样的,demo_std_entries. h 用于存放这些例程的入口函数声明。在使用这些例程时,只需包含该头文件。显然,ADC 的标准层例程的函数声明包含在 demo_std_entries. h 文件中,详见程序清单 2.20。

程序清单 2.20 标准层 ADC 函数声明

```
1    /**
2    * ADC 例程,利用查询方式获取 ADC 转换结果,通过标准接口实现
3    *
4    * \param[in]handleADC 标准服务句柄
5    * \param[in] chanADC 通道号
6    *
7    * \return 无
8    */
9    void demo_std_adc_entry (am_adc_handle_t handle, int chan);
```

第 **3** 章

AMetal 硬件平台

📖 本章导读

随着物联网技术的发展,MCU 处理器的能力日益强大,国产 MCU 也逐步崛起,虽然底层细节上各家 MCU 与原厂设计有差异,但外设最终实现的功能还是基本一致的。由于 AMetal 已经完全屏蔽了底层的复杂细节,因此开发者仅需了解 MCU 的基本功能就可以了。

AMetal 适配了诸多硬件平台,主要有 ZLG 系列芯片、NXP 半导体 LPC8xx 系列芯片、freescale 半导体 KL16x 系列芯片、华大半导体 HC32 系列芯片、灵动微电子 MM32 系列芯片及航顺半导体 HK32 系列芯片;同时,提供了具有 AMetal 硬件标准的通用评估板、BLE 评估套件、ZigBee 评估套件及 RFID 读卡的评估套件,并适配了大量的参考例程;此外,AMetal 还定义并提供了 MicroPort 和 MiniPort 接口的配板,搭载诸多外围器件和传感器等,可快速搭建产品原型,非常方便用户进行评估和应用的开发。

3.1 通用 MCU 评估板

AMetal 适配了诸多 MCU,并且搭载了对应的评估板,评估板上包含 1 路标准的 AWorks 接口、1 路 MicroPort 接口和 2 路 MiniPort 接口。这些接口不仅把 MCU 的所有资源引出,而且可以借助这些接口外扩多种模块。

3.1.1 通用 MCU 评估板的选型

AMetal 为不同 MCU 的评估板均适配了板级例程,拿到板即可运行。适配的评估板主要分为两类:第一类为 ZLG 提供的具有 AMetal 硬件标准的 Easy 板和 Core 板,第二类为第三方板,如 MM32Mini Board 开发板,详见表 3.1。

表 3.1 AMetal 标准评估板

序　号	评估板型号	主控 MCU	内　核	厂　商
1	AM116_Core	ZLG116	Cotex – M0	ZLG
2	AM126_Core	ZLG126	Cotex – M0	ZLG

续表 3.1

序　号	评估板型号	主控 MCU	内　核	厂　商
3	AM166_Core	ZML166	Cotex – M0	ZLG
4	AM217_Core	ZLG217	Cotex – M3	ZLG
5	Easy – ZLG237	ZLG237	Cotex – M3	ZLG
6	Easy – ZMF159	ZMF159	Cotex – M3	ZLG
7	Easy – HC32L19x	HC32L19x	Cotex – M0+	HDSC
8	Easy – HC32L17x	HC32L17x	Cotex – M0+	HDSC
9	Easy – HC32L13x	HC32L13x	Cotex – M0+	HDSC
10	Easy – HC32F19x	HC32F19x	Cotex – M0+	HDSC
11	Easy – HC32F17x	HC32F17x	Cotex – M0+	HDSC
12	Easy – HC32F03x	HC32F03x	Cotex – M0+	HDSC
13	Easy – HC32F46x	HC32F46x	Cotex – M4	HDSC
14	Easy – HC32F4Ax	HC32F4Ax	Cotex – M4	HDSC
15	AM824_Core	LPC824	Cotex – M0+	NXP
16	AM845_Core	LPC845	Cotex – M0+	NXP
17	AMKS16Z_Core	KL16	Cotex – M0+	Freescale
18	Easy – GD32F45x	GD32F450	Cotex – M4	GD32
19	Easy – GD32E50x	GD32E50x	Cotex – M33	GD32
20	MM32MiniBoard	MM32L073	Cotex – M0	MM32
21	HK32F103 – EVB	HK32F103	Cotex – M3	HK32

3.1.2　通用 MCU 评估板的特点

　　AMetal 标准评估板主要有两种,即 Core 板和 Easy 板,主要差别是结构上的差别,均具有如下特点:
- 可选 MicroUSB 供电;
- SWD 调试接口;
- 2 个标准的 MiniPort 接口;
- 1 个标准的 MicroPort 接口;
- 1 个 2×10 扩展接口,将标准接口未引用的 I/O 资源全部引出;
- 1 个电源指示灯,2 个供用户程序使用的 LED 灯;
- 1 个无源蜂鸣器;
- 1 个加热电阻;
- 1 个 LM75B 测温芯片;

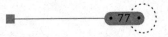

● 1个多功能按键,可用于加热电阻加热或应用程序使用的按键。

典型 Core 板级接口分布如图 3.1 所示,典型 Easy 板级接口分布如图 3.2 所示。

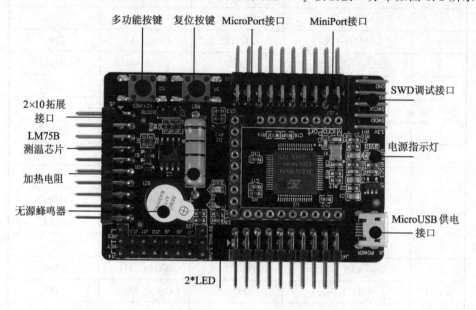

图 3.1　典型 Core 板级接口分布

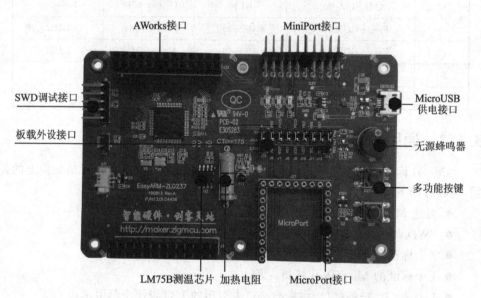

图 3.2　典型 Easy 板级接口分布

3.1.3　电源电路

评估板套件采用 USB 供电,USB 输入电压为 5 V,需要将电压转为 3.3 V 给

MCU、LM75B 及蜂鸣器使用。为了实现 5 V 到 3.3 V 的转换,LDO 采用广州致远微电子有限公司设计的一款低压差线性稳压器 ZL6205,该稳压器具有良好的线性调整率与负载动态响应。

ZL6205 具有极低的关断电流和静态功耗,特别适用于 2.3~5.5 V 的供电设备。ZL6205 的初始输出电压精度为±1%。当输出电流为 500 mA 时,ZL6205 的典型压差为 240 mV。ZL6205 内置快速放电电路,当输入电压及使能电压符合输出关闭条件时,ZL6205 电压输出关闭,内部快速放电电路开启使输出快速放电。ZL6205 应用于低噪声时可外接旁路电容来降低输出噪声。ZL6205 具有欠压保护、过流保护、短路保护和过温保护等保护功能。

图 3.3　ZL6205

ZL6205 采用 TSOT23 - 5 封装,外围仅需要极少元件,减少了所需电路板的空间和元件成本。ZL6205 如图 3.3 所示。

ZL6205 产品的特点如下:

- 最大输出电流为 500 mA;
- 低压差(典型值为 240 mV@I_O=500 mA);
- 可与陶瓷输出电容配合使用;
- 必要时外接 10 nF 旁路电容,用于降低噪声;
- 快速启动;
- 具有快速下电功能;
- 静态电流典型值为 50 μA;
- 初始电压精度为±1.0%;
- 欠压保护;
- 过流保护;
- 短路保护;
- 过温保护;
- TSOT23 - 5 封装;
- 不含铅、卤素和 BFR,符合 RoHS 标准。

ZL6205 典型应用电路详见图 3.4,可以获得更快的上电速度,过滤掉 VIN 上升段的电压抖动给输出端带来的波动,通过 R1、R2(R1、R2 的阻值建议在 50~150 kΩ 之间)的选择,可以设置芯片开通点,一般 EN 的开通电压在 1.2 V 左右,当 VIN 上升到输入额定值的 70%~80% 时,分压到 EN 的电压达到 1.2 V,此时 LDO 开通比较理想。这样,既可以过滤掉输入电压不稳定段,又可以防止 VIN 的电压波动所引起的输出误关闭。

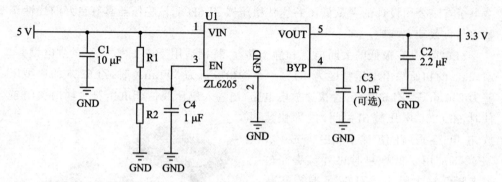

图 3.4 ZL6205 典型电路

3.1.4 最小系统

最小系统电路主要包括复位电路、时钟电路和 SWD 调试接口电路三部分,详见图 3.5。

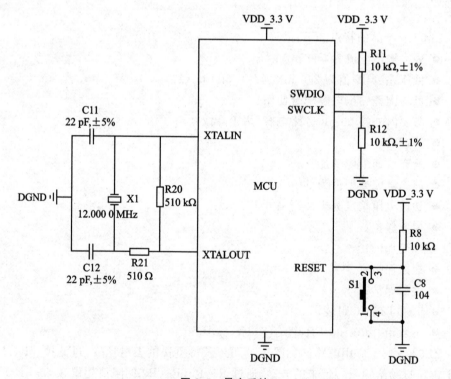

图 3.5 最小系统

3.1.5 复位与调试电路

评估板的复位电路采用常见的 RC 复位电路,详见图 3.6。按键 S1 按下或者网络标号为 RST 的位置给一个低电平脉冲,从而通过 RESET 引脚给 MCU 一个复位脉冲。

调试方式采用串行调试模式(SWD)。相对于 JTAG 调试模式来说,SWD 调试模式的速度更快且使用的 I/O 口更少,因此,所有评估板板载了 SWD 调试接口,其参考电路如图 3.7 所示。

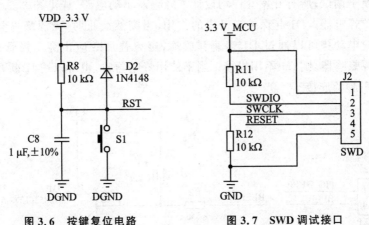

图 3.6 按键复位电路   图 3.7 SWD 调试接口

3.1.6 板载外设电路

1. LED 电路设计

所有评估板都板载了两路 LED 发光二极管,可以完成简单的显示任务,电路如图 3.8 所示,LED 为低电平有效。LED 电路的控制引脚与微控制器的 I/O 引脚通过 J9 和 J10 相连。电路中的 R3 和 R4 为 LED 的限流电阻,选择 1.5 kΩ 这个值可以避免 LED 点亮时过亮。

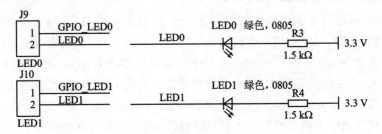

图 3.8 板载 LED 电路

不同板分配的 LED 控制引脚也不同,这里不做详述。以 AM116_Core 评估板对应的引脚分配为例,如表 3.2 所列。

表 3.2　LED 电路对应的控制引脚

引脚标号	微控制器引脚
PIO_LED0	PC9
PIO_LED1	PA8

2. 蜂鸣器电路设计

为了便于调试,所有开发套件均设计了蜂鸣器驱动电路,详见图 3.9。评估板使用的是无源蜂鸣器。D1 起保护三极管的作用,当突然截止时,无源蜂鸣器两端产生的瞬时感应电动势可以通过 D1 迅速释放掉,避免叠加效应击穿三极管的集电极。若使用有源蜂鸣器,则 D1 不用焊接。当不使用蜂鸣器时,也可以用 J7 断开蜂鸣器电路与 I/O 引脚的连接。

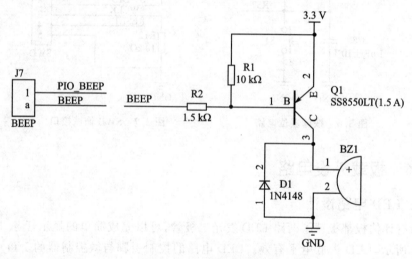

图 3.9　板载蜂鸣器电路

3. 加热电路和按键电路设计

AMetal 标准评估板创新性地设计了一套测温实验电路,其包含加热电路和数字/模拟测温电路。其中,加热电路采用了一个阻值为 20～50 Ω 的功率电阻(2 W),通过按键来控制,如图 3.10 所示。GPIO 口输出需要上拉电阻 R8。电阻越小通过其电流越大,产生的热量越大,因此 R7 若焊接小电阻,不宜加热时间过长。按键的功能需要用 J14 上的跳线帽来选择为加热按键。当按键按下时电路导通,电阻上产生的热量会导致电阻周围的温度上升,这时可以通过测温电路观察温度上升的情况。

多功能按键可以当作普通按键来使用,也可以当作加热按键来使用,可以通过 J14 选择对应的功能。

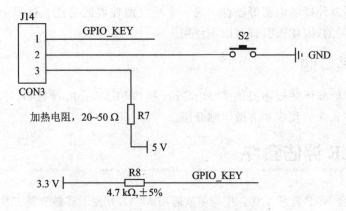

图 3.10　加热电路和按键电路

4. LM75B 电路设计

标准评估板选择 LM75B 作为数字测温电路的主芯片，LM75B 与 LM75A 完全兼容，只是静态功耗稍低一些，电路如图 3.11 所示。LM75B 是一款内置带隙温度传感器和 $\Sigma - \Delta$ 模/数转换功能的温度数字转换器，它也是温度检测器，并且可提供过热输出功能。

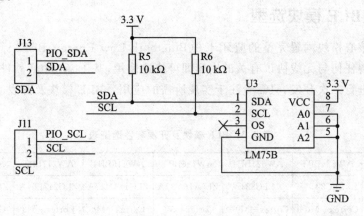

图 3.11　LM75B 电路

LM75B 的主要特性如下：

- 具有良好的温度精度，可达 0.125 ℃ 的精度；
- 较宽电源电压范围：2.8～5.5 V；
- 环境温度范围：Tamb＝－55～＋125 ℃；
- 较低的功耗，关断模式下消耗的电流仅为 1 μA；
- I^2C 总线接口，同一总线上可连接多达 8 个器件。

在电路设计上，R5 和 R6 是 I^2C 总线的上拉电阻。由于板载只有一片 LM75B，不用考虑芯片的地址问题，因此芯片的 A0～A2 引脚可以直接接地。OS 为芯片的过热输出,可以外接继电器等器件实现一个独立温控器的功能。这里由于温控是通过单片机控制的,因此该引脚可以不使用。

3.1.7 其 他

AMetal 标准评估板还提供了 MiniPort 接口和 MicroPort 接口,本小节对此不做详述,将在 3.5 节和 3.6 节做详细介绍。

3.2 BLE 评估套件

ZLG 结合 NXP 蓝牙 4.0 芯片与多款通用 MCU,开发了多款支持二次开发的 BLE 模块。这些 BLE 模块使用简单、开发快捷高效,采用 PCB 板载天线设计,通过半孔工艺将 I/O 引出,可有效帮助客户绕过烦琐的射频硬件设计,加速开发与生产流程。

AMetal 软件开发平台为这些 BLE 模块提供了完善的功能组件,可满足用户快速开发的需求,降低软件投入,缩短研发周期。这些 BLE 模块可方便迅速地桥接电子产品和智能移动设备,可广泛应用于有 BLE 通信需求的各种电子设备,如仪器仪表、汽车电子和休闲玩具等蓝牙通信应用。

3.2.1 BLE 模块选型

蓝牙核心模块内置完整的蓝牙 4.0(Bluetooth Low Energy,BLE)标准协议,用户无需了解任何与无线协议有关的内容即可快速使用,基于 AMetal 软件平台,用户可以快速进行二次开发,只需专注于实现所需的应用。BLE 模块及开发套件选型表详见表 3.3。

表 3.3 BLE 模块及开发套件选型表

产品型号	AW824BPT	AW824BET	AW116BPT	AW116BET	AW217BPT	AW217BET
处理器	LPC824	LPC824	ZLG116N32A	ZLG116N32A	ZLG217P64A	ZLG217P64A
内核	Cortex - M0+	Cortex - M0+	Cortex - M0	Cortex - M0	Cortex - M3	Cortex - M3
最高主频/MHz	30	30	48	48	96	96
SRAM/KB	8	8	8	8	20	20
Flash/KB	32	32	64	64	128	128
UART	3路(一路与蓝牙模块相连)	3路(一路与蓝牙模块相连)	2路(一路与蓝牙模块相连)	2路(一路与蓝牙模块相连)	3路(一路与蓝牙模块相连)	3路(一路与蓝牙模块相连)
I^2C	4 路	4 路	1 路	1 路	2 路	2 路
SPI	2 路	2 路	1 路	1 路	2 路	2 路

产品型号	AW824BPT	AW824BET	AW116BPT	AW116BET	AW217BPT	AW217BET
ADC	1 路	1 路	1 路	1 路	2 路	2 路
DAC	0	0	0	0	2 路	2 路
Timer	5 路	5 路	9 路	9 路	7 路	7 路
GPIO	23 路	23 路	19 路	19 路	43 路	43 路
蓝牙协议	蓝牙 4.0	蓝牙 4.0	蓝牙 4.0	蓝牙 4.0	蓝牙 4.0	蓝牙 4.0
发射功率/dBm	−20~4（通过 AT 指令可调）	−20~4（通过 AT 指令可调）	−20~4（通过 AT 指令可调）	−20~4（通过 AT 指令可调）	−20~4（通过 AT 指令可调）	−20~4（通过 AT 指令可调）
接收灵敏度/dBm	−93	−93	−93	−93	−93	−93
天线类型	板载天线	外置天线	板载天线	外置天线	板载天线	外置天线
评估板型号	AM824BLE	AM824BLE	AM116BLE	AM116BLE	AM217BLE	AM217BLE

3.2.2 BLE 评估套件的特点

ZLG 基于上述 BLE 模块提供了多种 BLE 的开发套件,开发套件集成了多种实验用的电路,如看门狗、蜂鸣器、数字温度传感器、热敏电阻、按键等,以便用户使用蓝牙进行无线通信的交互实验。

下面以 AM116BLE 评估套件为例,介绍 ZLG 系列 BLE 评估套件的结构和特点。AM116BLE 开发套件包含 AM116BLE 评估底板和 AW116BPT 无线蓝牙核心模块,实物详见图 3.12。

AM116BLE 具有以下特点:

- 可选 MicroUSB 供电或电池供电;
- SWD 调试接口;
- 2 个标准的 MiniPort 接口;
- 1 个标准的 MicroPort 接口;
- 1 个 2×10 扩展接口,将标准接口未引用的 I/O 资源全部引出;
- 1 个电源指示灯,1 个 BLE 模块运行指示灯,1 个 BLE 连接指示灯,2 个供用户程序使用的 LED 灯;
- 1 个无源蜂鸣器;
- 1 个加热电阻;
- 1 个 LM75B 测温芯片;
- 1 个外部看门狗;

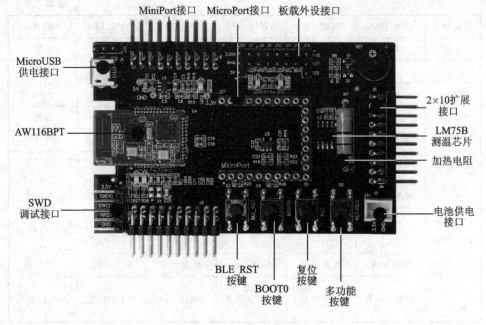

图 3.12　AM116BLE

- 1 个多功能按键,可用于加热电阻加热或应用程序使用的按键;
- 1 个 AW116BPT 的复位按键;
- 1 个用于 AW116BPT 进入固件升级模式的 BOOT0 按键。

3.3　ZigBee 评估套件

　　ZLG 针对远距离、多节点无线传输研发设计了一系列 ZigBee 模块,这些模块是基于 MCU+JN5161 组合而成的,是支持 Fast zigbee 组网协议和用户二次开发的核心板。JN5161 是 NXP 半导体公司提供的 ZigBee 芯片,其支持的频段为 IEEE802.15.4 标准 ISM(2.4~2.5 GHz)。

　　这些无线模块最大的特点是具备完整的软硬件生态链,因此可以快速应用于工业控制、数据采集、农业控制、矿区人员定位、智能家居和智能遥控器等场合。

3.3.1　ZigBee 模块选型

　　这些 ZigBee 模块将无线产品极其复杂的通信协议集成到内置的 MCU 中,大幅简化了无线产品复杂的开发过程,用户只需通过串口就可以对核心板进行配置和透明收发数据。结合 AMetal 软件平台,用户可以快速进行二次开发,只需专注于实现所需的应用。ZigBee 模块及开发套件选型表详见表 3.4。

表 3.4　AW 系列 ZigBee 模块及开发套件选型表

产品型号	AW824P2EF	AW824P2CF	AWKS16P2EF	AWKS16P2CF
传输方式	ZigBee	ZigBee	ZigBee	ZigBee
内核	Cortex－M0＋	Cortex－M0＋	Cortex－M0＋	Cortex－M0＋
主频/MHz	30	30	48	48
SAM/KB	8	8	16	16
Flash/KB	32	32	128	128
输出功率/dBm	20	20	20	20
接收灵敏度/dBm	－95	－95	－95	－95
天线类型	外置天线	板载天线	外置天线	板载天线
休眠电流/μA	1.18	1.18	0.23	0.23
评估板型号	AW824P2	AW824P2	AWKS16P2	AWKS16P2

3.3.2　ZigBee 评估套件的特点

　　ZLG 基于 ZigBee 模块提供了多种 ZigBee 的评估套件,评估套件集成了多种实验用的电路,如看门狗、蜂鸣器、数字温度传感器、热敏电阻、按键等,以便用户使用 ZigBee 进行无线通信的交互实验。

　　下面以 AW824P2 为例,介绍 AW 系列评估套件的结构和特点。AW824P2 开发套件包含 AW824P2 评估底板和 AW824P2EF 无线 ZigBee 模块,实物详见图 3.13。

　　AW824P2 具有以下特点:

- 可选 MicroUSB 供电或电池供电;
- SWD 调试接口;
- 2 个标准的 MiniPort 接口;
- 1 个标准的 MicroPort 接口;
- 1 个 2×10 扩展接口,将标准接口未引用的 I/O 资源全部引出;
- 1 个无源蜂鸣器;
- 1 个加热电阻;
- 1 个 LM75B 测温芯片;
- 1 个外部看门狗;
- 1 个多功能按键,可用于加热电阻加热或应用程序使用的按键;
- 1 个 AW824P2 的复位按键;
- 1 个用于 AW824P2 中 LPC824 进入固件升级模式的 BOOT 按键。

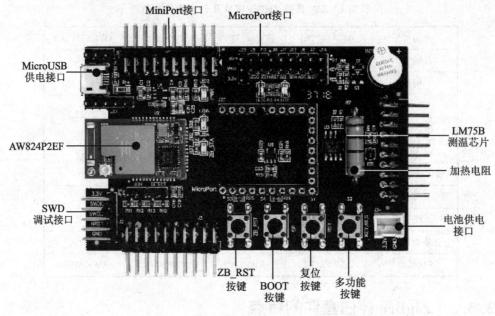

图 3.13 ZigBee

3.4 RFID 读卡评估套件

ZLG 基于 ARKS16F518N 开发了一系列可用于二次开发的读卡评估套件。该系列评估套件集成了多种实验用的电路,如看门狗、蜂鸣器、数字温度传感器、热敏电阻、按键等,并配备读卡天线板连接座,方便用户进行测试和评估。

3.4.1 RFID 读卡模块选型

该系列评估套件基于 NXP 的 Cortex - M0+ 内核 MCU 和复旦微(上海复旦微电子公司,简称复旦微)的读卡芯片开发,采用半孔工艺将 I/O 引出,帮助用户绕过烦琐的 RFID 硬件设计、开发与生产环节,加快产品上市。配套完善的 AMetal 开发平台,可满足快速二次开发需求,减少软件投入,缩短研发周期,使读/写卡产品的开发更加简单、快捷、高效,用户只需专注于实现所需的应用即可,读卡模块及开发套件选型表详见表 3.5。

表 3.5 读卡模块选型表

产品型号	ARKS16F510N	ARKS16F550N	ARKS16F518N
天线类型	外接配套天线板	外接配套天线板	外接配套天线板
天线通道	1 路	2 路	8 路(分时复用)

产品型号	ARKS16F510N	ARKS16F550N	ARKS16F518N
处理器	KS16Z128	KS16Z128	KS16Z128
最高主频/MHz	48	48	48
SRAM/KB	16	16	16
Flash	128 KB(用户可用 127 KB)	128 KB(用户可用 127 KB)	128 KB(用户可用 127 KB)
UART	2 路	2 路	2 路
I^{2}C	2 路	2 路	2 路
SPI	2 路(1 路与读卡芯片相连)	2 路(1 路与读卡芯片相连)	2 路(1 路与读卡芯片相连)
ADC	24 路	24 路	24 路
PWM	6 路	6 路	6 路
GPIO	43 路	43 路	34 路
读卡协议	ISO/IEC14443 TypeA	ISO/IEC14443 TypeA/B	ISO/IEC14443 TypeA
读卡距离	5 cm(使用标配天线板)	5 cm(使用标配天线板)	5 cm(使用标配天线板)
封装	邮票孔	邮票孔	邮票孔
产品尺寸	20 mm×28 mm	20 mm×28 mm	24 mm×34 mm
评估板型号	AMKS16RFID	AMKS16RFID_2	AMKS16RFID_8

3.4.2 RFID 读卡评估套件的特点

以 AMKS16RFID_8 评估套件为例,该评估套件读/写卡符合 ISO/IEC14443 TypeA 协议的非接触读/写器模式,采用的主控 KS16 是基于 Arm Cortex - M0+ 内核设计的 32 位处理器,48 MHz 主频,高达 128 KB 的片内 Flash,16 KB 片内 SRAM,9 种低功耗模式,可根据应用要求提供功耗优化,可满足大多数应用设计需求。

该评估套件支持扩展出多达 8 路天线,支持分时复用,是简单、快捷、高效的读卡开发方案,评估套件详见图 3.14。

AMKS16RFID_8 具有以下特点:

● 可选 MicroUSB 供电或电池供电;

● SWD 调试接口;

● 2 个标准的 MiniPort 接口;

● 1 个标准的 MicroPort 接口;

● 1 个 2×10 扩展接口,将标准接口未引用的 I/O 资源全部引出;

● 1 个电源指示灯,2 个供用户程序使用的 LED 灯;

● 1 个无源蜂鸣器;

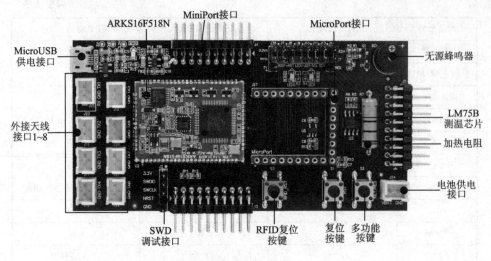

图 3.14 AMKS16RFID_8

- 1 个加热电阻；
- 1 个 LM75B 测温芯片；
- 1 个外部看门狗；
- 1 个多功能按键，可用于加热电阻加热或应用程序使用的按键；
- 1 个 RFID 复位按键；
- 8 个外接天线接口。

3.5 MiniPort 功能配板

MiniPort 接口是一个通用板载标准硬件接口，通过该接口可以与配套的标准模块相连，ZLG 提供了诸多 MiniPort 标准接口的功能配板，可非常方便搭建应用模型，MiniPort 功能配板详见图 3.15。

图 3.15 MiniPort 模块

3.5.1　MiniPort 模块说明

ZLG 提供的 MiniPort 接口的通用板载标准硬件功能详见表 3.6。

表 3.6　MiniPort 接口的通用板载标准硬件

序　号	MiniPort 模块	功能描述
1	MiniPort – key	集成 4 个按键； 支持 MiniPort 接口的主控制器相连
2	MiniPort – 595	用于 I/O 扩展,采用 74HC595 芯片； 通过串转并的方式扩展 8 路 I/O； 595 模块可以直接驱动 LED 模块； 可以通过配合 COM0 和 COM1 引脚驱动数码管模块
3	MiniPort – LED	集成 8 个 LED 发光二极管； 按照 MiniPort 接口将控制引脚引出； 便于和支持 MiniPort 接口的主机相连
4	MiniPort – View	集成 2 个八段数码管； 通过 COM0,COM1 控制数码管的位选； segA～segDP 连接数码管的 SEG 端
5	MiniPort – ZLG72128	管理 2 个普通按键、2 个功能按键和 2 个共阴数码管； 通过 10×2 插针接口与 AMetal824 平台连接

3.5.2　MiniPort 接口说明

MiniPort(2×10)接口是一个通用板载标准硬件接口,通过该接口可以与配套的标准模块相连,便于进一步简化硬件设计和扩展。其特点如下：

- 采用标准的接口定义,采用 2×10 间距 2.54 mm 的 90°弯针；
- 可同时连接多个扩展接口模块；
- 具有 16 个通用 I/O 端口；
- 支持 1 路 SPI 接口；
- 支持 1 路 I^2C 接口；
- 支持 1 路 UART 接口；
- 支持一路 3.3 V 和一路 5 V 电源接口。

标准 MiniPort(2×10)接口功能说明详见图 3.16,MiniPort(2×10)接口使用的连接器为 2.54 mm 间距的 2×10 排针/排母(90°),其封装样式详见图 3.17。主控制器底板选用 90°排针,功能模块选用 90°排母与主机相连,同时采用 90°排针将所有引脚引出,实现模块的横向堆叠。

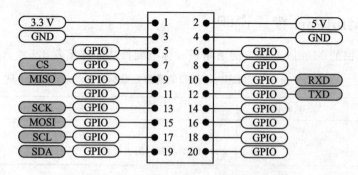

图 3.16　MiniPort(2×10)接口功能说明

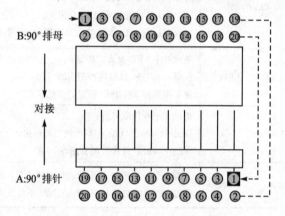

图 3.17　MiniPort(2×10)接口连接器

　　MiniPort 的 90°排针与 90°排母之间的连接关系为：A1—B20，A2—B19，…，A19—B2，A20—B1(A 代表排针，B 代表排母)。

　　MiniPort(2×10)目前支持的模块为 MiniPort - Key 按键模块、MiniPort - LED 模块、MiniPort - View 数码管模块和 MiniPort - 595 模块，这些模块不仅可以直接插入 MiniPort，而且可以通过杜邦线与其他各种评估板相连。

　　以 AM116 - Core 评估板为例，搭载了 2 路 MiniPort，接口标号分别为 J3 和 J4。J3 与 J4 接口引脚完全相同，用户可根据习惯选择使用，其具体的引脚分配详见表 3.7。

表 3.7　MiniPort 引脚分配

排针引脚号	功　能	排针引脚号	功　能
1	3.3 V	2	5 V
3	GND	4	GND
5	PA0	6	PA1
7	PA4	8	PA15

续表 3.7

排针引脚号	功　能	排针引脚号	功　能
9	PA6	10	PA3
11	PA11	12	PA2
13	PA5	14	PA12
15	PA7	16	PB3
17	PB6	18	PB4
19	PB7	20	PB5

3.6　MicroPort 功能配板

　　为了便于扩展评估板功能,ZLG 制定了 MicroPort 接口标准。MicroPort 是一种专门用于扩展功能模块的硬件接口,实物详见图 3.18。

图 3.18　MicroPort 模块

3.6.1　MicroPort 模块说明

　　ZLG 提供的 MicroPort 接口的通用板载标准硬件功能说明如表 3.8 所列。

表 3.8　MicroPort 接口的通用板载标准硬件

序　号	MicroiPort 模块	功能描述
1	MicroPort - RTC	基于 PCF85063AT 时钟芯片; 适合超低功耗应用
2	MicroPort - Flash	采用 SPI Flash 芯片 MX25L1608D; 可通过 SPI 进行访问,容量为 16 Mb; 典型可擦写 10 万次,数据可保持 20 年
3	MicroPort - EEPROM	采用 FM24C02C 芯片; 容量为 2 048 bit(256 B); 可使用 I^2C 接口对其进行访问
4	MicroPort - RS485	基于 TP8485E - SR 芯片开发; 高信噪抑制比、高新能 RS485 模块; 支持 MODBUS 协议

序　号	MiniPort 模块	功能描述
5	MicroPort – USB	基于 EXAR 公司的 XR21V1410IL16TR – F 全速 USB – UART 转换芯片； 其 USB 接口符合 USB2.0 规范； 支持 12 Mb/s 的数据传输速率
6	MicroPort – DS1302	基于 DS1302 实时时钟芯片； 可对年、月、日、周、时、分、秒进行计时，具有闰年补偿功能； 工作电压为 2.0～5.5 V，具有涓细电流充电能力
7	MicroPort – RX8025T	基于 EPSON 的 I^2C 总线实时时钟芯片 RX – 8025T； 具有日历功能和时钟计数、闹钟、定周期定时器； 具有时间更新中断和 32.768 kHz 时钟输出功能； 支持 MicroPort 接口的主机相连

3.6.2　MicroPort 接口说明

MicroPort 是一种专门用于扩展功能模块的硬件接口，其有效地解决了器件与 MCU 之间的连接和扩展。其主要特点如下：

- 具有标准的接口定义；
- 接口包括丰富的外设资源，支持 UART、I^2C、SPI、PWM、ADC 等功能；
- 配套功能模块会越来越丰富；
- 支持上下堆叠扩展。

MicroPort 接口使用的连接器为 2.54 mm 间距的 1×9 圆孔排针，高度为 7.5 mm，实现上下堆叠连接。MicroPort 标准接口采用 U 形设计，三边各 9 个引脚，共 27 个引脚，其引脚功能定义详见图 3.19。目前支持 MicroPort 接口的外设模块有：EEP-

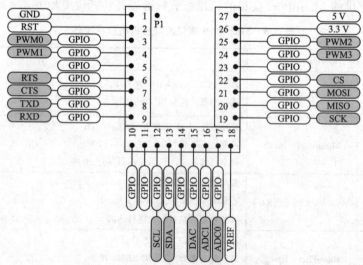

图 3.19　MicroPort 标准接口的引脚定义

ROM 模块(MicroPort - EEPROM)、NorFlash 模块(MicroPort - NorFlash)、Zigbee 模块(MicroPort - Zigbee)和 PCF8563 模块(MicroPort - RTC)等。

以 AM116_Core 评估板为例,板载 1 路 MicroPort 接口,可以支持上述几款 MicroPort 模块。用户可依据自己的需求,搭配各种 MicroPort 模块,快速灵活地实现功能扩展。AM116_Core 的 MicroPort 接口的引脚分配详见表 3.9。

表 3.9 AM116_Core 的 MicroPort 接口的引脚分配

接口引脚号	功能	MCU引脚号	接口引脚号	功能	MCU引脚号	接口引脚号	功能	MCU引脚号
1	GND	—	10	I/O3	PA13	19	SCK	PA5
2	RST	NRST	11	I/O2	PA14	20	MISO	PA6
3	PWM0	PB3	12	SCL	PB6	21	MOSI	PA7
4	PWM1	PB8	13	SDA	PB7	22	CS	PA4
5	I/O0	PA15	14	I/O4	PB4	23	I/O1	PA2
6	RTS	PA12	15	DAC	PB5	24	PWM3	PA3
7	CTS	PA11	16	ADC1	PA0	25	PWM2	NC
8	TXD	PA9	17	ADC0	PA1	26	3.3 V	—
9	RXD	PA10	18	VREF	—	27	5 V	—

第4章

AMetal 外设详解

📖 **本章导读**

AMetal 构建了一套抽象度较高的标准化接口,封装了各种 MCU 底层的变化,为应用软件提供了稳定的抽象服务,延长了软件系统的生命周期。因此无论开发者选择什么样的 MCU,只要支持 AMetal,就无需阅读用户手册,甚至不需要知道什么是 AMetal,就可以高度复用原有的代码。

本章以通用芯片外设为例,站在入门者的角度,详解每个外设,从应用的角度,逐步深入。

4.1 GPIO 外设应用详解

在此约定,本节应用的示例代码均基于 ZLG116 芯片。

4.1.1 GPIO 介绍

嵌入式系统必须具备输入/输出(I/O)数字信号和模拟信号的能力,其特性如下:

- 每个 GPIO 引脚均可通过软件配置为输入或输出;
- 复位时所有 GPIO 引脚默认为输入;
- 引脚中断寄存器允许单独设置;
- 可以独立配置每个引脚的置高和置低。

以 ZLG 系列的 MCU 为例,其 I/O 口作为数字功能使用时,可配置为上拉/下拉、开漏和迟滞模式。在输出模式下,无论配置为哪种模式,I/O 口都可输出高/低电平;在输入模式下,且引脚悬空,I/O 口设置为不同模式时,其情况如下:

- 设置为高阻模式时,读取引脚的电平状态不确定;
- 设置为上拉模式时,读取引脚的电平状态为高电平;
- 设置为下拉模式时,读取引脚的电平状态为低电平;
- 设置为中继模式时,如果引脚配置为输入且不被外部驱动,那么它可以令输入引脚保持上一种已知状态。

4.1.2　初始化

在使用 GPIO 通用接口前,必须先完成 GPIO 的初始化。在 AMetal 提供的工程中,进入 am_main 之前,已经默认执行了 GPIO 初始化。当然,可以到 am_prj_config.c 文件中将它屏蔽,但 GPIO 作为最基本的外设,建议保持开启。以 ZLG116 芯片的 GPIO 初始化函数为例,函数原型如下:

```
am_zlg116_gpio_inst_init (void);
```

4.1.3　接口函数

AMetal 提供了操作 GPIO 的标准接口函数,所有 GPIO 的标准接口函数原型均位于 ametal\interface\am_gpio.h 文件中,其中包括宏定义和提供给用户操作 GPIO 的函数原型的声明,即

- 配置引脚功能和模式:intam_gpio_pin_cfg(int pin, uint32_t flags);
- 获取引脚电平:intam_gpio_get(int pin);
- 设置引脚电平:intam_gpio_set(int pin, int value);
- 翻转引脚电平:intam_gpio_toggle(int pin)。

1. 配置引脚功能和模式

```
int am_gpio_pin_cfg(int pin, uint32_t flags);
```

其中,pin 为引脚编号,格式为 PIOx_x,以 ZLG116 为例,PIOA_0 用于指定配置相应引脚。在 GPIO 标准接口层中,所有函数的第一个参数均为 pin,用于指定具体操作的引脚,相关的宏定义在 ametal\soc\zlg\zlg116\zlg116_pin.h 文件中。

flags 为配置标志,由"通用功能 | 通用模式 | 平台功能 | 平台模式"("|"就是 C 语言中的按位或)组成。通用功能和模式在 am_gpio.h 文件中定义,是从标准接口层抽象出来的 GPIO 最通用的功能和模式,格式为 AM_GPIO_*。引脚通用功能相关宏定义与含义详见表 4.1,引脚通用模式相关宏定义与含义详见表 4.2。

表 4.1　引脚通用功能相关宏定义与含义

引脚通用功能宏	含 义
AM_GPIO_INPUT	设置引脚为输入
AM_GPIO_OUTPUT	设置引脚为输出
AM_GPIO_OUTPUT_INIT_HIGH	设置引脚为输出,并初始化电平为高电平
AM_GPIO_OUTPUT_INIT_LOW	设置引脚为输出,并初始化电平为低电平

表 4.2   引脚通用模式相关宏定义与含义

引脚通用功能宏	含 义
AM_GPIO_PULLUP	上拉
AM_GPIO_PULLDOWN	下拉
AM_GPIO_FLOAT	浮空模式,既不上拉,也不下拉
AM_GPIO_OPEN_DRAIN	开漏模式
AM_GPIO_PUSH_PULL	推挽模式

平台功能和模式与具体芯片相关,会随着芯片的不同而不同。平台功能和模式相关的宏在 zlg116_pin.h 文件中定义,其中,芯片引脚的复用功能和一些特殊的模式都定义在该文件中,格式为 PIO * _ * _ * 。比如 PIOA_4_UART0_TX,表示 PIOA_4 的串口 0 发送。

在这里,读者可能会问,为什么要将功能分为通用功能和平台功能呢?各自相关的宏存放在各自的文件中,文件数目多了,会不会使用起来更加复杂呢?

通用功能定义在标准接口层中,不会随芯片的改变而改变;而 GPIO 复用功能等会随着芯片的不同而不同,这些功能是由具体芯片决定的,因此必须放在平台定义的文件中。如果这部分也放到标准接口层文件中,就不能保证所有芯片标准接口的一致性,从而也就失去了标准接口的意义。这样分开使用让使用者更清楚,哪些代码是全部使用标准接口层实现的。全部使用标准接口层的代码与具体芯片是无关的,是可跨平台复用的。

如果返回 AM_OK,说明配置成功;如果返回 AM_ENOTSUP,说明配置的功能不支持,配置失败。配置引脚为 GPIO 功能,详见程序清单 4.1。

程序清单 4.1   配置引脚为 GPIO 功能

```
am_gpio_pin_cfg(PIOA_8, AM_GPIO_OUTPUT);                     //配置为输出模式
am_gpio_pin_cfg(PIOA_8, AM_GPIO_OUTPUT_INIT_HIGH);          //配置为初始化输出高电平
am_gpio_pin_cfg(PIOA_8, AM_GPIO_INPUT | AM_GPIO_PULLUP);    //配置为上拉输入
```

配置引脚为 A/D 模拟输入功能,详见程序清单 4.2。

程序清单 4.2   配置引脚为 A/D 模拟输入功能

```
am_gpio_pin_cfg(PIOA_2, PIOA_2_AD0_7 | PIOA_2_FLOAT);   //配置 PIOA_2 为 AD0 通道 7
```

配置引脚为 UART 功能,详见程序清单 4.3。

程序清单 4.3   配置引脚为 UART 功能

```
am_gpio_pin_cfg(PIOA_2,PIOA_2_TXD0 | AM_GPIO_PULLUP);   //配置 PIOA_2 为 UART0 的 TX
am_gpio_pin_cfg(PIOA_3,PIOA_3_RXD0 | AM_GPIO_PULLUP);   //配置 PIOA_3 为 UART0 的 RX
```

2. 获取引脚电平

```
int am_gpio_get(int pin);
```

其中,pin 为引脚编号,格式为 PIOx_x,比如 PIOA_0,用于获取引脚的电平状态。使用范例详见程序清单 4.4。

程序清单 4.4　am_gpio_get()范例程序

```
1    if (am_gpio_get(PIOA_0) == 0) {
2    //检测到引脚 PIOA_0 为低电平
3    }
```

3. 设置引脚电平

```
int am_gpio_set(int pin, int value);
```

其中,pin 为引脚编号,格式为 PIOx_x,比如 PIOA_8,用于设置 PIOA8 引脚的电平;value 为设置的引脚状态,0 表示低电平,1 表示高电平。如果返回 AM_OK,则说明操作成功,应用范例详见程序清单 4.5。

程序清单 4.5　am_gpio_set()范例程序

```
am_gpio_pin_cfg(PIOA_8, AM_GPIO_OUTPUT);    //配置 PIOA_8 为输出模式
am_gpio_set(PIOA_8, 0);                     //设置引脚 PIOA_8 为低电平
```

4. 翻转引脚电平

翻转 GPIO 引脚的输出电平,如果 GPIO 当前输出低电平,当调用该函数后,GPIO 翻转输出高电平,反之则翻转为低电平。

```
int am_gpio_toggle(int pin);
```

其中,pin 为引脚编号,格式为 PIOx_x,比如,翻转 PIOA_8 引脚的电平状态,如果返回 AM_OK,则说明操作成功,应用范例详见程序清单 4.6。

程序清单 4.6　am_gpio_toggle()范例程序

```
am_gpio_pin_cfg(PIOA_8, AM_GPIO_OUTPUT);    //配置 PIOA_8 为输出模式
am_gpio_set(PIOA_8, 0);                     //设置引脚 PIOA_8 为低电平
am_gpio_toggle (PIOA_8);                    //翻转 PIOA_8 的输出电平为高电平
```

GPIO 触发部分主要是使 GPIO 工作在中断状态的相关操作接口,详见表 4.3。

表 4.3　GPIO 触发相关接口函数

函数原型	功能简介
int am_gpio_trigger_cfg(int pin, uint32_t flag);	配置引脚触发条件
int am_gpio_trigger_connect(int pin, am_pfnvoid_t pfn_callback, void * p_arg);	连接引脚触发回调函数

续表 4.3

函数原型	功能简介
int am_gpio_trigger_disconnect(int pin, am_pfnvoid_t pfn_callback, void * p_arg);	断开引脚触发回调函数
int am_gpio_trigger_on(int pin);	打开引脚触发
int am_gpio_trigger_off(int pin);	关闭引脚触发

5. 配置引脚触发条件函数

配置引脚触发函数的原型如下：

```
int am_gpio_trigger_cfg(int pin, uint32_t flag);
```

其中，pin 为引脚编号，格式为 PIOx_x，比如 PIOA_5，配置相应引脚的触发条件。flag 为触发条件，所有可选的触发条件详见表 4.4。

表 4.4　GPIO 触发条件配置宏

触发条件配置宏	含　义
AM_GPIO_TRIGGER_OFF	关闭引脚触发，任何条件都不触发
AM_GPIO_TRIGGER_HIGH	高电平触发
AM_GPIO_TRIGGER_LOW	低电平触发
AM_GPIO_TRIGGER_RISE	上升沿触发
AM_GPIO_TRIGGER_FALL	下降沿触发
AM_GPIO_TRIGGER_BOTH_EDGES	上升沿和下降沿均触发

注意：对于这些触发条件，并不是每个 GPIO 口都支持，当配置触发条件时，应检测返回值，确保相应引脚支持所配置的触发条件。细心的人可能会发现，这里的参数 flag 为单数形式，而 am_gpio_pin_cfg() 函数的参数 flag 为复数形式。当参数为单数形式时，表明只能从可选宏中选择一个具体的宏值作为实参；当参数为复数形式时，表明可以选多个宏的"或值"（C 语言中的"|"运算符）作为实参。

如果返回 AM_OK，则说明配置成功；如果返回 - AM_ENOTSUP，则说明引脚不支持该触发条件，配置失败。使用范例详见程序清单 4.7。

程序清单 4.7　am_gpio_trigger_cfg () 范例程序

```
1    //配置 PIOA_5 为上升沿触发
2    if (am_gpio_trigger_cfg(PIOA_5, AM_GPIO_TRIGGER_RISE)  ! = AM_OK) {
3    //配置失败
4    }
```

6. 连接引脚触发回调函数

连接一个回调函数到触发引脚，当相应引脚触发事件产生时，会调用本函数连接

的回调函数。其函数原型为

```
int am_gpio_trigger_connect(int pin,am_pfnvoid_t pfn_callback, void * p_arg);
```

其中,pin 为引脚编号,格式为 PIOx_x,比如 PIOA_5,将函数与相应引脚关联;pfn_callback 为回调函数,类型为 am_pfnvoid_t(void(*)(void *)),即无返回值,参数为 void * 型的函数;p_arg 为回调函数的参数,为 void * 型,该参数就是当回调函数调用时,传递给回调函数的参数。如果返回 AM_OK,则说明连接成功。使用范例详见程序清单 4.8。

程序清单 4.8 am_gpio_trigger_connect()范例程序

```
1   //定义一个回调函数,当触发事件产生时,调用该函数
2   void gpio_isr (void * p_arg)
3   {
4       //添加 I/O 中断需要处理的程序
5   }
6   am_gpio_trigger_connect(PIOA_5, gpio_isr, (void *)0);   //连接回调函数
7   am_gpio_trigger_cfg(PIOA_5, AM_GPIO_TRIGGER_RISE);       //配置引脚为上升沿触发
```

7. 断开引脚触发回调函数

与 am_gpio_trigger_connect()函数的功能相反,当不需要使用一个引脚中断时,应该断开引脚与回调函数的连接;或者当需要将一个引脚的回调函数重新连接到另外一个函数时,应该先断开当前连接的回调函数,再重新连接到新的回调函数。其函数原型为

```
int am_gpio_trigger_disconnect(int pin,am_pfnvoid_t pfn_callback, void * p_arg);
```

其中,pin 为引脚编号,格式为 PIOx_x,比如 PIOA_5,断开相应引脚的连接函数;pfn_callback 为回调函数,应与连接函数对应的回调函数一致;p_arg 为回调函数的参数,为 void * 型,应与连接函数对应的回调函数参数一致。如果返回 AM_OK,则说明断开连接成功。使用范例详见程序清单 4.9。

程序清单 4.9 am_gpio_trigger_disconnect()范例程序

```
1   //定义一个回调函数,当触发事件产生时,调用该函数
2   void gpio_isr (void * p_arg)
3   {
4       //添加 I/O 中断需要处理的程序
5   }
6   am_gpio_trigger_connect(PIOA_5, gpio_isr, (void *)0);       //连接回调函数
7   am_gpio_trigger_cfg(PIOA_5, AM_GPIO_TRIGGER_RISE);           //配置引脚为上升沿触发
8   ……
9   am_gpio_trigger_disconnect(PIOA_5, gpio_isr, (void *)0); //断开连接回调函数
```

8. 打开引脚触发

只有打开引脚触发后,引脚触发才开始工作。在打开引脚触发之前,应确保正确连接了回调函数并设置了相应的触发条件。其函数原型为

```
int am_gpio_trigger_on(int pin);
```

其中,pin 为引脚编号,格式为 PIOx_x,比如 PIOA_5,打开相应引脚的触发。如果返回 AM_OK,则说明打开成功。使用范例详见程序清单 4.10。

程序清单 4.10   am_gpio_trigger_on ( )范例程序

```
1   //定义一个回调函数,当触发事件产生时,调用该函数
2   void gpio_isr (void * p_arg)
3   {
4       //添加 I/O 中断需要处理的程序
5   }
6   am_gpio_trigger_connect(PIOA_5, gpio_isr, (void * )0);//连接回调函数
7   am_gpio_trigger_cfg(PIOA_5, AM_GPIO_TRIGGER_RISE);     //配置引脚为上升沿触发
8   am_gpio_trigger_on(PIOA_5);                            //打开引脚触发,开始工作
```

9. 关闭引脚触发

关闭引脚触发后,引脚触发将停止工作,即相应触发条件满足后,不会调用引脚相应的回调函数。如需引脚触发继续工作,则可以使用 am_gpio_trigger_on()重新打开引脚触发。其函数原型为

```
int am_gpio_trigger_off(int pin);
```

其中,pin 为引脚编号,格式为 PIOx_x,比如 PIOA_5,关闭相应引脚的触发。如果返回 AM_OK,则说明关闭引脚触发成功。使用范例详见程序清单 4.11。

程序清单 4.11   am_gpio_trigger_off( )范例程序

```
1   //定义一个回调函数,当触发事件产生时,调用该函数
2   void gpio_isr (void * p_arg)
3   {
4       //添加 I/O 中断需要处理的程序
5   }
6   am_gpio_trigger_connect(PIOA_5, gpio_isr, (void * )0);//连接回调函数
7   am_gpio_trigger_cfg(PIOA_5, AM_GPIO_TRIGGER_RISE);     //配置引脚为上升沿触发
8   am_gpio_trigger_on(PIOA_5);                            //打开引脚触发,开始工作
9   //......
10  am_gpio_trigger_off(PIOA_5);                           //关闭引脚触发,引脚触发将停止工作
```

4.1.4   应用实例

1. GPIO 输入/输出功能示例

通过按键控制 LED 的亮灭,学习 GPIO 输入/输出功能,先配置 I/O 引脚,然后

调用 GPIO 状态获取函数获取按键引脚状态,可根据按键引脚电平状态来控制 LED 的亮灭。具体实现详见程序清单 4.12。

程序清单 4.12   按键控制 LED 范例程序

```
1    # include "ametal.h"
2    # include "am_board.h"
3    # include "am_vdebug.h"
4    # include "am_delay.h"
5    # include "am_led.h"
6    # include "zlg116_pin.h"
7    # include "am_gpio.h"
8    int am_main (void)
9    {
10       uint8_t key_value = 0;
11       AM_DBG_INFO("Start up successful! \r\n");
12       am_gpio_pin_cfg (PIOB_1, AM_GPIO_OUTPUT_INIT_HIGH);   //设置引脚输出高电平
13       am_gpio_pin_cfg (PIOA_8, AM_GPIO_INPUT | AM_GPIO_PULLUP);//配置为上拉输入
14       while (1) {
15           key_value = am_gpio_get(PIOA_8);                   //读取引脚状态
16           if (key_value) {
17               am_gpio_set (PIOB_1, AM_GPIO_LEVEL_HIGH);     //设置引脚输出高电平
18           } else {
19               am_gpio_set (PIOB_1, AM_GPIO_LEVEL_LOW);      //设置引脚输出低电平
20           }
21       }
22   }
```

2. GPIO 中断触发示例

通过按键控制 LED 的亮灭,学习 GPIO 中断触发功能,先配置 I/O 引脚,然后通过按键是否触发中断来判断按键是否按下,可根据引脚电平控制 LED 的亮灭。具体实现详见程序清单 4.13。

程序清单 4.13   I/O 中断范例程序

```
1    # include "am_gpio.h"
2    # include "zlg116_pin.h"
3    static void __gpio_isr (void * p_arg)
4    {
5        int arg = (int)p_arg;
6        if (arg == 0) {
7            while (am_gpio_get(PIOC_7) == 0);                 /* 消除抖动 */
8            am_gpio_toggle(PIOA_8);
9        }
```

```
10        }
11        int am_main (void)
12        {
13            am_gpio_pin_cfg(PIOC_7, AM_GPIO_INPUT | AM_GPIO_PULLUP);
14            am_gpio_pin_cfg(PIOA_8, AM_GPIO_OUTPUT_INIT_HIGH);
15            am_gpio_trigger_connect(PIOC_7, __gpio_isr, (void * )0);
                                                              /* 连接引脚中断服务函数 */
16            am_gpio_trigger_cfg(PIOC_7, AM_GPIO_TRIGGER_FALL);      /* 配置引脚中断触发方式 */
17            am_gpio_trigger_on(PIOC_7);                      /* 使能引脚触发中断 */
18            while(1){
19            }
20        }
```

4.2 UART 外设应用详解

在此约定,本节应用的示例代码均基于 ZLG116 芯片。

4.2.1 UART 介绍

UART 是一种通用串行数据总线,用于异步通信。该总线双向通信,通过 TXD 和 RXD 实现全双工发送和接收,UART 通信接口原理图详见图 4.1。

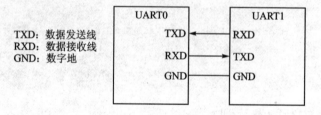

TXD: 数据发送线
RXD: 数据接收线
GND: 数字地

图 4.1　UART 通信接口

4.2.2 初始化

AMetal 平台提供了 UART 初始化函数,用户可以直接调用初始化函数。以 ZLG116 的 UART1 初始化函数为例,函数原型为

```
am_uart_handle_tam_zlg116_uart1_inst_init(void);
```

该函数在 user_config 目录下的 am_hwconf_zlg116_uart.c 文件中,其定义为

```
/**UART1 实例初始化,获得 uart1 标准服务句柄 */
am_uart_handle_t am_zlg116_uart1_inst_init (void)
{
    return am_zlg_uart_init(&__g_uart1_dev, &__g_uart1_devinfo);
}
```

在 am_zlg116_inst_init. h 文件中的声明为

```
/**
 * UART1 实例初始化,获得 UART 标准服务句柄
 * \param 无
 * \return UART 标准服务句柄,若为 NULL,则表明初始化失败
 */
am_uart_handle_tam_zlg116_uart1_inst_init (void);
```

因此,使用 UART 初始化函数时,需要包含头文件 am_zlg116_inst_init. h。

调用该函数时需要定义一个 am_uart_handle_t 类型的变量,用于保存获取的 uart1 初始化的服务句柄。uart1 初始化程序为

```
am_uart_handle_t uart_handle;
uart_handle = am_zlg116_uart1_inst_init();
```

4.2.3　接口函数

AMetal 平台已提供 UART 标准接口函数,并在 am_uart. h 文件中声明。其中,am_uart. h 文件可在 service 目录下的 am_uart. c 包含的头文件中找到,am_uart. h 中包含的 UART 标准接口函数详见表 4.5。

表 4.5　UART 标准接口函数

UART 标准接口函数	功能说明
am_uart_ioctl( );	串口控制函数
am_uart_tx_startup( );	启动 UART 中断模式数据传输
am_uart_callback_set( );	设置 UART 回调函数
am_uart_poll_putchar( );	UART 发送一个数据(查询模式)
am_uart_poll_getchar( );	UART 接收一个数据(查询模式)
am_uart_poll_send( );	UART 数据发送(查询模式)
am_uart_poll_receive( );	UART 数据接收(查询模式)

1. UART 控制

串口控制函数的原型为

```
int am_uart_ioctl (am_uart_handle_t handle, int request, void * p_arg);
```

说明:

● handle 为 UART 的服务句柄,即初始化 UART1 获取的句柄;

● request 为控制指令;

● p_arg 为该指令对应的参数。

其中,request 控制指令及 p_arg 参数详见表 4.6。

表 4.6 request 控制指令及 p_arg 参数

request 控制指令	指令说明	p_arg 参数
AM_UART_BAUD_SET;	设置波特率	uint32_t 指针类型、值为波特率
AM_UART_BAUD_GET;	获取波特率	uint32_t 指针类型
AM_UART_OPTS_SET;	设置硬件参数	
AM_UART_OPTS_GET;	获取硬件参数	
AM_UART_AVAIL_MODES_GET;	获取当前可用的模式	
AM_UART_MODE_GET;	获取当前模式	
AM_UART_MODE_SET;	设置模式	值为 AM_UART_MODE_POLL 或 AM_UART_MODE_INT
AM_UART_FLOWMODE_SET;	设置流控模式	值为 AM_UART_FLOWCTL_NO 或 AM_UART_FLOWCTL_OFF
AM_UART_FLOWSTAT_RX_SET;	设置接收器流控状态	值为 AM_UART_FLOWSTAT_ON 或 AM_UART_FLOWSTAT_OFF
AM_UART_FLOWSTAT_TX_GET;	获取发送器流控状态	
AM_UART_RS485_SET;	设置 RS485 模式	值为 bool_t 类型,TRUE(使能), FALSE(禁能)
AM_UART_RS485_GET;	获取 RS485 模式状态	参数为 bool_t 指针类型

基于以上信息,UART 控制函数设置波特率的程序为

```
uint32_tBAUD = 115200;
am_uart_ioctl(uart_handle, AM_UART_BAUD_SET,(void *)BAUD);
```

2. UART 查询方式收发单字符

UART 发送一个数据(查询模式)的函数原型为

```
int am_uart_poll_putchar(am_uart_handle_t handle, char outchar);
```

说明:
- handle 为 UART 的服务句柄,即初始化 UART1 获取的句柄;
- outchar 为待发送的数据。

UART 接收一个数据(查询模式)的函数原型为

```
int am_uart_poll_getchar (am_uart_handle_t handle, char * p_inchar);
```

说明:
- handle 为 UART 的服务句柄,即初始化 UART1 获取的句柄;
- p_inchar 用于获取数据的指针,即传入一个内存地址。

3. UART 查询方式收发数据

UART 数据发送（查询模式）的函数原型为

```
int am_uart_poll_send (am_uart_handle_t handle,const uint8_t * p_txbuf, uint32_t nbytes);
```

说明：
- handle 为 UART 的服务句柄，即初始化 UART1 获取的句柄；
- p_txbuf 为指向发送缓冲区的指针，即传入一个内存地址；
- nbytes 为发送的字节数。

UART 数据接收（查询模式）的函数原型为

```
int am_uart_poll_receive (am_uart_handle_t handle, uint8_t * p_rxbuf, uint32_t nbytes);
```

说明：
- handle 为 UART 的服务句柄，即初始化 UART1 获取的句柄；
- p_rxbuf 为指向接收缓冲区的指针，即传入一个内存地址；
- nbytes 为接收的字节数。

4. UART 中断模式

启动 UART 中断模式数据传输的函数原型为

```
int am_uart_tx_startup (am_uart_handle_t handle);
```

说明：

handle 为 UART 的服务句柄，即初始化 UART1 获取的句柄。

基于以上信息，启动 UART 中断模式数据传输的程序为

```
am_uart_tx_startup(uart_handle);
```

5. 设置 UART 回调函数详解

当发生错误时，调用回调函数，执行错误回调函数。回调函数与普通函数一样，具体实现详见程序清单 4.14。

程序清单 4.14 UART 回调函数

```
1    void uart_callback(void * p_arg)
2    {
3    AM_DBG_INFO("UART ERROR! \r\n");
4    }
```

设置 UART 回调函数的函数原型为

```
int am_uart_callback_set (
    am_uart_handle_t      handle,
```

```
        int          callback_type,
        void         * pfn_callback,
        void         * p_arg);
```

说明：

- handle 为 UART 的服务句柄，即初始化 UART1 获取的句柄；
- callback_type 为指明设置的何种回调函数；
- pfn_callback 为指向回调函数的指针；
- p_arg 为回调函数的用户参数。

其中，callback_type 回调函数的类型详见表 4.7。

表 4.7　callback_type 回调函数类型

回调函数类型	类型说明
AM_UART_CALLBACK_GET_TX_CHAR；	获取一个发送字符函数
AM_UART_CALLBACK_PUT_RCV_CHAR	提交一个接收到的字符给应用程序
AM_UART_CALLBACK_ERROR；	错误回调函数

基于以上信息，设置错误回调函数的程序为

```
am_uart_callback_set(uart_handle, AM_UART_CALLBACK_ERROR, uart_callback, NULL);
```

6. 设置回调函数(中断模式)

由于在查询模式下收发数据会阻塞程序，因此最好的方式是使用中断模式发送数据。当中断事件发生时，通过回调函数与应用程序交互，设置回调函数的函数原型为

```
int am_uart_callback_set (
    am_uart_handle_t    handle,            //UART 实例句柄 handle
    int                 callback_type,     //本次设置的类型
    void                * pfn_callback,    //本次设置的回调函数
    void                * p_arg);          //回调函数的用户参数
```

其中，callback_type 表示本次设置的类型，即设置发送回调函数还是接收回调函数，详见表 4.8。

表 4.8　callback_type 的含义(am_uart.h)及 pfn_callback 的类型

callback_type	含　义	pfn_callback 的类型
AM_UART_CALLBACK _TXCHAR_GET	获取一个待发送的字符	am_uart_txchar_get_t
AM_UART_CALLBACK _RXCHAR_PUT	提交一个已经接收到的字符	am_uart_rxchar_put_t

以获取一个待发送的字符为例，pfn_callback 参数的类型为 am_uart_txchar_get_t：

```
typedef int ( * am_uart_txchar_get_t)(void * p_arg, char * p_char);
```

7. 启动发送(中断模式)

如果 UART 使用中断模式发送数据,那么当 UART 发送器为空时,就会调用设置的"获取发送数据的回调函数"以获取发送数据。启动发送的函数原型为

```
int am_uart_tx_startup (am_uart_handle_t handle);
```

4.2.4 UART 缓冲接口(拓展)

UART 通信时,由于查询模式会阻塞整个应用,因此在实际应用中几乎都使用中断模式。但在中断模式下,UART 每收到一个数据都会调用回调函数,如果将数据的处理放在回调函数中,则很有可能因当前数据的处理还未结束而丢失下一个数据。

基于此,AMetal 提供了一组带缓冲区的 UART 通用接口函数(见表 4.9),其实现是在 UART 中断接收与应用程序之间,增加一个接收缓冲区。当串口收到数据时,将数据存放在缓冲区中,应用程序直接访问缓冲区即可。

表 4.9 带缓冲区的 UART 通用接口函数(am_uart_rngbuf.h)

函数原型		功能简介
am_uart_rngbuf_handle_t am_uart_rngbuf_init(am_uart_rngbuf_dev_t * p_dev, am_uart_handle_t handle, uint8_t * p_rxbuf, uint32_t rxbuf_size, uint8_t * p_txbuf, uint32_t txbuf_size);		初始化
int am_uart_rngbuf_send(am_uart_rngbuf_handle_t handle, const uint8_t * p_txbuf, uint32_t nbytes);		发送数据
int am_uart_rngbuf_receive(am_uart_rngbuf_handle_t handle, uint8_t * p_rxbuf, uint32_t nbytes);		接收数据
int am_uart_rngbuf_ioctl(am_uart_rngbuf_handle_t handle, int request, void * p_arg);		控制函数

对于 UART 发送,虽然不存在丢失数据的问题,但为了便于开发应用程序,避免在 UART 中断模式下的回调函数接口中一次发送单个数据,同样提供了带缓冲区的 UART 发送函数。当应用程序发送数据时,将发送数据存放在发送缓冲区中,串口在发送空闲时提取发送缓冲区中的数据进行发送。

1. 初始化

指定关联的串口外设(相应串口的实例句柄 handle),以及用于发送和接收的数据缓冲区,初始化一个带缓冲区的串口实例,其函数原型如程序清单 4.15 所示。

程序清单 4.15　串口初始化函数原型

```
am_uart_rngbuf_handle_t am_uart_rngbuf_init(
    am_uart_rngbuf_dev_t      * p_dev,          //带缓冲区的 UART 设备
    am_uart_handle_t          handle,           //UART 实例句柄 handle
    char                      * p_rxbuf,         //接收数据缓冲区
    uint32_t                  rxbuf_size,        //接收数据缓冲区的大小
    char                      * p_txbuf,         //发送数据缓冲区
    uint32_t                  txbuf_size);       //发送数据缓冲区的大小
```

其中,p_dev 为指向 am_uart_rngbuf_dev_t 类型的带缓冲区的串口实例指针,在使用时,只需要定义一个 am_uart_rngbuf_dev_t 类型(am_uart_rngbuf.h)的实例即可:

```
am_uart_rngbuf_dev_t g_uart0_rngbuf_dev;
```

其中,g_uart0_rngbuf_dev 为用户自定义的实例,其地址作为 p_dev 的实参传递。handle 为 UART 实例句柄,用于指定该带缓冲区的串口实际关联的串口;p_rxbuf 和 rxbuf_size 用于指定接收缓冲区及其大小;p_txbuf 和 txbuf_size 用于指定发送缓冲区及其大小。

函数的返回值为带缓冲区串口的实例句柄,可用作其他通用接口函数中 handle 参数的实参。其类型 am_uart_rngbuf_handle_t(am_uart_rngbuf.h)定义如下:

```
typedef struct am_uart_rngbuf_dev * am_uart_rngbuf_handle_t;
```

如果实例回柄的返回值为 NULL,则表明初始化失败。初始化函数使用范例详见程序清单 4.16。

程序清单 4.16　am_uart_rngbuf_init()范例程序

```
1    static uint8_t uart_rxbuf[128];            //定义用于接收数据的缓冲区,大小为 128
2    static uint8_t uart_txbuf[128];            //定义用于发送数据的缓冲区,大小为 128
3    am_uart_rngbuf_dev_t g_uart_rngbuf_dev;
4    am_uart_rngbuf_handle_t g_uart_rngbuf_handle;
5
6    g_uart_rngbuf_handle = am_uart_rngbuf_init(
```

```
7        &g_uart_rngbuf_dev,
8        uart_handle,                //UART 实例句柄 handle
9        uart_rxbuf,                 //用于接收数据的缓冲区
10       128,                        //接收缓冲区大小为 128
11       uart_txbuf,                 //用于发送数据的缓冲区
12       128);                       //发送缓冲区大小为 128
```

虽然程序将缓冲区的大小设置为 128，但实际上缓冲区的大小应根据实际情况确定。若接收数据的缓冲区过小，则可能在接收缓冲区满后又接收新的数据，从而发生溢出，导致丢失数据。若发送缓冲区过大，则一是浪费 RAM 资源，二是缓冲区过大发送期间新数据不能及时填充，所需等待时间也会较长。

2. 发送数据

发送数据就是将数据存放到 am_uart_rngbuf_init() 指定的发送缓冲区中，当串口可以进行数据发送时（发送空闲），从发送缓冲区中提取需要发送的数据进行发送。发送数据的函数原型详见程序清单 4.17。

程序清单 4.17　发送函数原型

```
int am_uart_rngbuf_send(
        am_uart_rngbuf_handle_t  handle,      //带缓冲区的串口实例句柄
        const uint8_t            * p_txbuf,   //应用程序发送数据缓冲区
        uint32_t                 nbytes);     //发送数据的个数
```

该函数将数据成功存放到发送缓冲区后返回，返回值为成功写入的数据个数。比如，发送一个字符串"Hello World!"，具体实现详见程序清单 4.18。

程序清单 4.18　am_uart_rngbuf_send() 范例程序

```
1    uint8_t str[] = "Hello World!";
2    am_uart_rngbuf_send(g_uart0_rngbuf_handle, str, sizeof(str)); //发送字符串
                                                                   //"Hello World!"
```

注意：当该函数返回时，数据只是存放到了发送缓冲区中，并不代表已经成功地将数据发送出去了。

3. 接收数据

接收数据就是从 am_uart_rngbuf_init() 指定的接收缓冲区中提取接收到的数据，接收函数原型详见程序清单 4.19。

程序清单 4.19　接收函数原型

```
int am_uart_rngbuf_receive(
        am_uart_rngbuf_handle_t  handle,      //带缓冲区的串口实例句柄
        uint8_t                  * p_rxbuf,   //应用程序接收数据缓冲区
        uint32_t                 nbytes);     //接收数据的个数
```

该函数返回值为成功读取数据的个数,使用范例详见程序清单 4.20。

程序清单 4.20   am_uart_rngbuf_receive( )范例程序

```
1    uint8_t rxbuf[10];
2    am_uart_rngbuf_receive(g_uart0_rngbuf_handle, rxbuf,10);   //接收 10 个数据
```

4. 控制函数

与 am_uart_ioctl(函数功能类似,am_uart_rngbuf_ioctl)函数用于完成一些基本的控制操作,其函数原型详见程序清单 4.21。

程序清单 4.21   控制函数原型

```
int am_uart_rngbuf_ioctl(
        am_uart_rngbuf_handle_t   handle,          //带缓冲区的串口实例句柄
        int                       request,         //控制命令
        void                      * p_arg);         //对应命令的参数
```

"控制命令"和"对应命令的参数",与 UART 控制函数 am_uart_ioctl()的含义类似。带缓冲区的 UART 可以看作是在 UART 基础上的一个扩展,因此绝大部分 UART 控制函数的命令均可直接使用。

4.2.5   应用实例

1. UART 查询方式收发示例

使用 UART 查询方式发送、接收数据的示例详见程序清单 4.22。

程序清单 4.22   UART 查询方式收发数据范例程序

```
1    # include "ametal.h"
2    # include "am_board.h"
3    # include "am_vdebug.h"
4    # include "am_zlg116_inst_init.h"
5    /******************************************************************
6    全局变量
7    ******************************************************************/
8    static constuint8_t __ch[ ] = {"STD - UART test in polling mode:\r\n"};
9    int am_main (void)
10   {
11       uint8_tuart1_buf[5];                                //数据缓冲区
12       am_uart_handle_t uart_handle;                       //串口标准服务句柄
13       uart_handle = am_zlg116_uart1_inst_init();          //UART 初始化
14       am_uart_poll_send(uart_handle, __ch, sizeof(__ch));
15       while (1) {
16           am_uart_poll_receive(uart_handle, uart1_buf,1);//接收字符
17           am_uart_poll_send(uart_handle, uart1_buf,1);    //发送刚刚接收的字符
18       }
19   }
```

2. UART 中断方式收发示例

使用 UART 中断方式发送、接收数据的示例详见程序清单 4.23。

程序清单 4.23 UART 中断方式收发数据范例程序

```
1    # include "am_zlg116_inst_init.h"
2    # define BUF_SIZE10
3    static int __g_recv_count = 0;
4    static int __uart_recv_irq (void * p_arg, uint8_t dat)
5    {
6        uint8_t * p_buf = (uint8_t * )p_arg;
7        p_buf [__g_recv_count ++ ] = dat;
8        return 0;
9    }
10   int am_main (void)
11   {
12       am_uart_handle_t uart1_handle;
13       uart1_handle = am_zlg116_uart1_inst_init();   //获取串口 1 实例初始化句柄
14       uint8_t uart1_buf[BUF_SIZE];
15       am_uart_ioctl(uart1_handle, AM_UART_MODE_SET, (void * )AM_UART_MODE_INT);
16       am_uart_callback_set(uart1_handle,
17                            AM_UART_CALLBACK_RXCHAR_PUT,
18                            __uart_recv_irq,
19                            (void * )uart1_buf);       //设置接收回调函数
20       am_uart_tx_startup(uart1_handle);              //启动发送
21       while (1) {
22           if (__g_recv_count >= BUF_SIZE) {
23               __g_recv_count = 0;
24               am_uart_poll_send(uart1_handle, uart1_buf, BUF_SIZE);//发送接收到的内容
25           }
26       }
27   }
```

3. UART 环形缓冲区方式收发示例

使用 UART 环形缓冲方式发送、接收数据的示例详见程序清单 4.24。

程序清单 4.24 UART 环形缓冲区方式收发数据范例程序

```
1    # include "am_uart_rngbuf.h"
2    # include "am_zlg116_inst_init.h"
3    # define UART_RX_BUF_SIZE 128                /* 接收环形缓冲区大小,应为 2^n */
4    # define UART_TX_BUF_SIZE 128                /* 发送环形缓冲区大小,应为 2^n */
5    static uint8_t __uart_rxbuf[UART_RX_BUF_SIZE]; /* UART 接收环形缓冲区 */
6    static uint8_t __uart_txbuf[UART_TX_BUF_SIZE]; /* UART 发送环形缓冲区 */
```

```
7        static const uint8_t __ch[] = {"UART interrupt mode(Add ring buffer) test:\r\n"};
8        static am_uart_rngbuf_dev_t __g_uart_ringbuf_dev;    /*串口缓冲区设备*/
9        int am_main(void)
10       {
11           am_uart_handle_t uart1_handle;
12           uart1_handle = am_zlg116_uart1_inst_init();       /*获取 UART2 的句柄*/
13           uint8_tuart1_buf[5];                              /*数据缓冲区*/
14           am_uart_rngbuf_handle_thandle = NULL;             /*串口环形缓冲区服务句柄*/
15           handle = am_uart_rngbuf_init(  &__g_uart_ringbuf_dev.uart1_handle,
16                                                 __uart_rxbuf,UART_RX_BUF_SIZE,
17                                                 __uart_txbuf,UART_TX_BUF_SIZE);
18           am_uart_rngbuf_send(handle, __ch, sizeof(__ch));
19           while (1) {
20               am_uart_rngbuf_receive(handle, uart1_buf,1);/*从接收缓冲区取出一个数
                                                               据到 buf*/
21               am_uart_rngbuf_send(handle, uart1_buf,1);/*将 buf 的一个数据放入环形
                                                               缓冲区*/
22           }
23       }
```

4.3　SPI 外设应用详解

在此约定,本节应用的示例代码均基于 ZLG116 芯片。

4.3.1　SPI 介绍

SPI 接口广泛用于不同设备之间的板级通信,如扩展串行 Flash、ADC 等。许多 IC 制造商生产的器件都支持 SPI 接口。SPI 允许 MCU 与外部设备以全双工、同步、串行方式通信。应用软件可以通过查询状态或 SPI 中断来通信。

无论采用哪种总线,都使用时钟信号和数据/控制线,其中,时钟信号由 MCU 主机控制。首先回顾一下 SPI 的通信机制:用于控制的信号线中的 SPI 为 4 根,除了具有传输的信号外,还具有片选信号,通过该信号的有效与否,主机指定哪个器件作为目标对象。SPI 通信接口的具体描述如下:

(1) SSEL:片选输入

当 SPI 作为主机时,在串行数据启动前驱动 SSEL 信号,使之变为有效状态,并在串行数据发送后释放该信号,使之变为无效状态。默认 SSEL 为低电平有效,也可将其选为高电平有效。当 SPI 作为从机时,处于有效状态的任意 SSEL 信号都表示该从机正在被寻址。

（2）MOSI：主机输出从机输入

MOSI 信号可将串行数据从主机传送到从机。当 SPI 作为主机时，串行数据从 MOSI 输出；当 SPI 作为从机时，串行数据从 MOSI 输入。

（3）MISO：主机输入从机输出

MISO 信号可将串行数据由从机传送到主机。当 SPI 作为主机时，串行数据从 MISO 输入；当 SPI 作为从机时，串行数据输出至 MISO。

（4）SCK：时钟信号

SCK 同步数据传送时钟信号。它由主机驱动从机接收，使用 SPI 接口时，时钟可选为高电平有效或低电平有效。

4.3.2 初始化

在使用 SPI 通用接口前，必须先完成 SPI 的初始化，以获取标准的 SPI 实例句柄。ZLG116 支持 SPI 功能的外设有 SPI1 和 SPI2，为方便用户使用，AMetal 提供了与各外设对应的实例初始化函数，详见表 4.10。

表 4.10　SPI 实例初始化函数（am_zlg116_inst_init.h）

函数原型	功能简介
am_spi_handle_t am_zlg116_spi1_int_inst_init（void）;	SPI1 实例初始化
am_spi_handle_t am_zlg116_spi2_int_inst_init（void）;	SPI2 实例初始化

这些函数的返回值均为 am_spi_handle_t 类型的 SPI 实例句柄，该句柄将作为 SPI 通用接口中 handle 参数的实参。类型 am_spi_handle_t(am_spi.h)的定义如下：

```
typedef struct am_spi_serv * am_spi_handle_t;
```

因为函数返回的 SPI 实例句柄仅作为参数传递给 SPI 通用接口，不需要对该句柄做其他任何操作，因此完全不需要了解该类型。注意，若函数返回的实例句柄的值为 NULL，则表明初始化失败，不能使用该实例句柄。

如需使用 SPI1，可直接调用 SPI1 实例初始化函数，即可获取对应的实例句柄：

```
am_spi_handle_t spi1_handle = am_zlg116_spi1_int_inst_init();
```

打开新建工程的 main.c 文件，添加 SPI 头文件和 ZLG116 的外设实例初始化函数声明，在 am_main()函数中添加 SPI1 实例初始化函数，并编译该工程，即可完成 SPI 初始化。

4.3.3 接口函数

MCU 的 SPI 主要用于主从机的通信，AMetal 提供了 8 个 SPI 标准接口函数，详见表 4.11。

表 4.11　SPI 标准接口函数

函数原型	功能简介
void am_spi_mkdev(　　am_spi_device_t　　　* p_dev, 　　am_spi_handle_t　　　handle, 　　uint8_t　　　　　　 bits_per_word, 　　uint16_t　　　　　 mode, 　　uint32_t　　　　　 max_speed_hz, 　　int　　　　　　　 cs_pin, 　　void　　　　　　 (* pfunc_cs)(am_spi_device_t * p_dev, int state));	SPI 从机实例初始化
int am_spi_setup (am_spi_device_t * p_dev);	设置 SPI 从机实例
void am_spi_mktrans(　　am_spi_transfer_t　　 * p_trans, 　　const void　　　　　 * p_txbuf, 　　void　　　　　　　 * p_rxbuf, 　　uint32_t　　　　　 nbytes, 　　uint8_t　　　　　　 cs_change, 　　uint8_t　　　　　　 bits_per_word, 　　uint16_t　　　　　 delay_usecs, 　　uint32_t　　　　　 speed_hz, 　　uint32_t　　　　　 flags);	SPI 传输初始化
void am_spi_msg_init(　　am_spi_message_t　　 * p_msg, 　　am_pfnvoid_t　　　　 pfn_complete, 　　void　　　　　　　 * p_arg);	SPI 消息初始化
void am_spi_trans_add_tail(　　am_spi_message_t　　 * p_msg, 　　am_spi_transfer_t　　 * p_trans);	添加传输至消息中
int am_spi_msg_start (　　am_spi_device_t　　　 * p_dev, 　　am_spi_message_t　　 * p_msg);	启动 SPI 消息处理
int am_spi_write_then_read(　　am_spi_device_t　　　 * p_dev, 　　constuint8_t　　　　 * p_txbuf, 　　size_t　　　　　　 n_tx, 　　uint8_t　　　　　　 * p_rxbuf, 　　size_t　　　　　　 n_rx);	SPI 先写后读

函数原型	功能简介

int am_spi_write_then_write (
    am_spi_device_t   * p_dev,
    constuint8_t   * p_txbuf0,
    size_t   n_tx0,
    constuint8_t   * p_txbuf1,
    size_t   n_tx1);
	执行 SPI 两次写

下面分别介绍 AMetal 平台的 SPI 各个接口函数的使用方法。

1. SPI 从机实例初始化

对于用户来说,使用 SPI 往往是直接操作一个从机器件,MCU 作为 SPI 主机,为了与从机器件通信,需要知道从机器件的相关信息,比如 SPI 模式、SPI 速率、数据位宽等。这就需要定义一个与从机器件对应的实例(从机实例),并使用相关信息来完成对从机实例的初始化。SPI 从机实例初始化函数原型为

```
void am_spi_mkdev (
    am_spi_device_t        * p_dev,              //待初始化的从机实例
    am_spi_handle_t        handle,               //SPI 句柄(通过 SPI 实例初始化函数获得)
    uint8_t                bits_per_word,        //数据宽度,写 0 默认 8 bit
    uint16_t               mode,                 //模式选择,详见表 4.12
    uint32_t               max_speed_hz,         //从机设备支持的最高时钟频率
    int                    cs_pin,               //片选引脚
    void                   (* pfunc_cs)(am_spi_device_t * p_dev, int state));
```

表 4.12　SPI 常用模式标志

模式标志	含 义	解 释
AM_SPI_MODE_0	SPI 模式 0	CPOL=0,CPHA=0
AM_SPI_MODE_1	SPI 模式 1	CPOL=0,CPHA=1
AM_SPI_MODE_2	SPI 模式 2	CPOL=1,CPHA=0
AM_SPI_MODE_3	SPI 模式 3	CPOL=1,CPHA=1

其中,p_dev 是指向 SPI 从机实例描述符的指针,am_spi_device_t 在 am_spi.h 文件中定义,如下:

```
typedef struct am_spi_device am_spi_device_t;
```

该类型用于定义从机实例,用户无需知道其定义的具体内容,只需要使用该类型定义一个从机实例,即

```
am_spi_device_t spi_dev;              //定义一个 SPI 从机实例
```

mode 指定使用的模式。SPI 协议定义了 4 种模式,详见表 4.12。各种模式的主要区别在于空闲时钟极性(CPOL)和时钟相位选择(CPHA)的不同。CPOL 和 CPHA 均有 2 种选择,因此两两组合可以构成 4 种不同的模式,即模式 0~3。当 CPOL 为 0 时,表示时钟空闲时时钟线为低电平;当 CPOL 为 1 时,表示时钟空闲时时钟线为高电平。当 CPHA 为 0 时,表示数据在第 1 个时钟边沿采样;当 CPHA 为 1 时,表示数据在第 2 个时钟边沿采样。

cs_pin 和 pfunc_cs 均与片选引脚相关。其中,pfunc_cs 是指向自定义片选控制函数的指针,若 pfunc_cs 的值为 NULL,则驱动将自动控制由 cs_pin 指定的引脚实现片选控制;若 pfunc_cs 的值不为 NULL,而是指向了有效的自定义片选控制函数,则 cs_pin 不再被使用,片选控制将完全由应用实现。当需要片选引脚有效时,驱动将自动调用 pfunc_cs 指向的函数,并传递 state 的值为 1;当需要片选引脚无效时,也会调用 pfunc_cs 指向的函数,并传递 state 的值为 0。一般情况下,片选引脚自动控制即可,即设置 pfunc_cs 的值为 NULL,cs_pin 为片选引脚,如 PIOA_4。应用范例详见程序清单 4.25。

程序清单 4.25 am_spi_mkdev()范例程序

```
1   am_spi_handle_t spi0_hanlde = am_zlg116_spi1_inst_init(); //使用 ZLG116 的 SPI1
                                                              //获取 SPI 句柄
2   am_spi_device_tspi_dev;          //定义从机设备
3   am_spi_mkdev(
4       &spi_dev,                    //传递从机设备
5       spi1_handle,                 //SPI1 操作句柄
6       8,                           //数据宽度为 8 bit
7       AM_SPI_MODE_0,               //选择模式 0
8       3000000,                     //最大频率 3 000 000 Hz
9       PIOA_4,                      //片选引脚 PIOA_4
10      NULL);                       //无自定义片选控制函数,设置为 NULL
```

2. 设置 SPI 从机实例

设置 SPI 从机实例时,会检查 MCU 的 SPI 主机是否支持从机实例的相关参数和模式。如果不支持,则设置失败,说明该从机不能使用。设置从机实例函数的原型为

```
int am_spi_setup (am_spi_device_t * p_dev);
```

其中,p_dev 是指向 SPI 从机实例描述符的指针,如果返回 AM_OK,则说明设置成功;如果返回其他值,则说明设置失败,详见程序清单 4.26。

程序清单 4.26 am_spi_setup()范例程序

```
1   am_spi_handle_t spi0_handle = am_zlg116_spi1_inst_init(); //使用 ZLG116 的 SPI1
                                                              //获取 SPI 句柄
2   am_spi_device_t spi_dev;
```

```
3    am_spi_mkdev(
4         &spi_dev,
5         spi1_handle,
6         8,                              //数据宽度为 8 bit
7         AM_SPI_MODE_0,                  //选择模式 0
8         3000000,                        //最大频率 3 000 000 Hz
9         PIOA_4,                         //片选引脚 PIOA_4
10        NULL);                          //无自定义片选控制函数,设置为 NULL
11   am_spi_setup(&spi_dev);             //设置 SPI 从设备
```

3. SPI 传输初始化

在 AMetal 中,将收发一次数据的过程抽象为一个"传输"的概念,要完成一次数据传输,首先需要初始化一个传输结构体,指定该次数据传输的相关信息。SPI 传输初始化的函数原型为

```
void am_spi_mktrans(
    am_spi_transfer_t   * p_trans,       //待初始化的 SPI 传输
    const void          * p_txbuf,       //发送数据缓冲区,NULL 无数据
    void                * p_rxbuf,       //接收数据缓冲区,NULL 无数据
    uint32_t            nbytes,          //传输的字节数
    uint8_t             cs_change,       //传输是否影响片选,0 - 不影响,1 - 影响
    uint8_t             bits_per_word,   //写 0 默认使用设备的字大小
    uint16_t            delay_usecs,     //传输结束后的延时($\mu s$)
    uint32_t            speed_hz,        //写 0 默认使用设备中的 max_speed_hz
    uint32_t            f lags);         //本次传输的特殊控制标志,详见表 4.13
```

表 4.13 传输的特殊控制标志宏

传输特殊控制标志宏	含　义
AM_SPI_READ_MOSI_HIGH	读数据时,MOSI 输出高电平,默认为低电平

其中,p_trans 为指向 SPI 传输结构体的指针,am_spi_transfer_t 类型是在 am_spi.h 中定义的,即

```
typedef struct am_spi_transfer am_spi_transfer_t;
```

在实际使用时,只需要定义一个该类型的传输结构体,比如:

```
am_spi_transfer_t spi_trans;           //定义一个 SPI 传输结构体
```

因为 SPI 是全双工通信协议,所以单次传输过程中同时包含了数据的发送和接收。函数的参数中,p_txbuf 指定了发送数据的缓冲区,p_rxbuf 指定了接收数据的缓冲区,nbytes 指定了传输的字节数。特别地,有时可能只希望单向传输数据,若只发送数据,则可以设置 p_rxbuf 为 NULL;若只接收数据,则可以设置 p_txbuf 为 NULL。

当传输正常进行时,片选会置为有效状态,cs_change 的值将影响片选何时被置为无效状态。若 cs_change 的值为 0,则表明不影响片选,此时,仅当该次传输是消息(多次传输组成一个消息,消息的概念后面会介绍)的最后一次传输时,片选才会被置为无效状态。若 cs_change 的值为 1,则表明影响片选,此时,若该次传输不是消息的最后一次传输,则在本次传输结束后会立即将片选设置为无效状态;若该次传输是消息的最后一次传输,则不会立即设置片选无效,而是保持有效直到下一个消息的第一次传输开始。应用范例详见程序清单 4.27。

程序清单 4.27　am_spi_mktrans()范例程序

```
1   uint8_t              tx_buf[8];
2   uint8_t              rx_buf[8];
3   am_spi_transfer_t    spi_trans;
4
5   am_spi_mktrans(
6       &spi_trans,
7       tx_buf,                          //发送数据缓冲区
8       rx_buf,                          //接收数据缓冲区
9       8,                               //传输数据个数为 8
10      0,                               //本次传输不影响片选
11      0,                               //位宽为 0,使用默认位宽(设备中的位宽)
12      0,                               //传输后无需延时
13      0,                               //时钟频率,使用默认速率
14      0);                              //无特殊控制标志
```

4. SPI 消息初始化

一般来说,与实际的 SPI 器件通信时,往往采用的是"命令"+"数据"的格式,这就需要两次传输:一次传输命令,另一次传输数据。为此,AMetal 提出了"消息"的概念,一个消息的处理即为一次有实际意义的 SPI 通信,其间可能包含一次或多次传输。

一次消息处理中可能包含很多次传输,耗时可能较长。为避免阻塞,消息的处理采用异步方式。这就要求指定一个完成触发的回调函数,当消息处理完毕时,自动调用该回调函数以通知用户消息处理完毕。完成回调函数的指定在初始化函数中完成,初始化函数的原型为

```
void am_spi_msg_init (
    am_spi_message_t  * p_msg,          //待初始化的 SPI 传输
    am_pfnvoid_t        pfn_complete,   //消息处理完成回调函数
    void              * p_arg);         //完成回调函数的参数
```

其中,p_msg 为指向 SPI 消息结构体的指针,am_spi_message_t 类型是在 am_spi.h 中定义的,即

```
typedef struct am_spi_message am_spi_message_t;
```

实际使用时,仅需使用该类型定义一个消息结构体,即

```
am_spi_message_t spi_msg;                    //定义一个 SPI 消息结构体
```

pfn_complete 指向的是消息处理完成回调函数,当消息处理完毕时,将调用指针指向的函数。其类型 am_pfnvoid_t 是在 am_types. h 中定义的,即

```
typedef void ( * am_pfnvoid_t) (void * );
```

由此可见,函数指针指向的是参数为 void * 类型的无返回值函数。驱动调用完成回调函数时,传递给该回调函数的 void * 类型的参数即为 p_arg 的设定值。应用范例详见程序清单4.28。

程序清单 4.28   am_spi_msg_init( )范例程序

```
1    static void __spi_msg_complete_callback (void * p_arg)
2    {
3        //消息处理完毕
4    }
5
6    int am_main()
7    {
8        am_spi_message_t spi_msg;                 //定义一个 SPI 消息结构体
9
10       am_spi_msg_init (
11           &spi_msg,
12           __spi_msg_complete_callback, //消息处理完成回调函数
13           NULL);                            //未使用完成回调函数的参数 p_arg,设置为 NULL
14   }
```

4.3.4   应用实例

ZLG116 通过 SPI 与 SPI Flash 通信,对地址为 0x0000 进行擦/写/读操作,并将写入数据读出进行校验。应用范例详见程序清单4.29。

程序清单 4.29   Flash 读/写范例程序

```
1    # include "ametal. h"
2    # include "am_board. h"
3    # include "am_vdebug. h"
4    # include "am_delay. h"
5    # include "am_gpio. h"
6    # include "demo_all_entries. h"
7    # include "am_spi. h"
```

```
8    # include "am_zlg116_inst_init.h"
9    # include "zlg116_pin.h"
10   # define FLASH_PAGE_SIZE          256              //SPI FLSAH 页大小定义
11   # define TEST_ADDR                0x0000           //测试地址
12   # define TEST_LEN                 FLASH_PAGE_SIZE  //测试字节长度
13   static uint8_t g_tx_buf[TEST_LEN] = {0x9F};        //写数据缓存
14   static uint8_t g_rx_buf[TEST_LEN] = {0};           //读数据缓存
15   int am_main (void)
16   {
17       uint32_t ength,i;
18       AM_DBG_INFO("Start up successful! \r\n");
19       am_spi_handle_t spi_handle = am_zlg116_spi1_int_inst_init();
20       am_spi_device_t spi_dev;
21       am_spi_mkdev(
22           &spi_dev,
23           spi_handle,
24           8,                                    //数据宽度 8 bit
25           AM_SPI_MODE_0,                        //模式 0
26           3000000,                              //最大频率 3 000 000 Hz
27           PIOA_4,                               //片选 PIOA_4
28           NULL);                                //无自定义函数,设置 NULL
29       am_spi_setup(&spi_dev);                   //设置从机设备
30       spi_flash_erase(&spi_dev, TEST_ADDR);     //擦除当前地址中的数据
31       AM_DBG_INFO("FLASH 擦除完成\r\n");
32       for (! = 0; i < length; i++) {            //填充数据
33           g_tx_buf[i] = i + 1;
34       }
35       spi_flash_write(&spi_dev, TEST_ADDR, length); //写入数据到设定 SPI_FLASH 的地址
36       am_mdelay(10);
37       AM_DBG_INFO("FLASH 数据写入完成\r\n");
38       for (! = 0; i < length; i++) {
39           g_rx_buf[i] = 0;
40       }
41       spi_flash_read(&spi_dev, TEST_ADDR, length); //从设定的 SPI_FLASH 地址中读取数据
42       am_mdelay(10);
43       for (! = 0; i < length; i++) {            //数据校验
44           AM_DBG_INFO(" read %2dst data is : 0x%2x \r\n", i, g_rx_buf[i]);
45           if(g_rx_buf[i] != ((1 + i) & 0xFF)) {
46               AM_DBG_INFO("verify failed! \r\n");
47               while(1);
48           }
49       }
50   }
```

4.4 I²C 外设应用详解

在此约定,本节应用的示例代码均基于 ZLG116 芯片。

4.4.1 I²C 介绍

I²C(芯片间)总线接口连接微控制器和串行 I²C 总线。它提供多主机功能,控制所有 I²C 总线特定的时序、协议、仲裁和定时。

I²C 总线是一个两线串行接口,由串行数据(SDA)线和串行时钟(SCL)线在连接到总线器件间传递信息。总线上的每个器件都有一个唯一的地址,而且都可以作为发送器或接收器。除了发送器和接收器外,器件在执行数据传输时也可以被看作是主机或者从机。其中,主机是初始化总线的数据传输并产生允许传输的时钟信号的器件,其他被寻址的器件都被认为是从机。

I²C 可以工作在标准模式(数据传输速率为 0~100 Kb/s)及快速模式(数据传输速率最大为 400 Kb/s)。

4.4.2 初始化

1. I²C 主机初始化

AMetal 平台提供了 I²C 的初始化函数,以 ZLG116 的 I²C 主机初始化函数原型为例,初始化函数如下:

```
am_i2c_handle_t am_zlg116_i2c1_inst_init (void);
```

该函数在 user_config 目录下的 am_hwconf_zlg116_i2c.c 文件中定义,在 am_zlg116_inst_init.h 中声明。因此,使用 I²C 初始化函数时,需要包含头文件 am_zlg116_inst_init.h。

调用该函数初始化 I²C 时需要定义一个 am_i2c_handle_t 类型的变量,用于保存获取的 I²C 服务句柄,初始化程序为

```
am_i2c_handle_t i2c_handle;
i2c_handle = am_zlg116_i2c1_inst_init();
```

获取了 I²C 服务句柄后,还应有一个描述 I²C 从机设备的结构体。构造 I²C 从机设备函数的原型为

```
void am_i2c_mkdev ( am_i2c_device_t    * p_dev,
                    am_i2c_handle_t    handle,
                    uint16_t           dev_addr,
                    uint16_t           dev_flags)
```

说明：

- p_dev 为指向 am_i2c_device_t 的结构体指针；
- handle 为 I^2C 服务句柄；
- dev_addr 为从机设备地址；
- dev_flags 为传输过程中的控制标识位，其可用的值已在 am_i2c.h 文件中宏定义。

2. I^2C 从机初始化

AMetal 平台提供了作为 I^2C 从机的初始化函数，可以直接调用，以 ZLG116 的 I^2C 从机初始化函数为例，函数原型为

```
am_i2c_slv_handle_t am_zlg116_i2c1_slv_inst_init (void)
```

该函数在 user_config 目录下的 am_hwconf_zlg116_i2c_slv.c 文件中定义，在 am_zlg116_inst_init.h 中声明。因此，使用定时器初始化函数时，需要包含头文件 am_zlg116_inst_init.h。

调用该函数初始化 I^2C 时需要定义一个 am_i2c_slv_device_t 类型的变量，用于保存获取的 I^2C 从机服务句柄，初始化程序为

```
am_i2c_slv_device_t am_i2c_slv_handle_t
am_i2c_slv_handle_t slv_handle = am_zlg116_i2c1_slv_inst_init()
```

获取了 I^2C 从机服务句柄后，还应有一个描述作为 I^2C 从机设备的结构体，构造作为 I^2C 从机设备函数的原型为

```
void am_i2c_slv_mkdev (   am_i2c_slv_device_t    * p_dev,
                          am_i2c_slv_handle_t     handle,
                          am_i2c_slv_cb_funcs_t  * p_cb_funs,
                          uint16_t                dev_addr,
                          uint16_t                dev_flags,
                          void                   * p_arg)
```

说明：

- p_dev 为指向从机设备描述结构体的指针；
- handle 为与从机设备关联的 I^2C 标准服务操作句柄；
- p_cb_funs 为回调函数的函数指针；
- dev_addr 为从机设备地址；
- dev_flags 为从机设备特性；
- p_arg 指向回调函数参数。

其中，p_cb_funs 指向的回调函数结构体包括：

- 从机地址匹配时回调函数指针；
- 获取一个发送字节回调函数指针；

- 提交一个接收到的字节回调函数指针；
- 停止传输回调函数指针；
- 广播回调函数指针。

注意：p_cb_funs 指向的回调函数需用户定义，如果不需要回调函数，则可以不定义并将其函数指针指向 NULL。

4.4.3 接口函数

在 AMetal 中，MCU 作为 I^{2}C 主机与 I^{2}C 从机器件通信的相关接口函数详见表 4.14。

表 4.14 接口函数

函数原型	功能简介

int am_i2c_mkdev(
    am_i2c_device_t   * p_dev,
    am_i2c_handle_t   handle
    uint16_t   dev_addr,
    uint16_t   dev_flags);
	I^{2}C 从机实例初始化

int am_i2c_write(
    am_i2c_device_t   * p_dev,
    uint32_t   sub_addr,
    constvoid   * p_buf,
    uint32_t   nbytes);
	I^{2}C 写操作

int am_i2c_read(
    am_i2c_device_t   * p_dev,
    uint32_t   sub_addr,
    void   * p_buf,
    uint32_t   nbytes);
	I^{2}C 读操作

1. 从机实例初始化

对于用户，使用 I^{2}C 的目的就是直接操作一个从机器件，比如 LM75、EEPROM 等。MCU 作为 I^{2}C 主机与从机器件通信，需要知道从机器件的相关信息，比如 I^{2}C 从机地址等。这就需要定义一个与从机器件对应的实例，即从机实例，并使用相关信息完成对从机实例的初始化。从机实例初始化函数的原型为

```
void am_i2c_mkdev(
    am_i2c_device_t       * p_dev,      //指向待初始化从机实例的指针
    am_i2c_handle_t       handle        //用于指定与从机器件通信的 I2C实例
    uint16_t              dev_addr,     //从机器件的 I2C地址
    uint16_t              dev_flags);   //从机器件的 I2C的相关属性标志
```

其中，p_dev 为指向 am_i2c_device_t 类型（am_i2c.h）的 I^{2}C 从机实例的指针，

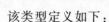

该类型定义如下：

```
typedef struct am_i2c_device am_i2c_device_t;
```

使用时无需知道该类型定义的具体内容，仅需使用该类型完成一个 I²C 从机实例的定义，如下：

```
am_i2c_device_t dev;                    //定义一个 I²C 从机实例
```

其中，dev 为用户自定义的从机实例，其地址作为 p_dev 的实参传递。

dev_flags 为从机实例的相关属性标志，可分为三大类：从机地址的位数、是否忽略无应答和器件内子地址（通常又称之为"寄存器地址"）的字节数。具体可用属性标志详见表 4.15，可使用"|"操作连接多个属性标志。

表 4.15　从机设备属性

设备属性	I²C 从机实例属性标志	含　义
从机地址	AM_I2C_ADDR_7BIT	从机地址为 7 bit(默认)
	AM_I2C_ADDR_10BIT	从机地址为 10 bit
应答	AM_I2C_IGNORE_NAK	忽略从机设备的无应答
器件内子地址	AM_I2C_SUBADDR_MSB_FIRST	器件内子地址高位字节先传输(默认)
	AM_I2C_SUBADDR_LSB_FIRST	器件内子地址低位字节先传输
	AM_I2C_SUBADDR_NONE	无子地址(默认)
	AM_I2C_SUBADDR_1BYTE	子地址宽度为 1 B
	AM_I2C_SUBADDR_2BYTE	子地址宽度为 2 B

使用范例详见程序清单 4.30。

程序清单 4.30　am_i2c_mkdev( )范例程序

```
1    am_i2c_handle_t i2c1_hanlde = am_zlg116_i2c1_inst_init();  //使用 ZLG116 的 I²C1
                                                              //获取 I²C 实例句柄
2    am_i2c_device_t dev;                        //定义一个 I²C 从机实例
3    am_i2c_mkdev(
4        &dev,                                  //配置从机实例的相关信息
5        i2c1_handle,                           //I²C 句柄
6        0x48,                                  //实例的 7 bit 从机地址
7        AM_I2C_ADDR_7BIT | AM_I2C_SUBADDR_1BYTE);  //7 bit 从机地址,1 B 子地址
```

2. 写操作

向 I²C 从机实例指定的子地址写入数据的函数原型为

```
int am_i2c_write(
    am_i2c_device_t * p_dev,      //指向已使用 am_i2c_mkdev()完成初始化的从机实例
    uint32_t          sub_addr,   //器件子地址,指定写入数据的位置
    const void        * p_buf,    //写入数据存放的缓冲区
    uint32_t          nbytes);    //写入数据的字节数
```

如果返回值为 AM_OK,则表明写入数据成功;如果返回值为其他值,则表明写入数据失败。范例程序详见程序清单 4.31。

程序清单 4.31 am_i2c_write()使用范例程序

1	am_i2c_handle_t i2c1_hanlde = am_zlg116_i2c1_inst_init(); //使用 ZLG116 的 I^2C1
	//获取 I^2C 句柄
2	.am_i2c_device_t dev; //定义一个 I^2C 从机实例
3	uint8_twr_buf[10]; //存放写入从机实例的数据
4	
5	am_i2c_mkdev(
6	&dev, //I^2C 从机实例信息初始化
7	i2c1_handle, //I^2C 句柄
8	0x48, //实例的 7 bit 从机地址
9	AM_I2C_ADDR_7BIT	AM_I2C_SUBADDR_1BYTE); //7 bit 从机地址,1 B 子地址
10	am_i2c_write(&dev, 0x02, wr_buf,10); //向子地址 0x02 写入 10 B 数据

3. 读操作

从 I^2C 从机实例指定的子地址中读出数据的函数原型为

```
int am_i2c_read(
    am_i2c_device_t  * p_dev,   //指向已使用 am_i2c_mkdev()完成初始化的从机实例
    uint32_t          sub_addr, //器件子地址,指定读取数据的位置
    void              * p_buf,  //读取数据存放的缓冲区
    uint32_t          nbytes);  //读取数据的字节数
```

如果返回值为 AM_OK,则表明读取数据成功;如果返回值为其他值,则表明读取数据失败。其相应的范例程序详见程序清单 4.32。

程序清单 4.32 am_i2c_read()使用范例程序

1	am_i2c_handle_t i2c1_hanlde = am_zlg116_i2c1_inst_init(); //使用 ZLG116 的 I^2C1
	//获取 I^2C 句柄
2	am_i2c_device_t dev; //定义一个 I^2C 从机实例
3	uint8_t rd_buf[10]; //接收数据缓冲区
4	
5	am_i2c_mkdev(
6	&dev, //I^2C 从机实例信息初始化
7	i2c0_handle, //I^2C 句柄

8	0x48,	//器件的 7 bit 从机地址
9	AM_I2C_ADDR_7BIT | AM_I2C_SUBADDR_1BYTE);	//7bit 从机地址,1 B 子地址
10	am_i2c_read (&dev, 0x02, rd_buf,10);	//从子地址 0x02 读出 10 B 数据

4.4.4 应用实例

1. I²C 主机通信示例

以 I²C 主机为例,在从机地址 0x00 的设备中读/写数据,其范例详见程序清单 4.33。

程序清单 4.33 I²C 主机通信范例程序

```
1    # include "ametal. h"
2    # include "am_board. h"
3    # include "am_vdebug. h"
4    # include "am_zlg116_inst_init. h"
5    int am_main (void)
6    {
7        am_err_t ret;
8        uint8_t wr_buf[8] = {0,1,2,3,4,5,6,7};//写数据缓存定义
9        uint8_t rd_buf[8] = {0};            //读数据缓存定义
10
11       am_i2c_handle_t handle = am_zlg116_i2c1_inst_init();
12       am_i2c_device_t i2cdev;
13       am_i2c_mkdev( &i2cdev,
14                   handle,
15                   0x00,                    //从机地址
16                   AM_I2C_ADDR_7BIT | AM_I2C_SUBADDR_1BYTE);
17
18       ret = am_i2c_write( &i2cdev,        //写入数据
19                   0x00,                    //从机子地址
20                   &wr_buf[0],
21                   8);
22       if (ret ! = AM_OK) {
23           AM_DBG_INFO("am_i2c_write error(id: % d).\r\n", ret);
24       }
25
26       ret = am_i2c_write( &i2cdev,        //读取数据
27                   0x00,                    //从机子地址
28                   &rd_buf[0],
29                   8);
30       if (ret ! = AM_OK) {
31           AM_DBG_INFO("am_i2c_write error(id: % d).\r\n", ret);
32       }
33
34       while (1) {
35       }
36   }
```

2. I²C 从机通信示例

在使用过程中,应首先定义需要的回调函数,然后定义一个 am_i2c_slv_cb_funcs_t 类型的结构体以保存定义的回调函数,最后初始化 I²C 从机设备。其应用范例详见程序清单 4.34。

程序清单 4.34　I²C 从机通信范例程序

```
1    # include "ametal.h"
2    # include "am_i2c_slv.h"
3    # include "am_zlg116_inst_init.h"
4
5    # define __REG_SIZE 20                              //寄存器数量
6    static uint8_t __g_reg_buf[__REG_SIZE];
7    static uint8_t __g_subaddr;
8
9    static uint8_t __g_count = 0;
10   static int __addr_matching (void * p_arg,am_bool_t is_rx)   //地址匹配回调函数
11   {
12       /* do some thing */
13       __g_count ++ ;                                  //子地址自增
14       return AM_OK;
15   }
16
17   static int __txbyte_get (void * p_arg, uint8_t * p_byte)    //获取发送一个字节
                                                                //回调函数
18   {
19       * p_byte = __g_reg_buf[__g_subaddr];
20       __g_subaddr ++ ;                                //子地址自增
21       return AM_OK;
22   }
23
24   static int __rxbyte_put(void * p_arg, uint8_t byte)    //接收一个字节回调
25   {
26       __g_reg_buf[__g_subaddr] = byte;
27       __g_subaddr ++ ;                                //子地址自增
28       return AM_OK;
29   }
30
31   static void __tran_stop(void * p_arg)                  //停止传输回调函数
32   {
33       __g_subaddr = 0;
34   }
```

```
35
36    static am_i2c_slv_cb_funcs_t __g_i2c_slv_cb_funs = {//回调函数指针结构体
37        __addr_matching,
38        __txbyte_get,
39        __rxbyte_put,
40        __tran_stop,
41    };
42
43    int main()
44    {
45        am_i2c_slv_handle_t handle = am_zlg116_i2c1_slv_inst_init();//获取实例初始
                                                                     //化句柄
46        uint16_t dev_addr = 0x50;
47        in ti;
48        am_i2c_slv_device_t i2c_slv_dev;
49        am_i2c_slv_mkdev( &i2c_slv_dev,
50                          handle,
51                          &__g_i2c_slv_cb_funs,
52                          dev_addr,
53                          AM_I2C_SLV_ADDR_7BIT,
54                          NULL);
55
56        am_i2c_slv_setup (&i2c_slv_dev);                    //开始运行从机设备
57
58        for ( ! = 0; i < __REG_SIZE; i++) {                 //初始化从机缓存区
59            __g_reg_buf[i] = 5 + i;
60        }
61        AM_FOREVER {
62            ;
63        }
64    }
```

4.5　CAN 外设应用详解

在此约定,本节应用的示例代码均基于 ZLG237 芯片。

4.5.1　CAN 介绍

CAN(Controller Area Network),即控制器局域网,是 ISO 国际标准化的串行
数据通信协议,最早由 BOSCH 公司推出,被设计作为汽车环境中的微控制器通信,
在车载各电子控制单元之间交换信息,形成汽车电子控制网络。

CAN 的高性能和可靠性已被广泛地应用于工业自动化、医疗设备和工业设备等方面。CAN 控制器通过组成总线的 2 根双向传输数据的双绞线(CAN‐H 和 CAN‐L)的电位差来确定总线的电平。总线电平分为显性电平和隐性电平,"显性"具有"优先"的意味,只要有一个单元输出显性电平,总线上即为显性电平;"隐性"具有"包容"的意味,只有所有的单元都输出隐性电平,总线上才为隐性电平。发送方通过使总线电平发生变化,将消息发送给接收方。

这里以具有 CAN 功能外设的芯片 ZLG237 应用为例。图 4.2 所示为 CAN 外围电路设计,选 ZLG237 作为主控 MCU,CTM8251AT 作为通用 CAN 隔离收发器,实现 CAN 节点的收发与隔离功能。

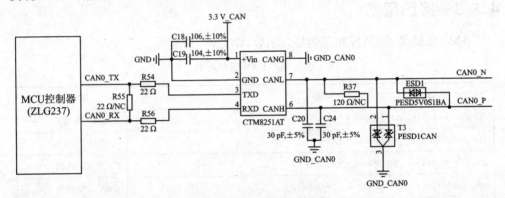

图 4.2　CAN 外围电路设计

4.5.2　初始化

AMetal 已经完成了对 ZLG237 的适配,若用户选用 AMetal 平台,则无需自行适配,直接使用相应的 CAN 功能接口进行操作即可。以 CAN 初始化函数为例,其函数原型为

```
am_can_handle_t am_zlg237_can_inst_init (void);
```

该函数在 user_config 目录下的 am_hwconf_zlg237_can.c 文件中定义,如下:

```
/ ＊＊CAN 实例初始化,获得 CAN 标准服务句柄 ＊ /
am_can_handle_t am_zlg237_can_inst_init (void)
{
    return am_zlg237_can_init(&__g_can_dev, &__g_can_devinfo);
}
```

该函数在 am_zlg237_inst_init.h 文件中声明:

```
/ ＊＊
 ＊ CAN 实例初始化,获得 CAN 标准服务句柄
 ＊ \param 无
```

```
 * \return CAN 标准服务句柄,若为 NULL,则表明初始化失败
 */
am_can_handle_t am_zlg237_can_inst_init (void);
```

因此使用 CAN 初始化函数时需要包含头文件 am_zlg237_inst_init. h。

调用该函数初始化 CAN 时需要定义一个 am_can_handle_t 类型的变量,用于保存获取的 CAN 服务句柄。CAN 初始化程序为

```
am_can_handle_t can_handle;
 can_handle = am_zlg237_can_inst_init();
```

4.5.3 接口函数

AMetal 提供了 CAN 相关的接口函数,详见表 4.16。

表 4.16 CAN 接口函数

函数原型	功能简介
am_can_start (am_can_handle_t handle);	启动 CAN 通信
am_can_reset (am_can_handle_t handle);	复位 CAN 通信
am_can_sleep (am_can_handle_t handle);	CAN 通信睡眠
am_can_wakeup (am_can_handle_t handle);	CAN 通信唤醒
am_can_int_enable (am_can_handle_t handle,am_can_int_type_t maK);	CAN 中断使能
am_can_int_disable (am_can_handle_t handle,am_can_int_type_t maK);	CAN 中断禁能
am_can_mode_set (am_can_handle_t　　　handle, 　　　　　　am_can_mode_type_t　　mode)	CAN 工作模式设置
am_can_baudrate_set (am_can_handle_t　　　　handle, 　　　　struct am_can_bps_param　* p_can_baudrate)	CAN 波特率设置
am_can_baudrate_get (am_can_handle_t　　　　handle, 　　　　struct am_can_bps_param　* p_can_baudrate)	CAN 波特率获取
am_can_err_cnt_get (am_can_handle_t　　　　handle, 　　　　struct am_can_err_cnt　* p_can_err_cnt)	CAN 错误计数获取
am_can_err_cnt_clr (am_can_handle_t　　　handle);	CAN 清空错误计数
am_can_msg_send (am_can_handle_t　　　handle, 　　　　am_can_message_t　* p_txmsg)	CAN 发送消息
am_can_msg_recv (am_can_handle_t　　　handle, 　　　　am_can_message_t　* p_rxmsg)	CAN 接收消息
am_can_msg_stop_send (am_can_handle_t　　　handle);	CAN 停止发送消息

函数原型	功能简介
am_can_filter_tab_set (am_can_handle_t　　　handle, 　　　uint8_t　　　　　* p_filterbuff, 　　　size_t　　　　　lenth)	CAN 设置滤波
am_can_filter_tab_get (am_can_handle_t　　　handle, 　　　uint8_t　　　　　* p_filterbuff, 　　　size_t　　　　　* p_lenth)	CAN 获取设置滤波
am_can_status_get (am_can_handle_t　　　handle, 　　　am_can_int_type_t　* p_int_type, 　　　am_can_bus_err_t　　* p_bus_err)	CAN 状态获取
am_can_connect (am_can_handle_t　　　handle, 　　　am_pfnvoid_t　　　pfn_isr, 　　　void　　　　　* p_arg)	CAN 中断连接
am_can_disconnect (am_can_handle_t　　　handle, 　　　am_pfnvoid_t　　　pfn_isr, 　　　void　　　　　* p_arg)	CAN 删除中断连接
am_can_intcb_connect (am_can_handle_t　　　handle, 　　　am_can_int_type_t　inttype, 　　　am_pfnvoid_t　　　pfn_callback, 　　　void　　　　　* p_arg)	CAN 注册中断回调函数
am_can_intcb_disconnect (am_can_handle_t　　handle, 　　　am_can_int_type_t　inttype)	CAN 解除中断回调函数的注册

(1) CAN 通信启动

CAN 通信完成初始化之后,调用启动 CAN 通信函数开始通信,函数原型为

```
am_can_err_t am_can_start (am_can_handle_t handle)
```

说明:

● handle 为 CAN 的服务句柄,即初始化 CAN 获取的句柄;

● 返回值为 AM_CAN_NOERROR,则设置成功;返回值为 - AM_CAN_IN-VALID_PARAMETER,则设置失败,参数错误。

(2) CAN 通信复位

CAN 通信复位的函数原型为

```
am_can_err_t am_can_reset (am_can_handle_t handle)
```

说明:

● handle 为 CAN 的服务句柄,即初始化 CAN 获取的句柄;

● 返回值为 AM_CAN_NOERROR,则设置成功;返回值为- AM_CAN_IN-VALID_PARAMETER,则设置失败,参数错误。

（3）CAN 通信睡眠

CAN 通信睡眠的函数原型为

```
am_can_err_t am_can_sleep (am_can_handle_t handle)
```

说明：

● handle 为 CAN 的服务句柄,即初始化 CAN 获取的句柄;
● 返回值为 AM_CAN_NOERROR,则设置成功;返回值为- AM_CAN_IN-VALID_PARAMETER,则设置失败,参数错误。

（4）CAN 通信唤醒

CAN 通信唤醒的函数原型为

```
am_can_err_t am_can_wakeup (am_can_handle_t handle)
```

说明：

● handle 为 CAN 的服务句柄,即初始化 CAN 获取的句柄;
● 返回值为 AM_CAN_NOERROR,则唤醒成功;返回值为- AM_CAN_IN-VALID_PARAMETER,则唤醒失败,参数错误。

（5）CAN 中断使能

CAN 中断使能的函数原型为

```
am_can_err_t am_can_int_enable (am_can_handle_t handle, am_can_int_type_t maK)
```

说明：

● handle 为 CAN 的服务句柄,即初始化 CAN 获取的句柄;
● maK 为中断类型;
● 返回值为 AM_CAN_NOERROR,则设置成功;返回值为- AM_CAN_IN-VALID_PARAMETER,则设置失败,参数错误。

AMetal 中定义了 CAN 的中断类型,详见表 4.17。

表 4.17 CAN 中断类型说明

CAN 中断类型宏	功能说明
AM_CAN_INT_NONE	无类型中断
AM_CAN_INT_ERROR	错误中断
AM_CAN_INT_BUS_OFF	总线关闭中断
AM_CAN_INT_WAKE_UP	唤醒中断
AM_CAN_INT_TX	发送中断

续表 4. 17

CAN 中断类型宏	功能说明
AM_CAN_INT_RX	接收中断
AM_CAN_INT_DATAOVER	总线超载中断
AM_CAN_INT_WARN	警告中断
AM_CAN_INT_ERROR_PASSIVE	错误被动中断
AM_CAN_INT_ALL	所有中断

(6) CAN 中断禁能

CAN 中断禁能的函数原型为

```
am_can_err_t am_can_int_disable (am_can_handle_t handle, am_can_int_type_t maK)
```

说明：
- handle 为 CAN 的服务句柄，即初始化 CAN 获取的句柄；
- maK 为中断类型；
- 返回值为 AM_CAN_NOERROR，则设置成功；返回值为-AM_CAN_IN-VALID_PARAMETER，则设置失败，参数错误。

AMetal 中定义了 CAN 的中断类型，详见表 4.17。

(7) CAN 工作模式设置

CAN 工作模式设置的函数原型为

```
am_can_err_t am_can_mode_set (am_can_handle_t       handle,
                              am_can_mode_type_t    mode)
```

说明：
- handle 为 CAN 的服务句柄，即初始化 CAN 获取的句柄；
- mode 为工作模式；
- 返回值为 AM_CAN_NOERROR，则设置成功；返回值为-AM_CAN_IN-VALID_PARAMETER，则设置失败，参数错误。

AMetal 中定义了 CAN 的工作模式，详见表 4.18。

表 4.18 CAN 工作模式说明

CAN 工作模式宏	模式说明
AM_CAN_MODE_NROMAL	正常工作模式
AM_CAN_MODE_LISTEN_ONLY	只听工作模式

(8) CAN 波特率设置

CAN 波特率设置的函数原型为

```
am_can_err_t am_can_baudrate_set ( am_can_handle_t          handle,
                                    struct am_can_bps_param  * p_can_baudrate)
```

说明：

- handle 为 CAN 的服务句柄，即初始化 CAN 获取的句柄；
- p_can_baudrate 为波特率结构体指针；
- 返回值为 AM_CAN_NOERROR，则设置成功；返回值为- AM_CAN_IN-VALID_PARAMETER，则设置失败，参数错误。

（9）CAN 波特率获取

CAN 波特率获取的函数原型为

```
am_can_err_t am_can_baudrate_get ( am_can_handle_t          handle,
                                    struct am_can_bps_param  * p_can_baudrate)
```

说明：

- handle 为 CAN 的服务句柄，即初始化 CAN 获取的句柄；
- p_can_baudrate 为波特率结构体指针；
- 返回值为 AM_CAN_NOERROR，则获取成功；返回值为- AM_CAN_IN-VALID_PARAMETER，则获取失败，参数错误。

（10）CAN 错误计数获取

CAN 错误计数获取的函数原型为

```
am_can_err_t am_can_err_cnt_get ( am_can_handle_t          handle,
                                   struct am_can_err_cnt    * p_can_err_cnt)
```

说明：

- handle 为 CAN 的服务句柄，即初始化 CAN 获取的句柄；
- p_can_err_cnt 为错误计数的结构体指针；
- 返回值为 AM_CAN_NOERROR，则获取成功；返回值为- AM_CAN_IN-VALID_PARAMETER，则获取失败，参数错误。

（11）CAN 清空错误计数

CAN 清空错误计数的函数原型为

```
am_can_err_t am_can_err_cnt_clr (am_can_handle_t handle)
```

说明：

- handle 为 CAN 的服务句柄，即初始化 CAN 获取的句柄；
- 返回值为 AM_CAN_NOERROR，则清空成功；返回值为- AM_CAN_IN-VALID_PARAMETER，则清空失败，参数错误。

（12）CAN 发送消息

CAN 发送消息的函数原型为

```
am_can_err_t am_can_msg_send (am_can_handle_t handle, am_can_message_t * p_txmsg)
```

说明：

● handle 为 CAN 的服务句柄，即初始化 CAN 获取的句柄；

● p_txmsg 为发送消息的结构体指针；

● 返回值为 AM_CAN_NOERROR，则发送成功；返回值为- AM_CAN_IN-VALID_PARAMETER，则发送失败，参数错误。

（13）CAN 接收消息

CAN 接收消息的函数原型为

```
am_can_err_t am_can_msg_recv(am_can_handle_t handle, am_can_message_t * p_rxmsg)
```

说明：

● handle 为 CAN 的服务句柄，即初始化 CAN 获取的句柄；

● p_rxmsg 为发送消息的结构体指针；

● 返回值为 AM_CAN_NOERROR，则接收成功；返回值为- AM_CAN_IN-VALID_PARAMETER，则接收失败，参数错误。

（14）CAN 停止发送消息

CAN 停止发送消息的函数原型为

```
am_can_err_t am_can_msg_stop_send(am_can_handle_t handle)
```

说明：

● handle 为 CAN 的服务句柄，即初始化 CAN 获取的句柄；

● 返回值为 AM_CAN_NOERROR，则设置成功；返回值为- AM_CAN_IN-VALID_PARAMETER，则设置失败，参数错误。

（15）CAN 设置滤波

CAN 设置滤波的函数原型为

```
am_can_err_t am_can_filter_tab_set ( am_can_handle_t    handle,
                                      uint8_t            * p_filterbuff,
                                      size_t             lenth)
```

说明：

● handle 为 CAN 的服务句柄，即初始化 CAN 获取的句柄；

● p_filterbuff 为滤波表的首地址；

● lenth 为滤波表长度；

● 返回值为 AM_CAN_NOERROR，则设置成功；返回值为- AM_CAN_IN-VALID_PARAMETER，则设置失败，参数错误。

（16）CAN 获取设置滤波

CAN 获取设置滤波的函数原型为

```
am_can_err_t am_can_filter_tab_get ( am_can_handle_t      handle,
                                      uint8_t             * p_filterbuff,
                                      size_t               lenth)
```

说明：

- handle 为 CAN 的服务句柄，即初始化 CAN 获取的句柄；
- p_filterbuff 为滤波表的首地址；
- lenth 为滤波表长度；
- 返回值为 AM_CAN_NOERROR，则获取成功；返回值为- AM_CAN_IN-VALID_PARAMETER，则获取失败，参数错误。

(17) CAN 状态获取

CAN 状态获取的函数原型为

```
am_can_err_t am_can_status_get ( am_can_handle_t       handle,
                                 am_can_int_type_t     * p_int_type,
                                 am_can_bus_err_t      * p_bus_err)
```

说明：

- handle 为 CAN 的服务句柄，即初始化 CAN 获取的句柄；
- p_int_type 为中断类型；
- p_bus_err 为总线错误类型；
- 返回值为 AM_CAN_NOERROR，则获取成功；返回值为- AM_CAN_IN-VALID_PARAMETER，则获取失败，参数错误。

(18) CAN 中断连接

CAN 中断连接的函数原型为

```
am_can_err_t am_can_connect ( am_can_handle_t       handle,
                              am_pfnvoid_t          pfn_isr,
                              void                  * p_arg)
```

说明：

- handle 为 CAN 的服务句柄，即初始化 CAN 获取的句柄；
- pfn_isr 为中断服务函数；
- p_arg 为中断服务参数；
- 返回值为 AM_CAN_NOERROR，则设置成功；返回值为- AM_CAN_IN-VALID_PARAMETER，则设置失败，参数错误。

(19) CAN 删除中断连接

CAN 删除中断连接的函数原型为

```
am_can_err_t am_can_disconnect ( am_can_handle_t       handle,
                                 am_pfnvoid_t          pfn_isr,
                                 void                  * p_arg)
```

说明：

- handle 为 CAN 的服务句柄，即初始化 CAN 获取的句柄；
- pfn_isr 为中断服务函数；
- p_arg 为中断服务参数；
- 返回值为 AM_CAN_NOERROR，则设置成功；返回值为-AM_CAN_IN-VALID_PARAMETER，则设置失败，参数错误。

(20) CAN 注册中断回调函数

CAN 注册中断回调函数的原型为

```
am_can_err_t am_can_intcb_connect ( am_can_handle_t      handle,
                                     am_can_int_type_t    inttype,
                                     am_pfnvoid_t         pfn_callback,
                                     void                 * p_arg)
```

说明：

- handle 为 CAN 的服务句柄，即初始化 CAN 获取的句柄；
- inttype 为中断类型；
- pfn_callback 为中断回调函数；
- p_arg 为回调函数参数；
- 返回值为 AM_CAN_NOERROR，则设置成功；返回值为-AM_CAN_IN-VALID_PARAMETER，则设置失败，参数错误。

(21) CAN 解除中断回调函数的注册

CAN 解除中断回调函数注册的函数原型为

```
am_can_err_t am_can_intcb_connect ( am_can_handle_t      handle,
                                     am_can_int_type_t    inttype,
                                     am_pfnvoid_t         pfn_callback,
                                     void                 * p_arg)
```

说明：

- handle 为 CAN 的服务句柄，即初始化 CAN 获取的句柄；
- inttype 为中断类型；
- 返回值为 AM_CAN_NOERROR，则设置成功；返回值为-AM_CAN_IN-VALID_PARAMETER，则设置失败，参数错误。

4.5.4　应用实例

本小节将演示一个 CAN 通信的示例，需要通过 USB 转 CAN 连接到 PC 端，借助 USB 转 CAN 的上位机来演示收发过程。为了便于观察，可以通过串口观察收到的数据，实现代码详见程序清单 4.35。

程序清单 4.35 CAN 收发数据范例程序

```
1     # include "ametal.h"
2     # include "am_can.h"
3     # include "am_delay.h"
4     # include "am_vdebug.h"
5     # include "amhw_zlg237_can.h"
6     # include "am_zlg237_can.h"
7     /**滤波表*/
8     static uint8_t table[8] = {0x00, 0x00, 0x00, 0x70, 0x00, 0x00, 0x01, 0xc0};
9     /**
10     * 错误判断
11     */
12    static void __can_err_sta(am_can_bus_err_t err)
13    {
14        if (err & AM_CAN_BUS_ERR_BIT) {                    /*位错误*/
15            am_kprintf(("AM_CAN_BUS_ERR_BIT\n"));
16        }
17        if (err &AM_CAN_BUS_ERR_ACK) {                     /*应答错误*/
18            am_kprintf(("AM_CAN_BUS_ERR_ACK\n"));
19        }
20        if (err &AM_CAN_BUS_ERR_CRC) {                     /*CRC 错误*/
21            am_kprintf(("AM_CAN_BUS_ERR_CRC\n"));
22        }
23        if (err &AM_CAN_BUS_ERR_FORM) {                    /*格式错误*/
24            am_kprintf(("AM_CAN_BUS_ERR_FORM\n"));
25        }
26        if (err &AM_CAN_BUS_ERR_STUFF) {                   /*填充错误*/
27            am_kprintf(("AM_CAN_BUS_ERR_STUFF\n"));
28        }
29    }
30    /**
31     * 例程入口
32     */
33    void demo_zlg237_can_entry ( am_can_handle_tcan_handle,
34                                 am_can_bps_param_t * can_btr_baud)
35    {
36        am_can_err_t ret;
37        uint8_t! = 0;
38        am_can_message_t  can_rcv_msg = {0};
39        am_can_bus_err_t  can_bus_err_status;
40        am_can_int_type_t can_int_status;
```

```
41      /*配置波特率*/
42      ret = am_can_baudrate_set (can_handle, can_btr_baud);       //设置 CAN 波特率
43      if (ret == AM_CAN_NOERROR) {
44          am_kprintf("\r\nCAN: controller baudrate set ok. \r\n");
45      } else {
46          am_kprintf("\r\nCAN: controller baudrate set error! %d \r\n", ret);
47      }
48      /*配置滤波表*/
49      ret = am_can_filter_tab_set( can_handle,table,
50                                   sizeof(table)/sizeof(uint8_t));
51      if (ret == AM_CAN_NOERROR) {
52          am_kprintf("\r\nCAN: controller filter tab set ok. \r\n");
53      } else {
54          am_kprintf("\r\nCAN: controller filter tab set error! %d \r\n", ret);
55      }
56      /*启动 can*/
57      ret = am_can_start (can_handle);
58      if (ret == AM_CAN_NOERROR) {
59          am_kprintf("\r\nCAN: controller start \r\n");
60      } else {
61          am_kprintf("\r\nCAN: controller start error! %d \r\n", ret);
62      }
63      AM_FOREVER {
64          ret = am_can_msg_recv (can_handle, &can_rcv_msg);              //接收数据
65          if (can_rcv_msg.msglen||can_rcv_msg.flags||can_rcv_msg.id) {  //校验 ID
66              am_kprintf("can recv id: 0x%x\r\n",can_rcv_msg.id);
67              for (!=0; i < can_rcv_msg.msglen; i++) {
68                  am_kprintf("data: 0x%x \r\n",can_rcv_msg.msgdata[i]);
69              }
70              ret = am_can_msg_send (can_handle, &can_rcv_msg);         //数据发送
71              if (ret == AM_CAN_NOERROR) {
72                  am_kprintf(("\r\nCAN: controller rcv data ok. \r\n"));
73              } else {
74                  am_kprintf("\r\nCAN: controller no rcv data! \r\n");
75              }
76          }
77          ret = am_can_status_get ( can_handle,                  //获取 CAN 通信状态
78                                    & can_int_status,
79                                    & can_bus_err_status);
80          am_mdelay(10);
81          if (can_bus_err_status != AM_CAN_BUS_ERR_NONE) {
```

82		__can_err_sta(can_bus_err_status);
83		}
84	}	
85	}	

4.6 ADC 外设应用详解

在此约定,本节应用的示例代码均基于 ZLG116 芯片。

4.6.1 ADC 介绍

我们经常接触的噪声和图像信号等都是模拟信号,要将模拟信号转换为数字信号,必须经过采样、保持、量化及编码几个过程,详见图 4.3。

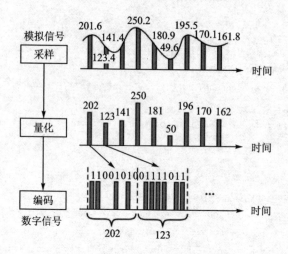

图 4.3 模/数信号转换示意图

将以一定的时间间隔提取信号大小的操作称为采样,其值为样本值,提取信号大小的时间间隔越短越能正确地重现信号。由于缩短时间间隔会导致数据量增加,所以缩短时间间隔要适可而止。注意,取样频率大于或等于模拟信号中最高频率的 2 倍,就能够无失真地恢复原信号。

将采样所得信号转换为数字信号往往需要一定的时间,为了给后续的量化编码电路提供一个稳定值,采样电路的输出还必须保持一段时间,因为采样与保持过程都是同时完成的。虽然通过采样将在时间轴上连续的信号转换成了不连续的(离散的)信号,但采样后的信号幅度仍然是连续的值(模拟量)。图 4.3 中将区间分割为 0~0.5、0.5~1.5、1.5~2.5 等,再用 0,1,2,…代表各区间,对小数点后面的值按照四舍五入进行处理。比如:201.6 属于 201.5~202.5,则赋值 202;123.4 属于 122.5~123.5,则赋值 123,这样的操作称为量化。

量化前的信号幅度与量化后的信号幅度出现了不同,这一差值在重现信号时将会以噪声的形式表现出来,所以将此差值称为量化噪声。为了降低这种噪声,只要将量化时阶梯间的间隔减小就可以了。但减小量化间隔会引起阶梯数目的增加,导致数据量增大。所以,量化的阶梯数也必须适当,可以根据所需的信噪比(S/N)确定。

将量化后的信号转换为二进制数,即用 0 和 1 的码组合表示的处理过程称为编码,"1"表示有脉冲,"0"表示无脉冲。当量化级数取为 64 时,表示这些数值的二进制的位数必须是 6 位;当量化级数取为 256 时,表示这些数值的二进制的位数必须是 8 位。

1. 基准电压

基准电压就是模/数转换器(ADC)可以转换的最大电压。以 8 位 ADC 为例,这种转换器可以将 0 V 到其基准电压范围内的输入电压转换为对应的数值表示,其输入电压范围分别对应 256 个数值(步长)。若以参考电压为 5 V、8 位 ADC 的步长计算,可得到:参考电压/256＝5 V/256＝19.5 mV。

现在很多 MCU 都内置了 ADC,既可以使用电源电压作为其基准电压,也可以使用外部基准电压作为其基准电压。如果将电源电压作为基准电压使用,假设该电压为 5 V,则对 3 V 输入电压的测量结果为:(输入电压/基准电压)×255＝(3/5)×255＝99H。显然,如果电源电压升高 1%,则输出值为(3/5.05)×255＝97H。实际上,典型电源电压的误差一般在 2%～3% 范围,因此其变化对 ADC 的输出影响是很大的。

2. 转换精度

ADC 的输出精度是由基准输入和输出字长共同决定的,输出精度定义了 ADC 可以进行转换的最小电压变化。转换精度就是 ADC 的最小步长值,该值可以通过计算基准电压和最大转换值的比例得到。对于上面给出的使用 5 V 基准电压的 8 位 ADC 来说,其分辨率为 19.5 mV,也就是说,所有低于 19.5 mV 的输入电压的输出值都为 0,在 19.5～39 mV 之间的输入电压的输出值为 1,而在 39～58.6 mV 之间的输入电压的输出值为 3,以此类推。

提高分辨率的一种方法是降低基准电压,如果将基准电压从 5 V 降到 2.5 V,则分辨率上升到 2.5 V/256＝9.7 mV,但最高测量电压却降到了 2.5 V。而不降低基准电压却又能提高分辨率的唯一方法是增加 ADC 的数字位数,对于使用 5 V 基准电压的 12 位 ADC 来说,其输出范围可达 4 096,分辨率为 1.22 mV。

在实际的应用场合是有噪声的,显然该 12 位 ADC 会将系统中 1.22 mV 的噪声作为其输入电压进行转换。如果输入信号带有 10 mV 的噪声电压,则只能通过对噪声样本进行多次采样并对采样结果进行平均处理,否则该转换器无法对 10 mV 的真实输入电压进行响应。

3. 累积精度

如果在放大器前端使用误差为 5% 的电阻,则该误差将会导致 12 位 ADC 无法正常工作。也就是说,ADC 的测量精度一定小于其转换误差、基准电压误差与所有模拟放大器误差的累计之和。虽然转换精度会受到器件误差的制约,但通过对每个系统单独进行定标,也能够得到较为满意的输出精度。如果使用精确的定标电压作为标准输入,且借助存储在 MCU 程序中的定标电压常数对所有输入进行纠正,则可以有效地提高转换精度,但无论如何都无法对温漂或器件老化所带来的影响进行校正。

4. 基准源选型

引起电压基准输出电压背离标称值的主要因素是:初始精度、温度系数与噪声以及长期漂移等。因此,在选择一个电压基准时,需根据系统要求的分辨率精度、供电电压、工作温度范围等情况综合考虑,不能简单地以单个参数为选择条件。

比如,要求 12 位 ADC 分辨到 1LSB,即相当于 $1/2^{12} = 244 \times 10^{-6}$。如果工作温度范围在 10 ℃左右,那么一个初始精度为 0.01%(相当于 100×10^{-6}),温度系数为 10×10^{-6}/℃(温度范围内偏移 100×10^{-6})的基准已能满足系统的精度要求,因为基准引起的总误差为 200×10^{-6},但如果工作温度范围扩大到 15 ℃以上,该基准就不适用了。

4.6.2 初始化

AMetal 平台提供了通用 MCU 的 ADC 初始化函数,函数原型为

```
am_adc_handle_t am_zlg116_adc_inst_init(void);
```

该函数在 user_config 目录下的 am_hwconf_zlg116_adc.c 文件中定义,在 am_zlg116_inst_init.h 中声明。因此,使用 ADC 初始化函数时,需要包含头文件 am_zlg116_inst_init.h。

调用该函数初始化 ADC 时需要定义一个 am_adc_handle_t 类型的变量,用于保存获取的 ADC 服务句柄。ADC 初始化程序为

```
am_adc_handle_t adc_handle;
adc_handle = am_zlg116_adc_inst_init ();
```

使用前,一般需要修改引脚初始化函数。以 ADC 通道 0 为例,ADC_IN0 为 PIOA_0 的复用功能,需把 ADC 平台初始化函数更改为

```
static void __zlg_plfm_adc_init (void)
{
    am_gpio_pin_cfg(PIOA_0, PIOA_0_ADC_IN0 | PIOA_0_AIN);
    am_clk_enable(CLK_ADC1);
}
```

把解除 ADC 平台初始化函数更改为

```
static void __zlg_plfm_adc_deinit (void)
{
    am_gpio_pin_cfg(PIOA_0, PIOA_0_INPUT_FLOAT);
    am_clk_disable (CLK_ADC1);
}
```

如需修改 ADC 的参考电压和转换精度等信息,可直接调用宏。转换精度的宏定义详见表 4.19。

表 4.19 转换精度的宏定义

宏 名	转换精度/bit
AMHW_ZLG_ADC_DATA_VALID_8BIT	8
AMHW_ZLG_ADC_DATA_VALID_9BIT	9
AMHW_ZLG_ADC_DATA_VALID_10BIT	10
AMHW_ZLG_ADC_DATA_VALID_11BIT	11
AMHW_ZLG_ADC_DATA_VALID_12BIT	12

4.6.3 接口函数

AMetal 提供了 5 个 ADC 相关的通用接口函数,详见表 4.20。

表 4.20 ADC 通用接口函数

函数原型	功能简介
int am_adc_rate_get(am_adc_handle_t handle, int chan, uint32_t * p_rate);	获取 ADC 通道的采样率
int am_adc_rate_set(am_adc_handle_t handle, int chan, uint32_t rate);	设置 ADC 通道的采样率
int am_adc_vref_get(am_adc_handle_t handle, int chan);	获取 ADC 通道的参考电压
int am_adc_bits_get(am_adc_handle_t handle, int chan);	获取 ADC 通道的转换位数
int am_adc_read_mv(　　am_adc_handle_t　　　handle, 　　int　　　　　　　　　chan, 　　am_adc_val_t　　　　* p_mv, 　　uint32_t　　　　　　count);	读取指定通道的电压值

1. 获取 ADC 通道的采样率

获取当前 ADC 通道的采样率的函数原型为

```
int am_adc_rate_get(
    am_adc_handle_t      handle,      //ADC 实例句柄
    int                  chan,        //ADC 通道
    uint32_t             * p_rate);   //用于获取采样率的指针
```

获取到的采样率的单位为 Samples/s。如果返回 AM_OK,则说明获取成功;如果返回- AM_EINVAL,则说明因参数无效导致获取失败。相应的代码详见程序清单 4.36。

程序清单 4.36　am_adc_rate_get()范例程序

```
1    uint32_t rate;                              //定义用于保存获取的采样率值的变量
2    am_adc_rate_get(adc0_handle, 7, &rate);     //获取 ADC0 通道 7 的采样率
```

参数无效是由于 handle 不是标准的 ADChandle 或者通道号不支持造成的。

2. 设置 ADC 通道的采样率

实际采样率可能与设置的采样率存在差异,可由 am_adc_rate_get()函数获取。注意,在一个 ADC 中,所有通道的采样率往往是一样的,因此设置其中一个通道的采样率时可能会影响其他通道的采样率。设置 ADC 通道的采样率的函数原型为

```
int am_adc_rate_set (
    am_adc_handle_t      handle,          //ADC 实例句柄
    int                  chan,            //ADC 通道
    uint32_t             rate);           //设置的采样率,单位为 Samples/s
```

如果返回 AM_OK,则说明设置成功;如果返回- AM_EINVAL,则说明因参数无效导致设置失败。相应的代码详见程序清单 4.37。

程序清单 4.37　am_adc_rate_set()范例程序

```
1    am_adc_rate_set(adc0_handle, 7,1000000);    //设置 ADC0 通道 7 的采样率为 1 Msamples/s
```

3. 获取 ADC 通道的参考电压

获取 ADC 通道的参考电压的函数原型为

```
int am_adc_vref_get(
    am_adc_handle_t      handle,          //ADC 实例句柄
    int                  chan);           //ADC 通道
```

如果返回值大于 0,则表示获取成功,其值即为参考电压(单位:mV);如果返回- AM_EINVAL,则说明因参数无效导致获取失败。相应的代码详见程序清单 4.38。

程序清单 4.38　am_adc_vref_get()范例程序

```
1    int vref = am_adc_vref_get(adc0_handle, 7);    //获取 ADC0 通道 7 的参考电压
2    if (vref < 0 ) {
3    //获取失败
4    }
```

4. 获取 ADC 通道的转换位数

获取 ADC 通道的转换位数的函数原型为

```
int am_adc_bits_get(
    am_adc_handle_t      handle,          //ADC 实例句柄
    int                  chan);           //ADC 通道
```

如果返回值大于 0,则表示获取成功,其值即为转换位数;如果返回- AM_EIN-VAL,则说明因参数无效导致获取失败。相应的代码详见程序清单 4.39。

程序清单 4.39　am_adc_bits_get()范例程序

```
1    int bits = am_adc_bits_get(adc0_handle, 7);        //获取 ADC0 通道 7 的转换位数
2    if (bits < 0 ) {
3    //获取失败
4    }
```

5. 读取指定通道的电压值

直接读取 ADC 通道的电压值(单位:mV),该函数会等到电压值读取完毕后返回。读取指定通道的电压值的函数原型为

```
int am_adc_read_mv(
    am_adc_handle_t        handle,        //ADC 实例句柄
    int                    chan,          //ADC 通道
    am_adc_val_t           * p_mv,        //存放电压值的缓冲区
    uint32_t               length);       //缓冲区的长度
```

其中,p_mv 是指向存放电压值的缓冲区,类型 am_adc_val_t 在 am_adc.h 文件中定义,即

```
typedef uint32_t am_adc_val_t;
```

length 表示缓冲区的长度,决定实际获取电压值的个数。如要返回 AM_OK,则表示读取通道电压值成功,相应缓冲区中已经填充好读取到的电压值;如果返回- AM_EINVAL,则说明因参数无效导致获取失败。相应的代码详见程序清单 4.40。

程序清单 4.40　am_adc_read_mv()范例程序

```
1    am_adc_val_t vol_buf[10];                    //存放电压值的缓冲区
2    am_adc_read_mv(adc0_handle, 7, vol_buf,10);  //读取 ADC0 通道 7 对应引脚的 10 次电压值
```

4.6.4　应用实例

在使用过程中,我们需要通过多次采样然后取平均值来减小误差,读取 ADC 采样值的函数原型为

```
int am_adc_read ( am_adc_handle_t        handle,
                  int                    chan,
                  void                   * p_val,
                  uint32_t               length);
```

说明:

● handle 为 ADC 的服务句柄;

- chan 为 ADC 的通道编号;
- p_val 指向保存采样值的数组;
- length 代表采样的次数。

采样完成后,我们需把 p_val 指向的数组里的值加起来,然后除以 length,以得到多次采样的平均值,即

```
for (sum = 0, ! = 0; i < length; i ++) {
    sum += p_val[i];
}
sum/ = length;
```

得到平均值后,可用 AM_ADC_VAL_TO_MV() 将它转换为电压值:

```
adc_mv = AM_ADC_VAL_TO_MV(handle, chan,adc_code);
```

其中,adc_mv 为保存电压值的变量;handle 为 ADC 的服务句柄;chan 为 ADC 的通道编号;adc_code 为多次采样值的平均值。

每隔 500 ms 读取 ADC 通道 0 的电压值并通过串口打印,其应用范例详见程序清单 4.41。

程序清单 4.41　ADC 参数读取范例程序

```
1    # include "ametal.h"
2    # include "am_vdebug.h"
3    # include "am_delay.h"
4    # include "am_adc.h"
5    # include "am_zlg116_inst_init.h"
6
7    static uint32_t __adc_code_get (am_adc_handle_t handle, int chan)//获取 ADC 转换值
8    {
9        int i;
10       uint32_t sum;
11       uint16_t val_buf[12];
12       am_adc_read(handle, chan, val_buf,12);
13       for (sum = 0, ! = 0; i <12; i ++) {                        //均值处理
14           sum += val_buf[i];
15       }
16       return (sum /12);
17   }
18
19   void am_main ()
20   {
21       am_adc_handle_t handle = am_zlg116_adc_inst_init();
22       uint32_t adc_code;                                         //采样 Code 值
```

```
23        uint32_t adc_mv;                                    //采样电压
24        while (1) {
25            adc_code = __adc_code_get(handle, 0);
26            adc_mv = AM_ADC_VAL_TO_MV(handle, 0,adc_code);      //转换为 mV
27            /* 串口输出采样电压值 */
28            am_kprintf("Sample：% d, Vol：% d mv\r\n",adc_code,adc_mv);
29            am_mdelay(500);
30        }
31    }
```

4.7 Timer 外设应用详解

在此约定,本节应用的示例代码均基于 ZLG116 芯片。

4.7.1 Timer 介绍

定时器外设功能丰富,可用于定时、输出 PWM、输入捕获多种应用场合。为了快速使用 AMetal 平台的定时器程序,这里将从定时、输出 PWM、输入捕获三个功能详细介绍定时器的使用。

4.7.2 初始化

1. 定时器定时功能的初始化

AMetal 平台提供了定时器初始化函数,用户可以直接调用该初始化函数。以定时器 1 初始化函数为例,函数原型为

```
am_timer_handle_t am_zlg116_tim1_timing_inst_init (void);
```

该函数在 user_config 目录下的 am_hwconf_zlg116_tim_timing.c 文件中定义,在 am_zlg116_inst_init.h 文件中声明。因此,使用定时器初始化函数时,需要包含头文件 am_zlg116_inst_init.h。

调用该函数初始化定时器 1 时需要定义一个 am_timer_handle_t 类型的变量,用于保存获取的定时器 1 服务句柄。定时器初始化程序为

```
am_timer_handle_t tim1_timing_handle;
tim1_timing_handle = am_zlg116_tim1_timing_inst_init();
```

2. 定时器输出 PWM 功能的初始化

AMetal 平台提供了定时器的 PWM 初始化函数,用户可以直接调用该初始化函数。ZLG116 核心板 AM116_Core 上的 LED 可通过跳线帽连接到 PB1 引脚,PB1 可复用为 TIM3_CH4。因此,以定时器 3 PWM 初始化函数为例,函数原型为

```
am_pwm_handle_t am_zlg116_tim3_pwm_inst_init (void);
```

该函数在 user_config 目录下的 am_hwconf_zlg116_tim_pwm. c 文件中定义,在 am_zlg116_inst_init. h 文件中声明。因此,使用定时器 3 的 PWM 初始化函数时,需要包含头文件 am_zlg116_inst_init. h。

调用该函数初始化定时器 3 PWM 时需要定义一个 am_pwm_handle_t 类型的变量,用于保存获取的定时器 3 PWM 服务句柄。定时器 3 PWM 初始化程序为

```
am_pwm_handle_t pwm_handle;
pwm_handle = am_zlg116_tim3_pwm_inst_init();
```

3. 输入捕获功能的初始化

AMetal 平台提供了定时器的输入捕获初始化函数,用户可以直接调用该初始化函数。以定时器 2 的输入捕获初始化函数为例,函数原型为

```
am_cap_handle_t am_zlg116_tim2_cap_inst_init (void);
```

该函数在 user_config 目录下的 am_hwconf_zlg116_tim_cap. c 文件中定义,在 am_zlg116 _inst_init. h 文件中声明。因此,使用定时器 2 的输入捕获初始化函数时,需要包含头文件 am_zlg116_inst_init. h。

调用该函数初始化定时器 2 输入捕获时需要定义一个 am_cap_handle_t 类型的变量,用于保存获取的定时器 2 输入捕获的服务句柄。定时器 2 输入捕获初始化程序为

```
am_cap_handle_t cap_handle;
cap_handle = am_zlg116_tim2_cap_inst_init();
```

4.7.3 接口函数

1. 定时器定时接口函数

定时器的定时时间与时钟频率、分频系数和计数器位数有关。为了准确配置定时器的定时时间,需要知道定时器的时钟频率、可配置的分频系数和计数器位数。AMetal 平台已提供获取定时器时钟频率、信息的函数,其在 am_timer. h 文件中以内联函数的形式定义,而 am_timer. h 文件可在 service 目录下 am_timer. c 包含的头文件中找到。

获取定时器信息,主要获取时钟频率、可配置的分频系数值、定时器位数。以定时器 1 为例,获取定时器 1 的时钟频率的函数原型为

```
int am_timer_clkin_freq_get (am_timer_handle_t handle, uint32_t * p_freq);
```

说明:

● handle 为定时器的服务句柄,即初始化定时器 1 获取的句柄;

● p_freq 为指向时钟频率的数据指针,即传入一个内存地址。

基于以上信息,获取时钟频率的程序为

```
uint32_t clkin_freq = 0;
 am_timer_clkin_freq_get(tim1_timing_handle, &clkin_freq);
```

获取定时器信息的函数原型为

```
const am_timer_info_t * am_timer_info_get (am_timer_handle_t handle);
```

说明:

● handle 为定时器的服务句柄,即初始化定时器 1 获取的句柄;

● 返回值为 am_timer_info_t 类型的指针,因此需要定义一个 am_timer_info_t 类型的指针,用于保存返回值。

基于以上信息,获取定时器 1 信息的程序为

```
const am_timer_info_t * p_tim1_timing_info;
 p_tim1_timing_info = am_timer_info_get(tim1_timing_handle);
```

获取的信息可以通过调试或用串口打印看到,进而根据定时器时钟频率和信息配置定时器。以串口打印获取的信息为例,具体实现详见程序清单 4.42。通过串口信息可以清楚地知道定时器的相关信息,为后面定时器的配置做好准备。

程序清单 4.42   打印定时器信息

```
1    AM_DBG_INFO("clk_freq       =       % d \r\n",clkin_freq);
2    AM_DBG_INFO("width          =       % d \r\n",p_tim1_timing_info->counter_width);
3    AM_DBG_INFO("chan           =       % d \r\n",p_tim1_timing_info->chan_num);
4    AM_DBG_INFO("prescaler      =       % d \r\n",p_tim1_timing_info->prescaler);
```

当设置的定时时间到时,触发回调函数,定时执行回调函数的内容。回调函数与普通函数一样,详见程序清单 4.43。

程序清单 4.43   定时器 1 回调函数

```
1    void tim1_timing_callback(void * p_arg)
2    {
3        AM_DBG_INFO("Timing time! \r\n");
4        am_gpio_toggle(PIOB_1);
5    }
```

编写的定时回调函数需要与定时器关联起来,需要设置回调函数。设置回调函数的原型为

```
int am_timer_callback_set (
    am_timer_handle_t        handle,
    uint8_t                  chan,
    void                     ( * pfn_callback)(void * ),
    void                     * p_arg);
```

说明：
- handle 为定时器的服务句柄，即初始化定时器 1 获取的句柄；
- chan 为使用的定时器通道，定时器 1 只有一个通道；
- (* pfn_callback)(void *)为回调函数，即将定义的回调函数名传入；
- p_arg 为回调函数的参数。

基于以上信息，设置回调函数的程序为

```
am_timer_callback_set(tim1_timing_handle, 0, tim1_timing_callback,NULL);
```

通过获取定时器的时钟频率和定时器信息，可知时钟频率为 48 MHz，计数器宽度为 16 位，最大计数值为 65 535，分频器最大值为 65 536。AMetal 提供了定时器分频值设置函数、定时计数值设置函数，函数均定义在 am_timer.h 文件中。

分频值设置函数的原型为

```
int am_timer_prescale_set (
    am_timer_handle_t        handle,
    uint8_t                  chan,
    uint32_t                 prescale);
```

说明：
- handle 为定时器的服务句柄，即初始化定时器 1 获取的句柄；
- chan 为使用的定时器通道；
- prescale 为定时器时钟频率分频值。

定时计数值设置函数的原型为

```
int am_timer_enable (am_timer_handle_t handle, uint8_t chan, uint32_t count);
```

说明：
- handle 为定时器的服务句柄，即初始化定时器 1 获取的句柄；
- chan 为使用的定时器通道；
- count 为设置的最大计数值，当计数器计数到该数值时，调用回调函数，计数值清零重新计数。

基于以上信息，设置分频系数为 48 000，计数值为 500，即定时时间为 500 ms，具体程序为

```
am_timer_prescale_set(tim1_timing_handle, 0, 48000);
am_timer_enable(tim1_timing_handle, 0, 500);
```

2. PWM 输出接口函数

先进行 PWM 参数配置，PWM 参数包括频率、占空比和通道。AMetal 平台提供了 PWM 参数配置的函数，用户可以直接使用。该函数以内联函数的形式定义在 am_pwm.h 文件中，而 am_pwm.h 文件可以在 soc 目录下 am_zlg_tim_pwm.c 包含

的头文件中找到。PWM 输出接口函数的原型为

```
int am_pwm_config (
    am_pwm_handle_t    handle,
    int                chan,
    unsigned long      duty_ns,
    unsigned long      period_ns);
```

说明：

- handle 为 PWM 的服务句柄，传入的实参为 PWM 初始化获取的服务句柄；
- chan 为使用的 PWM 通道，通道号从 0 开始，因此 TIM3_CH4 的通道号为 3；
- duty_ns 为 PWM 脉宽时间，单位为 ns，以 PWM 周期 500 ms 为例，占空比为 50% 时的脉宽时间为 250 ms，传入的实参为 250 000 000；
- period_ns 为 PWM 周期时间，单位为 ns，以 PWM 周期 500 ms 为例，传入的实参为 500 000 000。

根据以上信息，配置 PWM 周期为 500 ms，占空比为 50% 的程序为

```
am_pwm_config(pwm_handle, 3,250000000, 500000000);
```

PWM 初始化、配置参数、使能后，即可从对应的 I/O 引脚输出 PWM 波形。AMetal 平台提供了 PWM 使能、禁能函数，其定义在 am_pwm.h 文件中。PWM 使能函数的原型为

```
int am_pwm_enable (am_pwm_handle_t handle, int chan);
```

说明：

- handle 为 PWM 的服务句柄，传入的实参为 PWM 初始化获取的服务句柄；
- chan 为使用的 PWM 通道，即 PWM 配置参数时配置的通道。

基于以上信息，PWM 使能程序为

```
am_pwm_enable(pwm_handle, 3);
```

3. 定时器输入捕获接口函数

当捕获事件发生时，调用输入捕获的回调函数，执行用户任务程序。以测量输入脉冲的周期为例，编写的回调函数详见程序清单 4.44。其中，形式参数 count 为计数器的值。

程序清单 4.44　捕获事件回调函数

```
1    void cap_callback (void * p_arg, unsigned int count)
2    {
3        static uint8_t  times = 0;           //标记事件发生次数
4        if (times == 0) {                     //第一次上升沿事件
```

```
5                g_time_ns = count;
6                times = 1;
7          } else {                               //第二次上升沿事件
8                if (count > g_time_ns) {         //计数器没有溢出
9                      g_time_ns = count - g_time_ns;
10               } else {                          //计数器溢出
11                     g_time_ns = count + (0xffffffff - g_time_ns);
12               }
13               times = 0;
14               g_cap_flag = 1;
15          }
16    }
```

输入捕获可选择捕获通道、捕获事件的类型,可设置捕获事件回调函数。AMetal 平台提供了输入捕获配置函数,该函数定义在 am_cap. h 文件中,而 am_cap. h 文件包含在 soc 目录下的 am_zlg_tim_cap. c 的头文件中。

输入捕获配置函数的原型为

```
int am_cap_config (
    am_cap_handle_t        handle,
    int                    chan,
    unsigned int           options,
    am_cap_callback_t      pfn_callback,
    void                   * p_arg);
```

说明:

- handle 为输入捕获的服务句柄,传入实参为初始化输入捕获时获取的句柄 cap_handle。
- chan 为使用的输入捕获通道,通道号从 0 开始,使用 TIM2_CH2,通道为 1。
- options 为输入捕获事件类型,可配置为上升沿、下降沿、双边沿,可取值已在 am_cap. h 文件中使用宏定义,详见表 4.21。以上升沿触发捕获为例,实参为 AM_CAP_TRIGGER_RISE。
- pfn_callback 为输入捕获回调函数。
- p_arg 为回调函数参数,无参数即为 NULL。

表 4. 21　输入捕获事件类型

宏　名	功能说明
AM_CAP_TRIGGER_RISE	上升沿触发捕获
AM_CAP_TRIGGER_FALL	下降沿触发捕获
AM_CAP_TRIGGER_BOTH_EDGES	双边沿触发捕获

基于以上信息,输入捕获配置程序为

```
am_cap_config (cap_handle,1, AM_CAP_TRIGGER_RISE, cap_callback,NULL);
```

配置完捕获通道、捕获事件类型、捕获回调函数,使能捕获通道,触发输出捕获事件后,便会执行回调函数。使能捕获通道函数在 am_cap.h 文件中定义,函数原型为

```
int am_cap_enable (am_cap_handle_t handle, int chan);
```

说明:

- handle 为输入捕获的服务句柄,传入实参为初始化输入捕获时获取的句柄 cap_handle;
- chan 为初始化的输入捕获通道,通道为 1。

基于以上信息,使能输入捕获的程序为

```
am_cap_enable (cap_handle,1);
```

4.7.4 应用实例

1. 定时示例程序

定时器定时 500 ms,在回调函数中翻转 LED,并通过串口打印信息,具体实现详见程序清单 4.45。

程序清单 4.45 定时器定时示例程序

```
1     # include "ametal. h"
2     # include "am_board. h"
3     # include "am_vdebug. h"
4     # include "am_delay. h"
5     # include "am_led. h"
6     # include "am_gpio. h"
7     # include "zlg116_pin. h"
8     # include "am_zlg116_inst_init. h"
9     void tim1_timing_callback(void * p_arg)
10    {
11        AM_DBG_INFO("Timing time! \r\n");
12        am_gpio_toggle(PIOB_1);
13    }
14    int am_main (void)
15    {
16        am_timer_handle_t tim1_timing_handle;          //定时器服务句柄
17        const am_timer_info_t * p_tim1_timing_info;    //定时器信息
18        uint32_t clkin_freq = 0;                       //定时器时钟频率
```

```
19      AM_DBG_INFO("Start up successful! \r\n");
20      //初始化 LEDGPIO
21      am_gpio_pin_cfg (PIOB_1, AM_GPIO_OUTPUT_INIT_HIGH);
22      //初始化定时器
23      tim1_timing_handle = am_zlg116_tim1_timing_inst_init();
24      //获取定时器时钟频率
25      am_timer_clkin_freq_get(tim1_timing_handle, &clkin_freq);
26      AM_DBG_INFO("clk_freq = %d \r\n",clkin_freq);
27      //获取定时器信息
28      p_tim1_timing_info = am_timer_info_get(tim1_timing_handle);
29      AM_DBG_INFO("width = %d \r\n",p_tim1_timing_info->counter_width);
30      AM_DBG_INFO("chan_num = %d \r\n",p_tim1_timing_info->chan_num);
31      AM_DBG_INFO("prescaler = %d \r\n",p_tim1_timing_info->prescaler);
32      //设置回调函数
33      am_timer_callback_set(tim1_timing_handle, 0, tim1_timing_callback,NULL);
34      //设置时钟分频系数
35      am_timer_prescale_set (tim1_timing_handle, 0, 48000);
36      //设置定时中断频率为 2 Hz
37      am_timer_enable(tim1_timing_handle, 0, 500);
38      while (1) {
39      }
40  }
```

2. PWM 示例程序

以定时器 3 的 PWM 通道 4 为例,从 PB1 引脚输出周期为 500 ms、占空比为 50% 的 PWM,控制 LED 闪烁,具体实现详见程序清单 4.46。编译下载后,可以看到 LED0 不断地闪烁。

程序清单 4.46　PWM 示例程序

```
1       #include "ametal.h"
2       #include "am_board.h"
3       #include "am_vdebug.h"
4       #include "am_delay.h"
5       #include "am_led.h"
6       #include "am_zlg116_inst_init.h"
7       int am_main (void)
8       {
9           am_pwm_handle_tpwm_handle;
10          AM_DBG_INFO("Start up successful! \r\n");
11          pwm_handle = am_zlg116_tim3_pwm_inst_init();
12          am_pwm_config(pwm_handle, 3,250000000, 500000000);
13          am_pwm_enable(pwm_handle, 3);
14          while (1) {
15          }
16      }
```

3. 输入捕获示例程序

将 PA1 配置为定时器 2 的 TIM2_CH2 输入捕获,测量从 PB1 引脚输出的定时器 3 的 PWM 的周期,具体实现详见程序清单 4.47。短接 PA1、PB2 引脚,可以看到测量脉冲周期与配置的 PWM 周期一致。

程序清单 4.47　输入捕获示例程序

```
1    # include "ametal.h"
2    # include "am_board.h"
3    # include "am_vdebug.h"
4    # include "am_delay.h"
5    # include "am_zlg116_inst_init.h"
6    uint32_t g_time_ns = 0;
7    uint8_t g_cap_flag = 0;
8    void cap_callback (void * p_arg, unsigned int count)
9    {
10       static uint8_t  times = 0;              //标记事件发生次数
11       if (times == 0) {                       //第一次上升沿事件
12           g_time_ns = count;
13           times = 1;
14       } else {                                //第二次上升沿事件
15           if (count > g_time_ns) {            //计数器没有溢出
16               g_time_ns = count - g_time_ns;
17           } else {                            //计数器溢出
18               g_time_ns = count + (0xffffffff - g_time_ns);
19           }
20           times = 0;
21           g_cap_flag = 1;
22       }
23   }
24   int am_main (void)
25   {
26       am_pwm_handle_t pwm_handle;
27       am_cap_handle_t cap_handle;
28       AM_DBG_INFO("Start up successful! \r\n");
29       pwm_handle = am_zlg116_tim3_pwm_inst_init();
30       am_pwm_config(pwm_handle, 3, 5000000,10000000);
31       am_pwm_enable(pwm_handle, 3);
32       cap_handle = am_zlg116_tim2_cap_inst_init();
33       am_cap_config (cap_handle,1, AM_CAP_TRIGGER_RISE, cap_callback,NULL);
34       am_cap_enable (cap_handle,1);
35       while (1) {
```

```
36          if (g_cap_flag) {
37              g_cap_flag = 0;
38              //将计数值换算成时间
39              am_cap_count_to_time(cap_handle,1, 0, g_time_ns, &g_time_ns);
40              AM_DBG_INFO("PWM_period   = % d ns\r\n",g_time_ns);
41          }
42      }
43}
```

第**5**章

存储组件详解

📖 **本章导读**

　　AMetal 为用户提供了诸多组件,本章以存储类组件为例,结合实际应用,详解其原理,使入门者可以快速地在项目中应用起来。

5.1　EEPROM 组件

　　EEPROM(Electrically Erasable Programable Read-Only Memory,可擦除可编程只读存储器)是一种掉电后数据不丢失的存储芯片。AMetal 平台提供了支持 FM24C02、FM24C04、FM24C08 等系列 I^2C 接口 EEPROM 的驱动组件,本节将以 FM24C02 为例详细介绍在 AMetal 中如何使用类似的非易失存储器。

5.1.1　器件介绍

　　FM24C02 总容量为 2 Kbit(2 048),即 256 B(2 048/8)。每个字节对应一个存储地址,因此其存储数据的地址范围为:0x00~0xFF。FM24C02 页(page)的大小为 8 B,每次写入数据不能超过页边界,即地址 0x08、0x10、0x18、……如果写入数据越过页边界,则必须分多次写入。FM24C02 存储器的组织结构详见表 5.1。

表 5.1　FM24C02 存储器的组织结构

页　号	地址范围
0	0x00~0x07
1	0x08~0x0F
⋮	⋮
30	0xF0~0xF7
31	0xF8~0xFF

　　FM24C02 的通信接口为标准的 I^2C 接口,仅需 SDA 和 SCL 两根信号线。这里以 8PIN SOIC 封装为例,详见图 5.1。其中,WP 为写保护,当该引脚接高电平时,将阻止一切写入操作。一般来说,该引脚直接接地,以便芯片正常读/写。

A2、A1、A0 决定了 FM24C02 器件的 I^2C 从机地址,其 7 bit 从机地址为 01010A2A1A0。如果 I^2C 总线上仅有一片 FM24C02,则将 A2、A1、A0 直接接地,其地址为 0x50。

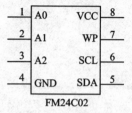

图 5.1 FM24C02 的引脚定义

在 AMetal 中,由于用户无需关心读/写方向位的控制,因此其地址使用 7 bit 地址表示。MicroPort - EEPROM 模块通过 MicroPort 接口与 AM116_Core 相连,其中的 EEPROM 是复旦微半导体提供的 256 个字节的 FM24C02C。

5.1.2 初始化

AMetal 提供了支持 FM24C02、FM24C04、FM24C08 等系列 I^2C 接口 EEPROM 的驱动函数,下面将以 FM24C02 的函数原型为例。FM24C02 的函数原型(am_ep24cxx.h)为

```
am_ep24cxx_handle_t am_ep24cxx_init(
    am_ep24cxx_dev_t          * p_dev,
    const am_ep24cxx_devinfo_t  * p_devinfo,
    am_i2c_handle_t             i2c_handle);
```

该函数意在获取器件实例句柄 fm24c02_handle,其中,p_dev 为指向 am_ep24cxx_dev_t 类型实例的指针,p_devinfo 为指向 am_ep24cxx_devinfo_t 类型实例信息的指针。

1. 实 例

单个 FM24C02 可以看作 EP24Cxx 的一个实例,而 EP24Cxx 只是抽象了代表一个系列或同种类型的 EEPROM 芯片,显然多个 FM24C02 是 EP24Cxx 的多个实例。如果 I^2C 总线上只外接一个 FM24C02,则定义 am_ep24cxx_dev_t 类型(am_ep24cxx.h)的实例如下:

```
am_ep24cxx_dev_t g_at24c02_dev;//定义 ep24cxx 实例(FM24C02)
```

其中,g_at24c02_dev 为用户自定义的实例,其地址作为 p_dev 的实参传递。如果同一个 I^2C 总线上外接了 2 个 FM24C02,则需要定义 2 个实例,如下:

```
am_ep24cxx_dev_t g_24c02_dev0;        //FM24C02
am_ep24cxx_dev_t g_24c02_dev1;        //FM24C02
```

每个 EEPROM 器件实例都要初始化,并且每个实例的初始化均会返回一个该实例的 handle,使用其他功能函数时,可以通过传递不同的 handle 操作不同的实例。

2. 实例信息

实例信息主要描述了具体器件固有的信息,即 I^2C 器件的从机地址和具体型号,

其类型 am_ep24cxx_devinfo_t 的定义(am_ep24cxx.h)如下：

```
typedef struct am_ep24cxx_devinfo{
    uint8_t  slv_addr;              //器件 7 bit 从机地址
    uint32_t type;                  //器件型号
}am_ep24cxx_devinfo_t;
```

当前已经支持的器件型号均在 am_ep24cxx.h 文件中定义了对应的宏，比如，FM24C02 对应的宏为 AM_EP24CXX_FM24C2。实例信息定义如下：

```
const am_ep24cxx_devinfo_t _g_24c02_devinfo = {
    0x50；
    AM_EP24CXX_FM24C02
}
```

其中，_g_24c02_devinfo 为用户自定义的实例信息，其地址作为 p_devinfo 的实参传递。

3. I^2C 句柄 I^2C_handle

以 I^2C1 为例，其实例初始化函数 am_zlg116_i2c1_inst_init()的返回值将作为实参传递给 i2c_handle，即

```
i2c_handle = am_zlg116_i2c1_inst_init();
```

4. 实例句柄 fm24c02_handle

FM24C02 初始化函数 am_ep24cxx_init()的返回值 fm24c02_handle，作为实参传递给读/写数据函数，其类型 am_ep24cxx_handle_t(am_ep24cxx.h)的定义如下：

```
typedef struct am_ep24cxx_dev * am_ep24cxx_handle_t;
```

若返回值为 NULL，则说明初始化失败；若返回值不为 NULL，则说明返回一个有效的 handle。

基于模块化编程思想，将初始化相关的实例信息等的定义存放到对应的配置文件中，通过头文件引出实例初始化函数接口，源文件和头文件的范例程序分别详见程序清单 5.1 和程序清单 5.2。

程序清单 5.1　实例初始化函数源文件范例程序(am_hwconf_ep24cxx.c)

```
1    # include "ametal.h"
2    # include "am_ep24cxx.h"
3    # include "am_zlg116_inst_init.h"
4
5    static const am_ep24cxx_devinfo_t __g_24c02_devinfo = {//定义实例信息
6        0x50,                                        //器件的 I²C 从机地址
7        AM_EP24CXX_FM24C02                           //器件型号
8    }
```

```
9      static am_ep24cxx_dev_t __g_24c02_dev;        //定义 FM24C02 器件实例
10
11     am_ep24cxx_handle_t am_fm24c02_inst_init(void)
12     {
13         am_i2c_handle_t i2c_handle = am_zlg116_i2c1_inst_init();
14         return am_ep24cxx_init(&__g_24c02_dev, &__g_24c02_devinfo, i2c_handle);
15     }
```

程序清单 5.2 实例初始化函数头文件范例程序(am_hwconf_ep24cxx. h)

```
1      # pragma once
2      # include "ametal.h"
3      # include "am_ep24cxx.h"
4
5      am_ep24cxx_handle_t am_fm24c02_inst_init(void);
```

后续只需要使用无参数的实例初始化函数即可获取到 FM24C02 的实例句柄,即

```
am_ep24cxx_handle_t fm24c02_handle = am_fm24c02_inst_init();
```

注意:i2c_handle 用于区分 I^2C0、I^2C1、I^2C2 和 I^2C3,初始化函数返回值实例句柄用于区分同一系统中连接的多个器件。

5.1.3 接口函数

读/写 EP24Cxx 系列存储器的功能函数原型详见表 5.2。

表 5.2 EP24Cxx 读/写函数(am_ep24cxx. h)

函数原型	功能简介

int am_ep24cxx_write(
    am_ep24cxx_handle_t handle,
    int   start_addr,
    uint8_t   * p_buf,
    int   len);
	写入数据

int am_ep24cxx_read(
    am_ep24cxx_handle_t handle,
    int   start_addr,
    uint8_t   * p_buf,
    int   len);
	读取数据

各 API 的返回值含义都是相同的:AM_OK 表示成功,负值表示失败,失败原因可根据具体的值查看 am_errno. h 文件中相对应的宏定义。正值的含义由各 API 自行定义,无特殊说明时,表明不会返回正值。

1. 写入数据

从指定的地址开始写入一段数据的函数原型为

```
int am_ep24cxx_write(
    am_ep24cxx_handle_t handle,        //ep24cxx 句柄
    int                 start_addr,    //存储器起始数据地址
    uint8_t             * p_buf,       //待写入数据的缓冲区
    int                 len);         //写入数据的长度
```

如果返回值为 AM_OK,则说明写入成功,反之失败。假定从 0x20 地址开始,连续写入 16 B,详见程序清单5.3。

程序清单5.3　写入数据范例程序

```
1    uint8_t data[16] = {0,1,2, 3, 4, 5, 6, 7, 8, 9,10,11,12,13,14,15};
2    am_ep24cxx_write(fm24c02_handle, 0x20, &data[0],16);
```

2. 读取数据

从指定的起始地址开始读取一段数据的函数原型为

```
int am_ep24cxx_read(
    am_ep24cxx_handle_t handle,        //ep24cxx 句柄
    int                 start_addr,    //存储器起始数据地址
    uint8_t             * p_buf,       //存放读取数据的缓冲区
    int                 len);         //读取数据的长度
```

如果返回值为 AM_OK,则说明读取成功,反之失败。假定从 0x20 地址开始,连续读取 16 B,详见程序清单5.4。

程序清单5.4　读取数据范例程序

```
1    uint8_t data[16];
2    am_ep24cxx_read(fm24c02_handle, 0x20, &data[0],16);
```

5.1.4　应用实例

向 EEPROM 写入 20 个字节的数据再读出来,然后校验是否读/写正常。其范例程序详见程序清单5.5。

程序清单5.5　EEPROM 读/写范例程序

```
1    # include "ametal. h"
2    # include "am_led. h"
3    # include "am_delay. h"
4    # include "am_zlg116_inst_init. h"
5    # include "am_ep24cxx. h"
6    # include "am_hwconf_ep24cxx. h"
```

```
7
8     int app_test_ep24cxx(am_ep24cxx_handle_t handle)
9     {
10        int i;
11        uint8_t data[20];
12
13        for(i = 0;i < 20;i++)                              //填充数据
14            data[i] = i;
15        am_ep24cxx_write(handle,0,&data[0],20);   //从 0 地址开始,连续写入 20 B 数据
16        for(i = 0;i < 20;i++)                              //清零数据
17            data[i] = 0;
18        am_ep24cxx_read(handle,0,&data[0],20);   //从 0 地址开始,连续读出 20 B 数据
19        for(i = 0;i < 20;i++){                             //比较数据
20            if(data[i]! = i)
21                return AM_ERROR;
22        }
23        return AM_OK;
24    }
25
26    int am_main(void)
27    {
28        am_ep24cxx_handle_t fm24c02_handle = am_fm24c02_inst_init();//获取 FM24C02
                                                                   //初始化实例句柄
29        if(app_test_ep24cxx(fm24c02_handle)! = AM_OK){
30            am_led_on(0);
31        }
32        while(1){
33            am_led_toggle(0);                              //翻转 LED
34            am_mdelay(100);
35        }
36    }
```

注意:由于 app_test_ep24cxx() 的参数为实例 handle,与 EP24Cxx 器件具有依赖关系,因此无法实现跨平台调用,除非所换的硬件平台也用了相同的 EP24Cxx 器件。

5.1.5 NVRAM 通用接口函数(拓展)

由于 FM24C02 等 EEPROM 是典型的非易失存储器,因此使用 NVRAM(非易失存储器)标准接口读/写数据就无需关心具体的器件了。使用 NVRAM 的接口函数前,需将工程配置 am_prj_config.h 的 AM_CFG_NVRAM_ENABLE 宏的值设置为 1。NVRAM 通用接口函数原型详见表 5.3。

表 5.3　NVRAM 通用接口函数

函数原型	功能简介
int am_ep24cxx_nvram_init(　　am_ep24cxx_handle_t　handle, 　　am_nvram_dev_t　　　* p_dev, 　　const char　　　　　* p_dev_name);	NVRAM 初始化(am_ep24cxx.h)
int am_nvram_get(　　char　　　　　* p_name, 　　int　　　　　　unit, 　　uint8_t　　　　* p_buf, 　　int　　　　　　offset, 　　int　　　　　　len);	读取数据(am_nvram.h)
int am_nvram_set(　　char　　　　　* p_name, 　　int　　　　　　unit, 　　uint8_t　　　　* p_buf, 　　int　　　　　　offset, 　　int　　　　　　len);	写入数据(am_nvram.h)

1. 初始化函数

NVRAM 初始化函数意在初始化 FM24C02 的 NVRAM 功能,以便使用 NVRAM 标准接口读/写函数。NVRAM 初始化函数的原型为

```
int am_ep24cxx_nvram_init(
    am_ep24cxx_handle_t   handle,        //ep24cxx 句柄
    am_nvram_dev_t        * p_dev        //NVRAM 设备实例
    const char            * p_dev_name); //分配的 NVRAM 存储器设备的名字
```

其中,ep24cxx 实例句柄 fm24c02_handle 作为实参传递给 handle,p_dev 为指向 am_nvram_dev_t 类型实例的指针,p_dev_name 为分配给 FM24C02 的一个 NVRAM 设备名,便于其他模块通过该名字定位到 FM24C02 存储器。

2. 实例(NVRAM 存储器)

NVRAM 抽象地代表了所有非易失存储器,FM24C02 可以看作 NVRAM 存储器的一个具体实例。定义 am_nvram_dev_t 类型(am_nvram.h)的实例如下:

```
am_nvram_dev_t g_24c02_nvram_dev;    //定义一个 NVRAM 实例
```

其中,g_24c02_nvram_dev 为用户自定义的实例,其地址作为 p_dev 的实参传递。

3. 实例信息

实例信息仅包含一个由 p_dev_name 指针指定的设备名。设备名为一个字符串,如 fm24c02。初始化后,该名字就唯一确定了一个 FM24C02 存储器设备,如果有多个 FM24C02,则可以命名为 fm24c02_0、fm24c02_1、fm24c02_2 等。

基于模块化编程思想,可以将初始化 FM24C02 为标准 NVRAM 设备的实例初始化代码存放到对应的配置文件中,通过头文件引出相应的实例初始化函数接口,详见程序清单5.6 和程序清单5.7。

程序清单5.6　新增 NVRAM 实例初始化函数(am_hwconf_ep24cxx.c)

```
1    # include "ametal.h"
2    # include "am_ep24cxx.h"
3    # include "am_hwconf_ep24cxx.h"
4
5    static am_nvram_serv_t __g_24c02_nvram_dev;        //NVRAM 设备实例定义
6    int am_fm24c02_nvram_inst_init(void)               //NVRAM 初始化
7    {
8        am_ep24cxx_handle_t fm24c02_handle = am_fm24c02_inst_init();
9        am_ep24cxx_nvram_init(fm24c02_handle,&__g_24c02_nvram_dev,"fm24c02")
10       return AM_OK;
11   }
```

程序清单5.7　am_hwconf_ep24cxx.h 文件更新

```
1    # pragma once
2    # include "ametal.h"
3    # include "am_ep24cxx.h"
4
5    am_ep24cxx_handle_t am_fm24c02_inst_init(void);
6    int am_fm24c02_nvram_inst_init(void);
```

后续只需要使用无参数的实例初始化函数,即可完成 NVRAM 设备初始化,将 FM24C02 初始化为名为"fm24c02"的 NVRAM 存储设备,即

```
am_fm24c02_nvram_inst_init();
```

4. 存储段的定义

NVRAM 定义了存储段的概念,读/写函数均可对特定的存储段操作。 NVRAM 存储器可以被划分为单个或多个存储段。存储段的类型 am_nvram_segment_t 定义(am_nvram.h)如下:

```
typedef struct am_nvram_segment{
    char         * p_name;              //存储段名字,字符串
```

```
    int         unit;        //存储段单元号,区分多个名字相同的存储段
    uint32_t    seg_addr;    //存储段的起始地址
    const char  * p_dev_name; //存储段所处的存储器设备名
}am_nvram_segment_t;
```

存储段的名字 p_name 和单元号 unit 可以唯一确定一个存储段,当名字相同时,使用单元号区分不同的存储段。存储段的名字使得每个存储段都被赋予了实际的意义,比如,名为"ip"的存储段表示保存 IP 地址的存储段,名为"temp_limit"的存储段表示保存温度上限值的存储段。seg_addr 为该存储段在实际存储器中的起始地址,seg_size 为该存储段的容量大小。p_dev_name 表示该存储段对应的实际存储器设备的名字。

如需将存储段分配到 FM24C02 上,则需将存储段中的 p_dev_name 设定为"fm24c02"。后续针对该存储段的读/写操作实际上就是对 FM24C02 进行读/写操作。为了方便管理,所有存储段统一定义在 am_nvram_cfg.c 文件中,默认情况下存储段为空,其定义为

```
static const am_nvram_segment_t __g_nvram_segs[] = {
        {NULL,0,0,0,NULL}                     //空存储段,必须保留
    };
```

在具有 FM24C02 存储设备后,即可新增一些段的定义。如应用程序需要使用 4 个存储段分别存储 2 个 IP 地址(4 B×2)、温度上限值(4 B)和系统参数(50 B),对应的存储段列表(存储段信息的数组)定义如下:

```
static const am_nvram_segment_t __g_nvram_segs[] = {
    {"ip", 0, 0, 4, "fm24c02"},//IP 地址存储段 0,起始地址 0,长度 4,存储地址:0~3
    {"ip",1, 4, 4, "fm24c02"}, //IP 地址存储段 1,起始地址 4,长度 4,存储地址:4~7
    {"temp_limit",0,8,4,"fm24c02"},//温度上限值存储段,起始地址 8,长度 4,存储地
                                         //址:8~11
    {"system",0,12,50,"fm24c02"},  //系统参数存储段,起始地址 12,长度 50,存储地
                                         //址:12~61
    {"test", 0, 62,194, "fm24c02"}, //用于测试,起始地址 62,长度 194,存储地址:
                                         //62~255
    {NULL,0,0,0,NULL}                     //空存储段,必须保留
    };
```

为了使存储段生效,必须在系统启动时调用 am_nvram_inst_init()函数(am_nvram_cfg.h),其函数原型为

```
void am_nvram_inst_init(void);
```

该函数往往在板级初始化函数中调用,可以通过工程配置文件(am_prj_config.h)中的 AM_CFG_NVRAM_ENABLE 宏对其进行裁剪,详见程序清单 5.8。

程序清单 5.8　在板级初始化中初始化 NVRAM

```
1    void am_board_init(void)
2    {
3        //……
4        #if(AM_CFG_NVRAM_ENABLE = = 1)
5            am_nvram_inst_init();
6        #endif
7        //……
8    }
```

NVRAM 初始化后,根据在 am_nvram_cfg.c 文件中定义的存储段可知,共计增加了 5 个存储段,它们的名字、单元号和大小分别详见表 5.4,后续即可使用通用的 NVRAM 读/写接口对这些存储段进行读/写操作。

表 5.4　定义的 NVRAM 存储段

新增存储段序号	名　字	单元号	大　小
1	"ip"	0	4
2	"ip"	1	4
3	"temp_limit"	0	4
4	"system"	0	50
5	"test"	0	194

5. 写入数据

写入数据函数的原型为

```
int am_nvram_set(char * p_name, int unit, uint8_t * p_buf, int offset, int len);
```

其中,p_name 和 unit 分别表示存储段的名字和单元号,确定写入数据的存储段;p_buf 提供写入存储段的数据;offset 表示从存储段指定的偏移开始写入数据;len 为写入数据的长度。若返回值为 AM_OK,则说明写入成功,反之失败。比如,保存一个 IP 地址到 IP 存储段,详见程序清单 5.9。

程序清单 5.9　写入数据范例程序

```
1    uint8_t ip[4] = {192,168, 40,12};
2    am_nvram_set("ip", 0, &ip[0], 0, 4);              //写入非易失性数据"ip"
```

6. 读取数据

读取数据函数的原型为

```
int am_nvram_get(char * p_name, int unit, uint8_t * p_buf, int offset, int len);
```

其中,p_name 和 unit 分别为存储段的名字和单元号,确定读取数据的存储段;
p_buf 保存从存储段读取的数据;offset 表示从存储段指定的偏移开始读取数据;len
为读取数据的长度。若返回值为 AM_OK,则说明读取成功,反之失败。比如,从 IP
存储段中读取 IP 地址,详见程序清单 5.10。

程序清单 5.10 读取数据范例程序

```
1    uint8_t ip[4];
2    am_nvram_get("ip", 0, &ip[0], 0, 4);          //读取非易失性数据"ip"
```

7. 应用实例

现在编写 NVRAM 通用接口的简单测试程序,测试某个存储段的数据读/写是否
正常。虽然测试程序是一个简单的应用,但基于模块化编程思想,最好还是将测试相关
程序分离出来,程序实现和对应接口的声明详见程序清单 5.11 和程序清单 5.12。

程序清单 5.11 NVRAM 范例程序(app_test_nvram. c)

```
1    # include "ametal. h"
2    # include "am_nvram. h"
3    # include "app_test_nvram. h"
4
5    int app_test_nvram(char * p_name, uint8_t unit)
6    {
7        int i;
8        uint8_t data[20];
9
10       for(i = 0;i < 20;i + + )                     //填充数据
11       data[i] = i;
12       am_nvram_set(p_name,unit,&data[0],0,20);    //向"test"存储段写入 20 B 数据
13       for(i = 0;i < 20;i + + )                     //清零数据
14       data[i] = 0;
15       am_nvram_get(p_name,unit,&data[0],0,20);    //从"test"存储段读取 20 B 数据
16       for(i = 0;i < 20;i + + ){                    //比较数据
17           if(data[i]! = i){
18               return AM_ERROR;
19           }
20       }
21       return AM_OK;
22   }
```

程序清单 5.12 接口声明(app_test_nvram. h)

```
1    # pragma once
2    # include "ametal. h"
3
4    int app_test_nvram(char * p_name,uint8_t unit);
```

将待测试的存储段(段名和单元号)通过参数传递给测试程序,NVRAM 通用接

口对测试段读/写数据。若读/写数据的结果完全相等,则返回 AM_OK,反之返回
AM_ERROR。

由此可见,应用程序的实现不包含任何器件相关的语句,仅仅调用 NVRAM 通
用接口读/写指定的存储段,因此该应用程序是跨平台的,在任何 AMetal 平台中均
可使用,进一步整合 NVRAM 通用接口和测试程序的范例详见程序清单 5.13。

程序清单 5.13　NVRAM 通用接口读/写范例程序

```
1    # include "ametal.h"
2    # include "am_led.h"
3    # include "am_delay.h"
4    # include "am_hwconf_ep24cxx.h"
5    # include "app_test_nvram.h"
6
7    int am_main(void)
8    {
9        am_fm24c02_nvram_inst_init();          //NVRAM 初始化
10       if(app_test_nvram("test",0)!= AM_OK){
11           am_led_on(1);
12       }
13       while(1){
14           am_led_toggle(0);
15           am_mdelay(100);
16       }
17}
```

显然,NVRAM 通用接口赋予了名字的存储段,使得程序在可读性和可维护性
方面都优于使用 EP24Cxx 读/写接口。但调用 NVRAM 通用接口会耗费一定的内
存和 CPU 资源,因此在要求效率很高或内存紧缺的场合,建议使用 EP24Cxx 读/写
接口。

5.2　SPI Flash 组件

SPI NOR Flash 是一种 SPI 接口的非易失闪存芯片,本节以 MX25L1606 为例,
详细介绍在 AMetal 中如何使用 Flash 存储器。

5.2.1　器件介绍

MX25L1606 总容量为 16 Mbit(16×1 024×1 024),即 2 MB。每个字节对应一
个存储地址,因此其存储数据的地址范围为 0x000000 ～ 0x1FFFFF。

在 MX25L1606 中,存储器有块(block)、扇区(sector)和页(page)的概念。页的
大小为 256 B,每个扇区包含 16 页,扇区的大小为 4 KB(4 096),每个块包含 16 个扇

区,块的大小为 64 KB(65 536)。扇区结构地址详见表 5.5。

表 5.5 扇区结构地址

块	扇区号	页 号	地址范围	
			起始地址	结束地址
0	0	0	0x000000	0x0000FF
		⋮	⋮	⋮
		15	0x000F00	0x000FFF
	⋮	⋮	⋮	⋮
	15	240	0x00F000	0x00F0FF
		⋮	⋮	⋮
		255	0x00FF00	0x00FFFF

MX25L1606 的通信接口为标准 4 线 SPI 接口(支持模式 0 和模式 3),即 nCS、MOSI、MISO、SCK,详见图 5.2。其中,nCS(♯1)、MISO(♯2)、MOSI(♯5)、SCK(♯6)分别连接主机 SPI 的 nCS、MISO、MOSI 和 SCK 引脚。特别地,$\overline{WP}$(♯3)用于写保护,HOLD(♯7)用于暂停数据传输。一般来说,这两个引脚不会使用,可通过上拉电阻上拉至高电平。MicroPort – NorFlash 模块通过 MicroPort 接口与 AM116_Core 相连。

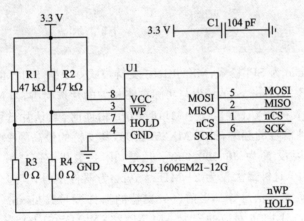

图 5.2 SPI Flash 电路原理图

5.2.2 初始化

AMetal 提供了支持常见的 MX25L8006、MX25L1606 等系列 SPI Flash 器件的驱动函数,使用 SPI Flash 的各个功能函数前必须先完成初始化,其函数原型(am_mx25xx.h)为

```
am_mx25xx_handle_t am_mx25xx_init(
    am_mx25xx_dev_t                 * p_dev,
    const am_mx25xx_devinfo_t       * p_devinfo,
    am_spi_handle_t                 spi_handle);
```

该函数意在获取器件的实例句柄 mx25xx_handle。其中，p_dev 为指向 am_mx25xx_dev_t 类型实例的指针，p_devinfo 为指向 am_mx25xx_devinfo_t 类型实例信息的指针。

1. 实　例

定义 am_mx25xx_dev_t 类型（am_mx25xx. h）的实例如下：

```
am_mx25xx_dev_t g_mx25xx_dev          //定义一个 mx25xx 实例
```

其中，g_mx25xx_dev 为用户自定义的实例，其地址作为 p_dev 的实参传递。

2. 实例信息

实例信息主要描述了具体器件的固有信息，即使用的 SPI 片选引脚、SPI 模式、SPI 速率和器件型号等，其类型 am_mx25xx_devinfo_t 的定义（am_mx25xx. h）如下：

```
typedef struct am_mx25xx_devinfo {
    uint16_t        spi_mode;          //SPI 模式
    int             spi_cs_pin;        //SPI 片选引脚
    uint32_t        spi_speed;         //SPI 速率
    am_mx25xx_t     ype_ttype;         //器件型号
}am_mx25xx_devinfo_t;
```

其中，spi_mode 为 SPI 模式，MX25L1606 支持模式 0（AM_SPI_MODE_0）和模式 3（AM_SPI_MODE_3）。spi_cs_pin 为与实际电路相关的片选引脚，当 MicroPort - Nor-Flash 模块通过 MicroPort 接口与 AM116_Core 相连时，默认片选引脚为 PIO0_1。spi_speed 为时钟信号的频率，针对 MX25L1606，其支持的最高频率为 86 MHz，因此可以将该值直接设置为 86 000 000。但是，由于主机 ZLG116 芯片的主频为48 MHz，所以 SPI 时钟最大仅为 24 MHz。type 为器件型号，其包含了具体型号相关的信息，比如页大小信息等。当前已经支持的器件型号详见 am_mx25xx. h 文件中对应的宏，MX25L1606 对应的宏为 AM_MX25XX_MX25L1606。

基于以上信息，实例信息定义如下：

```
const am_mx25xx_devinfo_t  g_mx25xx_devinfo = {   //mx25xx 实例信息
    AM_SPI_MODE_0,                                //使用模式 0
    PIO0_1,                                       //片选引脚
    30000000,                                     //总线速率
    AM_MX25XX_MX25L1606                           //器件型号
};
```

其中,g_mx25xx_devinfo 为用户自定义的实例信息,其地址作为 p_devinfo 的实参传递。

3. SPI 句柄 spi_handle

若使用 ZLG116 的 SPI0 与 MX25L1606 通信,则通过 ZLG116 的 SPI0 实例初始化函数 am_zlg116_spi0_inst_init()获得 SPI 句柄,即

```
am_spi_handle_t spi_handle = am_zlg116_spi0_inst_init ();
```

SPI 句柄可直接作为 spi_handle 的实参进行传递。MX25L1606 初始化函数 am_mx25xx_init()的返回值作为 MX25L1606 实例的句柄,用作其他功能接口(擦除、读、写)第一个参数(handle)的实参。其类型 am_mx25xx_handle_t(am_mx25xx.h)定义如下:

```
typedef struct am_mx25xx_dev * am_mx25xx_handle_t;
```

若返回值为 NULL,则说明初始化失败;若返回值不为 NULL,则说明返回了有效的 handle。

基于模块化编程思想,将初始化相关的实例、实例信息等的定义存放到对应的配置文件中,通过头文件引出实例初始化函数接口,源文件和头文件的程序范例分别详见程序清单 5.14 和程序清单 5.15。

程序清单 5.14 实例初始化函数范例程序(am_hwconf_mx25xx.c)

```
1   # include "ametal.h"
2   # include "am_zlg116_inst_init.h"
3   # include "zlg116_pin.h"
4   # include "am_mx25xx.h"
5   # include "am_mtd.h"
6
7   static const am_mx25xx_devinfo_t  __g_mx25xx_devinfo = {//mx25xx 实例信息
8       AM_SPI_MODE_0,                                      //使用模式 0
9       PIOA_1,                                             //片选引脚
10      30000000,                                           //总线速率
11      AM_MX25XX_MX25L1606                                 //器件型号
12  };
13  static am_mx25xx_dev_t   __g_mx25xx_dev;               //定义一个 mx25xx 实例
14
15  am_mx25xx_handle_t am_mx25xx_inst_init (void)
16  {
17      am_spi_handle_t spi_handle = am_zlg116_spi0_inst_init();  //获取 SPI0 实例句柄
18      return am_mx25xx_init(&__g_mx25xx_dev, &__g_mx25xx_devinfo, spi_handle);
19  }
```

程序清单 5.15　实例初始化函数接口(am_hwconf_mx25xx.h)

```
1    # pragma once
2    # include "ametal.h"
3    # include "am_mx25xx.h"
4    am_mx25xx_handle_t am_mx25xx_inst_init (void);
```

后续只需要使用无参数的实例初始化函数,即可获取 MX25xx 的实例句柄,即

```
am_mx25xx_handle_t  mx25xx_handle = am_mx25xx_inst_init();
```

注意:spi_handle 用于区分 SPI0、SPI1,mx25xx_handle 用于区分同一系统中的多个 MX25xx 器件。

5.2.3　接口函数

SPI Flash 比较特殊,在写入数据前必须确保相应的地址单元已经被擦除,因此除读/写函数外,还有一个擦除函数,其接口函数详见表 5.6。

表 5.6　MX25xx 接口函数

函数原型	功能简介
int am_mx25xx_erase(　　am_mx25xx_handle_t　　handle, 　　uint32_t　　　　　　　addr, 　　uint32_t　　　　　　　len);	擦除
int am_mx25xx_write(　　am_mx25xx_handle_t　　handle, 　　uint32_t　　　　　　　addr, 　　uint8_t　　　　　　　 * p_buf, 　　uint32_t　　　　　　　len);	写入数据
int am_mx25xx_read(　　am_mx25xx_handle_t　　handle, 　　uint32_t　　　　　　　addr, 　　uint8_t　　　　　　　 * p_buf, 　　uint32_t　　　　　　　len);	读取数据

各 API 的返回值含义都是相同的:AM_OK 表示成功,负值表示失败,失败原因可根据具体的值查看 am_errno.h 文件中相对应的宏定义。正值的含义由各 API 自行定义,无特殊说明时,表示不会返回正值。

1. 擦　除

擦除就是将数据全部重置为 0xFF,即所有存储单元的位设置为 1。擦除操作并

不能直接擦除某个单一地址单元,擦除的最小单元为扇区,即每次只能擦除单个或多个扇区。擦除一段地址空间的函数原型为

```
int am_mx25xx_erase(am_mx25xx_handle_t handle,uint32_t addr, uint32_t len);
```

其中,handle 为 MX25L1606 的实例句柄;addr 为待擦除区域的首地址,由于擦除的最小单元为扇区,因此该地址必须为某扇区的起始地址 0x000000(0)、0x001000(4096)、0x002000(2×4096)……同时,擦除长度必须为扇区大小的整数倍。如果返回 AM_OK,则说明擦除成功,反之失败。假定需要从 0x001000 地址开始,连续擦除 2 个扇区,范例程序详见程序清单 5.16。

程序清单 5.16　擦除范例程序

```
1    am_mx25xx_erase(mx25xx_handle, 0x001000,2 * 4096);          //擦除 2 个扇区
```

0x001000～0x3FFF 空间被擦除了,即可向该段地址空间写入数据。

2. 写入数据

在写入数据前,需确保写入地址已被擦除,即将需要变为 0 的位清 0,但写入操作无法将 0 变为 1。比如,写入数据 0x55 就是将 bit1、bit3、bit5、bit7 清 0,其余位的值保持不变。若存储的数据已经是 0x55,再写入 0xAA(写入 0xAA 实际上就是将 bit0、bit2、bit4、bit6 清 0,其余位不变),则最终存储的数据将变为 0x00,而不是后面再写入的 0xAA。因此为了保证正常写入数据,写入数据前必须确保相应的地址段已经被擦除了。从指定的起始地址开始写入一段数据的函数原型为

```
int am_mx25xx_write(
    am_mx25xx_handle_t      handle,         //mx25xx 实例句柄
    uint32_t                addr,           //写入数据的起始地址
    uint8_t                 * p_buf,        //写入数据缓冲区
    uint32_t                len);           //写入数据的长度
```

如果返回 AM_OK,则说明写入数据成功,反之失败。假定从 0x001000 地址开始,连续写入 128 B 数据,范例程序详见程序清单 5.17。

程序清单 5.17　写入数据范例程序

```
1    uint8_t  buf[128];
2    int  i;
3    for ( ! = 0 ; i < 128; i++ )buf[i] = i;                      //装载数据
4    am_mx25xx_erase(mx25xx_handle, 0x001000, 4096);             //擦除一个扇区
5    am_mx25xx_write(mx25xx_handle, 0x001000, buf,128);          //写入 128 B 数据
```

虽然只写入了 128 B 数据,但由于擦除的最小单元为扇区,因此擦除了 4 096 B(一个扇区)。对于已经擦除的区域,后续可以直接写入数据,而不必再次擦除,比如,紧接着写入 128 B 数据后的地址再写入 128 B 数据,具体实现详见程序清单 5.18。

程序清单 5.18　写入数据范例程序

```
1    am_mx25xx_write(mx25xx_handle, 0x001000 + 128, buf,128);   //再写入 128B 数据
```

当需要再次从 0x001000 地址连续写入 128 B 数据时,由于之前已经写入过数据,因此必须重新擦除后才可再次写入。

3. 读取数据

从指定的起始地址开始读取一段数据的函数原型为

```
int am_mx25xx_read(
     am_mx25xx_handle_t    handle,        //mx25xx 实例句柄
     uint32_t              addr,          //读取数据的起始地址
     uint8_t               * p_buf,       //读取数据的缓冲区
     uint32_t              len);          //读取数据的长度
```

如果返回值为 AM_OK,则说明读取成功,反之失败。假定从 0x001000 地址开始,连续读取 128 B 数据,具体实现详见程序清单 5.19。

程序清单 5.19　读取数据范例程序

```
1    uint8_t data[128];
2    am_mx25xx_read(mx25xx_handle, 0x001000, buf,128);          //读取 128 B 数据
```

5.2.4　应用实例

SPI Flash 读/写测试:指定一个扇区,进行擦除,擦除后写入数据,再将写入数据读出,与写入数据进行校验。范例程序的实现详见程序清单 5.20。

程序清单 5.20　MX25xx 读/写范例程序(app_test_mx25xx.c)

```
1    # include "ametal.h"
2    # include "am_mx25xx.h"
3
4    int app_test_mx25xx (am_mx25xx_handle_t mx25xx_handle)
5    {
6        int i;
7        static uint8_t buf[128];
8
9        am_mx25xx_erase(mx25xx_handle, 0x001000, 4096        //擦除扇区 1
10       for (! = 0; i < 128; i++)     buf[i] = i           //装载数据
11       am_mx25xx_write(mx25xx_handle, 0x001000, buf,128);
12       for (! = 0; i < 128; i++)     buf[i] = 0x0;        //将所有数据清 0
13       am_mx25xx_read(mx25xx_handle, 0x001000, buf,128);
14       for(! = 0; i < 128; i++) {
15           if (buf[i] ! = i) {
```

```
16              return AM_ERROR;
17          }
18      }
19      return AM_OK;
20  }
```

注意: 由于读/写数据需要的缓存空间较大(128 B),因此在缓存的定义前增加了 static 修饰符,使其内存空间从全局数据区域中分配。如果直接从函数的运行栈中分配 128 B 空间,则完全有可能导致栈溢出,进而系统崩溃。此外,由于 app_test_mx25xx()的参数为 MX25xx 的实例 handle,与 MX25xx 器件具有依赖关系,因此无法实现跨平台调用。

5.2.5　MTD 通用接口函数(拓展)

由于 MX25L1606 是典型的 Flash 存储器件,因此将其抽象为一个读/写 MX25L1606 的 MTD(Memory Technology Device),使之与具体器件无关,从而实现跨平台调用。MTD 通用接口函数详见表 5.7。

表 5.7　MTD 通用接口函数

函数原型	功能简介
am_mtd_handle_t am_mx25xx_mtd_init(　　am_mx25xx_handle_t　　handle, 　　am_mtd_serv_t　　　　* p_mtd, 　　uint32_　　　　　　　reserved_nblks);	MTD 初始化 (am_mx25xx. h)
int am_mtd_erase (　　am_mtd_handle_t　　handle, 　　uint32_t　　　　　addr, 　　uint32_t　　　　　len);	擦除数据 (am_mtd. h)
int am_mtd_read (　　am_mtd_handle_t　　handle, 　　uint32_t　　　　　addr, 　　void　　　　　　　* p_buf, 　　uint32_t　　　　　len);	写入数据 (am_mtd. h)
int am_mtd_read (　　am_mtd_handle_t　　handle, 　　uint32_t　　　　　addr, 　　void　　　　　　　* p_buf, 　　uint32_t　　　　　len);	读取数据 (am_mtd. h)

1. MTD 初始化函数

MTD 初始化函数意在获取 MTD 实例句柄,其函数原型为

```
am_mtd_handle_t am_mx25xx_mtd_init(
    am_mx25xx_handle_t        handle,
    am_mtd_serv_t            * p_mtd,
    uint32_t                  reserved_nblks);
```

其中,MX25L1606 实例句柄(mx25xx_handle)作为实参传递给 handle;p_mtd 为指向 am_mtd_serv_t 类型实例的指针;reserved_nblks 作为实例信息,表明保留的块数。

2. 实例(MTD 存储设备)

定义 am_mtd_serv_t 类型(am_mtd.h)的实例如下:

```
am_mtd_serv_t  g_mx25xx_mtd;          //定义一个 MTD 实例
```

其中,g_mx25xx_mtd 为用户自定义的实例,其地址作为 p_mtd 的实参传递。

3. 实例信息

reserved_nblks 表示实例相关的信息,用于 MX25L1606 保留的块数,这些保留的块不会被 MTD 标准接口使用。保留的块从器件的起始块开始计算,若该值为 5,则 MX25xx 器件的块 0~块 4 将不会被 MTD 使用,MTD 读/写数据将从块 5 开始。如果没有特殊需求,则该值设置为 0。

将 MTD 初始化函数的调用存放到配置文件中,可以引出对应的实例初始化接口,详见程序清单 5.21 和程序清单 5.22。

程序清单 5.21 新增 MTD 实例初始化函数(am_hwconf_mx25xx.c)

```
1    static am_mtd_serv_t  __g_mx25xx_mtd;          //定义一个 MTD 实例
2
3    am_mtd_handle_t am_mx25xx_mtd_inst_init(void)
4    {
5        am_mx25xx_handle_t  mx25xx_handle = am_mx25xx_inst_init();
6        return  am_mx25xx_mtd_init(mx25xx_handle, &__g_mx25xx_mtd, 0);
7    }
```

程序清单 5.22 MTD 的 am_hwconf_mx25xx.h 文件内容更新

```
1    #pragma once
2    #include "ametal.h"
3    #include "am_mx25xx.h"
4
5    am_mx25xx_handle_t am_mx25xx_inst_init (void);
6    am_mtd_handle_t    am_mx25xx_mtd_inst_init(void);
```

am_mx25xx_mtd_inst_init()函数无任何参数,与其相关实例和实例信息的定义均在文件内部完成,因此直接调用该函数即可获得 MTD 句柄,即

```
am_mtd_handle_t mtd_handle = am_mx25xx_mtd_inst_init();
```

这样一来,在后续使用其他 MTD 通用接口函数时,均可使用该函数的返回值 mtd_handle 作为第一个参数(handle)的实参传递。

显然,若使用 MX25xx 接口,则调用 am_mx25xx_inst_init()获取 MX25xx 实例句柄;若使用 MTD 通用接口,则调用 am_mx25xx_mtd_inst_init()获取 MTD 实例句柄。

4. 擦除数据

写入数据前需要确保相应地址已经被擦除,擦除函数原型为

```
int am_mtd_erase(
    am_mtd_handle_t     handle,      //MTD 实例句柄
    uint32_t            addr,        //待擦除区域的首地址
    uint32_t            len);        //待擦除区域的长度
```

擦除单元的大小可以使用宏 AM_MTD_ERASE_UNIT_SIZE_GET()获得。比如:

```
uint32_t erase_size = AM_MTD_ERASE_UNIT_SIZE_GET(mtd_handle);
```

其中,addr 表示擦除区域的首地址,必须为擦除单元大小的整数倍;同样地,len 也必须为擦除单元大小的整数倍。由于 MX25L1606 擦除单元的大小与扇区大小(4 096)一样,因此 addr 必须为某扇区的起始地址 0x000000(0),0x001000(4 096),0x002000(2×4 096),…

如果返回 AM_OK,则说明擦除成功,反之则说明擦除失败。假定从 0x001000 地址开始连续擦除 2 个扇区,其范例程序详见程序清单 5.23。

程序清单 5.23　擦除范例程序

```
am_mtd_erase(mx25xx_handle, 0x001000,2 * 4096);      //擦除两个扇区
```

使用该段程序后,地址空间 0x001000 ～ 0x3FFF 即被擦除了,后续即可向该段地址空间写入数据。

5. 写入数据

写入数据前需要确保写入地址已被擦除,写入数据的函数原型为

```
int am_mtd_write(
    am_mtd_handle_t     handle,      //MTD 实例句柄
    uint32_t            addr,        //写入数据的起始地址
    uint8_t             * p_buf,     //写入数据缓冲区
    uint32_t            len);        //写入数据的长度
```

如果返回 AM_OK,则说明写入数据成功,反之则说明写入数据失败。假定从 0x001000 地址开始连续写入 128 B 数据,其范例程序详见程序清单 5.24。

程序清单 5.24　写入数据范例程序(MTD)

```
1    uint8_t  buf[128];
2    int   i;
3    for (! = 0 ; i < 128; i++ )
4        buf[i] = i;                                    //装载数据
5    am_mtd_erase(mtd_handle, 0x001000, 4096);          //擦除一个扇区
6    am_mtd_write(mtd_handle, 0x001000, buf,128);       //写入 128 B 数据
```

6. 读取数据

从指定的起始地址开始读取一段数据的函数原型为

```
int am_mx25xx_read(
    am_mx25xx_handle_t       handle,          //MTD 实例句柄
    uint32_t                 addr,            //读取数据的起始地址
    uint8_t                  * p_buf,         //读取数据的缓冲区
    uint32_t                 len);            //读取数据的长度
```

如果返回值为 AM_OK,则说明读取成功,反之则说明读取失败。假定从 0x001000 地址开始连续读取 128 B 数据,其范例程序详见程序清单 5.25。

程序清单 5.25　读取数据范例程序(MTD)

```
1    uint8_t data[128];
2    am_mtd_read(mtd_handle, 0x001000, buf,128);       //读取 128 B 数据
```

7. 应用实例

MTD 通用接口测试程序和接口声明分别详见程序清单 5.26 和程序清单 5.27。

程序清单 5.26　MTD 范例程序(app_test_mtd.c)

```
1    # include "ametal.h"
2    # include "am_mtd.h"
3
4    int app_test_mtd (am_mtd_handle_t mtd_handle)
5    {
6        int i;
7        static uint8_t buf[128];
8
9        am_mtd_erase(mtd_handle, 0x001000, 4096);          //擦除扇区 1
10       for (! = 0; i < 128; i++ )
11       buf[i] = i                                          //装载数据
12       am_mtd_write(mtd_handle, 0x001000 + 67, buf,128);
```

```
13        for (! = 0; i < 128; i++)
14            buf[i] = 0x0;                          //将所有数据清零
15        am_mtd_read(mtd_handle, 0x001000 + 67, buf,128);//读取 0x001000 地址数据
16        for(! = 0; i < 128; i++) {
17            if (buf[i] ! = i) {
18                return AM_ERROR;
19            }
20        }
21        return AM_OK;
22    }
```

程序清单 5.27   MTD 接口声明(app_test_mtd.h)

```
1     # pragma once
2     # include "ametal.h"
3     # include "am_mtd.h"
4
5     int app_test_mtd (am_mtd_handle_t mtd_handle);
```

由于该程序只需要 MTD 句柄,因此与具体器件无关,可以实现跨平台复用。若 MTD 读/写数据的结果完全相等,则返回 AM_OK,反之返回 AM_ERROR。其范例程序详见程序清单 5.28。

程序清单 5.28   MTD 读/写范例程序

```
1     # include "ametal.h"
2     # include "am_delay.h"
3     # include "am_led.h"
4     # include "am_mx25xx.h"
5     # include "am_hwconf_mx25xx.h"
6     # include "app_test_mtd.h"
7
8     int am_main (void)
9     {
10        am_mtd_handle_t mtd_handle = am_mx25xx_mtd_inst_init();//获取 MX25xx 实例
                                                                 //初始化句柄
11        if (app_test_mtd(mtd_handle) ! = AM_OK) {
12            am_led_on(0);
13            while(1);
14        }
15        while(1) {
16            am_led_toggle(0);
17            am_mdelay(200);
18        }
19        return 0;
20    }
```

5.2.6　FTL 通用接口函数(拓展)

　　由于此前的接口需要在每次写入数据前,确保相应的存储空间已经被擦除,这势必会给编程带来很大的麻烦。与此同时,由于 MX25L1606 的某一地址段擦除次数超过 10 万次的上限,所以在相应段地址空间存储数据将不再可靠。

　　假设将用户数据存放到 0x001000～0x001FFF 连续的 4 KB 地址中,则每次更新这些数据都要重新擦除该地址段,而其他存储空间完全没有使用过,导致MX25L1606 的使用寿命大打折扣。AMetal 提供了 FTL(Flash Translation Layer)通用接口供用户使用,可以充分利用各段存储空间,提高 Flash 寿命,其函数原型详见表 5.8。

表 5.8　FTL 通用接口函数(am_ftl.h)

函数原型	功能简介
am_ftl_handle_t am_ftl_init(　　am_ftl_serv_t　　　　　* p_ftl, 　　uint8_t　　　　　　　* p_buf, 　　uint32_t　　　　　　 len, 　　am_mtd_handle_t　　 handle);	FTL 初始化
int am_ftl_write (　　am_mtd_handle_t　　 handle, 　　uint32_t　　　　　　 addr, 　　void　　　　　　　　* p_buf, 　　uint32_t　　　　　　 len);	写入数据
int am_ftl_read (　　am_mtd_handle_t　　 handle, 　　uint32_t　　　　　　 addr, 　　void　　　　　　　　* p_buf, 　　uint32_t　　　　　　 len);	读取数据

1. FTL 初始化函数

FTL 初始化函数意在获取 FTL 实例句柄,其函数原型为

```
am_ftl_handle_t am_ftl_init(am_ftl_serv_t * p_ftl,uint8_t * p_buf,uint32_t len,
                        am_mtd_handle_t mtd_handle);
```

　　其中,p_ftl 为指向 am_ftl_serv_t 类型实例的指针;p_buf 和 len 作为实例信息,为 FTL 驱动程序提供必要的 RAM 空间;MTD 初始化函数获得的 mtd_handle 为MTD 实例句柄。

2. 实 例

定义 am_ftl_serv_t 类型(am_mtd.h)的实例如下：

```
am_ftl_serv_t  g_ftl;              //定义一个 FTL 实例
```

其中,g_ftl 为用户自定义的实例,其地址作为 p_ftl 的实参传递。

3. 实例信息

FTL 驱动程序需要使用一定的 RAM 空间,这也是使用 FTL 通用接口所要付出的代价。由于该空间的大小与具体器件的容量大小、擦除单元大小相关,因此该内存空间由用户根据实际情况提供。需要的内存大小(字节数)由下面的公式得到:

$$\text{len} = 516 + (\text{size}_{erase} \div 512) \times 4 + \text{size}_{mtd\_chip} \div \text{size}_{erase} \times 4$$

式中: size_{erase} 为擦除单元的大小,对于 MX25L1606,其为扇区大小,即 4 096; size_{mtd_chip} 为 MTD 实例的总容量。MX25L1606 对应的 MTD 实例,其大小为除去保留块的总容量,若保留块为 0,就是 MX25L1606 的容量大小,即 2 MB。需要的内存容量大小为

$$\text{len} = 516 + (4\ 096 \div 512) \times 4 + (2 \times 1\ 024 \times 1\ 024) \div 4\ 096 \times 4 = 2\ 596$$

对于 MX25L1606,若使用 FTL,则需要大约 2.5 KB 的 RAM。显然对于一些小型嵌入式系统,RAM 的耗费实在"太大"了,所以要根据实际情况选择是否使用 FTL。若 RAM 充足,而又比较在意 Flash 的使用寿命,则可以选择使用 FTL。容量大小使用 am_ftl.h 中的宏:

```
AM_FTL_RAM_SIZE_GET(chip_size, erase_size)
```

该宏根据器件总容量和擦除单元大小,自动计算实际需要的 RAM 大小。

若使用 FTL 通用接口操作 MX25L1606,则需要定义如下内存空间供 FTL 使用,即

```
uint8_t  g_ftl_buf[AM_FTL_RAM_SIZE_GET(2 * 1024 * 1024, 4096)];
```

其中,g_ftl_buf 为内存空间的首地址,其作为 p_buf 的实参传递,内存空间的大小(即数组元素的个数)作为 len 的实参传递。

4. MTD 句柄 mtd_handle

MTD 句柄 mtd_handle 可以通过 MTD 实例初始化函数获得,即

```
am_mtd_handle_t mtd_handle = am_mx25xx_mtd_inst_init();
```

获得的 MTD 句柄可直接作为 mtd_handle 的实参传递。

5. 实例句柄

FTL 初始化函数 am_ftl_init()的返回值为 FTL 实例句柄,该句柄将作为读/写接口第一个参数(handle)的实参。其类型 am_ftl_handle_t(am_ftl.h)的定义如下:

```
typedef am_ftl_serv_t * am_ftl_handle_t;
```

若返回值为 NULL,则说明初始化失败;若返回值不为 NULL,则说明返回了有效的 handle。将 FTL 初始化函数的调用存放到配置文件中,引出对应的实例初始化接口,详见程序清单 5.29 和程序清单 5.30。

程序清单 5.29　新增 FTL 实例初始化函数(am_hwconf_mx25xx.c)

```
1   # include "am_ftl.h"
2   static am_ftl_serv_t __g_ftl                                    //定义一个 FTL 实例
3   static uint8_t       __g_ftl_buf[AM_FTL_RAM_SIZE_GET(2 * 1024 * 1024, 4096)];
4
5   am_ftl_handle_t am_mx25xx_ftl_inst_init(void)
6   {
7       am_mtd_handle_t mtd_handle = am_mx25xx_mtd_inst_init();//获取实例初始化句柄
8       return am_ftl_init(&__g_ftl, &__g_ftl_buf[0], AM_NELEMENTS(__g_ftl_buf), mtd_handle);
9   }
```

程序清单 5.30　FTL 的 am_hwconf_mx25xx.h 文件内容更新

```
1   # pragma once
2   # include "ametal.h"
3   # include "am_mx25xx.h"
4   # include "am_ftl.h"
5
6   am_mx25xx_handle_t       am_mx25xx_inst_init (void);
7   am_mtd_handle_t          am_mx25xx_mtd_inst_init(void);
8   am_ftl_handle_t          am_mx25xx_ftl_inst_init(void);
```

其中,am_mx25xx_ftl_inst_init()无任何参数,与其相关实例和实例信息的定义均在文件内部完成,因此直接调用该函数即可获得 FTL 句柄,即

```
am_ftl_handle_t ftl_handle = am_mx25xx_ftl_inst_init();
```

这样一来,在后续使用其他 FTL 通用接口函数时,均可使用该函数的返回值 ftl_handle 作为第一个参数(handle)的实参传递。

6. 写入数据

当调用 FTL 通用接口时,读/写数据都是以块为单位的,每块数据的字节数固定为 512 B。写入数据的函数原型为

```
int am_ftl_write (
    am_ftl_handle_t     handle,       //FTL 实例句柄
    unsigned int        lbn,          //逻辑块号
    uint8_t             *p_buf);      //写入数据缓冲区(其大小必须为 512 B)
```

为了延长 Flash 的使用寿命,在实际写入时,会将数据写入到擦除次数最少的区域。因此 lbn 只是一个逻辑块序号,与实际的存储地址没有关系。逻辑块只是一个抽象的概念,每个逻辑块的大小固定为 512 B,与 MX25L1606 的物理存储块没有任何关系。

由于 MX25L1606 每个逻辑块固定为 512 B,因此理论上逻辑块的个数为 4 096 ($2\times1024\times1\,024\div512$),lbn 的有效值为 0~4 095。但实际上,擦除每个单元都要耗费一个逻辑块,MX25L1606 擦除单元的大小为 4 096,即 512 个擦除单元,因此 FTL 消耗了 512 个逻辑块,所以可用的逻辑块为 3 584(即 4 096－512)个,lbn 的有效值为 0~3 583。

由此可见,FTL 不仅要占用 2.5 KB RAM,还要占用 256 KB 的 MX25L1606 存储空间(512 个逻辑块,每个逻辑块大小为 512 B),这也是使用 FTL 要付出的"代价"。如果返回 AM_OK,则说明写入数据成功,反之失败。假定写入一块数据(512 B)至逻辑块 2 中,其范例程序详见程序清单 5.31。

程序清单 5.31 写入数据范例程序(FTL)

```
1    uint8_t  buf[512];
2    int  i;
3    for (! = 0 ; i < 512; i++)
4        buf[i] = i & 0xFF;              //装载数据
5    am_ftl_write(ftl_handle,2, buf, 512);  //向逻辑块 2 写入 512 B 数据
```

7. 读取数据

读取一块数据的函数原型为

```
int am_ftl_read (
    am_ftl_handle_t  handle,        //FTL 实例句柄
    unsigned int     lbn,           //逻辑块号
    uint8_t          * p_buf);      //读取数据缓冲区(其大小必须为 512 B)
```

如果返回值为 AM_OK,则说明读取成功,反之则说明读取失败。假定从逻辑块 2 中读取一块(512 B)数据,其范例程序详见程序清单 5.32。

程序清单 5.32 读取数据范例程序(FTL)

```
1    uint8_t buf [512];
2    am_ftl_read(ftl_handle,2, buf, 512);   //从逻辑块 2 中读出 512 B 数据
```

8. 应用实例

FTL 通用接口测试程序和接口声明分别详见程序清单 5.33 和程序清单 5.34。

程序清单 5.33 FTL 通用接口测试程序实现(app_test_ftl.c)

```
1    # include "ametal.h"
2    # include "am_ftl.h"
3
```

```
4      int app_test_ftl (am_ftl_handle_t ftl_handle)
5      {
6          int i;
7          static    uint8_t buf[512];
8
9          for (! = 0; i < 512; i ++ )buf[i] = i & 0xFF;         //装载数据
10         am_ftl_write(ftl_handle,2, buf);
11         for (! = 0; i < 512; i ++ )buf[i] = 0x0;                //将所有数据清零
12         am_ftl_read(ftl_handle,2, buf);
13         for(! = 0; i < 512; i ++ ) {
14             if (buf[i] ! = (i & 0xFF)) {
15                 return AM_ERROR;
16             }
17         }
18         return AM_OK;
19     }
```

程序清单 5.34   FTL 接口声明(app_test_ftl. h)

```
1      # pragma once
2      # include "ametal. h"
3      # include "am_ftl. h"
4
5      int app_test_ftl (am_ftl_handle_t ftl_handle);
```

由于写入前无需再执行擦除操作,所以编写应用程序更加便捷。同样,由于应用程序只需要 FTL 句柄,所以所有接口也全部为 FTL 通用接口,因此应用程序可以跨平台复用,范例程序详见程序清单 5.35。

程序清单 5.35   FTL 读/写范例程序

```
1      # include "ametal. h"
2      # include "am_delay. h"
3      # include "am_led. h"
4      # include "am_mx25xx. h"
5      # include "am_hwconf_mx25xx. h"
6      # include "app_test_mtd. h"
7
8      int am_main (void)
9      {
10         am_ftl_handle_t ftl_handle = am_mx25xx_ftl_inst_init();    //获取实例初始化句柄
11         if (app_test_ftl(ftl_handle) ! = AM_OK) {
12             am_led_on(0);while(1);
13         }
```

```
14        while(1) {
15            am_led_toggle(0);am_mdelay(200);
16        }
17        return 0;
18    }
```

5.2.7   微型数据库(拓展)

由于哈希表所使用的链表头数组空间、关键字和记录值等都存储在 malloc 分配的动态空间中,所以这些信息在程序结束或系统掉电后都会丢失。在实际的应用中,往往希望将信息存储在非易失存储器中。典型的应用是将信息存储在文件中,从本质上来看,只要掌握了哈希表的原理,无论信息存储在什么地方,操作的方式都是一样的。

在 AMetal 中,基于非易失存储器实现了一套可以直接使用的哈希表接口,由于数据不会因掉电或程序终止而丢失,因此可以将其视为一个微型数据库,相关接口详见表 5.9。

表 5.9   数据库接口(hash_kv.h)

函数原型	功能简介

int hash_kv_init (
    hash_kv_t   * p_hash,
    uint16_t   size,
    uint16_t   key_size,
    uint16_t   value_size,
    hash_func_t   hash,
    constchar   * file_name);
	哈希表初始化

int hash_kv_add (hash_kv_t * p_hash,constvoid * key,constvoid * value);	增加一条记录
int hash_kv_search (hash_kv_t * p_hash,constvoid * key, void * value);	根据关键字查找记录
int hash_kv_del (hash_kv_t * p_hash,constvoid * key);	删除一条记录
int hash_kv_deinit (hash_kv_t * p_hash);	资源释放

显然,除了命名空间由 hash_db_ * 修改为了 hash_kv_ *(为了与之前的程序进行区分)外,仅仅是初始化函数中多了一个文件名参数,即内部不再使用 malloc 分配空间存储记录信息,而是使用该文件名指定的文件存储相关信息。如此一来,记录存储在文件中,信息不会因掉电或程序终止而丢失。其中,hash_kv_t 为数据库结构体类型,使用数据库前,应使用该类型定义一个数据库实例,比如:

```
hash_kv_thash;
```

由于各个函数的功能与《程序设计与数据结构》一书中介绍的哈希表的各个函数的功能完全一致,因此可以使用如程序清单 5.36 所示的代码进行测试验证。

程序清单 5.36　数据库综合范例程序

```
1    # include < stdio. h >
2    # include < stdlib. h >
3    # include "hash_kv. h"
4
5    typedef struct _student{
6        char name[10];                              //姓名
7        char sex;                                   //性别
8        float height, weight;                       //身高、体重
9    } student_t;
10
11   int db_id_to_idx (unsigned char id[6])          //通过 ID 得到数组索引
12   {
13       int i;
14       int sum = 0;
15       for (! = 0; i < 6; i++)
16           sum += id[0];
17       return sum % 250;
18   }
19
20   int student_info_generate (unsigned char * p_id, student_t * p_student)
                                                     //随机产生一条学生记录
21   {
22       int i;
23       for (! = 0; i < 6; i++)                      //随机产生一个学号
24           p_id[i] = rand();
25       for (! = 0; i < 9; i++)                      //随机名字,由 'a' ～ 'z' 组成
26           p_student ->name[i] = (rand() % ('z' - 'a')) + 'a';
27       p_student ->name[i] = '\0';                  //字符串结束符
28       p_student ->sex     = (rand()& 0x01) ? 'F' : 'M';   //随机性别
29       p_student ->height = (float)rand()/ rand();
30       p_student ->weight = (float)rand()/ rand();
31       return 0;
32   }
33
34   int main ()
35   {
36       student_t      stu;
37       unsigned char id[6];
38       int            i;
39       hash_kv_t      hash_students;
```

```
40
41    hash_kv_init(&hash_students,250, 6, sizeof(student_t), (hash_func_t)db_id_
      to_idx, "hash_students");
42    for (! = 0; i < 100; i ++){           //添加 100 个学生的信息
43        student_info_generate(id, &stu);         //设置学生信息,用随机数作为测试
44        if (hash_kv_search(&hash_students, id, &stu) == 0){    //查找到已经存在
                                                            //该 ID 的学生记录
45            printf("该 ID 的记录已经存在! \n");
46            continue;
47        }
48        printf("增加记录:ID : % 02x % 02x % 02x % 02x % 02x % 02x",id[0],id[1],id[2],
          id[3],id[4],id[5]);
49        printf("信息: % s % c % .2f % .2f\n", stu.name, stu.sex, stu.height, stu.weight);
50        if (hash_kv_add(&hash_students, id, &stu) ! = 0){
51            printf("添加失败");
52        }
53    }
54    printf("查找 ID 为:% 02x % 02x % 02x % 02x % 02x % 02x 的信息\n",id[0],id[1],id[2],
      id[3],id[4],id[5]);
55    if (hash_kv_search(&hash_students, id, &stu) == 0)
56        printf("学生信息: % s   % c % .2f % .2f\n", stu. name, stu. sex, stu. height,
          stu. weight);
57    else
58        printf("未找到该 ID 的记录! \r\n");
59    hash_kv_deinit(&hash_students);
60    return 0;
61  }
```

5.3 FM25xx 铁电组件

5.3.1 器件介绍

FM25CL64 是一款 64 Kb 的非易失性存储器,它采用先进的铁电处理技术。铁电随机存取存储器,又名 FRAM,其执行读/写操作与 RAM 相似。它能提供 45 年的数据保存时间,同时消除了由 EEPROM 和其他非易失性存储器导致的复杂性以及开销和系统级别可靠性问题。FM25CL64 的引脚信息如图 5.3 所示。

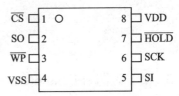

图 5.3 FM25CL64 引脚信息

5.3.2 初始化

AMetal 提供了 FM25CL64 的驱动,在使用 FM25CL64 之前,必须完成 FM25CL64 初始化操作,以获取到对应的操作句柄,进而使用 FM25CL64 的各种功能,其初始化函数(am_fm25clxx.h)原型为

```
am_fm25clxx_handle_t am_fm25clxx_init( am_fm25clxx_dev_t        * p_dev,
                                const am_fm25clxx_devinfo_t * p_devinfo,
                                am_spi_handle_t          spi_handle);
```

该函数用于将 FM25CL64 按照用户配置的实例信息初始化,初始化完成后即可使用接口函数进行读/写操作。其中,p_dev 为指向 am_fm25clxx_dev_t 类型实例的指针,p_devinfo 为指向 am_fm25clxx_devinfo_t 类型实例信息的指针,spi_handle 为与 FM25CL64 通信的 SPI 实例句柄。

1. 实 例

定义 am_fm25clxx_dev_t 类型(am_fm25clxx.h)的实例如下:

```
am_local am_fm25clxx_dev_t  __g_fm25clxx_fram_dev;      //定义 FM25CL64 实例
```

其中,__g_fm25clxx_fram_dev 为用户自定义的实例,其地址作为 p_dev 的实参传递。

2. 实例信息

实例信息主要描述与 FM25CL64 相关的信息,其类型 am_fm25clxx_devinfo_t (am_fm25clxx.h)的定义如下:

```
typedef struct am_fm25clxx_devinfo {
    uint16_t          spi_mode;       /* 器件使用的 SPI 模式 */
    int               spi_cs_pin;     /* SPI 片选引脚 */
    uint32_t          spi_speed;      /* 使用的 SPI 速率 */
}am_fm25clxx_devinfo_t;
```

基于以上信息,实例信息可以定义如下:

```
am_local struct am_fm25clxx_devinfo fm25clxx_devinfo = {
    AM_SPI_MODE_0,
    PIO0_0,
    3000000,
};
```

3. SPI 句柄 spi_handle

若使用 ZLG116 的 SPI0 与 FM25CL64 通信,则通过 ZLG116 的 SPI0 实例初始化函数 am_zlg116_spi0_inst_init()获得 SPI 句柄,即

```
am_spi_handle_t  spi_handle = am_zlg116_spi0_inst_init ();
```

SPI 句柄即可直接作为 spi_handle 的实参传递。

基于实例、实例信息和 SPI 句柄,可以完成 FM25CL64 的初始化,如下:

```
am_fm25clxx_init(&__g_fm25clxx_fram_dev, &fm25clxx_devinfo, spi_handle);
```

初始化函数的返回值即为 FM25CL64 的句柄。若返回值为 NULL,则说明初始化失败;若返回值不为 NULL,则说明返回了有效的 handle,其可以作为 FM25CL64 接口函数的参数。

5.3.3 接口函数

FM25CL64 存储器的读/写函数原型详见表 5.10。

表 5.10 FM25CLxx 读/写函数(am_fm25clxx.h)

函数原型	功能简介

int am_fm25clxx_write(
    am_fm25clxx_handle_t   handle,
    uint32_t   start_addr,
    uint8_t   * p_buf,
    uint32_t   len);
	写入数据

int am_fm25clxx _read(
    am_fm25clxx_handle_t   handle,
    uint32_t   start_addr,
    uint8_t   * p_buf,
    uint32_t   len);
	读取数据

各 API 的返回值含义都是相同的:AM_OK 表示成功;负值表示失败,失败的原因可根据具体的值查看 am_errno.h 文件中相对应的宏定义;正值的含义由各 API 自行定义,无特殊说明则表明不会返回正值。

1. 写入数据

从指定的地址开始写入一段数据的函数原型为

```
int am_fm25clxx_write(
    am_fm25clxx_handle_t        handle,          //FM25CLxx 句柄
    uint32_t                    start_addr,      //存储器起始数据地址
    uint8_t                     * p_buf,         //待写入数据的缓冲区
    uint32_t                    len);            //写入数据的长度
```

如果返回值为 AM_OK,则说明写入成功,反之则说明写入失败。假定从 0x20 地址开始连续写入 16 B,其范例程序详见程序清单 5.37。

程序清单 5.37　写入数据范例程序（FM258CLxx）

```
1    uint8_t data[16] = {0,1,2, 3, 4, 5, 6, 7, 8, 9,10,11,12,13,14,15};
2    am_fm25clxx_write(fm25cl64_handle, 0x20, &data[0],16);
```

2. 读取数据

从指定的起始地址开始读取一段数据的函数原型为

```
int am_fm25clxx_read(
    am_fm25clxx_handle_t     handle,        //FM25CLxx 句柄
    uint32_t                 start_addr,    //存储器起始数据地址
    uint8_t                  * p_buf,        //存放读取数据的缓冲区
    uint32_t                 len);          //读取数据的长度
```

如果返回值为 AM_OK，则说明读取成功，反之则说明读取失败。假定从 0x20 地址开始，连续读取 16 B，其范例程序详见程序清单 5.38。

程序清单 5.38　读取数据范例程序（FM25CLxx）

```
1    uint8_t data[16] = {0};
2    am_fm25clxx_read(fm25cl64_handle, 0x20, &data[0],16);
```

5.3.4　应用实例

写入 20 B 数据再读出来，然后验证是否正常，其范例程序详见程序清单 5.39。

程序清单 5.39　FM25CL64 读/写范例程序

```
1    # include "ametal.h"
2    # include "am_led.h"
3    # include "am_delay.h"
4    # include "am_zlg116_inst_init.h"
5    # include "am_fm25clxx.h"
6    # include "am_hwconf_fm25clxx.h"
7
8    int app_test_fm25clxx (am_fm25clxx_handle_t handle)
9    {
10       int i;
11       uint8_t data[20];
12
13       for(i = 0;i < 20;i++ )                        //填充数据
14           data[i] = i;
15       am_fm25clxx_write(handle,0,&data[0],20);      //从 0 地址开始,连续写入 20 B 数据
16       for(i = 0;i < 20;i++ )                        //清零数据
17           data[i] = 0;
```

```
18    am_fm25clxx_read(handle,0,&data[0],20);//从 0 地址开始,连续读出 20 B 数据
19    for(i = 0;i < 20;i ++){//比较数据
20        if(data[i]! = i)
21            return AM_ERROR;
22    }
23    return AM_OK;
24 }
25
26 int am_main(void)
27 {
28    am_fm25clxx_handle_t fm25cl64_handle = am_fm25clxx_inst_init();
29    if(app_test_fm25clxx(fm25cl64_handle)! = AM_OK){
30        am_led_on(0);
31    }
32    while(1){
33        am_led_toggle(0);
34        am_mdelay(100);
35    }
36 }
```

第**6**章

传感器组件详解

✍ **本章导读**

传感器种类众多,常用的有采温度、湿度、压力、光照、角速度、加速度、磁感应强度、方向、颗粒浓度等的传感器。不同传感器之间的差异很大,但对于使用者来说,对传感器操作的动作却是比较接近的,多为使能传感器通道,进行数据读取、单位转换、禁能传感器通道等。AMetal 封装了各种传感器的差异,提取出本质的需求,构建了一套抽象度较高的标准化接口,使得各种传感器基于同一套接口即可满足应用需求。

本章介绍 AMetal 平台上的部分传感器组件,结合实际应用详解其原理,并引以实例,使得入门者可以快速在项目中应用起来。

6.1 传感器抽象接口

6.1.1 接口函数

AMetal 综合诸多传感器的特点,定义了一套传感器的标准接口,基于该接口,无论何种传感器,无论要获取哪种参数,均可使用表 6.1 所列的接口函数实现功能。

表 6.1 传感器标准接口函数

函数原型	功能简介
am_err_t am_sensor_type_get (　　am_sensor_handle_t　　　　handle, 　　in　　　　　　　　　　　tid)	获取传感器类型
am_err_t am_sensor_data_get (　　am_sensor_handle_t　　　　handle, 　　const int　　　　　　　* p_ids, 　　int　　　　　　　　　num, 　　am_sensor_val_t　　　　* p_buf)	从传感器指定通道获取数据

续表 6.1

函数原型	功能简介

am_err_t am_sensor_enable (
    am_sensor_handle_t   handle,
    const int   * p_ids,
    int   num,
    am_sensor_val_t   * p_result)
	使能传感器 1 个或多个通道

am_err_t am_sensor_disable (
    am_sensor_handle_t   handle,
    const int   * p_ids,
    int   num,
    am_sensor_val_t   * p_result)
	禁能传感器 1 个或多个通道

am_err_t am_sensor_attr_set (
    am_sensor_handle_t   handle,
    int   id,
    int   attr,
    const am_sensor_val_t * p_val)
	配置传感器通道属性

am_err_t am_sensor_attr_get (
    am_sensor_handle_t   handle,
    int   id,
    int   attr,
    am_sensor_val_t   * p_val)
	获取传感器通道属性

am_err_t am_sensor_trigger_cfg(
    am_sensor_handle_t   handle,
    int   id,
    uint32_t   flags,
    am_sensor_trigger_cb_t pfn_cb,
    void   * p_arg)
	设置传感器通道触发回调函数

am_err_t am_sensor_trigger_on (
    am_sensor_handle_t   handle,
    int   id)
	打开触发

am_err_t am_sensor_trigger_off(
    am_sensor_handle_t   handle,
    int   id)
	关闭触发

am_err_t am_sensor_val_unit_convert (
    am_sensor_val_t   * p_buf,
    int   num,
    int32_t   to_unit);
	传感器通道数据单位转换

6.1.2 功能接口函数详解

1. 获取传感器某通道类型

通常一个传感器可以提供多路数据采集通道,且每个通道的类型可能不同(例如,温度、湿度、压强等),使用该接口可以快速获取该传感器某一通道的类型(且每个传感器的 ID 都从 0 开始依次编号),函数原型为

```
am_err_t am_sensor_type_get (am_sensor_handle_t handle, int id)
```

说明:
- handle 为传感器标准服务句柄;
- id 为传感器通道;
- 返回值≥0,表示传感器类型,AM_SENSOR_TYPE_ *(如♯AM_SENSOR_TYPE_VOLTAGE);返回值为 AM_ENODEV,表示通道不存在;返回值为 AM_EINVAL,表示无效参数。

2. 从传感器指定通道获取采样数据

p_ids 列表可能包含多个通道,p_buf 中获取的数据会按照传入的通道 ID 一一对应放在对应的缓冲区中。若该函数返回值<0,则表示部分或者所有通道数据读取失败,可以用辅助宏 AM_SENSOR_VAL_IS_VALID 来判断每个通道的数据,若为真,则表示该通道值有效;若为假,则表示该通道数据获取失败,函数原型为

```
am_err_t am_sensor_data_get (
        am_sensor_handle_t      handle,
        const int               * p_ids,
        int                     num,
        am_sensor_val_t         * p_buf)
```

说明:
- handle 为传感器标准服务句柄;
- p_ids 为传感器通道 id 列表;
- num 为通道数目;
- p_buf 为传感器数据输出缓冲区,个数与 num 一致;
- 返回值为 AM_OK,表示一个或多个通道数据读取成功;返回值为- AM_ENODEV,表示部分或所有通道不存在;返回值为- AM_EINVAL,表示无效参数;返回值为- AM_EPERM,表示操作不允许;返回值<0,表示部分或所有通道读取失败。

注:若打开了某一通道的数据准备就绪触发模式,则只能在该通道的触发回调函数里调用该函数,获取该通道的值,切记不要在该通道的回调函数里获取其他通道的采样数据。

3. 使能传感器的一个或多个通道

使能传感器通道后,传感器通道被激活,传感器开始采集外部信号。若设置了传感器的采样频率属性值(♯AM_SENSOR_ATTR_SAMPLING_RATE),且值不为0,则系统将自动按照属性值指定的采样频率获取传感器中的采样值。若用户打开了数据准备就绪触发,则每次数据采样结束后,都将触发用户回调函数。特别地,若采样频率为0(默认),则不自动采样,每次调用 am_sensor_data_get()函数时才从传感器中获取最新数据。函数原型为

```
am_err_t am_sensor_enable ( am_sensor_handle_t      handle,
                            const int               * p_ids,
                            int                     num,
                            am_sensor_val_t         * p_result)
```

说明:
- handle 为传感器标准服务句柄;
- p_ids 为传感器通道 id 列表;
- num 为通道数目;
- p_result 为用于存储该函数执行返回值的指针;
- 返回值为 AM_OK,表示所有通道使能成功;返回值为- AM_ENODEV,表示部分或所有通道不存在;返回值为- AM_EINVAL,表示无效参数;返回值<0,表示部分或所有通道使能失败,每一个通道使能的结果存于 val 值中。

注:p_result 指向的缓存用于存储每个通道使能的结果,它们表示状态,并非有效的传感器数据。若该函数返回值<0,则仅需通过 val 值进行判断对应通道的使能情况,val 值的含义与标准错误码的对应关系一致。若传入 p_result 为 NULL,则表明不关心每个通道使能的结果。

4. 禁能传感器的一个或多个通道

禁能后,传感器被关闭,传感器将停止采集外部信号,同时,系统也不再从传感器中获取采样值(无论采样频率是否为 0)。函数原型为

```
am_err_t am_sensor_disable ( am_sensor_handle_t      handle,
                             const int               * p_ids,
                             int                     num,
                             am_sensor_val_t         * p_result)
```

说明:
- handle 为传感器标准服务句柄;
- p_ids 为传感器通道 id 列表;
- num 为通道数目;
- p_result 为用于存储该函数执行返回值的指针;

- 返回值为 AM_OK,表示所有通道禁能成功;返回值为- AM_ENODEV,表示部分或所有通道不存在;返回值为- AM_EINVAL,表示无效参数;返回值<0,表示部分或所有通道使能失败,每一个通道使能的结果存于 val 值中。

5. 配置传感器通道的属性

配置传感器通道的属性,函数原型为

```
am_err_t am_sensor_attr_set ( am_sensor_handle_t      handle,
                              int                     id,
                              int                     attr,
                              const am_sensor_val_t   * p_val))
```

说明:
- handle 为传感器标准服务句柄;
- id 为传感器通道 id 列表;
- attr 为属性,AM_SENSOR_ATTR_ * (AM_SENSOR_ATTR_SAMPLING_RATE);
- p_val 为属性;
- 返回值为 AM_OK,表示成功;返回值为- AM_EINVAL,表示无效参数;返回值为- AM_ENOTSUP,表示不支持;返回值为- AM_ENODEV,表示通道不存在。

注:支持的属性与具体传感器相关,部分传感器可能不支持任何属性。

6. 获取传感器通道的属性

获取传感器通道的属性,函数原型为

```
am_err_t am_sensor_attr_ get ( am_sensor_handle_t      handle,
                              int                     id,
                              int                     attr,
                              const am_sensor_val_t   * p_val)
```

说明:
- handle 为传感器标准服务句柄;
- id 为传感器通道 id 列表;
- attr 为属性,AM_SENSOR_ATTR_ * (AM_SENSOR_ATTR_SAMPLING_RATE);
- p_val 为属性;
- 返回值为 AM_OK,表示成功;返回值为- AM_EINVAL,表示无效参数;返回值为- AM_ENOTSUP,表示不支持;返回值为- AM_ENODEV,表示通道不存在。

注:支持的属性与具体传感器相关,部分传感器可能不支持任何属性。

7. 设置触发

一个通道仅能设置一个触发回调函数,函数原型为

```
am_err_t am_sensor_trigger_cfg ( am_sensor_handle_t      handle,
                                  int                     id,
                                  uint32_t                flags,
                                  am_sensor_trigger_cb_t  pfn_cb,
                                  void                    * p_arg)
```

说明:

- handle 为传感器标准服务句柄;
- id 为传感器通道 id 列表;
- flags 为指定触发的类型;
- pfn_cb 为触发时执行的回调函数的指针;
- p_arg 为用户参数;
- 返回值为 AM_OK,表示成功;返回值为- AM_EINVAL,表示无效参数;返回值为- AM_ENOTSUP,表示不支持;返回值为- AM_ENODEV,表示通道不存在。

注:支持的触发模式与具体传感器相关,部分传感器不支持任何触发模式。配置模式时往往需要通过 I^2C、SPI 等通信接口与传感器通信,比较耗时。该函数不能在中断环境中使用。

8. 打开触发

打开该通道 am_sensor_trigger_cfg()函数配置过的所有触发类型,函数原型为

```
am_err_t am_sensor_trigger_on ( am_sensor_handle_t      handle,
                                int                     id)
```

说明:

- handle 为传感器标准服务句柄;
- id 为传感器通道 id;
- 返回值为 AM_OK,表示打开成功;返回值为- AM_EINVAL,表示无效参数;返回值为- AM_ENODEV,表示通道不存在;返回值为<0,表示通道不存在。

9. 关闭触发

关闭该通道的所有触发模式,函数原型为

```
am_err_t am_sensor_trigger_off ( am_sensor_handle_t      handle,
                                 int                     id)
```

说明:

- handle 为传感器标准服务句柄;

- id 为传感器通道 id;
- 返回值为 AM_OK,表示关闭成功;返回值为- AM_EINVAL,表示无效参数;返回值为- AM_ENODEV,表示通道不存在;返回值为<0,表示通道不存在。

10. 传感器数据单位的转换

辅助函数,用于传感器数据单位的转换,函数原型为

```
am_err_t am_sensor_val_unit_convert ( am_sensor_val_t   * p_buf,
                                       int               num,
                                       int32_t           to_unit)
```

说明:

- p_buf 为传感器数据缓存;
- num 为传感器数据个数;
- to_unit 为目标单位,AM_SENSOR_UNIT_ * (AM_SENSOR_UNIT_MILLI);
- 返回值为 AM_OK,表示转换成功;返回值为- AM_EINVAL,表示转换失败,参数错误;返回值为- AM_ERANGE,表示某一数据转换失败,其转换结果会超出范围(仅在缩小单位时可能出现),转换失败的数据将保持原值和原单位不变,用户可通过单位是否为目标单位来判断是否转换成功。

注:

若是扩大单位(增加 to_unit 的值),假定 to_unit 增加的值为 n,则会将 p_buf 中的值整除 10^n,由于存在整除,故将会使原来的值精度减小。精度减小时,遵循四舍五入法则。例如:原数据为 1 860 mV,若将单位转换为 V,则转换的结果为 2 V;原数据为 1 245 mV,若将单位转换为 V,则转换的结果为 1 V。由于存在精度的损失,单位的扩大应谨慎使用。

若是缩小单位(减小 to_unit 的值),假定 to_unit 减小的值为 n,则会将 p_buf 中的值乘以 10^n,但应特别注意,原来的值类型为 32 位有符号数,其表示的数据范围为 $-2\ 147\ 483\ 648 \sim 2\ 147\ 483\ 647$,不应使原来的值扩大 10^n 后的数据超过该范围。缩小单位不存在精度的损失,但应注意数据的溢出,不应将一个数据缩小至太小的单位。

特别地,若转换前后的单位没有发生变化,则整个传感器的值保持不变。

6.2　三轴加速度传感器 BMA253 组件

6.2.1　器件介绍

BMA253 是一款三轴加速度传感器,具有超小尺寸(2 mm×2 mm)和扁平的封装,可在 1.2～3.6 V 的宽电压范围内工作,具有可编程的测量范围、低通滤波带宽和

多种电源模式,能满足特定应用中功能、性能和功耗的要求,广泛应用于手机、手持设备、计算机外围设备、人机界面、虚拟现实功能和游戏控制器等。

BMA253 支持 I²C 和 SPI 数字接口,以 I²C 接口通信方式为例,接口电路详见图 6.1。

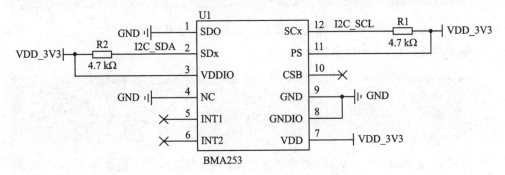

图 6.1   BMA253 电路原理图

6.2.2   初始化

AMetal 提供了 BMA253 的驱动,在使用 BMA253 之前,必须完成 BMA253 的初始化操作,以获取对应的操作句柄,进而使用 BMA253 的各种功能,函数原型(am_sensor_bma253.h)为

```
am_sensor_bma253_handle_t am_sensor_bma253_init (
    am_sensor_bma253_dev_t            * p_dev,
    const am_sensor_bma253_devinfo_t  * p_devinfo,
    am_i2c_handle_t                     i2c_handle);
```

该函数意在获取 BMA253 传感器的初始化实例句柄,初始化完成后,即可使用通用接口读取应用数据,其中,

- p_dev 为指向 am_sensor_bma253_dev_t 类型实例的指针;
- p_devinfo 为指向 am_sensor_bma253_devinfo_t 类型实例信息的指针;
- i2c_handle 为与 BMA253 通信的 I²C 实例句柄。

1. 实　例

定义 am_sensor_bma253_dev_t 类型(am_hwconf_sensor_bma253.c)的实例如下:

```
am_local am_sensor_bma253_dev_t  __g_bma253_dev;
```

其中,__g_bma253_dev 为用户自定义的实例,其地址作为 p_dev 的实参传递。

2. 实例信息

实例信息主要描述了与 BMA253 相关的信息,其类型 am_sensor_bma253_devinfo_t 的定义(am_sensor_bma253.h)如下:

```
typedef struct am_sensor_bma253_devinfo {
    int            trigger_pin;
    uint8_t        i2c_addr;
}am_sensor_bma253_devinfo_t;
```

其中,trigger_pin 为中断触发引脚,i2c_addr 为 7 位从机地址。

基于上述信息,实例信息如下:

```
am_const am_local struct am_sensor_bma253_devinfo __g_bma253_devinfo = {
    PIOB_0,                     //触发引脚定义
    0x18                        //BMA253 I²C 地址
};
```

其中,__g_bma253_devinfo 为用户自定义的实例信息,其地址作为 p_devinfo 的实参传递。

3. I²C 句柄 i2c_handle

使用 ZLG116 的 I²C1 与 BMA253 通信,则 I²C 句柄可以通过 ZLG116 的 I²C1 实例初始化函数 am_zlg116_i2c1_inst_init()获得,即

```
am_i2c_handle_t i2c_handle = am_zlg116_i2c1_inst_init();
```

获得的 I²C 句柄即可直接作为 i2c_handle 的实参传递。

4. 实例句柄

基于实例、实例信息和 I²C 句柄,可以完成 BMA253 的初始化,如下:

```
am_sensor_bma253_init (&__g_bma253_dev,&__g_bma253_devinfo,i2c_handle);
```

为了便于配置实例信息,基于模块化编程思想,将初始化相关的实例、实例信息等的定义存放到相应的配置文件中,通过头文件引出实例初始化函数接口,源文件和头文件的程序范例分别详见程序清单 6.1 和程序清单 6.2。

程序清单 6.1　BMA253 传感器实例初始化范例程序(am_hwconf_sensor_bma253.c)

```
1    # include "am_sensor_bma253.h"
2    # include "am_common.h"
3    # include "zlg116_pin.h"
4    # include "am_zlg116_inst_init.h"
5    am_const am_local struct am_sensor_bma253_devinfo __g_bma253_info = {
6        PIOB_0,                     //触发引脚定义
7        0x18                        //BMA253 I²C 地址
8    };
9    am_local struct am_sensor_bma253_dev __g_bma253_dev;
10   am_sensor_handle_t am_sensor_bma253_inst_init (void)
```

```
11      {
12          return am_sensor_bma253_init( &__g_bma253_dev,
13                                         &__g_bma253_info,
14                                         am_zlg116_i2c1_inst_init());
15      }
```

程序清单 6.2　BMA253 传感器实例初始化接口函数(am_hwconf_sensor_bma253.h)

```
1      # include "ametal.h"
2      # include "am_sensor.h"
3      # ifdef __cplusplus
4      extern "C" {
5      # endif
6      am_sensor_handle_t am_sensor_bma253_inst_init (void);
```

后续只需要使用无参数的实例初始化函数即可完成 BMA253 实例的初始化,即执行如下语句:

```
am_sensor_handle_t handle = am_sensor_bma253_inst_init ();
```

6.2.3　接口函数

BMA253 可以检测三轴加速度和温度,使用传感器标准接口函数即可获取加速度和温度数据信息,操作如下:

1. 使能通道

通过调用传感器通道使能接口函数可以使能指定的通道,使能三轴加速度和温度的 4 个通道,范例程序详见程序清单 6.3。

程序清单 6.3　BMA253 传感器使能通道范例

```
1      const int id[4] = {AM_BMA253_CHAN_1, AM_BMA253_CHAN_2,
2      AM_BMA253_CHAN_3, AM_BMA253_CHAN_4};
3      am_sensor_val_t data[4];
4      am_sensor_enable(handle, id, 4, data);
```

2. 获取通道数据

使能传感器通道后,可调用传感器标准接口获取传感器数据,获取三轴加速度和温度通道的数据,详见程序清单 6.4。

程序清单 6.4　BMA253 传感器获取通道 4 数据范例

```
1      am_sensor_data_get(handle, id, 4, data);
```

3. 数据单位转换

获取的通道数据是带有单位的,以将传感器采集加速度数据的单位转换为 mm/s² 为例,数据单位转换的范例程序详见程序清单 6.5。

程序清单 6.5 BMA253 传感器采集加速度数据的单位转换

```
1    am_sensor_val_unit_convert(&data[0], 0, AM_SENSOR_UNIT_MILLI);
```

6.2.4 应用实例

通过 BMA253 传感器获取加速度和温度参数的程序详见程序清单 6.6。

程序清单 6.6 BMA253 传感器采集加速度和温度数据范例程序

```
1    # include "ametal.h"
2    # include "am_vdebug.h"
3    # include "am_sensor.h"
4    # include "am_sensor_bma253.h"
5    # include "am_delay.h"
6    void demo_std_bma253_entry (am_sensor_handle_t handle)
7    {
8        uint8_t ! = 0;
9        const int id[4] = { AM_BMA253_CHAN_1, AM_BMA253_CHAN_2,
10                           AM_BMA253_CHAN_3, AM_BMA253_CHAN_4};//通道 ID
11       am_sensor_val_t data[4];
12       const char * data_name_string[] = {"ACC_X", "ACC_Y", "ACC_Z", "temperature"};
13       const char * data_unit_string[] = {"m/s^2", "m/s^2", "m/s^2", "℃ "};
14       am_sensor_enable(handle, id, 4, data);                    //传感器使能
15       while(1) {
16           am_sensor_data_get(handle, id, 4, data);              //传感器数据获取
17           for (! = 0; i < 4; i++) {
18               if (AM_SENSOR_VAL_IS_VALID(data[i])) {            //验证数据有效
19                   am_sensor_val_unit_convert(&data[i],1, AM_SENSOR_UNIT_MICRO);
                                                                   //单位转换
20                   am_kprintf("The % s is : % d.06d % s.\r\n",
21                       data_name_string[i],
22                       (data[i].val)/1000000,
23                       (uint32_t)(data[i].val) % 1000000,
24                       data_unit_string[i]);
25               } else {
26                   am_kprintf("The % s get failed! \r\n", data_name_string[i]);
                                                                   //数据获取失败提示
27               }
28           }
```

```
29          am_mdelay(1000);
30      }
31  }
```

6.3 数字三轴陀螺仪 BMG160 组件

BMG160 是 BOSCH 半导体推出的具有 I^2C 和 SPI 接口的数字三轴陀螺仪。

6.3.1 器件介绍

BMG160 是一款数字三轴陀螺仪传感器,旨在满足消费类应用的要求,例如图像稳定(DSC 和拍照手机)、游戏和定点设备等。它能够测量三轴(x 轴、y 轴和 z 轴)的角速率,并提供相应的输出信号。BMG160 配有数字双向通信 SPI 和 I^2C 接口,可实现最佳系统集成。BMG160 提供 1.2～3.6 V 的可变 VDDIO 电压范围,可进行编程以优化客户特定应用中的功能、性能和功耗。此外,它还具有片上中断控制器,可在不使用微控制器的情况下实现基于运动的应用。以 I^2C 接口通信方式为例,BMG160 原理图详见图 6.2。

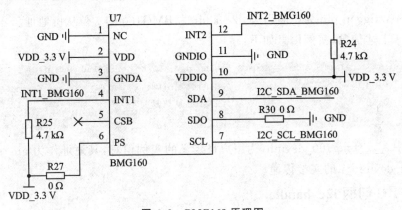

图 6.2 BMG160 原理图

6.3.2 初始化

AMetal 提供了 BMG160 的驱动,在使用 BMG160 之前,必须完成 BMG160 的初始化操作,以获取对应的操作句柄,进而使用 BMG160 的各种功能,其函数原型(am_sensor_bmg160.h)为

```
am_sensor_handle_t am_sensor_bmg160_init (
    am_sensor_bmg160_dev_t              * p_dev,
    const am_sensor_bmg160_devinfo_t    * p_devinfo,
    am_i2c_handle_t                      i2c_handle);
```

该函数意在获取 BMG160 三轴陀螺仪传感器的实例句柄,进而使用通用接口读取角速率。其中,

- p_dev 为指向 am_sensor_bmg160_dev_t 类型实例的指针;
- p_devinfo 为指向 am_sensor_bmg160_devinfo_t 类型实例信息的指针。

1. 实 例

定义 am_sensor_bmg160_dev_t 类型(am_sensor_bmg160.h)的实例如下:

```
am_local am_sensor_bmg160_dev_t __g_bmg160_dev;
```

其中,__g_bmg160_dev 为用户自定义的实例,为 p_dev 提供实参传递。

2. 实例信息

实例信息主要描述了与 BMG160 相关的信息,即 BMG160 的配置信息等,其类型 am_sensor_bmg160_devinfo_t 的定义(am_sensor_bmg160.h)如下:

```
typedef struct am_sensor_bmg160_devinfo {
    int        trigger_pin;        //中断触发引脚
    uint8_t    i2c_addr;           //7 位从机地址
}am_sensor_bmg160_devinfo_t;
```

其中,trigger_pin 为中断引脚,i2c_addr 为 BMG160 的 7 位从机地址。

基于上述信息,实例信息如下:

```
const am_local am_const am_sensor_bmg160_devinfo_t __g_bmg160_devinfo = {
    PIOB_0,                       //中断触发引脚
    0x68                          //BMG160 从机地址
};
```

其中,__g_bmg160_devinfo 为用户自定义的实例信息,其地址作为 am_sensor_bmg160_devinfo_t 的实参传递。

3. I²C 句柄 i2c_handle

以使用 ZLG116 作为 I²C 主机与 BMG160 通信为例,通过 ZLG116 的 I²C 实例初始化函数 am_zlg116_i2c1_inst_init()获得,即

```
am_i2c_handle_t i2c_handle = am_zlg116_i2c1_inst_init();
```

I²C 句柄可直接作为 i2c_handle 的实参传递。

4. 实例句柄

BMG160 初始化函数 am_sensor_bmg160_inst_init ()的返回值 BMG160 实例的句柄,作为其他标准功能接口的实参。其类型 am_sensor_bmg160_inst_init(am_sensor_bmg160.h)的定义如下:

```
am_sensor_handle_t am_sensor_bmg160_inst_init (void);
```

若返回值为 NULL,则说明初始化失败;若返回值不为 NULL,则说明返回了有效的 handle。基于模块化编程思想,将初始化相关的实例、实例信息等的定义存放到对应的配置文件中,通过头文件引出实例初始化函数接口,源文件和头文件的程序范例分别详见程序清单 6.7 和程序清单 6.8。

程序清单 6.7   BMG160 传感器实例初始化函数程序

```
1   # include "am_sensor_bmg160.h"
2   # include "am_common.h"
3   # include "zlg116_pin.h"
4   # include "am_zlg116_inst_init.h"
5   am_const am_local struct am_sensor_bmg160_devinfo __g_bmg160_info = {
6       PIOB_0,                          //触发引脚定义
7       0x68                             //BMG160 I²C 地址
8   };
9   am_local struct am_sensor_bmg160_dev __g_bmg160_dev;
10  am_sensor_handle_t am_sensor_bmg160_inst_init (void)
11  {
12      return am_sensor_bmg160_init( &__g_bmg160_dev,
13                                    &__g_bmg160_info,
14                                    am_zlg116_i2c1_inst_init());
15  }
```

程序清单 6.8   BMG160 传感器实例初始化函数接口(am_hwconf_bmg160.h)

```
1   # include "ametal.h"
2   # include "am_sensor.h"
3   # ifdef __cplusplus
4   extern "C" {
5   # endif
6   am_sensor_handle_t am_sensor_bmg160_inst_init (void);
```

后续只需使用无参数的实例初始化函数,即可获取 BMG160 的实例句柄,即

```
am_sensor_handle_t handle = am_sensor_bmg160_inst_init();
```

6.3.3   接口函数

BMG160 功能丰富,对其初始化完成后,使用传感器标准接口函数即可获取三轴陀螺仪参数,操作如下:

1. 使能通道

BMG160 传感器有多个通道,支持角速度测量,通过调用传感器通道使能接口函数可以使能指定的通道。假设使能角速度的三个通道,范例程序详见程序清单 6.9。

程序清单 6.9　使能通道范例程序

```
1    const int id[3] = {AM_BMG160_CHAN_1, AM_BMG160_CHAN_2,AM_BMG160_CHAN_3};
2    am_sensor_val_t data[3];
3    am_sensor_enable(handle, id, 3, data);
```

2. 获取通道数据

使能传感器通道后,可调用传感器标准接口获取传感器数据,要获取三轴加速度的三个通道的数据,范例程序详见程序清单 6.10。

程序清单 6.10　获取通道数据范例程序

```
1    am_sensor_data_get(handle, id, 3, data);
```

3. 数据单位转换

获取的通道数据是带有单位的,用户可以根据需要调用单位转换接口函数进行单位转换。以将 BMG160 采集的角速度数据的单位转换为 μrad/s 为例,数据单位转换的范例程序详见程序清单 6.11。

程序清单 6.11　数据单位转换范例程序

```
1    am_sensor_val_unit_convert(&data[0],1, AM_SENSOR_UNIT_MICRO);
```

6.3.4　应用实例

通过 BMG160 传感器获取角速度的程序详见程序清单 6.12。

程序清单 6.12　BMG160 传感器获取角速度范例程序

```
1    # include "ametal.h"
2    # include "am_vdebug.h"
3    # include "am_sensor.h"
4    # include "am_sensor_bmg160.h"
5    # include "am_delay.h"
6    void demo_std_bmg160_entry (am_sensor_handle_t handle)
7    {
8        const int id[3] = {AM_BMG160_CHAN_1, AM_BMG160_CHAN_2, AM_BMG160_CHAN_3};
9        am_sensor_val_t data[3];
10       int i;
11       const char * data_name_string[] = { "x_axis_angular_velocity",
12                                            "y_axis_angular_velocity",
13                                            "z_axis_angular_velocity"};
14       const char * data_unit_string[] = {"rad/s", "rad/s", "rad/s"};
15       am_sensor_enable(handle, id, 3, data);          //传感器使能
16       while(1) {
```

```
17          am_sensor_data_get(handle, id, 3, data);//参数获取
18          for(i = 0; i < 3; i++) {
19              if (AM_SENSOR_VAL_IS_VALID(data[i])) {
20                  am_sensor_val_unit_convert(&data[i],1, AM_SENSOR_UNIT_MICRO);
                                                                    //单位转换
21                  am_kprintf("The %s is : %d.06d %s.\r\n", data_name_string[i],
22                                                          (data[i].val)/1000000,
23                                                          (data[i].val)%1000000,
24                                                          data_unit_string[i]);
25              } else {
26                  am_kprintf("The %s get failed! \r\n", data_name_string[i]);
27              }
28          }
29          am_mdelay(1000);
30      }
31  }
```

6.4　三轴磁传感器 LIS3MDL 组件

6.4.1　器件介绍

　　LIS3MDL 是一款具有超低功耗、高性能的三轴磁传感器。它的量程为可选的 $\pm4/\pm8/\pm12/\pm16$ 高斯,带有自检功能,并可配置为响应磁场变化的中断;具有一个 I^2C 串行总线接口,支持标准和快速模式(100 kHz 和 400 kHz),具有 SPI 串行标准接口;采用 LGA 封装,能在 $-40\sim85$ ℃的温度范围内工作。以 I^2C 接口通信方式为例,LIS3MDL 应用电路如图 6.3 所示。

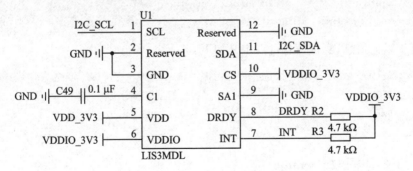

图 6.3　LIS3MDL 应用电路

6.4.2 初始化

AMetal 提供了 LIS3MDL 的驱动,在使用 LIS3MDL 之前,必须完成 LIS3MDL 的初始化操作,以获取对应的操作句柄,进而使用 LIS3MDL 的各种功能,其函数 (am_sensor_lis3mdl.h)的原型为

```
am_sensor_handle_t am_sensor_lis3mdl_init(
        am_sensor_lis3mdl_dev_t          * p_dev,
        const am_sensor_lis3mdl_devinfo_t  * p_devinfo,
        am_i2c_handle_t                  i2c_handle);
```

该函数用于将 LIS3MDL 按照用户配置的实例信息初始化,初始化完成后即可使用接口函数获取当前三轴磁场强度。其中,p_dev 为指向 am_sensor_lis3mdl_dev_t 类型实例的指针,p_devinfo 为指向 am_sensor_lis3mdl_devinfo_t 类型实例信息的指针,i2c_handle 为与 LIS3MDL 通信的 I^2C 实例句柄。

1. 实 例

定义 am_sensor_lis3mdl_dev_t 类型(am_sensor_lis3mdl.h)的实例如下:

```
am_local am_sensor_lis3mdl_dev_t __g_lis3mdl_dev;       //定义 LIS3MDL 实例
```

其中,__g_lis3mdl_dev 为用户自定义的实例,其地址作为 p_dev 的实参传递。

2. 实例信息

实例信息主要描述了与 LIS3MDL 传感器相关的信息,其类型 am_sensor_lis3mdl_devinfo_t(am_sensor_lis3mdl.h)的定义如下:

```
typedef struct am_sensor_lis3mdl_devinfo {
    int              trigger_pin;
    uint8_t          i2c_addr;
}am_sensor_lis3mdl_devinfo_t;
```

基于以上信息,实例信息可以定义如下:

```
am_const am_local struct am_sensor_lis3mdl_devinfo __g_lis3mdl_info = {
    PIOB_0,                          //触发引脚定义
    0x1C                             //LIS3MDL I²C 地址
};
```

3. I^2C 句柄 i2c_handle

若使用 ZLG116 的 I^2C1 与 LIS3MDL 通信,则 I^2C 句柄可以通过 ZLG116 的 I^2C1 实例初始化函数 am_zlg116_i2c1_inst_init()获得,即

```
am_i2c_handle_t i2c_handle = am_zlg116_i2c1_inst_init();
```

获得的 I²C 句柄可直接作为 i2c_handle 的实参传递。

4. 实例句柄

基于实例、实例信息和 I²C 句柄,可以完成 LIS3MDL 的初始化,如下:

```
am_sensor_lis3mdl_init (&__g_lis3mdl_dev, &__g_lis3mdl_devinfo, i2c_handle);
```

初始化函数的返回值即为 LIS3MDL 的句柄,若返回值为 NULL,则说明初始化失败;若返回值不为 NULL,则说明返回了有效的 handle,其可以作为 LIS3MDL 接口函数的参数。

6.4.3 接口函数

当 LIS3MDL 初始化完成后,使用传感器标准接口函数即可获取磁场强度参数,操作如下:

1. 使能通道

BMA253 传感器可以检测三轴加速度和温度,通过调用传感器通道使能接口函数可以使能指定的通道,使能三轴加速度和温度的 4 个通道,范例程序详见程序清单 6.13。

程序清单 6.13 使能通道范例程序

```
1    const int id[4] = { AM_LIS3MDL_CHAN_1, AM_LIS3MDL_CHAN_2,
2                        AM_LIS3MDL_CHAN_3, AM_LIS3MDL_CHAN_4};
3    am_sensor_val_t data[4];
4    am_sensor_enable(handle, id, 4, data);
```

2. 获取通道数据

使能传感器通道后,可调用传感器标准接口获取传感器数据,获取三轴加速度和温度通道的数据,范例程序详见程序清单 6.14。

程序清单 6.14 获取通道数据范例程序

```
1    am_sensor_data_get(handle, id, 3, data);
```

6.4.4 应用实例

通过 LIS3MDL 传感器获取加速度和温度参数的程序,详见程序清单 6.15。

程序清单 6.15 LIS3MDL 获取磁场强度参数程序

```
1    # include "ametal.h"
2    # include "am_vdebug.h"
3    # include "am_sensor.h"
4    # include "am_sensor_lis3mdl.h"
5    # include "am_delay.h"
```

```
6       void demo_std_lis3mdl_entry (am_sensor_handle_t handle)
7       {
8           uint8_t I = 0;
9           const int id[4] = { AM_LIS3MDL_CHAN_1, AM_LIS3MDL_CHAN_2,
10                              AM_LIS3MDL_CHAN_3, AM_LIS3MDL_CHAN_4};
11          am_sensor_val_t data[4];
12          const char * data_name_string[] = {"MAG_X", "MAG_Y", "MAG_Z", "temperature"};
13          const char * data_unit_string[] = {"gauss", "gauss", "gauss", "℃"};
14          am_sensor_enable(handle, id, 4, data);              //使能传感器
15          while(1) {
16              am_sensor_data_get(handle, id, 4, data);            //传感器参数获取
17              for (I = 0; i < 4; i++) {
18                  if (AM_SENSOR_VAL_IS_VALID(data[i])) {
19                      am_sensor_val_unit_convert(&data[i],1, AM_SENSOR_UNIT_MICRO);//单位转换
20                      am_kprintf("The %s is : %d.06d %s.\r\n",
21                          data_name_string[i],
22                          (data[i].val)/1000000,
23                          (uint32_t)(data[i].val) % 1000000,
24                          data_unit_string[i]);
25                  } else {
26                      am_kprintf("The %s get failed! \r\n", data_name_string[i]);
27                  }
28              }
29          am_mdelay(1000);
30          }
31      }
```

6.5 数字气压温度传感器 BMP280 组件

BMP280 是 BOSCH 半导体推出的具有 I²C 和 SPI 接口的数字气压温度传感器。

6.5.1 器件介绍

BMP280 传感器具有高 EMC 稳定性、高精度和线性长期稳定性,是一款专为移动设备采集绝对气压设计的传感器。传感器模块采用极其紧凑的 8 针金属盖 LGA 封装。它很小的尺寸和 2.7 μA@1 Hz 的低功耗使其满足各类移动设备应用的需求,如手机、手表等。以采用 I²C 接口通信方式为例,BMP280 的原理图详见图 6.4。

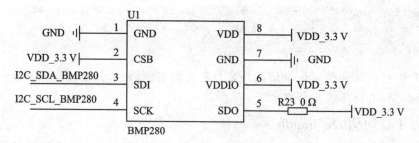

图 6.4　BMP280 原理图

6.5.2　初始化

AMetal 提供了 BMP280 的驱动,在使用 BMP280 之前,必须完成 BMP280 的初始化操作,以获取对应的操作句柄,进而使用 BMP280 的各种功能,其函数原型(am_sensor_bmp280.h)为

```
am_sensor_handle_t am_sensor_bmp280_init ( am_sensor_bmp280_dev_t        * p_dev,
                                const am_sensor_bmp280_devinfo_t * p_devinfo,
                                am_i2c_handle_t              i2c_handle);
```

该函数意在获取 BMP280 的初始化实例句柄,初始化完成后,即可使用通用接口读取应用数据,其中,

- p_dev 为指向 am_sensor_bmp280_dev_t 类型实例的指针;
- p_devinfo 为指向 am_sensor_bmp280_devinfo_t 类型实例信息的指针。

1. 实　例

定义 am_sensor_bmp280_dev_t 类型(am_hwconf_sensor_bmp280.c)的实例如下:

```
am_local am_sensor_bmp280_dev_t __g_bmp280_dev;
```

其中,__g_bmp280_dev 为用户自定义的示例,为 p_dev 提供实参传递。

2. 实例信息

实例信息主要描述了与 BMP280 相关的信息,即 BMP280 的配置信息等,其类型 am_sensor_bmp280_devinfo_t 的定义(am_sensor_bmp280.h)如下:

```
typedef struct am_sensor_bmp280_devinfo {
    uint8_t i2c_addr;
}am_sensor_bmp280_devinfo_t;
```

其中,i2c_addr 为 BMP280 的 7 位从机地址。

基于上述信息,实例信息如下:

```
am_const am_local struct am_sensor_bmp280_devinfo __g_bmp280_devinfo = {
    0x77                        //BMP280 I²C 地址
};
```

其中，__g_bmp280_devinfo 为用户自定义的实例信息，其地址作为 am_sensor_
bmp280_devinfo_t 的实参传递。

3. I²C 句柄 i2c_handle

使用 ZLG116 的 I²C 与 BMP280 通信，通过 ZLG116 的 I²C 实例初始化函数
am_zlg116_i2c1_inst_init()获取句柄，即

```
am_i2c_handle_t i2c_handle = am_zlg116_i2c1_inst_init();
```

I²C 句柄即可直接作为 i2c_handle 的实参传递。

4. 实例句柄

BMP280 初始化函数 am_sensor_bmp280_inst_init()的返回值 BMP280 实例的
句柄，作为其他功能接口的实参。其类型 am_sensor_bmp280_inst_init(am_sensor_
bmp280.h)的定义如下：

```
am_sensor_handle_t am_sensor_bmp280_inst_init (void);
```

若返回值为 NULL，则说明初始化失败；若返回值不为 NULL，则说明返回了有
效的 handle。

基于模块化编程思想，将初始化相关的实例、实例信息等的定义存放到对应的配
置文件中，通过头文件引出实例初始化函数接口，源文件和头文件的程序范例分别详
见程序清单 6.16 和程序清单 6.17。

程序清单 6.16　BMP280 传感器实例初始化函数范例程序

```
1    # include "am_sensor_bmp280.h"
2    # include "am_common.h"
3    # include "zlg116_pin.h"
4    # include "am_zlg116_inst_init.h"
5    am_const am_local struct am_sensor_bmp280_devinfo __g_bmp280_info = {
6        0x77                        //BMP280 I²C 地址
7    };
8    am_local struct am_sensor_bmp280_dev __g_bmp280_dev;
9    am_sensor_handle_t am_sensor_bmp280_inst_init (void)
10   {
11       return am_sensor_bmp280_init( &__g_bmp280_dev,
12                                     &__g_bmp280_info,
13                                     am_zlg116_i2c1_inst_init());
14   }
```

程序清单 6.17　BMP280 传感器实例初始化函数接口 (am_hwconf_bmp280.h)

```
1    #include "ametal.h"
2    #include "am_sensor.h"
3    #ifdef __cplusplus
4    extern "C" {
5    #endif
6    am_sensor_handle_t am_sensor_bmp280_inst_init (void);
```

后续只需要使用无参数的实例初始化函数,即可获取 BMP280 的实例句柄,即

```
am_sensor_bmp280_handle_t handle = am_sensor_bmp280_inst_init ();
```

6.5.3　接口函数

BMP280 功能较为丰富,使用传感器标准接口函数较为简单,操作如下:

1. 使能通道

BMP280 传感器有多个通道,支持压力、温度测量,通过调用传感器通道使能接口函数可以使能指定的通道。假设使能 2 个通道同时获取压力和温度数据,实现程序详见程序清单 6.18。

程序清单 6.18　BMP280 传感器使能通道范例程序

```
1    const int id[2] = {AM_BMP280_CHAN_1, AM_BMP280_CHAN_2};
2    am_sensor_val_t data[2];
3    am_sensor_enable(handle, id, 2, data);
```

2. 获取通道数据

使能传感器通道后,可调用传感器标准接口获取传感器数据,假设获取压力和温度这 2 个通道的数据,实现代码详见程序清单 6.19。

程序清单 6.19　BMP280 传感器获取通道数据范例程序

```
1    am_sensor_data_get(handle, id, 2, data);
```

3. 数据单位转换

获取的通道数据是带有单位的,用户可以根据需要调用单位转换接口函数进行单位转换。以将传感器采集的气压数据单位 Pa(帕斯卡)转换为 kPa(千帕斯卡)为例,范例程序详见程序清单 6.20。

程序清单 6.20　Pa(帕斯卡)转换为 kPa(千帕斯卡)单位转换范例程序

```
1    am_sensor_val_unit_convert(&data[0], 0, AM_SENSOR_UNIT_KILO);
```

6.5.4　应用实例

通过 BMP280 传感器获取压力和温度参数的代码详见程序清单 6.21。

程序清单 6.21　BMP280 传感器获取压力和温度范例程序

```
1    # include "ametal.h"
2    # include "am_vdebug.h"
3    # include "am_sensor.h"
4    # include "am_sensor_bmp280.h"
5    # include "am_delay.h"
6    void demo_std_bmp280_entry (am_sensor_handle_t handle)
7    {
8        const int id[2] = {AM_BMP280_CHAN_1, AM_BMP280_CHAN_2};
9        am_sensor_val_t data[2];
10       const char * data_name_string[] = {"pressure", "temperature"};
11       const char * data_unit_string[] = {"Pa", "℃"};
12       am_sensor_enable(handle, id,2, data);            //使能传感器通道
13       while(1) {
14           am_sensor_data_get(handle, id,2, data);    //传感器参数获取
15           if (AM_SENSOR_VAL_IS_VALID(data[0])) {    //数据验证
16               am_kprintf("The % s is : % d % s.\r\n", data_name_string[0],
17                                                   (data[0].val),
18                                                   data_unit_string[0]);
19           } else {
20               am_kprintf("The % s get failed! \r\n", data_name_string[0]);
21           }
22           if (AM_SENSOR_VAL_IS_VALID(data[1])) {        //数据验证
23               am_sensor_val_unit_convert(&data[1],1, AM_SENSOR_UNIT_MICRO);
24               am_kprintf("The % s is : % d.06d % s.\r\n", data_name_string[1],
25                                                   (data[1].val)/1000000,
26                                                   (data[1].val) % 1000000,
27                                                   data_unit_string[1]);
28           } else {
29               am_kprintf("The % s get failed! \r\n", data_name_string[1]);
30           }
31           am_mdelay(1000);
32       }
33   }
```

6.6　超紧凑压阻式绝对压力传感器 LPS22HB 组件

　　LPS22HB 是 ST 半导体推出的一款具有 I^2C 和 SPI 接口的超紧凑压阻式绝对压力传感器,可输出 24 位分辨率压力数据、16 位分辨率温度数据,功耗低至 3 μA,可用于便携设备的高度计、气压计和运动手表等。

6.6.1　器件介绍

LPS22HB 包括一个 MEMS 传感元件和一个 IC 接口。其传感元件包括用意法半导体开发的专有工艺制造的悬浮膜，用于检测 260~1 260 hPa 范围的绝对压力；IC 接口通过 I²C 接口或 SPI 接口实现传感元件与应用间的通信。

以 I²C 接口通信方式为例，LPS22HB 电路原理图详见图 6.5。采用 I²C 通信，只需 SDA 和 SCL 两根信号线。当 SA0 引脚用于地址选择时，从机地址为 101110x；当该引脚接高电平时，从机地址为 0x5D；当该引脚接地时，从机地址为 0x5C。在此设计中，SA0 引脚接地，该器件从机地址为 0x5C。

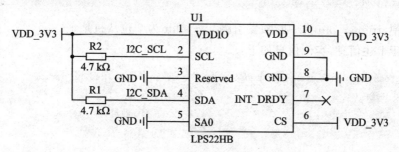

图 6.5　LPS22HB 电路原理图

6.6.2　初始化

AMetal 提供了 LPS22HB 的驱动，在使用 LPS22HB 之前，必须完成 LPS22HB 的初始化操作，以获取对应的操作句柄，进而使用 LPS22HB 的各种功能，其函数原型（am_sensor_lps22hb. h）为

```
am_sensor_handle_t am_sensor_lps22hb_init (
    am_sensor_lps22hb_dev_t          * p_dev,
    const am_sensor_lps22hb_devinfo_t * p_devinfo,
    am_i2c_handle_t                   i2c_handle);
```

该函数意在获取 LPS22HB 传感器的初始化实例句柄，初始化完成后，即可使用通用接口读取应用数据。其中，

- p_dev 为指向 am_sensor_lps22hb_dev_t 类型实例的指针；
- p_devinfo 为指向 am_sensor_lps22hb_devinfo_t 类型实例信息的指针；
- i2c_handle 为与 LPS22HB 通信的 I²C 实例句柄。

1. 实　例

定义 am_sensor_lps22hb_dev_t 类型（am_hwconf_sensor_lps22hb. h）的实例如下：

```
am_local am_sensor_lps22hb_dev_t    __g_lps22hb_dev;
```

其中,__g_lps22hb_dev 为用户自定义的实例,其地址作为 p_dev 的实参传递。

2. 实例信息

实例信息主要描述了与 LPS22HB 相关的信息,其类型 am_sensor_lps22hb_devinfo_t 的定义(am_sensor_lps22hb. h)如下:

```
typedef struct am_sensor_lps22hb_devinfo {
    int           trigger_pin;
    uint8_t       i2c_addr;
}am_sensor_lps22hb_devinfo_t;
```

其中,trigger_pin 为中断触发引脚,i2c_addr 为 7 位从机地址。

基于上述信息,实例信息如下:

```
am_const am_local struct am_sensor_lps22hb_devinfo __g_lps22hb_devinfo = {
    PIOB_0,                          //触发引脚定义
    0x5C                             //LPS22HB I²C 地址
};
```

其中,__g_lps22hb_devinfo 为用户自定义的实例信息,其地址作为 am_sensor_lps22hb_ devinfo_t 的实参传递。

3. I²C 句柄 i2c_handled

使用 ZLG116 的 I²C1 与 LPS22HB 通信,则 I²C 句柄可以通过 ZLG116 的 I²C1 实例初始化函数 am_zlg116_i2c1_inst_init()获得,即

```
am_i2c_handle_t i2c_handle = am_zlg116_i2c1_inst_init();
```

获得的 I²C 句柄可直接作为 i2c_handled 的实参传递。

4. 实例句柄

基于实例、实例信息和 I²C 句柄可以完成 LPS22HB 的初始化,比如:

```
am_sensor_lps22hb_init (&__g_lps22hb_dev, &__g_lps22hb_devinfo,i2c_handle);
```

为了便于配置实例信息,基于模块化编程思想,将初始化相关的实例、实例信息等的定义存放到相应的配置文件中,通过头文件引出实例初始化函数接口,源文件和头文件的程序范例分别详见程序清单 6.22 和程序清单 6.23。

程序清单 6.22   实例初始化范例程序(am_hwconf_sensor_lps22hb. c)

```
1    # include "am_sensor_lps22hb. h"
2    # include "am_common. h"
3    # include "zlg116_pin. h"
4    # include "am_zlg116_inst_init. h"
```

```
5    am_const am_local struct am_sensor_lps22hb_devinfo __g_lps22hb_info = {
6        PIOB_0,                              //触发引脚定义
7        0x5C                                 //LPS22HB I²C 地址
8    };
9    am_local struct am_sensor_lps22hb_dev __g_lps22hb_dev;
10   am_sensor_handle_t am_sensor_lps22hb_inst_init (void)
11   {
12   return am_sensor_lps22hb_init( &__g_lps22hb_dev,
13                                  &__g_lps22hb_info,
14                                  am_zlg116_i2c1_inst_init());
15   }
```

程序清单 6.23　LPS22HB 传感器实例初始化函数接口(am_hwconf_sensor_lps22hb.h)

```
1    # include "ametal.h"
2    # include "am_sensor.h"
3    # ifdef __cplusplus
4    extern "C" {
5    # endif
6    am_sensor_handle_t am_sensor_lps22hb_inst_init (void);
```

后续只需要使用无参数的实例初始化函数即可完成 LPS22HB 实例的初始化，即执行如下语句：

```
am_sensor_handle_t handle = am_sensor_lps22hb_inst_init ();
```

6.6.3　接口函数

LPS22HB 可以检测绝对压力,使用传感器标准接口函数即可获取数据信息,操作如下:

1. 使能通道

LPS22HB 传感器可以检测绝对气压,通过调用传感器通道使能接口函数可以使能获取气压参数通道。其使能通道范例程序详见程序清单 6.24。

程序清单 6.24　使能通道范例程序

```
1    const int id[2] = {AM_LPS22HB_CHAN_1, AM_LPS22HB_CHAN_2};
2    am_sensor_val_t data[2];
3    am_sensor_enable(handle, id,2, data);
```

2. 获取通道数据

使能传感器通道后,可调用传感器标准接口函数获取传感器数据,获取绝对压力参数的数据,范例程序详见程序清单 6.25。

```
1    am_sensor_data_get(handle, id,1, data);
```

6.6.4　应用实例

通过 LPS22HB 传感器获取绝对气压的代码详见程序清单 6.26。

程序清单 6.26　LPS22HB 传感器获取绝对气压范例程序

```
1    # include "ametal.h"
2    # include "am_vdebug.h"
3    # include "am_sensor.h"
4    # include "am_sensor_lps22hb.h"
5    # include "am_delay.h"
6    void demo_std_lps22hb_entry (am_sensor_handle_t handle)
7    {
8        const int id[2] = {AM_LPS22HB_CHAN_1, AM_LPS22HB_CHAN_2};//传感器通道 ID
9        am_sensor_val_t data[2];
10       const char * data_name_string[] = {"pressure", "temperature"};
11       const char * data_unit_string[] = {"Pa", "℃"};
12       am_sensor_enable(handle, id,2, data);              //使能传感器
13       while(1) {
14           am_sensor_data_get(handle, id,2, data);       //传感器参数获取
15           if (AM_SENSOR_VAL_IS_VALID(data[0])) {
16               am_kprintf("The % s is : % d % s.\r\n", data_name_string[0],
17                                                      data[0].val,
18                                                      data_unit_string[0]);
19           } else {
20               am_kprintf("The % s get failed! \r\n", data_name_string[0]);
21           }
22           if (AM_SENSOR_VAL_IS_VALID(data[1])) {
23               am_sensor_val_unit_convert(&data[1],1, AM_SENSOR_UNIT_MICRO);
24               am_kprintf("The % s is : % d.06d % s.\r\n", data_name_string[1],
25                                                      (data[1].val)/1000000,
26                                                      (data[1].val) % 1000000,
27                                                      data_unit_string[1]);
28           } else {
29               am_kprintf("The % s get failed! \r\n", data_name_string[1]);
30           }
31           am_mdelay(1000);
32       }
33   }
```

6.7 压力温湿度传感器 BME280 组件

6.7.1 器件介绍

BME280 是 BOSCH 半导体推出的具有 I²C 和 SPI 接口的压力温湿度传感器,是基于成熟传感原理的数字湿度、压力和温度传感器的组合。传感器模块采用极其紧凑的金属盖 LGA 封装,体积小、功耗低、性能高,可用于手机、GPS 模块或手表等电池驱动设备。以 I²C 接口通信方式为例,BME280 电路原理图详见图 6.6。

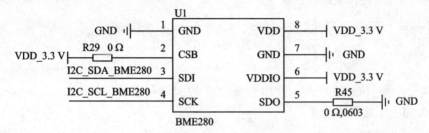

图 6.6 BME280 电路原理图

6.7.2 初始化

AMetal 提供了 BME280 的驱动,在使用 BME280 之前,必须完成 BME280 的初始化操作,以获取对应的操作句柄,进而使用 BME280 的各种功能,其函数原型(am_sensor_bme280.h)为

```
am_sensor_handle_t am_sensor_bme280_init (
    am_sensor_bme280_dev_t          * p_dev,
    const am_sensor_bme280_devinfo_t * p_devinfo,
    am_i2c_handle_thandle);
```

该函数意在获取 BME280 传感器的初始化实例句柄,初始化完成后,即可使用传感器标准接口读取应用数据。其中,

- p_dev 为指向 am_sensor_bme280_dev_t 类型实例的指针;
- p_devinfo 为指向 am_sensor_bme280_devinfo_t 类型实例信息的指针;
- handle 为 I²C 初始化时获取的句柄。

1. 实 例

定义 am_sensor_bme280_dev_t 类型(am_hwconf_sensor_bme280.c)的实例如下:

```
am_local struct am_sensor_bme280_dev __g_bme280_dev;
```

其中,__g_bme280_dev 为用户自定义的示例,为 p_dev 提供实参传递。

2. 实例信息

实例信息主要描述了与 BME280 相关的信息,其类型 am_sensor_bme280_devinfo_t 的定义(am_sensor_bme280.h)如下:

```
typedef struct am_sensor_bme280_devinfo {
    uint8_t i2c_addr;                    //I²C 7 位设备地址
}am_sensor_bme280_devinfo_t;
```

其中,i2c_addr 为 BME280 的 7 位从机地址。

基于上述信息,实例信息如下:

```
am_const am_local struct am_sensor_bme280_devinfo __g_bme280_info = {
    0x76                       //BME280 I²C 地址
};
```

其中,__g_bme280_info 为用户自定义的实例信息,其地址作为 am_sensor_bme280_dev_t 的实参传递。

3. I²C 句柄 handle

若使用 ZLG116 的 I²C 与 BME280 通信,则通过 ZLG116 的 I²C 实例初始化函数 am_zlg116_i2c1_inst_init()获取句柄,即

```
am_i2c_handle_t handle = am_zlg116_i2c1_inst_init();
```

I²C 句柄可直接作为 handle 的实参传递。

4. 实例句柄

BME280 初始化函数 am_sensor_bme280_inst_init()的返回值 BME280 实例的句柄,作为传感器标准接口的实参。其类型 am_sensor_bme280_inst_init(am_hw-conf_sensor_bme280.h)的定义如下:

```
am_sensor_handle_t am_sensor_bme280_inst_init (void);
```

若 am_sensor_handle_t 的返回值为 NULL,则说明初始化失败;若返回值不为 NULL,则说明返回了有效的 handle。

基于模块化编程思想,将初始化相关的实例、实例信息等的定义存放到对应的配置文件中,通过头文件引出实例初始化函数接口,源文件和头文件的程序范例分别详见程序清单 6.27 和程序清单 6.28。

程序清单 6.27　BME280 传感器实例初始化函数范例程序

```
1      # include "am_sensor_bme280.h"
2      # include "am_common.h"
3      # include "zlg116_pin.h"
```

```
4     # include "am_zlg116_inst_init.h"
5     am_const am_local struct am_sensor_bme280_devinfo __g_bme280_info = {
6         0x76
7     };
8     am_local struct am_sensor_bme280_dev __g_bme280_dev;
9     am_sensor_handle_t am_sensor_bme280_inst_init (void)
10    {
11        return am_sensor_bme280_init( &__g_bme280_dev,
12                                      &__g_bme280_info,
13                                      am_zlg116_i2c1_inst_init());
14    }
```

程序清单 6.28　BME280 传感器实例初始化函数接口(am_hwconf_sensor_bme280.h)

```
1     # include "ametal.h"
2     # include "am_sensor.h"
3     am_sensor_handle_t am_sensor_bme280_inst_init (void);
```

后续只需使用无参数的实例初始化函数,即可获取到 BME280 的实例句柄,即

```
am_sensor_handle_t handle = am_sensor_bme280_inst_init (void);
```

6.7.3　接口函数

BME280 初始化后,使用如下传感器标准接口配置参数,获取压力、温湿度等数据,操作如下:

1. 使能通道

BME280 传感器有多个通道,支持压力、温度、湿度测量,通过调用传感器通道使能接口函数可以使能指定的通道,范例程序详见程序清单 6.29。

程序清单 6.29　BME280 传感器使能通道范例程序

```
1     const int id[3] = {AM_BME280_CHAN_1, AM_BME280_CHAN_2, AM_BME280_CHAN_3};
2     am_sensor_val_t data[3];
3     am_sensor_enable(handle, id, 3, data);
```

2. 获取通道数据

使能传感器通道后,可调用传感器标准接口获取传感器数据,范例程序详见程序清单 6.30。其中,handle 为 BME280 的实例句柄,id 为指向通道 ID 的指针,3 为使能的通道数,data 为指向用于存放结果的地址。如果返回 AM_OK,则说明获取数据成功,反之失败。

程序清单 6.30　BME280 传感器获取通道数据范例程序

```
1     am_sensor_data_get(handle, id, 3, data);
```

6.7.4 应用实例

通过 BME280 传感器获取温度、湿度和压力参数的代码详见程序清单 6.31。

程序清单 6.31　BME280 传感器获取温度、湿度和压力范例程序

```
1      # include "ametal. h"
2      # include "am_vdebug. h"
3      # include "am_sensor. h"
4      # include "am_sensor_bme280. h"
5      # include "am_delay. h"
6      void demo_std_bme280_entry (am_sensor_handle_t handle)
7      {
8          const int id[3] = {AM_BME280_CHAN_1, AM_BME280_CHAN_2, AM_BME280_CHAN_3};
9          am_sensor_val_t data[3];
10         const char * data_name_string[] = {"pressure", "temperature", "humidity"};
11         const char * data_unit_string[] = {"Pa", "℃", "%rH"};
12         am_sensor_enable(handle, id, 3, data);//传感器通道使能
13         while(1) {
14             am_sensor_data_get(handle, id, 3, data);//传感器数据获取
15             if (AM_SENSOR_VAL_IS_VALID(data[0])) {
16                 am_kprintf("The %s is : %d %s.\r\n", data_name_string[0],
17                                                     (data[0]. val),
18                                                     data_unit_string[0]);
19             } else {
20                 am_kprintf("The %s get failed! \r\n", data_name_string[0]);
21             }
22             if (AM_SENSOR_VAL_IS_VALID(data[1])) {
23                 am_sensor_val_unit_convert(&data[1],1, AM_SENSOR_UNIT_MICRO);
24                 am_kprintf("The %s is : %d.06d %s.\r\n", data_name_string[1],
25                                                     (data[1]. val)/1000000,
26                                                     (data[1]. val)%1000000,
27                                                     data_unit_string[1]);
28             } else {
29                 am_kprintf("The %s get failed! \r\n", data_name_string[1]);
30             }
31             if (AM_SENSOR_VAL_IS_VALID(data[2])) {
32                 am_sensor_val_unit_convert(&data[2],1, AM_SENSOR_UNIT_MICRO);
33                 am_kprintf("The %s is : %d.06d %s.\r\n", data_name_string[2],
34                                                     (data[2]. val)/1000000,
35                                                     (data[2]. val)%1000000,
36                                                     data_unit_string[2]);
```

```
37              } else {
38                  am_kprintf("The %s get failed! \r\n", data_name_string[2]);
39              }
40          am_mdelay(1000);
41      }
42  }
```

6.8 相对湿度和温度超紧凑型传感器 HTS221 组件

6.8.1 器件介绍

HTS221 是一款测量相对湿度和温度的超紧凑型传感器,它包括一个传感元件和一个混合信号 ASIC,通过数字串行接口传输测量信息。传感元件由能够检测相对湿度变化的电容器组成,并使用专用 ST 工艺制造。HTS221 采用 HLGA 封装,可在−40~120 ℃的温度范围内工作;具有 I^2C 和 SPI 通信接口。以 I^2C 通信方式为例,HTS221 应用电路原理图详见图 6.7。

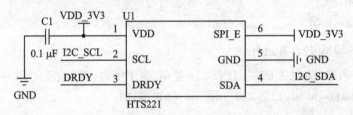

图 6.7 HTS221 应用电路原理图

6.8.2 初始化

AMetal 提供了 HTS221 的驱动,在使用 HTS221 之前,必须完成 HTS221 的初始化操作,以获取对应的操作句柄,进而使用 HTS221 的各种功能,其函数(am_sensor_hts221.h)的原型为

```
am_sensor_handle_t am_sensor_hts221_init ( am_sensor_hts221_dev_t          * p_dev,
                                           const am_sensor_hts221_devinfo_t * p_devinfo,
                                           am_i2c_handle_t                    i2c_handle);
```

该函数用于将 HTS221 按照用户配置的实例信息初始化,初始化完成后即可使用接口函数获取当前的温度和湿度。其中,p_dev 为指向 am_sensor_hts221_dev_t 类型实例的指针,p_devinfo 为指向 const am_sensor_hts221_devinfo_t 类型实例信息的指针,i2c_handle 为与 HTS221 通信的 I^2C 实例句柄。

1. 实 例

定义 am_sensor_hts221_dev_t 类型(am_hwconf_sensor_hts221.h)的实例如下：

```
am_local am_sensor_hts221_dev_t __g_hts221_dev;          //定义 HTS221 实例
```

其中，__g_hts221_dev 为用户自定义的实例，其地址作为 p_dev 的实参传递。

2. 实例信息

实例信息主要描述了与 HTS221 传感器相关的信息，其类型 am_sensor_hts221_devinfo _t(am_sensor_hts221.h)的定义如下：

```
typedef struct am_sensor_hts221_devinfo {
        int            trigger_pin;
        uint8_t        i2c_addr;
} am_sensor_hts221_devinfo_t;
```

基于以上信息，实例信息可以定义如下：

```
am_const am_local struct am_sensor_hts221_devinfo __g_hts221_info = {
    PIOB_0,                    //触发引脚定义
    0x5f                       //HTS221I²C 地址
};
```

3. I²C 句柄 i2c_handle

若使用 ZLG116 的 I²C1 与 HTS221 通信，则 I²C 句柄可以通过 ZLG116 的 I²C1 实例初始化函数 am_zlg116_i2c1_inst_init()获得，即

```
am_i2c_handle_ti2c_handle = am_zlg116_i2c1_inst_init();
```

获得的 I²C 句柄可直接作为 i2c_handle 的实参传递。

4. 实例句柄

基于实例、实例信息和 I²C 句柄，可以完成 HTS221 的初始化，如下：

```
am_sensor_hts221_init (&__g_hts221_dev, &__g_hts221_devinfo, i2c_handle);
```

初始化函数的返回值即为 HTS221 传感器的句柄，若返回值为 NULL，则说明初始化失败；若返回值不为 NULL，则说明返回了有效的 handle，其可以作为 HTS221 接口函数的参数。

6.8.3 接口函数

当 HTS221 传感器初始化完成后，使用如下传感器标准接口函数即可获取温湿度参数，操作如下：

1. 使能通道

HTS221 传感器可以检测湿度和温度，通过调用传感器通道使能接口函数可以

使能指定的通道,其范例程序详见程序清单6.32。

程序清单6.32 使能通道范例程序

```
1    const int id[2] = {AM_HTS221_CHAN_1, AM_HTS221_CHAN_2};
2    am_sensor_val_t data[2];
3    am_sensor_enable(handle, id, 2, data);
```

2. 获取通道数据

使能传感器通道后,可调用传感器标准接口获取传感器数据,获取温度和湿度通道数据的代码,范例程序详见程序清单6.33。

程序清单6.33 HTS221 传感器获取通道数据范例程序

```
1    am_sensor_data_get(handle, id, 2, data);
```

6.8.4 应用实例

通过该 HTS221 传感器获取温度和湿度参数的代码详见程序清单6.34。

程序清单6.34 HTS221 传感器获取温度和湿度范例程序

```
1    # include "ametal.h"
2    # include "am_vdebug.h"
3    # include "am_sensor.h"
4    # include "am_sensor_hts221.h"
5    # include "am_delay.h"
6    void demo_std_hts221_entry (am_sensor_handle_t handle)
7    {
8        const int id[2] = {AM_HTS221_CHAN_1, AM_HTS221_CHAN_2};
9        am_sensor_val_t data[2];
10       int i;
11       const char * data_name_string[] = {"humidity", "temperature"};
12       const char * data_unit_string[] = {"%rH", "℃"};
13       am_sensor_enable(handle, id, 2, data);//使能传感器通道
14       while(1) {
15           am_sensor_data_get(handle, id, 2, data);//传感器参数获取
16           for(i = 0; i < 2; i++){
17               if (AM_SENSOR_VAL_IS_VALID(data[i])) {
18                   am_sensor_val_unit_convert(&data[i], 1, AM_SENSOR_UNIT_MICRO);
                                                                        //单位转换
19                   am_kprintf("The %s is : %d.06d %s.\r\n", data_name_string[i],
20                                                  (data[i].val)/1000000,
21                                                  (data[i].val)%1000000,
22                                                  data_unit_string[i]);
```

```
23              } else {
24                  am_kprintf("The %s get failed! \r\n", data_name_string[i]);
25              }
26          }
27          am_mdelay(1000);
28      }
29  }
```

6.9 数字环境光传感器 BH1730FVC 组件

6.9.1 器件介绍

BH1730FVC 是一款带有 I^2C 总线接口的数字环境光传感器,支持 $0.001\sim100$ lx 宽范围的亮度检测,直接输出亮度值,测量精度高,故广泛用于手机、计算机、电视等需要自动调节屏幕亮度的设备上。BH1730FVC 应用电路非常简单,使用 I^2C 通信,具体连接方式详见图 6.8。

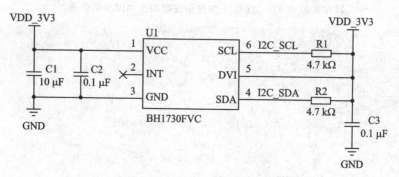

图 6.8 BH1730FVC 电路原理图

6.9.2 初始化

AMetal 提供了 BH1730FVC 的驱动,在使用 BH1730FVC 之前,必须完成 BH1730FVC 的初始化操作,以获取对应的操作句柄,进而使用 BH1730FVC 的各种功能,其函数原型(am_sensor_bh1730fvc.h)为

```
am_sensor_handle_t am_sensor_bh1730fvc_init (
    am_sensor_bh1730fvc_dev_t          * p_dev,
    const am_sensor_bh1730fvc_devinfo_t * p_devinfo,
    am_i2c_handle_t                      i2c_handle);
```

该函数意在获取 BH1730FVC 传感器的初始化实例句柄,初始化完成后,即可使用通用接口读取应用数据。其中,

- p_dev 为指向 am_sensor_bh1730fvc_dev_t 类型实例的指针;
- p_devinfo 为指向 am_sensor_bh1730fvc_devinfo_t 类型实例信息的指针;
- i2c_handle 为与 BH1730FVC 通信的 I^2C 实例句柄。

1. 实　例

定义 am_sensor_bh1730fvc_dev_t 类型(am_hwconf_sensor_bh1730fvc. c)的实例如下:

```
am_local am_sensor_bh1730fvc_dev_t __g_bh1730fvc_dev;
```

其中,__g_bh1730fvc_dev 为用户自定义的实例,其地址作为 p_dev 的实参传递。

2. 实例信息

实例信息主要描述了与 BH1730FVC 相关的信息,其类型 am _ sensor_ bh1730fvc_devinfo_t 的定义(am_sensor_bh1730fvc. h)如下:

```
typedef struct am_sensor_bh1730fvc_devinfo {
    int                     trigger_pin;
    uint8_t                 i2c_addr;
}am_sensor_bh1730fvc_devinfo_t;
```

其中,trigger_pin 为中断触发引脚,i2c_addr 为 7 位从机地址。
基于上述信息,实例信息如下:

```
am_const am_local struct am_sensor_bh1730fvc_devinfo __g_bh1730fvc_devinfo = {
    PIOB_0,                         //触发引脚定义
    0x29                            //BH1730FVC I2C 地址
};
```

其中,__g_bh1730fvc_devinfo 为用户自定义的实例信息,其地址作为 p_devinfo 的实参传递。

3. I^2C 句柄 i2c_handle

若使用 ZLG116 的 I^2C1 与 BH1730FVC 通信,则 I^2C 句柄可以通过 ZLG116 的 I^2C1 实例初始化函数 am_zlg116_i2c1_inst_init()获得,即

```
am_i2c_handle_ti2c_handle = am_zlg116_i2c1_inst_init();
```

获得的 I^2C 句柄可直接作为 i2c_handle 的实参传递。

4. 实例句柄

基于实例、实例信息和 I^2C 句柄,可以完成 BH1730FVC 的初始化,例如:

```
am_sensor_bh1730fvc_init (&__g_bh1730fvc_dev, &__g_bh1730fvc_devinfo, i2c_handle);
```

为了便于配置实例信息,将初始化相关的实例、实例信息等的定义存放到相应的配置文件中,通过头文件引出实例初始化函数接口,源文件和头文件的程序范例分别详见程序清单 6.35 和程序清单 6.36。

程序清单 6.35 BH1730FVC 传感器实例初始化范例程序(am_hwconf_bh1730fvc.c)

```
1    # include "am_sensor_bh1730fvc.h"
2    # include "am_common.h"
3    # include "zlg116_pin.h"
4    # include "am_zlg116_inst_init.h"
5    am_const am_local struct am_sensor_bh1730fvc_devinfo __g_bh1730fvc_info = {
6        PIOB_0,                        //触发引脚定义
7        0x29                           //BH1730FVC I²C 地址
8    };
9    am_local struct am_sensor_bh1730fvc_dev __g_bh1730fvc_dev;
10   am_sensor_handle_t am_sensor_bh1730fvc_inst_init (void)
11   {
12       return am_sensor_bh1730fvc_init( &__g_bh1730fvc_dev,
13                                        &__g_bh1730fvc_info,
14                                        am_zlg116_i2c1_inst_init());
15   }
```

程序清单 6.36 BH1730FVC 传感器实例初始化函数接口(am_hwconf_bh1730fvc.h)

```
1    # include "ametal.h"
2    # include "am_sensor.h"
3    # ifdef __cplusplus
4    extern "C" {
5    # endif
6    am_sensor_handle_t am_sensor_bh1730fvc_inst_init (void);
```

后续只需要使用无参数的实例初始化函数即可完成 BH1730FVC 实例的初始化,即执行如下语句:

```
am_sensor_handle_t handle = am_sensor_bh1730fvc_inst_init ();
```

6.9.3 接口函数

当 BH1730FVC 初始化完成后,即可使用如下标准函数接口获取当前光照强度信息,操作如下:

1. 使能通道

BH1730FVC 传感器支持光强度测量,通过调用传感器通道使能接口函数可以使能指定的通道,使能光强度采集通道,范例程序详见程序清单 6.37。

程序清单 6.37　使能 BH1730FVC 通道范例程序

```
1    const int id[1] = {AM_BH1730FVC_CHAN_1};
2    am_sensor_val_t data[1];
3    am_sensor_enable(handle, id,1, data);
```

2. 获取通道数据

使能传感器通道后，可调用传感器标准接口获取传感器数据，获取光强度通道的数据，范例程序详见程序清单 6.38。

程序清单 6.38　获取通道数据范例程序

```
1    am_sensor_data_get(handle, id,1, data);
```

6.9.4　应用实例

通过 BH1730FVC 传感器获取环境光参数的代码详见程序清单 6.39。

程序清单 6.39　BH1730FVC 传感器获取环境光参数范例程序

```
1    # include "ametal.h"
2    # include "am_vdebug.h"
3    # include "am_sensor.h"
4    # include "am_sensor_bh1730fvc.h"
5    # include "am_delay.h"
6    void demo_std_bh1730fvc_entry (am_sensor_handle_t handle)
7    {
8        const int id[1] = {AM_BH1730FVC_CHAN_1};
9        am_sensor_val_t data[1];
10       const char * data_name_string[] = {"Light"};
11       const char * data_unit_string[] = {"Lux"};
12       am_sensor_enable(handle, id,1, data);              //使能传感器通道
13       while(1) {
14           am_sensor_data_get(handle, id,1, data);        //获取传感器数据
15           if (AM_SENSOR_VAL_IS_VALID(data[0])) {
16               am_kprintf("The % s is : % d % s.\r\n", data_name_string[0],
17                                                         data[0].val,
18                                                         data_unit_string[0]);
19           } else {
20               am_kprintf("The % s get failed! \r\n", data_name_string[0]);
21           }
22           am_mdelay(1000);
23       }
24   }
```

6.10 颜色传感器 TCS3430 组件

TCS3430 是 AMS 推出的一款具有 I^2C 接口的颜色传感器,能够精确测量环境光感和颜色,并且采用先进的干扰过滤技术,可用于计算色度、照度和色温等。

6.10.1 器件介绍

TCS3430 具有先进的数字环境光感测(ALS)和 CIE 1931 三色传感(XYZ)。每个信道都有一个过滤器,以控制其光学响应,这使得该装置能够精确地测量环境光感和颜色。通过 I^2C 接口实现传感元件与应用间的通信。TCS3430 电路原理图详见图 6.9,采用 I^2C 通信,只需 SDA 和 SCL 两根信号线。该器件从机地址为 0x39。

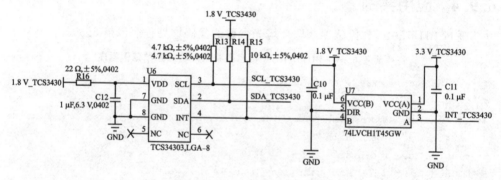

图 6.9　TCS34303 电路原理图

6.10.2 初始化

AMetal 提供了 TCS3430 的驱动,在使用 TCS3430 之前,必须完成 TCS3430 的初始化操作,以获取对应的操作句柄,进而使用 TCS3430 的各种功能,其函数原型(am_sensor_tcs3430.h)为

```
am_sensor_handle_t am_sensor_tcs3430_init (
    am_sensor_tcs3430_dev_t          * p_dev,
    const am_sensor_tcs3430_devinfo_t * p_devinfo,
    am_i2c_handle_t                   handle);
```

该函数意在获取 TCS3430 传感器的初始化实例句柄,初始化完成后,即可使用通用接口读取应用数据。其中,

- p_dev 为指向 am_sensor_tcs3430_dev_t 类型实例的指针;
- p_devinfo 为指向 am_sensor_tcs3430_devinfo_t 类型实例信息的指针;
- handle 为与 TCS3430 通信的 I^2C 实例句柄。

1. 实 例

定义 am_sensor_tcs3430_dev_t 类型(am_sensor_tcs3430.h)的实例如下：

```
am_local struct am_sensor_tcs3430_dev_t __g_tcs3430_dev;
```

其中，__g_tcs3430_dev 为用户自定义的实例,其地址作为 p_dev 的实参传递。

2. 实例信息

实例信息主要描述了与 TCS3430 相关的信息,其类型 am_sensor_tcs3430_devinfo_t 的定义(am_sensor_tcs3430.h)如下：

```
typedef struct am_sensor_tcs3430_devinfo {

    consttcs3430_param_config_t    * p_param_default;   /**< \brief 参数初始化 */

    int                       trigger_pin;      /**< \brief 报警输出引脚 */

    uint8_t                   i2c_addr;         /**< \brief I²C 7 位 设备地址 */

} am_sensor_tcs3430_devinfo_t;
```

其中,trigger_pin 为中断触发引脚,i2c_addr 为 7 位从机地址。

基于上述信息,实例信息如下：

```
am_const am_local struct am_sensor_tcs3430_devinfo __g_tcs3430_info = {
    &__g_tcs3430_param_default,        /**< \brief 参数初始化 */
    PIOA_1,                            /**< \brief 报警输出引脚 */
    0x39,                              /**< \brief I²C 7 位 设备地址 */
};
```

其中,__g_tcs3430_info 为用户自定义的实例信息,其地址作为 am_sensor_tcs3430_devinfo_t 的实参传递。

3. I²C 句柄 i2c_handle

使用 ZLG237 的 I²C1 与 TCS3430 通信,则 I²C 句柄可以通过 ZLG237 的 I²C1 实例初始化函数 am_zlg237_i2c1_inst_init()获得,即

```
am_i2c_handle_t i2c_handle = am_zlg237_i2c1_inst_init();
```

获得的 I²C 句柄可直接作为 i2c_handle 的实参传递。

4. 实例句柄

基于实例、实例信息和 I²C 句柄,可以完成 TCS3430 的初始化,比如：

```
am_sensor_tcs3430_init(
            &__g_tcs3430_dev,
            &__g_tcs3430_info,
            am_zlg237_i2c1_inst_init());
```

为了便于配置实例信息,基于模块化编程思想,将初始化相关的实例、实例信息等的定义存放到相应的配置文件中,通过头文件引出实例初始化函数接口,源文件和头文件的程序范例分别详见程序清单 6.40 和程序清单 6.41。

程序清单 6.40 实例初始化范例程序(am_hwconf_sensor_tcs3430.c)

```
1    # include "am_sensor_tcs3430.h"
2    # include "am_common.h"
3    # include "zlg237_pin.h"
4    # include "am_zlg237_inst_init.h"
5
6    am_const am_local tcs3430_param_config_t __g_tcs3430_param_default = {
7        AM_TCS3430_ATIME_50MS,              /* ALS ADC 的积分时间 */
8        AM_TCS3430_WTIME_2_78MS_OR_33_4MS,
9        2,                                  /* 连续故障次数进入 ALS 中断 */
10       AM_FALSE,/* WLONG 使能设置,使能后 WTIME 值将扩大 12 倍 */
11       AM_TCS3430_AMUX_DISABLE,            /* AMUX */
12       AM_TCS3430_AGAIN_128,               /* ALS 传感器增益 */
13       AM_FALSE,                           /* sleep_after_interrupt */
14       0,                                  /* AZ_MODE */
15       0x7f,                               /* AZ_NTH_ITERATION */
16   };
17
18   /**\brief 传感器 TCS3430 设备信息实例 */
19   am_const am_local struct am_sensor_tcs3430_devinfo __g_tcs3430_info = {
20       &__g_tcs3430_param_default,         /**< \brief 参数初始化 */
21       PIOA_1,                             /**< \brief 报警输出引脚 */
22       0x39,                               /**< \brief I²C 7 位 设备地址 */
23   };
24
25   /**\breif 传感器 TCS3430 设备结构体定义 */
26   am_local struct am_sensor_tcs3430_dev __g_tcs3430_dev;
27
28   /**\brief 传感器 TCS3430 设备实例化 */
29   am_sensor_handle_t am_sensor_tcs3430_inst_init (void)
30   {
31       return am_sensor_tcs3430_init( &__g_tcs3430_dev,
32                                      &__g_tcs3430_info,
```

```
33                        am_zlg237_i2c1_inst_init());
34    }
35
36    /**\brief 传感器 TCS3430 实例解初始化 */
37    am_err_t am_sensor_tcs3430_inst_deinit (am_sensor_handle_t handle)
38    {
39        return am_sensor_tcs3430_deinit(handle);
40    }
```

程序清单 6.41　实例初始化函数接口(am_hwconf_sensor_tcs3430.h)

```
1     # ifndef __AM_HWCONF_SENSOR_TCS3430_H
2     # define __AM_HWCONF_SENSOR_TCS3430_H
3
4     # include "ametal.h"
5     # include "am_sensor.h"
6
7     # ifdef __cplusplus
8     extern "C" {
9     # endif
10
11    /**
12    * \brief 传感器 TCS3430 设备实例化
13    */
14    am_sensor_handle_t am_sensor_tcs3430_inst_init (void);
15
16    /**
17    * \brief 传感器 TCS3430 实例解初始化
18    */
19    am_err_t am_sensor_tcs3430_inst_deinit (am_sensor_handle_t handle);
20
21    # ifdef __cplusplus
22    }
23    # endif
24
25    # endif
```

后续只需要使用无参数的实例初始化函数即可完成 TCS3430 实例的初始化,即执行如下语句:

```
am_sensor_handle_t handle = am_sensor_tcs3430_inst_init ();
```

6.10.3　接口函数

TCS3430 可以检测环境光,使用传感器标准接口函数即可获取数据信息,操作如下:

1. 使能通道

通过调用 TCS3430 传感器通道使能接口函数可以使能指定的通道。假设使能 4 个通道,范例程序详见程序清单 6.42。

程序清单 6.42　使能通道范例程序

```
1   const int id[4] = { AM_TCS3430_CHAN_1, AM_TCS3430_CHAN_2,
2                       AM_TCS3430_CHAN_3, AM_TCS3430_CHAN_4};
3   am_sensor_val_t data[4];
4   am_sensor_enable(handle, id, 4, data);
```

2. 获取通道数据

使能传感器通道后,可调用传感器标准接口获取传感器数据,获取环境光通道的数据,范例程序详见程序清单 6.43。

程序清单 6.43　获取通道数据范例程序

```
1   am_sensor_data_get(handle, id,4, data);
```

6.10.4　应用实例

通过 TCS3430 传感器获取颜色参数的代码详见程序清单 6.44。

程序清单 6.44　TCS3430 传感器获取颜色参数范例程序

```
1   # include "ametal.h"
2   # include "am_vdebug.h"
3   # include "am_sensor.h"
4   # include "am_sensor_tcs3430.h"
5   # include "am_delay.h"
6
7   /**
8   *\ brief 例程入口
9   */
10  void demo_std_tcs3430_entry (am_sensor_handle_t handle)
11  {
12     /* TCS3430 提供的所有通道 ID 列举 */
13     const int id[4] = { AM_TCS3430_CHAN_1, AM_TCS3430_CHAN_2,
14                         AM_TCS3430_CHAN_3, AM_TCS3430_CHAN_4};
15
16     /* 储存 4 个通道数据的缓存 */
17     am_sensor_val_t data[4];
18
19     int i;
20
```

```
21          /*
22           *列出 4 个通道(CH0～CH3)数据的名字和单位字符串,便于打印
23           */
24          const char * data_name_string[] = {"CH0", "CH1", "CH2", "CH3"};
25          const char * data_unit_string[] = {" ", " ", " ", " "};
26
27          am_sensor_enable(handle, id, 4, data);
28
29          while(1) {
30              am_sensor_data_get(handle, id, 4, data);
31              for(i = 0; i < 4; i++) {
32                  if (AM_SENSOR_VAL_IS_VALID(data[i])) { /*该通道数据有效,可以正常使用*/
33                      am_kprintf("The %s is : %d %s.\r\n", data_name_string[i],
34                                                           data[i].val,
35                                                           data_unit_string[i]);
36                  } else { //该通道数据无效,数据获取失败
37                      am_kprintf("The %s get failed! \r\n", data_name_string[i]);
38                  }
39              }
40              am_mdelay(1000);
41          }
42      }
```

第 **7** 章

通用逻辑组件详解

本章导读

AMetal 不仅为用户提供了与具体芯片无关、仅与外设功能相关的通用接口,屏蔽了不同芯片底层的差异性,而且定义了外围器件的软件接口标准。本章以常用逻辑器件为例,详细描述外围器件的软件接口标准,并佐以实例,引导入门者熟悉并应用。

7.1 HC595 组件

7.1.1 器件介绍

HC595 是一个 8 位串行输入、并行输出的位移缓存器,其中并行输出为三态输出。在 SCK 的上升沿,串行数据由 SDL 输入到内部的 8 位位移缓存器,并由 Q7 输出,而并行输出则是在 CLK 的上升沿将 8 位位移缓存器的数据存入到 8 位并行输出缓存器。当串行数据输入端 OE 的控制信号为低使能时,并行输出端的输出值等于并行输出缓存器所存储的值;而当 OE 为高电位,也就是输出关闭时,并行输出端会维持在高阻抗状态。

HC595 可用于扩展 I/O,例如当直接使用 AM116_Core 与 MiniPort - LED 连接时,使用 8 个 GPIO 控制 8 个 LED;然而,得益于 MiniPort 接口的灵活性,当 GPIO 资源不足时,可以在 AM116_Core 与 MiniPort - LED 之间增加 MiniPort - 595,使用 MiniPort - 595 的输出控制 LED,达到节省引脚的目的。

7.1.2 初始化

AMetal 已经提供了基于 SPI 的 HC595 的驱动,该驱动提供了一个初始化函数,使用该函数初始化一个 HC595 实例后,即可得到一个通用的 HC595 实例句柄。该初始化函数的原型为

```
am_hc595_handle_t am_hc595_spi_init(   am_hc595_spi_dev_t      * p_dev,
                                       const am_hc595_spi_info_t  * p_info,
                                       am_spi_handle_t            handle);
```

说明：

- p_dev 为指向 am_hc595_spi_dev_t 类型实例的指针；
- p_info 为指向 am_hc595_spi_info_t 类型实例信息的指针。

1. 实　例

定义 am_hc595_spi_dev_t 类型(am_hc595_spi.h)的实例如下：

```
am_hc595_spi_dev_t g_miniport_595;          //定义 HC595 实例(MiniPort-595)
```

其中,g_miniport_595 为用户自定义的实例,其地址作为 p_dev 的实参传递。

2. 实例信息

实例信息主要描述了 HC595 的相关信息,比如,锁存引脚、输出使能引脚以及 SPI 速率等,其类型 am_hc595_spi_info_t 的定义(am_hc595_spi.h)如下：

```
type struct am_hc595_spi_info{
        int        pin_lock;
        int        pin_oe;
        uint32_t   clk_speed;
        am_bool_t  lsb_first;
}am_hc595_spi_info_t;
```

说明：

- pin_lock 指定了 HC595 的锁存引脚,即 STR 引脚,该引脚与 AM116_Core 连接的引脚为 PIOA_4,因此 pin_lock 的值应设置为 PIOA_4。
- pin_oe 指定了 HC595 的输出使能引脚,该引脚未与 AM116_Core 连接,固定为低电平,因此 pin_oe 的值应设置为-1。
- clk_speed 指定了 SPI 的速率,可根据实际需要设定,若 HC595 的输出用于驱动 LED 或数码管等设备,则对速率要求并不高,可设置为 300 000(300 kHz)。
- lsb_first 决定了一个 8 位数据在输出时输出位的顺序,若该值为 AM_TRUE,则表明最低位先输出,最高位后输出;若该值为 AM_FALSE,则表明最低位后输出,最高位先输出。最先输出的位决定了 HC595 输出端 Q7 的电平,最后输出的位决定了 HC595 输出端 Q0 的电平。如设置为 AM_TRUE,当后续发现输出顺序与期望输出的顺序相反时,可再将该值修改为 AM_FALSE。

基于以上信息,实例信息可以定义如下：

```
const am_hc595_spi_info_t miniport_595_info = {
        PIOA_4,               //锁存引脚
        -1,                   //输出使能引脚,未使用
        300000,               //SPI 时钟,300 kHz
        AM_TRUE               //最低位先发送
};
```

3. SPI 句柄 handle

若使用 AM116_Core 的 SPI0 驱动 HC595 输出,则通过 AM116_Core 的 SPI0
实例初始化函数 am_zlg116_spi0_inst_init()可获得 SPI 句柄,即

```
am_spi_handle_t spi_handle = am_zlg116_spi0_inst_init();
```

SPI 句柄即可直接作为 handle 的实参传递。

4. 实例句柄

HC595 初始化函数 am_hc595_spi_init()的返回值即为 HC595 实例的句柄,其
作为 HC595 通用接口第一个参数(handle)的实参。其类型 am_hc595_handle_t(am_
hc595.h)的定义如下:

```
typedefam_hc595_serv_t * am_hc595_handle_t;
```

若返回值为 NULL,则说明初始化失败;若返回值不为 NULL,则说明返回了有
效的 handle。

基于模块化编程思想,将初始化相关的实例和实例信息等定义存放在对应的配
置文件中,通过头文件引出实例初始化函数接口,源文件和头文件的程序范例分别详
见程序清单 7.1 和程序清单 7.2。

程序清单 7.1　实例初始化函数范例程序(am_hwconf_miniport_595.c)

```
1     # include "ametal.h"
2     # include "am_zlg116_inst_init.h"
3     # include "am_hc595_gpio.h"
4     # include "am_hc595_spi.h"
5     # include "zlg116_pin.h"
6
7     static am_hc595_spi_info_t __hc595_spi_info = {
8         PIOA_4,                                    /* 数据锁存引脚 */
9         -1,                                        /* 未使用 OE 引脚 */
10        300000,                                    /* 时钟 300 kHz */
11        AM_TRUE                                    /* 数据低位先发送 */
12    };
13
14    /* MiniPort - 595 实例初始化 */
15    am_hc595_handle_t am_miniport_595_inst_init (void)
16    {
17    # if 0
18        static am_hc595_gpio_dev_t            miniport_595;
19        static const am__hc595_gpio_info_t        miniport_595_info = {
20            PIOA_7,
21            PIOA_5,
```

```
22          PIOA_4,
23          -1,                              /* OE 固定为低电平,未使用 */
24          AM_TRUE                          /* 低位先发送 */
25      };
26      return am_hc595_gpio_init(&miniport_595, &miniport_595_info);
27  #else
28      static am_hc595_spi_dev_t  miniport_595;
29      return am_hc595_spi_init(  &miniport_595,
30                                 &__hc595_spi_info,
31                                 am_zlg116_spi1_int_inst_init());
32  #endif
33  }
```

程序清单 7.2   实例初始化函数接口(am_hwconf_miniport_595.h)

```
1   #pragma once
2   #include "ametal.h"
3   #include "am_hc595.h"
4
5   am_hc595_handle_t am_miniport_595_inst_init (void);
```

后续只需要使用无参数的实例初始化函数,即可获取 HC595 的实例句柄。获取 HC595 实例句柄的操作如下:

```
am_hc595_handle_t hc595_handle = am_miniport_595_inst_init();
```

7.1.3 接口函数

AMetal 提供了一套操作 HC595 的通用接口,详见表 7.1。

表 7.1   HC595 通用接口(am_hc595.h)

函数原型	功能简介
int am_hc595_enable(am_hc595_handle_t handle);	使能 HC595 输出
int am_hc595_disable(am_hc595_handle_t handle);	禁能 HC595 输出

int am_hc595_send(am_hc595_handle_t handle,
      const uint8_t   * p_data,
      size_t   nbytes);
	输出数据

1. 使能 HC595 输出

使能 HC595 输出的函数原型为

```
int am_hc595_enable(am_hc595_handle_t handle);
```

其中,handle 为 HC595 的实例句柄,可通过具体的 HC595 驱动初始化函数获得。其类型 am_hc595_handle_t(am_hc595.h)的定义如下：

```
typedef am_hc595_serv_t * am_hc595_handle_t;
```

未使能时，HC595 的输出处于高阻状态，使能后才能正常输出 0 或 1，其范例程序详见程序清单 7.3。

程序清单 7.3　am_hc595_enable( )范例程序

```
1    am_hc595_enable(hc595_handle);
```

其中，hc595_handle 可以通过具体的 HC595 驱动获得，若 HC595 使用 SPI 驱动，则可以通过如下语句获取：

```
am_hc595_handle_t hc595_handle = am_miniport_595_inst_init();
```

2. 禁能 HC595 输出

禁能后 HC595 输出处于高阻状态，其函数原型为

```
int am_hc595_disable(am_hc595_handle_t handle);
```

其中，handle 为 HC595 的实例句柄。am_hc595_disable( )范例程序详见程序清单 7.4。

程序清单 7.4　am_hc595_disable( )范例程序

```
1    am_hc595_disable(hc595_handle);
```

3. 输出数据

输出数据的函数原型为

```
int am_hc595_send(am_hc595_handle_t handle,constuint8_t * p_data, size_t nbytes);
```

其中，handle 为 HC595 的实例句柄，p_data 为指向待输出数据的缓冲区，nbytes 指定了输出数据的字节数。对于单个 HC595，其只能并行输出 8 位数据，即只能输出单字节数据，其范例程序详见程序清单 7.5。

程序清单 7.5　输出单字节数据的范例程序

```
1    uint8_t data = 0x55;
2    am_hc595_send(handle, &data,1);
```

当需要并行输出超过 8 位数据时，可以使用多个 HC595 级联，即可输出多字节数据，其范例程序详见程序清单 7.6。

程序清单 7.6　输出多字节数据的范例程序

```
1    uint8_t data[2] = {0x55,0x55};
2    am_hc595_send(handle,data,2);
```

对于 MiniPort - HC595，仅包含一个 HC595，因此每次只能输出 1 B 数据。

7.1.4 应用实例

基于 MiniPort – HC595 功能配板实现对 LED 显示的控制,从而实现流水灯功能,其代码详见程序清单 7.7。

程序清单 7.7　HC595 控制 LED 显示范例程序

```
1    # include "ametal.h"
2    # include "am_vdebug.h"
3    # include "am_hc595_spi.h"
4    # include "am_zlg116.h"
5    # include "am_zlg116_inst_init.h"
6    # include "demo_std_entries.h"
7    # include "demo_am116_core_entries.h"
8    void demo_am116_core_miniport_hc595_led_entry (void)
9    {
10       AM_DBG_INFO("demo am116_core miniport hc595 led! \r\n");
11       am_hc595_handle_t handle hc595_handle = am_miniport_595_inst_init();
12       uint8_tbuf = 0;
13       int ! = 0;
14       while(1) {
15           buf = ~(1ul ≪ i);
16           am_hc595_send(hc595_handle, &buf, 1);    / * 点亮当前位置 LED 灯(低电平点亮) * /
17           am_mdelay(150);                          / * 延时 150 ms * /
18           buf = 0xFF;
19           am_hc595_send(hc595_handle, &buf, 1);    / * 熄灭当前位置 LED 灯(高电平熄灭) * /
20           ! = (i + 1) % 8;                         / * 切换到下一位置 * /
21       }
22    }
```

7.2　ZLG72128 组件

7.2.1 器件介绍

ZLG72128 是广州致远微电子有限公司自行设计的数码管显示驱动及键盘扫描管理芯片,能够直接驱动 12 位共阴式数码管(或 96 只独立的 LED),同时还可以扫描管理多达 32 个按键。通信采用 I^2C 总线,与微控制器的接口最少仅需 2 根信号线。ZLG 提供了多种平台的通用驱动程序,支持包括 8 位、16 位、32 位的通用MCU,支持包括 Linux、AMetal 及 AWorks 的软件平台。

通常当矩阵键盘和数码管扩大到一定数目时,将非常占用系统的 I/O 资源,同时还需要配套软件执行按键和数码管扫描,对 CPU 资源的耗费不可忽视。在实际应用中,可能不会用到全部的 32 个按键或 12 个数码管,可以根据实际情况进行裁剪。

ZLG 设计了相应的 MiniPort – ZLG72128 配板,可以直接与 AMetal 配套的评估板连接使用。作为示例,MiniPort – ZLG72128 配板仅使用了 2 个数码管和 4 个按键(2 行 2 列)。MiniProt – ZLG72128 电路图详见图 7.1。

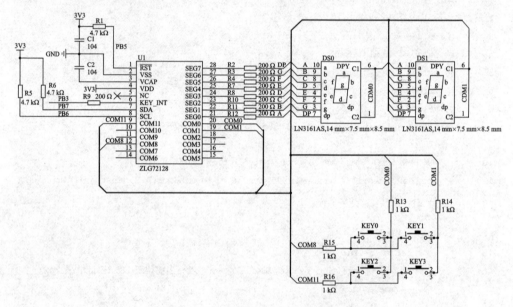

图 7.1   MiniPort – ZLG72128 电路图

以连接 AM116_Core 评估板为例,ZLG72128 与 ZLG116 的引脚连接详见表 7.2。

表 7.2   ZLG72128 与 ZLG116 的引脚连接

名　　称	ZLG116 引脚	功　　能
KEY_INT	PIOB_3	当普通按键按下或功能按键状态变化时,输出低电平到 PIO0_1
RST	PIOB_5	PIO0_6 输出低电平可以复位 ZLG72128
I2C_SDA	PIOB_7	I^2C 总线数据项
I2C_SCL	PIOB_6	I^2C 总线时钟线

7.2.2   初始化

使用 ZLG72128 时,虽然底层的驱动方式(I^2C 总线接口)与之前使用 GPIO 驱动按键和数码管的方式是完全不同的,但由于 AMetal 已经提供了 ZLG72128 的驱动,对于用户来说,可以忽略底层的差异性,直接使用通用键盘接口和通用数码管接口编写应用程序即可。

ZLG 设计的 MiniPort - ZLG72128 配板可以直接与 AM116_Core 连接使用,在使用通用接口使用数码管和按键之前,需要使用初始化函数完成设备实例的初始化操作。其函数(am_zlg72128_std.h)的原型为

```
int am_zlg72128_std_init (
    am_zlg72128_std_dev_t               * p_dev,
    const am_zlg72128_std_devinfo_t     * p_info,
    am_i2c_handle_t                     i2c_handle);
```

该函数用于将 ZLG72128 初始化为标准的数码管和按键功能,初始化完成后,即可使用通用的按键和数码管接口来操作数码管和按键了。p_dev 为指向 am_zlg72128_std_dev_t 类型实例的指针,p_info 为指向 am_zlg72128_std_devinfo_t 类型实例信息的指针,i2c_handle 为与 ZLG72128 通信的 I^2C 实例句柄。

1. 实 例

定义 am_zlg72128_std_dev_t 类型(am_zlg72128_std.h)的实例如下:

```
am_zlg72128_std_dev_t g_miniport_zlg72128;        //定义 MiniPort - ZLG72128 实例
```

其中,g_miniport_zlg72128 为用户自定义的实例,其地址作为 p_dev 的实参传递。

2. 实例信息

实例信息主要描述了与 ZLG72128、键盘和数码管等相关的信息,如按键对应的按键编码、数码管显示器的 ID 等信息。其类型 am_zlg72128_std_devinfo_t(am_zlg72128_std.h)的定义如下:

```
typedef struct am_zlg72128_std_devinfo {
    am_zlg72128_devinfo_t    base_info;          //ZLG72128 基础信息
    am_digitron_devinfo_t    id_info;            //数码管显示器 ID
    uint16_t                 blink_on_time;      //一个闪烁周期内,点亮的时间,比
                                                 //如,500 ms
    uint16_t                 blink_off_time;     //一个闪烁周期内,熄灭的时间,比
                                                 //如,500 ms
    uint8_t                  key_use_row_flags;  //实际使用行
    uint8_t                  key_use_col_flags;  //实际使用列
    const int                * p_key_codes;      //按键编码
    uint8_t                  num_digitron;       //实际使用的数码管个数
}am_zlg72128_std_devinfo_t;
```

说明:

● base_info 是 ZLG72128 的基础信息,其类型 am_zlg72128_devinfo_t(在 am_zlg72128.h 文件中)的定义如下:

```
typedef struct am_zlg72128_devinfo{
    int                  rst_pin;            //复位引脚
    am_bool_t            use_int_pin;        //是否使用中断引脚
    int                  int_pin;            //中断引脚
    uint32_t             interval_ms;        //查询时间间隔
}am_zlg72128_devinfo_t;
```

其主要指定了与 ZLG72128 相关联的引脚信息，其中，rst_pin 为复位引脚，若复位引脚未使用（固定为 RC 上电复位电路，无需主控参与控制），则该值可设置为−1。use_int_pin 表示是否使用 ZLG72128 的中断输出引脚（KEY_INT），若该值为 AM_TRUE，则表明使用了中断引脚，此时 int_pin 指定与主控制器（如 ZLG116）连接的引脚号，按键的键值将在引脚中断中获取；若该值为 AM_FALSE，则表明不使用中断引脚，此时 interval_ms 指定查询键值的时间间隔，使用查询方式时，可以节省一个引脚资源，但也会额外耗费一定的CPU 资源。当使用 AM116_Core 与 MiniPort−ZLG72128 连接时，其相应的引脚连接详见表 7.2。基于此，各成员可以分别赋值为：PIOB_5，AM_TRUE，PIOB_3，0。

- id_info 是仅包含显示器 ID 号的标准数码管设备的信息，其类型的定义（am_digitron_dev.h）如下：

```
typedef struct am_digitron_devinfo {
    uint8_t id;            //数码管显示器编号
}am_digitron_devinfo_t;
```

在前面的驱动配置中，将 MiniPort−View 对应的 ID 号设置为 0，在这里，如果 MiniPort−ZLG72128 不会与 MiniPort−View 同时使用，也可以将其 ID 设置为 0，如此一来，使用 MiniPort−ZLG72128 就可以直接替换 MiniPort−View 配板作为新的显示器，但应用程序无需作任何改变，同样可以继续使用 ID 为 0 的显示器。

- blink_on_time 和 blink_off_time 分别指定了数码管闪烁时，数码管点亮的时间和熄灭的时间，以此可以达到调节闪烁效果的作用。通常情况下，数码管以 1 Hz 频率闪烁，点亮和熄灭的时间分别设置为 500 ms。
- key_use_row_flags 标志指定使用了哪些行。ZLG72128 最多可以支持 4 行按键，分别对应 COM8～COM11。该值由表 7.3 所列的宏值组成，使用多行时应将多个宏值相"或"。对于 MiniPort−ZLG72128，其使用了第 0 行和第 3 行，因此 key_use_row_flags 的值为

AM_ZLG72128_STD_KEY_ROW_0 | AM_ZLG72128_STD_KEY_ROW_3

表 7.3　行使用宏标志

宏　名	含　义
AM_ZLG72128_STD_KEY_ROW_0	行 0
AM_ZLG72128_STD_KEY_ROW_1	行 1
AM_ZLG72128_STD_KEY_ROW_2	行 2
AM_ZLG72128_STD_KEY_ROW_3	行 3

● key_use_col_flags 标志指定使用了哪些列。ZLG72128 最多可以支持 8 列按键,分别对应 COM0~COM7。该值由表 7.4 所列的宏值组成,使用多列时应将多个宏值相"或"。对于 MiniPort–ZLG72128,其使用了第 0 列和第 1 列,因此 key_use_col_flags 的值为

```
AM_ZLG72128_STD_KEY_COL_0 | AM_ZLG72128_STD_KEY_COL_1
```

表 7.4　列使用宏标志

宏　名	含　义
AM_ZLG72128_STD_KEY_COL_0	列 0
AM_ZLG72128_STD_KEY_COL_1	列 1
⋮	⋮
AM_ZLG72128_STD_KEY_COL_6	列 6
AM_ZLG72128_STD_KEY_COL_7	列 7

● p_key_codes 指向存放矩阵键盘各按键对应编码的数组,其编码数目与实际使用的按键数目一致,MiniPort–ZLG72128 共计 2×2 个按键。在配置 MiniPort–key 时,将 MiniPort–key 对应的按键编码设置为 KEY0~KEY3。如果 MiniPort–ZLG72128 与 MiniPort–Key 不同时使用,则将 MiniPort–ZLG72128 对应的按键编码也设置为 KEY0~KEY3,使用 MiniPort–ZLG72128 替换 MiniPort–Key 配板,但应用程序无需作任何改变。

● num_digitron 指定了数码管的个数。MiniPort–ZLG72128 仅使用了 2 个数码管,因此 num_digitron 的值为 2。

基于以上信息,实例信息可以定义如下:

```
1    static const int g_key_codes[] = {KEY_0, KEY_1, KEY_2, KEY_3};
2
3    static const am__zlg72128_std_devinfo_t g_miniport_zlg72128_info = {
4        {
5            PIOB_5,                    //复位引脚
6            AM_TRUE,                   //使用中断引脚
```

```
7              PIOB_3,              //中断引脚
8              5                    //使用中断引脚时,该值无意义
9          },
10         {
11             0                    //数码管显示器的编号
12         },
13             500,                 //一个闪烁周期内,点亮的时间为 500 ms
14             500,                 //一个闪烁周期内,熄灭的时间为 500 ms
15             AM_ZLG72128_STD_KEY_USE_ROW_0 | AM_ZLG72128_STD_KEY_USE_ROW_3,
16             AM_ZLG72128_STD_KEY_USE_COL_0 | AM_ZLG72128_STD_KEY_USE_COL_1,
17             g_key_codes,        //按键编码,KEY_0 ~ KEY3
18     };
```

3. I^2C 句柄 i2c_handle

若使用 ZLG116 的 I^2C1 与 ZLG72128 通信,则 I^2C 句柄可以通过 ZLG116 的 I^2C1 实例初始化函数 am_zlg116_i2c1_inst_init()获得,即

```
am_i2c_handle_t i2c_handle = am_zlg116_i2c1_inst_init();
```

获得的 I^2C 句柄可直接作为 i2c_handle 的实参传递。

4. 实例句柄

基于实例、实例信息和 I^2C 句柄,可以完成 MiniPort - ZLG72128 的初始化,比如:

```
am_zlg72128_std_init(&g_miniport_zlg72128, &g_miniport_zlg72128_info, am_zlg116_
i2c1_inst_init());
```

当完成初始化后,即可使用通用的数码管接口和通用的按键处理接口。由于标准按键处理接口中并没有将按键按照普通按键和功能按键进行区分,因此 ZLG72128 对应的第 3 行功能按键也会当作一般按键处理,其按键按下和释放均会触发执行相应的按键处理函数。此外,由于 ZLG72128 不会上报普通按键的释放事件,因此当普通按键释放时,不会触发相应的按键处理函数。

后续只需要使用无参数的实例初始化函数即可完成 MiniPort - ZLG72128 实例的初始化,即执行如下语句:

```
am_miniport_zlg72128_inst_init();
```

7.2.3 接口函数

ZLG72128 具有数码管显示功能和键盘管理功能,因此可以直接使用通用数码管接口函数和通用键盘接口函数。所有通用数码管接口函数的第一个参数均为 id,id 的作用类似于 handle,即用于指定具体使用的数码管显示器。指定 ZLG72128 对

应的数码管显示器编号在 ZLG72128 的初始化过程中完成。在系统中,每个数码管
显示器都有一个唯一的 id 与之对应,例如,若系统中只使用了一个由 ZLG72128 驱
动的显示器,则编号默认为 0;若系统中既存在使用 ZLG72128 驱动的数码管显示
器,也存在使用 GPIO 驱动的数码管显示器,则它们的编号可能分别为 0 和 1。

1. 通用数码管接口函数

AMetal 提供了一组通用数码管接口函数,详见表 7.5。

表 7.5　通用数码管接口函数(am_digitron_disp.h)

函数原型	功能简介
int am_digitron_disp_decode_set (int id, uint16_t (* pfn_decode)(uint16_t ch));	设置段码解码函数
int am_digitron_disp_blink_set (int id, int index, am_bool_t blink);	设置数码管闪烁
int am_digitron_disp_at (int id, int index, uint16_t seg);	显示指定的段码图形
int am_digitron_disp_char_at (int id, int index, constchar ch);	显示单个字符
int am_digitron_disp_str (int id, int index, int len, constchar * p_str);	显示字符串
int am_digitron_disp_clr (int id);	显示清屏
uint16_t am_digitron_seg8_ascii_decode (uint16_t ascii_char);	禁能 HC595 输出

(1) 设置段码解码函数

通过控制数码管各个段的亮灭,可以组合显示出多种图形,例如,对于 8 段数码
管,要显示字符"1",则需要点亮 b、c 两段,对应的编码值(即段码)为 0x60。解码函
数用于对特定字符进行解码,以获取对应字符的编码值。根据编码值可以知道,在显
示对应字符时,哪些段需要点亮(相应位为 1),哪些段需要熄灭(相应位为 0)。设置
段码解码函数即用于用户自定义字符的解码函数,其函数原型为

```
int am_digitron_disp_decode_set (int id, uint16_t ( * pfn_decode)(uint16_t ch));
```

其中,id 表示数码管显示器的编号,若系统只有一个数码管显示器,则 id 为 0;
pfn_decode 为函数指针,其指向的函数即为本次设置的段码解码函数,解码函数的
参数为 uint16_t 类型的字符,返回值为 uint16_t 类型的编码。绝大部分情况下,对
于 8 段数码管,常用字符图形(如字符"0"～"9"等)都具有默认编码,为此,AMetal 提
供了默认的 8 段数码管解码函数,可以支持常见的字符"0"～"9"以及"A""B""C"
"D""E""F"等字符的解码。其在 am_digitron_disp.h 文件中的声明如下:

```
uint16_t am_digitron_seg8_ascii_decode (uint16_t ascii_char);
```

若无特殊需求,可以将该函数作为 pfn_decode 的实参传递。部分应用可能具有
特殊需求,需要在显示某些字符时使用自定义的编码,可自定义解码函数,然后将该
函数作为 pfn_decode 的实参传递即可。

（2）设置数码管闪烁

该函数可以指定数码管显示器的某一位数码管闪烁，其函数原型为

```
int am_digitron_disp_blink_set (int id, int index,am_bool_t blink);
```

其中，id 为数码管显示器编号。index 为数码管索引，通常情况下，一个数码管显示器具有多个显示位，索引即用于指定具体操作哪一位数码管，例如，ZLG72128 最高可以驱动 12 位数码管，则该数码管显示器对应的位索引范围为 0～11。blink 表示该位是否闪烁，若其值为 AM_TRUE，则闪烁；反之，则不闪烁。默认情况下，所有数码管均处于未闪烁状态。比如设置 1 号数码管闪烁的范例程序为

```
am_digitron_disp_blink_set(0,1, AM_TRUE);
```

（3）显示指定的段码图形

该函数用于不经过解码函数解码，直接显示段码指定的图形，可以灵活地显示任意特殊图形，其函数原型为

```
int am_digitron_disp_at (int id, int index, uint16_t seg);
```

其中，id 为数码管显示器编号；index 为数码管索引；seg 为显示的段码。段码为 8 位，bit0～bit7 分别对应段 a～dp。当位值为 1 时，对应段点亮；当位值为 0 时，对应段熄灭。如在 8 段数码管上显示字符"－"，即需要 g 段点亮，对应的段码为 0x40（即 0100 0000），范例程序如下：

```
am_digitron_disp_at(0,1, 0x40);
```

（4）显示单个字符

该函数用于在指定位置显示一个字符，字符经过解码函数解码后显示，若解码函数不支持该字符，则不显示任何内容，其函数原型为

```
int am_digitron_disp_char_at (int id, int index,constchar ch);
```

其中，id 为数码管显示器编号；index 为数码管索引；ch 为显示的字符。比如，显示字符"H"的范例程序为

```
am_digitron_disp_char_at (0,1, 'H');
```

（5）显示字符串

该函数用于从指定位置开始显示一个字符串，其函数原型为

```
int am_digitron_disp_str (int id, int index, int len,constchar * p_str);
```

其中，id 为数码管显示器编号；index 为显示字符串的数码管起始索引，即从该索引指定的数码管开始显示字符串；len 指定显示的长度（显示该字符串所使用的数码管位数）；p_str 指向需要显示的字符串。

实际显示的长度是 len 和字符串长度的较小值，若数码管位数不够，则多余字符

不显示。部分情况下,显示所占用的数码管长度可能与字符串实际显示的长度不等,例如,显示字符串"1.",其长度为 2,但实际显示时,字符"1"和小数点均可显示在一位数码管上,因此,该显示仅占用一位数码管。

显示"HELLO."字符串的范例程序如下:

```
am_digitron_disp_str(0, 0, 5,"HELLO.");
```

(6) 显示清屏

该函数用于显示清屏,清除数码管显示器中的所有内容,其函数原型为

```
int am_digitron_disp_clr (int id);
```

其中,id 为数码管显示器编号,范例程序如下:

```
am_digitron_disp_clr(0);
```

2. 通用键盘管理接口

在 AMetal 中,键盘的管理仅需使用到一个接口,其函数原型为

```
int am_input_key_handler_register(
    am_input_key_handler_t      * p_handler,
    am_input_key_cb_t           pfn_cb,
    void                        * p_arg);
```

参数说明如下:

(1) p_handler

am_input_key_handler_t 是按键事件处理器的类型,它是在 am_input.h 文件中使用 typedef 自定义的一个类型,即

```
typedef struct am_input_key_handleram_input_key_handler_t;
```

在使用按键时,仅需使用该类型定义一个按键事件处理器实例(对象),其本质是定义一个结构体变量。比如:

```
am_input_key_handler_t key_handler;            //定义一个按键事件处理器实例
```

实例的地址(&key_handler)可作为参数传递给函数的形参 p_handler。

(2) pfn_cb

am_input_key_cb_t 是按键处理函数的指针类型,它是在 am_input.h 文件中使用 typedef 自定义的一个类型,即

```
typedef void ( * am_input_ key_cb_t) (void * p_arg, int key_code, int key_state, int
keep_time);
```

当有按键事件发生时(按键按下或按键释放),系统会自动调用 pfn_cb 指向的按键处理函数,以完成按键事件的处理。当该函数被调用时,系统会将按键相关的信息

通过参数传递给用户,各参数的含义如下:

1) p_arg

用户参数,即用户调用 am_input_key_handler_register()函数时设置的第三个参数的值。该值的含义完全由用户决定,系统仅作简单的传递工作。

2) key_code

按键的编码,用于区分各个按键。通常情况下,一个系统中可能存在多个按键,比如,ZLG72128 最多支持 32 个按键,为每个按键分配一个唯一的编码,当按键事件发生时,用户可以据此判断是哪个按键产生了按键事件。此外,出于可读性、可维护性等考虑,按键编码一般不直接使用数字,比如 1,2,3,…,而是使用在 am_input_code.h 文件中使用宏的形式定义的一系列编码,比如 KEY_1、KEY_2 等,用以区分各个按键。

3) key_state

按键的状态(按下或释放),用户可以据此判断按键的状态,以便根据不同的状态作出不同的处理。各状态对应的宏定义如下:

AM_INPUT_KEY_STATE_PRESSED	//按键按下
AM_INPUT_KEY_STATE_RELEASED	//按键释放

4) keep_time

表示状态保持时间(单位:ms),常用于按键长按应用(例如,按键长按 3 s 关机)。按键首次按下时,keep_time 为 0,若按键一直保持按下,则系统会以一定的时间间隔上报按键按下事件(调用 pfn_cb 指向的用户回调函数),keep_time 的值不断增加,表示按键按下已经保持的时间。特别地,若按键不支持长按功能,则 keep_time 始终为 -1。

(3) p_arg

该参数的值会在调用事件处理回调函数(pfn_cb 指向的函数)时,原封不动地传递给事件处理函数的 p_arg 形参。如果不使用,则在调用 am_input_key_handler_register()函数时,将 p_arg 的值设置为 NULL。

7.2.4 应用实例

基于 MiniPort - ZLG72128 功能配板实现键盘输入交互与控制数码管显示功能,详见程序清单 7.8 与程序清单 7.9。

程序清单 7.8 MiniPort - ZLG72128 实例初始化范例程序

```
1    # include "ametal. h"
2    # include "am_zlg116_inst_init. h"
3    # include "am_zlg72128_std. h"
4    # include "zlg116_pin. h"
5    # include "am_input. h"
6
```

```
7      static const int __g_key_codes[]  = {
8          KEY_0, KEY_1,
9          KEY_2, KEY_3
10     };
11
12     static am_zlg72128_std_dev_t            __g_miniport_zlg72128;
13     static const am__zlg72128_std_devinfo_t __g_miniport_zlg72128_info = {
14         {
15             PIOB_5,                       /* 复位引脚 todo */
16             AM_FALSE,                     /* 使用中断引脚 */
17             PIOB_3,                       /* 中断引脚 todo */
18             5                             /* 查询时间间隔,使用中断引脚时,该值无意义 */
19         },
20         {
21             0                             /* 数码管显示器的编号 */
22         },
23         500,                              /* 一个闪烁周期内,点亮的时间为 500 ms */
24         500,                              /* 一个闪烁周期内,熄灭的时间为 500 ms */
25         AM_ZLG72128_STD_KEY_ROW_0 | AM_ZLG72128_STD_KEY_ROW_3,
26         AM_ZLG72128_STD_KEY_COL_0 | AM_ZLG72128_STD_KEY_COL_1,
27         __g_key_codes,                    /* 按键编码, KEY_0 ~ KEY3 */
28         2                                 /* 数码管个数为 2 */
29     };
30
31     int am_miniport_zlg72128_inst_init (void)
32     {
33         return am_zlg72128_std_init( &__g_miniport_zlg72128,
34                                      &__g_miniport_zlg72128_info,
35                                      am_zlg116_i2c1_inst_init());
36     }
```

程序清单 7.9 数码管显示与按键检测范例程序

```
1      # include "ametal. h"
2      # include "am_digitron_disp. h"
3      static void __input_key_proc(void * p_arg, int key_code, int key_state, int keep_time)
4      {
5          if (key_ state == AM_INPUT_KEY_STATE_PRESSED) {
6              switch(key_code) {
7                  case KEY_0:
8                  //按下 KEY0 键处理
9                  break;
10                 case KEY_1:
11                 //按下 KEY1 键处理
12                 break;
```

```
13                      case KEY_2:
14                  //按下 KEY2 键处理
15                  break;
16                      case KEY_3:
17                  //按下 KEY3 键处理
18                  break;
19                      default:
20                  break;
21              }
22          }
23      }
24      static am_input_key_handler_t g_key_handler;          //定义按键事件处理器实例
25      extern int am_miniport_zlg72128_inst_init (void);     //声明 ZLG72128 实例初始化函数
26      int am_main(void)
27      {
28          am_miniport_zlg72128_inst_init();                 //ZLG72128 实例初始化
29          am_input_key_handler_register(&g_key_handler, __input_key_proc, (void * )NULL);
30          am_digitron_disp_str (0, 0,2, "01");              //显示字符串"01"
31          //其他数码管操作
32          while(1) {
33          }
34      }
```

7.3 RTC 组件

AMetal 已经提供了 RTC 组件的驱动函数,本节以 PCF85063 为例,详细介绍 RTC 通用接口、闹钟通用接口等。AMetal 平台适配诸多型号的 RTC 芯片,虽然各厂家的芯片寄存器等有差异,但却可以使用相同的通用函数接口对其进行操作,实现 RTC 跨硬件平台复用。

7.3.1 器件介绍

PCF85063 是一款低功耗实时时钟/日历芯片,它提供了实时时间的设置与获取、闹钟、可编程时钟输出、定时器/报警/半分钟/分钟中断输出等功能。

NXP 半导体公司的 PCF85063 引脚封装详见图 7.2,其中,SCL 和 SDA 为 I^2C 接口引脚,VDD 和 VSS 分别为电源和地;OSCI 和 OSCO 为 32.768 kHz 的晶振连接引脚,作为 PCF85063 的时钟源;CLKOUT 为时钟信号输出,供其他外部

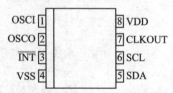

图 7.2 PCF85063 引脚封装

电路使用；$\overline{\text{INT}}$ 为中断引脚，主要用于实现闹钟等功能。

PCF85063 的 7 位 I²C 从机地址为 0x51，MicroPort – RTC 模块通过 MicroPort 接口与 AM116_Core 相连，SCL 和 SDA 分别与 PIOB_6 和 PIOB_7 连接，原理图详见图 7.3。

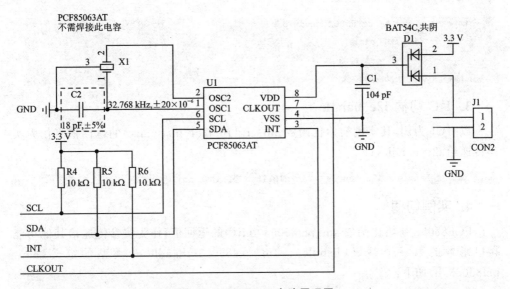

图 7.3　PCF85063 电路原理图

7.3.2　初始化

AMetal 提供了 PCF85063 的驱动，在使用 PCF85063 之前，必须完成 PCF85063 的初始化操作，以获取对应的操作句柄，进而使用 PCF85063 的各种功能，初始化函数的原型（am_pcf85063.h）为

```
am_pcf85063_handle_t am_pcf85063_init(
        am_pcf85063_dev_t            * p_dev,
        const am_pcf85063_devinfo_t  * p_devinfo,
        am_i2c_handle_t                i2c_handle);
```

该函数意在获取 PCF85063 器件的实例句柄，其中，p_dev 为指向 am_pcf85063_dev_t 类型实例的指针；p_devinfo 作为实例信息，指定 PCF85063 的 INT 与 MCU 的连接引脚号。

1. 实　例

定义 am_pcf85063_dev_t 类型（am_pcf85063.h）的实例如下：

```
am_pcf85063_dev_t  g_pcf85063_dev;        //定义一个 PCF85063 实例
```

其中，g_pcf85063_dev 为用户自定义的实例，其地址作为 p_dev 的实参传递。

2. 实例信息

am_pcf85063_devinfo_t 实例信息中包含 INT 引脚信息和 CLK_EN 引脚信息，用于指定 PCF85063 的 INT 以及 CLK_EN 与 MCU 的引脚号相连,在不需要使用时,可赋值为－1,函数原型如下：

```
typedef struct am_pcf85063_devinfo {
        int int_pin;
        int clk_en_pin;
} am_pcf85063_devinfo_t;
```

3. I²C 句柄 i2c_handle

以 I²C1 为例,其实例初始化函数 am_zlg116_i2c1_inst_init() 的返回值将作为实参传递给 i2c_handle,即

```
am_i2c_handle_t i2c_handle = am_zlg116_i2c1_inst_init();
```

4. 实例句柄

PCF85063 初始化函数 am_pcf85063_init() 的返回值,作为实参传递给其他功能接口函数的第一个参数（handle）。am_pcf85063_handle_t 类型的定义（am_pcf85063.h）如下：

```
typedef struct am_pcf85063_dev * am_pcf85063_handle_t;
```

若返回值为 NULL,则说明初始化失败;若返回值不为 NULL,则说明返回值 handle 有效。PCF85063 初始化操作的实现详见程序清单 7.10。

程序清单 7.10　PCF85063 实例初始化函数实现（am_hwconf_pcf85063.c）

```
1    # include "ametal.h"
2    # include "am_time.h"
3    # include "am_pcf85063.h"
4    # include "am_alarm_clk.h"
5    # include "am_zlg116_inst_init.h"
6    # include "zlg116_pin.h"
7    /** 设备信息 */
8    am_local am_const am_pcf85063_devinfo_t __g_microport_rtc_devinfo = {
9        -1,                              /* INT 未使用 */
10       -1,                              /* CLK_EN 未使用 */
11   };
12   /** 设备定义 */
13   am_local am_pcf85063_dev_t __g_microport_rtc_dev;
14   /** 实例初始化 */
15   am_pcf85063_handle_t am_microport_rtc_inst_init (void)
16   {
```

```
17      am_i2c_handle_t   i2c_handle = am_zlg116_i2c1_inst_init();
18      am_local am_pcf85063_handle_t microport_rtc_handle = NULL;
19
20      if (microport_rtc_handle == NULL) {
21          microport_rtc_handle = am_pcf85063_init( &__g_microport_rtc_dev,
22                                                   &__g_microport_rtc_devinfo,
23                                                   i2c_handle);
24      }
25      return microport_rtc_handle;
26  }
```

后续只需要使用无参数的实例初始化函数，即可获取 PCF85063 的实例句柄，如下：

```
am_pcf85063_handle_t pcf85063_handle = am_pcf85063_inst_init();
```

7.3.3 接口函数

1. RTC 通用接口

PCF85063 作为一种典型的 RTC 器件，可以使用 RTC(Real - Time Clock)通用接口设置和获取时间，其函数原型详见表 7.6。

表 7.6　RTC 通用接口函数(am_rtc. h)

函数原型	功能简介
int am_rtc_time_set (am_rtc_handle_t handle,am_tm_t * p_tm);	设置时间
int am_rtc_time_get (am_rtc_handle_t handle,am_tm_t * p_tm);	获取时间

由表 7.6 可见，这些接口函数的第一个参数均为 am_rtc_handle_t 类型的 RTC 句柄，显然，其并非前文通过 PCF85063 实例初始化函数获取的 am_pcf85063_handle_t 类型的句柄。

RTC 时间的设置和获取只是 PCF85063 提供的一个主要功能，PCF85063 还能提供闹钟等功能。PCF85063 的驱动提供了相应的接口用于获取 PCF85063 的 RTC 句柄，以便用户通过 RTC 通用接口操作 PCF85063，其函数原型为

```
am_rtc_handle_t am_pcf85063_rtc_init (
        am_pcf85063_handle_t    handle,        //PCF85063 实例句柄
        am_rtc_serv_t           * p_rtc);      //RTC 实例
```

该函数意在获取 RTC 句柄，其中，PCF85063 实例的句柄(pcf85063_handle)作为实参传递给 handle，p_rtc 为指向 am_rtc_serv_t 类型实例的指针，无实例信息。定义 am_rtc_serv_t 类型(am_rtc. h)的实例如下：

```
am_rtc_serv_t g_pcf85063_rtc;              //定义一个 RTC 实例
```

其中,g_pcf85063_rtc 为用户自定义的实例,其地址作为 p_rtc 的实参传递。PCF85063 的 RTC 实例初始化函数的接口详见程序清单 7.11。

程序清单 7.11　PCF85063 的 RTC 实例初始化函数的接口

```
1    /** 设备定义 */
2    am_local am_rtc_serv_t __g_microport_rtc_rtc;
3    /** 实例初始化 */
4    am_rtc_handle_t am_microport_rtc_std_inst_init (void)
5    {
6        am_pcf85063_handle_t microport_rtc_handle = am_microport_rtc_inst_init();
7        return am_pcf85063_rtc_init(microport_rtc_handle, &__g_microport_rtc_rtc);
8    }
```

后续只需要使用无参数的 RTC 实例初始化函数,即可获取 RTC 实例句柄,即

```
am_rtc_handle_t rtc_handle = am_pcf85063_rtc_inst_init();
```

(1) 设置时间

该函数用于设置 RTC 器件的当前时间值,其函数原型为

```
int am_rtc_time_set (
        am_rtc_handle_t      handle,          //RTC 实例句柄
        am_tm_t              * p_tm);         //细分时间
```

其中,handle 为 RTC 实例句柄,p_tm 为指向细分时间(待设置的时间值)的指针。若返回 AM_OK,则表示设置成功,反之失败。其类型 am_tm_t 是在 am_time.h 中定义的细分时间结构体类型,用于表示年/月/日/时/分/秒等信息,即

```
typedef struct am_tm {
        int     tm_sec;                       //秒, 0~59
        int     tm_min;                       //分, 0~59
        int     tm_hour;                      //小时, 0~23
        int     tm_mday;                      //日期, 1~31
        int     tm_mon;                       //月份, 0~11
        int     tm_year;                      //年
        int     tm_wday;                      //星期
        int     tm_yday;                      //天数
        int     tm_isdst;                     //夏令时}am_tm_t;
```

其中,tm_mon 表示月份,分别对应 1~12 月;tm_year 表示年,1900 年至今的年数,其实际年为该值加上 1 900;tm_wday 表示星期,0~6 分别对应星期日~星期六;tm_yday 表示 1 月 1 日以来的天数(0~365),0 对应 1 月 1 日;tm_isdst 表示夏令时,夏季将调快 1 h,如果不用,则设置为−1。设置年/月/日/时/分/秒的值详见程序清单 7.12,星期等附加的一些信息无需用户设置,主要便于用户在获取时间时得到更多的信息。

程序清单 7.12 设置时间范例程序

```
1    am_tm_t tm = {
2        30,                              //30 秒
3        32,                              //32 分
4        9,                               //09 时
5        26,                              //26 日
6        8 - 1,                           //08 月
7        2016 - 1900,                     //2016 年
8        0,                               //星期(无需设置)
9        0,                               //一年中的天数(无需设置)
10       - 1                              //夏令时不可用
11   };
12   am_rtc_time_set(pcf85063_handle, &tm);  //设置时间值为 2016 年 8 月 26 日 09:32:30
```

(2) 获取时间

该函数用于获取当前时间值,其函数原型为

```
am_rtc_time_get(
        am_rtc_handle_t      handle,            //RTC 实例句柄
        am_tm_t              * p_tm);           //细分时间
```

其中,handle 为 RTC 实例句柄;p_tm 为指向细分时间的指针,用于获取细分时间。若返回 AM_OK,则表示获取成功,反之失败。获取时间的程序为

```
am_tm_t tm;
am_rtc_time_get(rtc_handle, &tm);
```

2. 闹钟通用接口

PCF85063 除提供基本的 RTC 功能外,还可以提供闹钟功能,可以使用闹钟通用接口设置闹钟,其函数原型详见表 7.7。

表 7.7 闹钟通用接口函数(am_alarm_clk.h)

函数原型	功能简介

int am_alarm_clk_time_set (
        am_alarm_clk_handle_t   handle,
        am_alarm_clk_tm_t   * p_tm);
	设置闹钟时间

int am_alarm_clk_callback_set (
        am_alarm_clk_handle_t   handle,
        void   * pfn_callback,
        void   * p_arg);
	设置闹钟回调函数

int am_alarm_clk_on (am_alarm_clk_handle_t handle);	开启闹钟
int am_alarm_clk_off (am_alarm_clk_handle_t handle);	关闭闹钟

由表 7.7 可见,这些接口函数的第一个参数均为 am_alarm_clk_handle_t 类型
的闹钟句柄,PCF85063 的驱动提供了相应的接口用于获取 PCF85063 的闹钟句柄,
以便用户通过闹钟通用接口操作 PCF85063,其函数原型为

```
am_alarm_clk_handle_t am_pcf85063_alarm_clk_init (
        am_pcf85063_handle_t        handle,          //PCF85063 实例句柄
        am_alarm_clk_serv_t         * p_alarm_clk);  //闹钟实例
```

该函数意在获取闹钟句柄,其中,PCF85063 实例的句柄(pcf85063_handle)作为
实参传递给 handle,p_alarm_clk 为指向 am_alarm_clk_serv_t 类型实例的指针,无
实例信息。定义 am_alarm_clk_serv_t 类型(am_alarm_clk.h)的实例如下:

```
am_alarm_clk_serv_t g_pcf85063_alarm_clk;          //定义一个闹钟实例
```

其中,g_pcf85063_alarm_clk 为用户自定义的实例,其地址作为 p_alarm_clk 的
实参传递。

闹钟实例初始化函数的接口详见程序清单 7.13。

程序清单 7.13 PCF85063 的闹钟实例初始化函数的接口

```
1   /**设备定义*/
2   am_local am_alarm_clk_serv_t __g_microport_rtc_alarm_clk;
3   /**实例初始化*/
4   am_alarm_clk_handle_t am_microport_rtc_alarm_clk_inst_init (void)
5   {
6       am_pcf85063_handle_t microport_rtc_handle = am_microport_rtc_inst_init();
7       return am_pcf85063_alarm_clk_init( microport_rtc_handle,
8                               &__g_microport_rtc_alarm_clk);
9   }
```

后续只需要使用无参数的闹钟实例初始化函数,即可获取闹钟实例句柄,即

```
am_alarm_clk_handle_t alarm_handle = am_pcf85063_alarm_clk_inst_init();
```

(1) 设置闹钟时间

设置闹钟时间的函数原型为

```
int am_alarm_clk_time_set (
        am_alarm_clk_handle_t        handle,          //闹钟实例句柄
        am_alarm_clk_tm_t            * p_tm);          //闹钟时间
```

其中,handle 为闹钟实例句柄,p_tm 为指向闹钟时间(待设置的时间值)的指针。若
返回 AM_OK,则表示设置成功,反之则表示设置失败。类型 am_alarm_clk_tm_t 是
在 am_alarm_clk.h 中定义的闹钟时间结构体类型,用于表示闹钟时间信息,即

```
typedef struct am_alarm_clk_tm {
        int     min;                    //分, 0 ~ 59
        int     hour;                   //小时, 0 ~23
        int     wdays;                  //星期
}am_alarm_clk_tm_t;
```

其中,min 表示闹钟时间的分;hour 表示闹钟时间的小时;wdays 用于指定闹钟在周几有效,可以是周一至周日的任意一天或几天,其可用的值已经使用宏进行了定义,详见表 7.8。

表 7.8 闹钟星期标志

宏 值	含 义
AM_ALARM_CLK_SUNDAY	星期日有效
AM_ALARM_CLK_MONDAY	星期一有效
AM_ALARM_CLK_TUESDAY	星期二有效
AM_ALARM_CLK_WEDNESDAY	星期三有效
AM_ALARM_CLK_THURSDAY	星期四有效
AM_ALARM_CLK_FRIDAY	星期五有效
AM_ALARM_CLK_SATURDAY	星期六有效
AM_ALARM_CLK_WORKDAY	工作日有效
AM_ALARM_CLK_EVERYDAY	每天均有效

● 若仅需闹钟在星期三有效,则其值为:AM_ALARM_CLK_WEDNESDAY。
● 若需闹钟在多天同时有效,则可以将多个宏值使用"|"连接起来。例如:要使闹钟在星期一和星期二有效,则其值为:AM_ALARM_CLK_MONDAY|AM_ALARM_CLK_TUESDAY。
● 若需闹钟在星期一至星期五有效(工作日有效),则其值为:AM_ALARM_CLK_WORKDAY。
● 若需闹钟在每一天均有效,则其值为:AM_ALARM_CLK_EVERYDAY。

设置闹钟时间的范例程序详见程序清单 7.14。

程序清单 7.14 设置闹钟时间的范例程序

```
1    am_alarm_clk_tm_t alarm_tm = {
2        34,                                    //34 分
3        9,                                     //09 时
4        AM_ALARM_CLK_EVERYDAY,                 //每天闹钟均有效
5    };
6    am_alarm_clk_time_set(alarm_handle, &alarm_tm);
7    //设置时间值为每天的 09:34
```

(2) 设置闹钟回调函数

PCF85063 可以在指定的时间产生闹钟事件,当事件发生时,由于需要通知应用程序,因此需要由应用程序设置一个回调函数,在闹钟事件发生时自动调用应用程序设置的回调函数。设置闹钟回调函数的原型为

```
int am_alarm_clk_callback_set ( am_alarm_clk_handle_t    handle,
                                 am_pfnvoid_t             pfn_callback,
                                 void                     * p_arg);
```

其中，handle 为闹钟实例句柄，pfn_callback 为指向实际回调函数的指针，p_arg 为回调函数的参数。若返回 AM_OK，则表示设置成功，反之则表示设置失败。

函数指针的类型 am_pfnvoid_t 在 am_types.h 中定义，即

```
typedef void ( * am_pfnvoid_t) (void * );
```

当闹钟事件发生时，将自动调用 pfn_callback 指向的回调函数，传递给该回调函数的 void * 类型的参数就是 p_arg 设定值，范例程序详见程序清单 7.15。

程序清单 7.15　设置闹钟回调函数范例程序

```
1     static void alarm_callback (void * p_arg)
2     {
3         am_buzzer_beep_async(60 * 1000); //蜂鸣器鸣叫 1 min
4     }
5
6     int am_main()
7     {
8         // alarm_callback 回调函数，p_arg 未使用，设置该值为 NULL
9         am_alarm_clk_callback_set(alarm_handle, alarm_callback.NULL);
10        while (1) {
11        }
12    }
```

（3）开启闹钟

开启闹钟函数用于开启闹钟，以便当闹钟时间到时，自动调用用户设定的回调函数。其函数原型为

```
int am_alarm_clk_on (am_alarm_clk_handle_t handle);
```

其中，handle 为闹钟实例句柄。若返回 AM_OK，则表示开启成功，反之则表示开启失败。

（4）关闭闹钟

关闭闹钟函数用于关闭闹钟，其函数原型为

```
int am_alarm_clk_off (am_alarm_clk_handle_t handle);
```

其中，handle 为闹钟实例句柄。若返回 AM_OK，则表示关闭成功，反之则表示关闭失败。

3. 系统时间通用接口

AMetal 平台提供了一个系统时间，进行设置和获取系统时间的函数原型详见表 7.9。

表 7.9 系统时间接口函数

函数原型	功能简介

int am_time_init (
    am_rtc_handle_t   rtc_handle,
    unsigned int   update_sysclk_ns,
    unsigned int   update_rtc_s);
	初始化

am_time_t am_time(am_time_t * p_time);	获取时间(日历时间形式)
int am_timespec_get(am_timespec_t * p_tv);	获取时间(精确日历时间形式)
int am_timespec_set(am_timespec_t * p_tv);	设置时间(精确日历时间形式)
int am_tm_get (am_tm_t * p_tm);	获取时间(细分时间形式)
int am_tm_set (am_tm_t * p_tm);	设置时间(细分时间形式)

(1) 系统时间说明

系统时间的 3 种表示形式分别为日历时间、精确日历时间和细分时间,细分时间前文已有介绍,这里仅介绍日历时间和精确日历时间。

1) 日历时间

与标准 C 的定义相同,日历时间表示从 1970 年 1 月 1 日 1 时 0 分 0 秒开始的秒数。其类型 am_time_t 的定义如下:

```
typedef time_t am_time_t;
```

2) 精确日历时间

日历时间的精度为秒,精确日历时间的精度可以达到纳秒,精确日历时间只是在日历时间的基础上,增加了一个纳秒计数器,其类型 am_timespec_t(am_time.h)的定义如下:

```
typedef struct am_timespec {
        am_time_t        tv_sec;          //秒值
        unsigned long    tv_nsec;         //纳秒值
}am_timespec_t;
```

当纳秒值达到 1 000 000 000 时,秒值加 1;当该值复位为 0 时,重新计数。

(2) 初始化

使用系统时间前,必须初始化系统时间,其函数原型为

```
int am_time_init (
        am_rtc_handle_t rtc_handle,     //RTC 实例句柄
        unsigned int update_sysclk_ns,  //短时间内使用系统时钟更新的时间间隔(ns)
        unsigned int update_rtc_s);     //使用 RTC 更新的时间间隔(s)
```

其中,rtc_handle 用于指定系统时间使用的 RTC,系统时间将使用该 RTC 保存

时间和获取时间；update_sysclk_ns 和 update_rtc_s 用以指定更新系统时间相关的参数。

1）RTC 句柄 rtc_handle

获取 RTC 句柄可通过 RTC 实例初始化函数获取，以作为 rtc_handle 的实参传递，即

```
am_rtc_handle_t rtc_handle = am_pcf85063_rtc_inst_init();
```

2）与系统时间更新相关的参数（update_sysclk_ns 和 update_rtc_s）

每个 MCU 都有一个系统时钟，比如 ZLG116，其系统时钟的频率为 48 MHz，常常称之为主频，在短时间内，该时钟的误差是很小的。由于直接读取 MCU 中的数据要比通过 I^2C 读取 RTC 器件上的数据快得多，因此根据系统时钟获取时间值比直接从 RTC 器件中获取时间值要快得多，完全可以在短时间内使用该时钟更新系统时间。比如，每隔 1 ms 将精确日历时间的纳秒值增加 1 000 000。但长时间使用该时钟来更新系统时间，势必产生较大的误差，这就需要每隔一定时间重新从 RTC 器件中读取精确的时间值来更新系统时间，以确保系统时间的精度。

update_sysclk_ns 为指定使用系统时钟更新系统时间的时间间隔，其单位为 ns，通常设置为 1～100 ms，即 1 000 000～100 000 000。update_rtc_s 为指定使用 RTC 器件更新系统时间的时间间隔，若对精度要求特别高，则将该值设置为 1，即每秒都使用 RTC 更新一次系统时间，通常设置为 10～60 较为合理。

基于此，将初始化函数的调用添加到配置文件中，详见程序清单 7.16。

程序清单 7.16　PCF85063 用作系统时间的实例初始化

```
1    # define __UPDATE_SYSCLK_NS1000000        //每 1 ms 根据系统时钟更新系统时间值
2    # define __UPDATE_RTC_S10                 //每 10 s 根据 RTC 更新系统时间值
3
4    int am_pcf85063_time_inst_init(void)
5    {
6        am_rtc_handle_t rtc_handle = am_pcf85063_rtc_inst_init();
7        return am_time_init(rtc_handle, __UPDATE_SYSCLK_NS, __UPDATE_RTC_S);
8    }
```

后续只需要简单地调用该无参函数，即可完成系统时间的初始化，即

```
am_pcf85063_time_inst_init();
```

（3）设置系统时间

根据不同的时间表示形式，有以下 2 种设置系统时间的方式。

1）精确日历时间设置

精确日历时间设置的函数原型为

```
int am_timespec_set(am_timespec_t * p_tv);
```

其中,p_tv 为指向精确日历时间(待设置的时间值)的指针。若返回 AM_OK,则表示设置成功,反之失败。使用示例为

```
am_timespec_t tv = {1472175150, 0};
am_timespec_set(&tv);
```

将精确日历时间的秒值设置为了 1 472 175 150,该值是从 1970 年 1 月 1 日 0 时 0 分 0 秒至 2016 年 8 月 26 日 09 时 32 分 30 秒的秒数,即将时间设置为 2016 年 8 月 26 日 09 时 32 分 30 秒。通常不会这样设置时间值,均是采用细分时间方式设置时间值。

2) 细分时间设置

细分时间设置的函数原型为

```
int am_tm_set (am_tm_t * p_tm);
```

其中,p_tm 为指向细分时间(待设置的时间值)的指针。若返回 AM_OK,则表示设置成功,反之失败。使用示例如下:

```
am_tm_t tm;
//设置时间值为 2016 年 8 月 26 日 09:32:30
am_tm_t tm = {30, 32, 9,26, 8 − 1,2016 − 1900, 0, 0, − 1};
am_tm_set(&tm);
```

将时间设置为 2016 年 8 月 26 日 09:32:30,当使用细分时间设置时间值时,细分时间的成员 tm_wday 在调用后被更新。如果不使用夏令时,则设置为−1。

(4) 获取系统时间

根据不同的时间表示形式,有以下 3 种获取系统时间的方式。

1) 获取日历时间

获取日历时间的函数原型为

```
am_time_tam_time(am_time_t * p_time);
```

其中,p_time 为指向日历时间的指针,用于获取日历时间。返回值同样为日历时间,若返回值为−1,则表明获取失败。通过返回值获取日历时间的示例如下:

```
am_time_t time;
time = am_time(NULL);
```

也可以通过参数获得日历时间,如下:

```
am_time_t time;
am_time(&time);
```

2) 获取精确日历时间

获取精确日历时间的函数原型为

```
int am_timespec_get(am_timespec_t * p_tv);
```

其中，p_tv 为指向精确日历时间的指针，用于获取精确日历时间。若返回 AM_OK，则获取成功，反之失败。使用示例如下：

```
am_timespec_t tv;
am_timespec_get(&tv);
```

3）获取细分时间
获取细分时间的函数原型为

```
int am_tm_get (am_tm_t * p_tm);
```

其中，p_tm 为指向细分时间的指针，用于获取细分时间。若返回 AM_OK，则表示获取成功，反之失败。使用示例如下：

```
am_tm_t tm;
am_tm_get(&tm);
```

7.3.4 应用实例

1. RTC 应用范例程序

基于 RTC 通用接口，可以编写一个通用的时间显示应用程序：每隔 1 s 通过调试串口打印当前的时间值。其实现详见程序清单 7.17。

程序清单 7.17 RTC 应用范例程序

```
1      # include "ametal.h"
2      # include "am_rtc.h"
3      # include "am_delay.h"
4      # include "am_vdebug.h"
5      # include "am_zlg116_inst_init.h"
6      / * *   要设置的时间信息 * /
7      am_local am_tm_t __g_current_time = {
8          55,          / * 秒 * /
9          59,          / * 分 * /
10         11,          / * 时 * /
11         5,           / * 日 * /
12         8 - 1,        / * 月 * /
13         2017 - 1900,  / * 年 * /
14         6,           / * 周 * /
15     };
16     int am_main ()
17     {
18         int    ret = AM_OK;
19         int    tmp = 0;
20         am_tm_t time;
```

```
21      am_rtc_handle_t rtc_handle = am_microport_rtc_std_inst_init();
22      /* 设置时间 */
23      ret = am_rtc_time_set(rtc_handle, &__g_current_time);
24      if(ret == AM_OK){
25          AM_DBG_INFO("set time success \r\n");
26      } else {
27          AM_DBG_INFO("set time fail \r\n");
28      }
29      while(1) {
30          am_rtc_time_get(rtc_handle, &time);
31          if (time.tm_sec != tmp) {
32              AM_DBG_INFO("%02d-%02d-%02d %02d:%02d:%02d %02d\n",
33                          time.tm_year + 1900,
34                          time.tm_mon + 1,
35                          time.tm_mday,
36                          time.tm_hour,
37                          time.tm_min,
38                          time.tm_sec,
39                          time.tm_wday);
40          }
41          tmp = time.tm_sec;
42          am_mdelay(20);
43      }
44  }
```

2. 闹钟应用范例程序

基于闹钟通用接口,可以编写一个通用的闹钟测试应用程序:设定当前时间为 09:32:30,闹钟时间为 09:34,1.5 min 后达到闹钟设定时间,蜂鸣器鸣叫 1 min,代码详见程序清单 7.18。

程序清单 7.18 闹钟应用范例程序

```
1   # include "ametal.h"
2   # include "am_board.h"
3   # include "am_buzzer.h"
4   # include "am_vdebug.h"
5   # include "am_zlg116_inst_init.h"
6   static void alarm_callback (void * p_arg)
7   {
8       am_buzzer_beep_async(60 * 1000);
9   }
10  int am_main (void)
11  {
```

```
12       //初始化 RTC 实例句柄
13       am_rtc_handle_t rtc_handle = am_microport_rtc_std_inst_init();
14       am_alarm_clk_handle_t alarm_handle = am_microport_rtc_alarm_clk_inst_init
();
15       //设置当前时间
16       am_tm_t tm = {30, 32, 9,18, 4 - 1,2019 - 1900, 0, 0, - 1};
17       am_rtc_time_set(rtc_handle, &tm);
18       //设置闹钟时间
19       am_alarm_clk_tm_t alarm_tm = {34, 9, AM_ALARM_CLK_EVERYDAY};
20       am_alarm_clk_time_set(alarm_handle, &alarm_tm);
21       //设置回调函数
22       am_alarm_clk_callback_set(alarm_handle, alarm_callback,NULL);
23       //开启闹钟
24       am_alarm_clk_on(alarm_handle);
25       while (1) {
26       }
27   }
```

3. 系统时间应用范例程序

基于系统时间相关接口,可以编写一个通用的系统时间测试应用程序:每隔 1 s 通过调试串口打印当前的系统时间值。应用程序的实现详见程序清单 7.19。

程序清单 7.19　系统时间应用范例程序

```
1    # include "ametal.h"
2    # include "am_board.h"
3    # include "am_buzzer.h"
4    # include "am_vdebug.h"
5    # include "am_zlg116_inst_init.h"
6
7    int am_main (void)
8    {
9        am_microport_rtc_time_inst_init();
10       //设定时间初始值为 2019 年 4 月 18 日 09:32:30
11       am_tm_t tm = {30, 32, 9,26, 8 - 1,2016 - 1900, 0, 0, - 1};
12       am_tm_set(&tm);
13
14       while(1) {
15           am_tm_get(&tm);
16           AM_DBG_INFO(" % 04d - % 02d - % 02d % 02d : % 02d : % 02d \r\n",
17                   tm.tm_year + 1900, tm.tm_mon + 1, tm.tm_mday,
18                   tm.tm_hour, tm.tm_min, tm.tm_sec);
```

```
19              am_mdelay(1000);
20          }
21      }
```

可见,在应用程序中,不再使用任何实例句柄,使得应用程序不与任何具体器件直接关联,系统时间的定义使得应用程序在使用时间时更加便捷。

第 **8** 章

AMetal 深入了解

📖 本章导读

AMetal 构建了一套抽象度很高的标准化接口,封装了各种 MCU 底层的变化,为应用软件提供了更稳定的抽象服务,延长了软件系统的生命周期。

如果你已经得心应手地使用 AMetal 编写了很多的程序,但还是想深入了解更多的接口是如何实现的,那么你可以从标准接口层开始,继续深入探索 AMetal。

8.1 标准接口层

标准接口层对常见外设的操作进行了抽象,提出了一套标准 API 接口,可以保证在不同的硬件上,标准 API 的行为都是一样的。常用的设备均已定义了相应的接口,例如 LED、KEY、Buzzer、Digitron、GPIO、USB、CAN、Serial、ADC、DAC、I²C、SPI、PWM、CAP 等。用户使用一个 GPIO 的过程为:先调用驱动初始化函数,然后在编写应用程序时仅需直接调用标准接口函数即可。传统实现是直接实现接口。

可见,应用程序是基于标准 API 实现的,标准 API 与硬件平台无关,使得应用程序可以轻松地在不同的硬件平台上运行。用户应尽可能基于标准接口编程,以便应用程序跨平台复用,接口命名空间为 am_/AM_。表 8.1 所列为 PWM 的 3 个标准接口函数。

表 8.1 PWM 标准接口函数

PWM 标准接口函数		功　能
int am_pwm_config（ am_pwm_handle_t　　　handle, int　　　　　　　chan, unsigned long　　　duty_ns, unsigned long　　　period_ns);		配置 PWM 通道的周期和脉宽
int am_pwm_enable（ am_pwm_handle_t　　　handle, int　　　　　　　chan);		使能 PWM 输出
int am_pwm_disable（ am_pwm_handle_t　　　handle, int　　　chan);		禁能 PWM 输出

am_pwm_config 接口中有 4 个参数,即 handle、chan、duty_ns 和 period_ns,其中,chan、duty_ns 和 period_ns 分别是 PWM 的通道号、脉宽时间(高电平时间,单位:ns)和 PWM 周期时间(单位:ns)。对于初学者,handle 可能比较陌生,下面就对 handle 做一个详细的介绍。

8.1.1 标准服务句柄 handle

handle 是一个标准服务句柄,由实例初始化函数返回,提供标准服务。返回值为 NULL 表明初始化失败,返回值为其他值表明初始化成功。初始化成功,则可以使用获取到的 handle 作为标准接口层相关函数的参数,操作对应的设备。所以,handle 是一个可操作的设备对象。比如,这里的 PWM 的 handle,就是一个可操作的设备对象,在使用前必须初始化 PWM,以获取一个可操作的设备对象。例如,ZLG116 的 PWM 获取 handle 的代码如下:

```
am_pwm_handle_t am_zlg116_sct0_pwm_inst_init (void);
```

函数的返回值为 am_pwm_handle_t 类型的标准服务句柄,该句柄将作为 PWM 通用接口中 handle 参数的实参。类型 am_pwm_handle_t(am_pwm. h)的定义如下:

```
typedef struct am_pwm_serv * am_pwm_handle_t;
```

因为初始化函数返回的 PWM 标准服务句柄仅作为参数传递给 PWM 通用接口,使用时不需要对该句柄做其他任何操作,所以完全不需要对该类型作任何了解。仅仅需要特别注意的是,若函数返回的实例句柄的值为 NULL,则表明初始化失败,该实例句柄不能被使用。

8.1.2 对功能进行抽象

为了使标准接口可以跨平台复用,需要对功能进行抽象(即面向对象的思想)。在实现功能函数时,可以通过不同的控制方式实现,比如使用 LED 时,可以通过 GPIO 控制,也可以通过 HC595 控制,虽然它们对应的 am_led_set()和 am_led_toggle()的实现方法不同,但它们要实现的功能却是一样的,这是它们的共性:均是实现设置 LED 状态和翻转 LED 状态的功能。再比如 PWM,也有不同的实现方式,甚至通过不同的评估板上实现,但实现的功能却是一样的,均是实现 PWM 的配置和使/禁能。由于一个接口的实现代码只能有一份,因此它们不能直接作为通用接口的实现代码。为此,可以对它们的共性进行抽象,抽象为对应的方法。下面对 PWM 抽象出来 3 种方法:

```
int ( * pfn_pwm_config) ( void * p_drv,
                   int chan,
                   unsigned long duty_ns,
                   unsigned long period_ns);
```

```
int ( * pfn_pwm_enable) (void * p_drv, int chan);
int ( * pfn_pwm_disable) (void * p_drv, int chan);
```

因此,对功能进行抽象先要定义抽象设备和抽象设备的方法,然后根据抽象方法的定义和设备具体的功能,将功能一一抽象为方法,并将这些方法存放在一个虚函数表(am_{dev_name}_drv_funcs)中。这些抽象方法的第一个参数均为 p_drv。最后,将虚函数表和 p_drv 整合在一个新的结构体中,该结构体类型即为抽象设备类型,抽象设备类型的伪代码如下:

```
typedef struct am_{dev_name}_drv_funcs {          //虚函数表
    int ( * pfn_function1) (void * p_drv, ...);       //抽象方法 1
    int ( * pfn_ function2) (void * p_drv, ...);      //抽象方法 2
    // ...... //抽象方法 n
}am_{dev_name}_drv_funcs_t;
typedef struct am_{dev_name}_dev {
    const am_{dev_name}_drv_funcs_t * p_funcs;     //设备的驱动函数
    void * p_drv;                                   //驱动函数参数
    //其他可能的成员,如抽象 LED 设备中的 p_next
    ......
}am_{dev_name}_dev_t;
```

上面的伪代码中,{dev_name}(设备名,例如 spi、GPIO、LED 和 PWM)是为了下文叙述的方便,使用的一个代号。其中,p_funcs 为指向驱动虚函数表的指针,p_drv 为指向设备的指针,即传递给驱动函数的第一个参数。相对通用接口来说,抽象方法多了一个 p_drv 参数。在面向对象的编程中,对象中的方法都能通过隐形指针 p_this 访问对象自身,引用自身的一些私有数据;而在 C 语言中则需要显式声明,这里的 p_drv 就有相同的作用。下面是 PWM 设备类的定义,具体详见程序清单 8.1。

程序清单 8.1　PWM 抽象设备

```
1    typedef struct am_pwm_serv {
2        struct am_pwm_drv_funcs * p_funcs;          / * PWM 驱动函数结构体指针 * /
3        void * p_drv;                                / * 用于驱动函数的第一个参数 * /
4    }am_pwm_serv_t;
```

上述结构体中包含了驱动虚函数表的指针,里面包含的是驱动设备底层的功能服务函数,p_drv 用于驱动函数的第一个参数。p_funcs 为指向驱动虚函数表的指针,顾名思义,虚函数表中存放的是驱动虚函数。

定义虚函数表时,需要包含设备的各个方法,例如 LED 的方法主要是分别用于设置 LED 状态和翻转 LED,针对不同的硬件设备,可以根据自身特性实现这两个方法。而对于 PWM,则有配置、使能和禁能三个方法。因此,需要将所有抽象方法放在一个结构体中,形成一个虚函数表,比如 PWM 的虚函数表,其定义详见程序清单 8.2。

程序清单 8.2　PWM 虚函数表的定义

```
1    struct am_pwm_drv_funcs {
2        int ( * pfn_pwm_config) ( void * p_drv,
3                                  int chan,
4                                  unsigned long duty_ns,
5                                  unsigned long period_ns);
6        int ( * pfn_pwm_enable) (void * p_drv, int chan);
7        int ( * pfn_pwm_disable) (void * p_drv,int chan);
8    };
```

如此一来,标准接口的实现可以直接调用抽象方法来实现,而抽象方法的具体实现是由具体的驱动完成的。

8.1.3　基于抽象服务实现接口

由于对功能进行了抽象,所以标准接口的实现与具体芯片没有直接关系。在标准接口函数中,标准接口函数通过调用设备实例初始化 handle 直接找到相应的方法,来实现标准接口的功能。在标准接口实现中,没有与具体硬件相关的实现代码,仅仅是简单地调用对应的抽象方法,因此也就可以在不同的评估板上使用,而抽象方法最终通过具体的设备来完成。由于各个标准接口的实现非常简单,往往将其实现直接以内联函数的形式存放在 .h 文件中。以 PWM 的配置标准接口实现为例,即

```
int am_pwm_config ( am_pwm_handle_t    handle,
                    int                chan,
                    unsigned long      duty_ns,
                    unsigned long      period_ns)
{
    return handle ->p_funcs ->pfn_pwm_config( handle ->p_drv,
                                              chan,
                                              duty_ns,
                                              period_ns);
}
```

由此可见,由于 handle 是直接指向设备的指针,可以通过 handle 直接找到相应的方法,因此,在整个接口的实现过程中,没有任何查询搜索的过程,效率较高。除此之外,一些设备在一个系统中可能有多个,可以集中对各个设备进行管理。如 LED 设备可能不止一个,所以不得不使用单向链表将系统中的各个 LED 设备连起来,以便查找。下面是 LED 的设置标准接口,即

```
int am_led_set (intled_id,am_bool_t state)
{
    am_led_dev_t * p_dev = __gp_led_dev;
    if (p_dev == NULL) {
```

```
        return - AM_ENODEV;
    }
    if (p_dev->p_funcs->pfn_led_set) {
        return p_dev->p_funcs->pfn_led_set(p_dev->p_drv,led_id, state);
    }
    return - AM_ENOTSUP;
}
```

LED 设备为全局变量 __gp_led_dev 指向的设备,展示了 pfn_led_set 方法的调用形式。而实际上 LED 设备往往不止一个,比如,用 GPIO 控制的 LED 设备和使用 HC595 控制的 LED 设备,就需要在系统中管理多个 LED 设备。由于它们的具体数目无法确定,因此需要使用单向链表进行动态管理。在 am_led_dev_t 中增加一个 p_next 成员,用于指向下一个设备,具体的定义如下:

```
typedef struct am_led_dev {
    const am_led_drv_funcs_t * p_funcs;         //本设备的驱动
    void * p_drv;                               //驱动函数参数
    struct am_led_dev * p_next;                 //指向下一个 LED 设备
}am_led_dev_t;
```

此时,系统中的多个 LED 设备使用链表的形式管理。那么,在标准接口的实现中,如何确定该使用哪个 LED 设备呢?在定义标准接口时,使用 led_id 区分不同的 LED,若将一个 LED 设备与该设备对应的 led_id 绑定在一起,则在标准接口的实现中,就可以根据 led_id 找到对应的 LED 设备,然后使用驱动中提供的相应方法来完成 LED 的操作。可见,如果需要,就可以在抽象设备中添加其他需要的成员。

8.2 驱动层

驱动层的重点是实现标准接口层定义的抽象服务,实现各个功能函数,接口命名空间为 am_{dev_name}_/AM_{dev_name}。驱动层主要包含三大类接口:设备初始化函数 am_{dev_name}_init()、设备解初始化函数 am_{dev_name}_deinit()、其他功能性函数 am_{dev_name}_*()。实际上,用户在使用驱动时不需要手动调用设备初始化函数,只需要调用封装好的实例初始化函数,即可使用标准接口。设备初始化函数会在实例初始化函数中调用。同样,设备解初始化函数也不需要手动调用,只需要调用封装好的实例解初始化函数,设备解初始化函数会在实例解初始化函数中调用。

8.2.1 抽象服务的实现

至止,已经完成了抽象设备框架的搭建,但抽象设备框架中并没有实质性的驱动,标准接口最终需要找到底层驱动。因此,需要把底层的驱动方法实现,同时给虚函数表赋值。PWM 抽象方法的定义详见程序清单 8.2 中的三个抽象方法。

对于所有的 PWM 底层,都需要实现这三个抽象方法,这三个抽象方法的实现可以通过多种控制方式完成,无论是哪一种控制方式,都只需要按抽象方法的定义形式完成该功能,把对应的抽象方法填到虚函数表中,供标准接口调用。比如下面两个不同的板载实现的抽象方法,分别详见程序清单 8.3 和程序清单 8.4。

程序清单 8.3　ZLG116 的 PWM 驱动

```
1    static int __zlg116_tim_pwm_config ( void            * p_drv,
2                                         int             chan,
3                                         unsigned long   duty_ns,
4                                         unsigned long   period_ns)
5    {
6        //根据具体硬件实现,如设置 ZLG116 的与 TIM 定时器相关的定时器
7    }
8    static int __zlg116_tim_pwm_enable (void * p_drv, int chan)
9    {
10       //……
11   }
12   static int __zlg116_tim_pwm_disable (void * p_drv, int chan)
13   {
14       //……
15   }
16   static const struct am_pwm_drv_funcs __g_zlg116_tim_pwm_drv_funcs = {
17       __zlg116_tim_pwm_config,
18       __zlg116_tim_pwm_enable,
19       __zlg116_tim_pwm_disable,
20   };
```

程序清单 8.4　LPC82x 的 PWM 驱动

```
1    static int __lpc82x_tim_pwm_config ( void            * p_drv,
2                                         int             chan,
3                                         unsigned long   duty_ns,
4                                         unsigned long   period_ns)
5    {
6        //根据具体硬件实现,如设置 LPC82x 的与 TIM 定时器相关的定时器
7    }
8    static int __lpc82x_tim_pwm_enable (void * p_drv, int chan)
9    {
10       //……
11   }
```

```
12    static int __lpc82x_tim_pwm_disable (void * p_drv, int chan)
13    {
14        //······
15    }
16    static const struct am_pwm_drv_funcs __g_lpc82x_tim_pwm_drv_funcs = {
17        __lpc82x_tim_pwm_config,
18        __lpc82x_tim_pwm_enable,
19        __lpc82x_tim_pwm_disable,
20    };
```

显然,__g_zlg116_tim_pwm_drv_funcs 是通过 ZLG116 的定时器实现 PWM 的三个功能,__g_lpc82x_tim_pwm_drv_funcs 是通过 LPC824 的定时器实现 PWM 的三个功能,它们在形式上是两个不同的结构体常量,但其意义是相同的。

这里分别实现了底层 LPC82x 和 ZLG116 的 PWM 驱动,其中都包含了三个函数,分别是 PWM 的配置函数、PWM 的使能函数、PWM 的禁能函数。要使标准层接口可以调用到这些底层函数,就需要把这些抽象方法添加到抽象设备中。下面分别是两个评估板对抽象设备成员的赋值,详见程序清单 8.5 和程序清单 8.6。

程序清单 8.5　ZLG116 的 PWM 驱动成员赋值

```
1    am_pwm_serv_t zlg116_pwm_serv;
2
3    zlg116_pwm_serv.p_funcs = &__g_zlg116_tim_pwm_drv_funcs;
```

程序清单 8.6　LPC82x 的 PWM 驱动成员赋值

```
1    am_pwm_serv_t lpc82x_pwm_serv;
2
3    lpc82x_pwm_serv.p_funcs = &__g_lpc82x_tim_pwm_drv_funcs;
```

从以上代码可以看出,实现抽象服务,即是先把各设备的驱动函数实现,然后完成抽象服务中各成员的赋值,最后把抽象服务添加到服务列表中,提供给上层标准接口。这样就解决了驱动共存的问题。

8.2.2　实例初始化

使用标准接口需要用到参数 handle,实例初始化的核心则是获取标准服务句柄 handle。为了减少用户的工作,避免用户自定义设备实例和实例信息,针对每个设备,都定义了默认的设备实例和实例信息。

任何设备使用前,都需要初始化。为了进一步减少用户的工作,在设备配置文件中,将该初始化动作封装为一个函数,并且不需任何传入参数。该函数即为实例初始化函数,用于初始化一个外设。实例初始化函数的原型详见程序清单 8.7。

程序清单 8.7　实例初始化函数原型

```
1    am_{dev_name}_handle_t am_{dev_name}_inst_init (void);
2    {
3        return am_{dev_name} _init(&__g_{dev_name}_dev,
4        &__g_{dev_name}_devinfo);
5    }
```

由上述代码可见,实例初始化函数的动作行为很单一,仅仅是调用一下 am_{dev_name}_init 函数。其中需要传入的两个参数 __g_{dev_name}_dev 和 __g_{dev_name}_devinfo 分别是设备实例和设备信息,而在设备配置文件中已经定义了默认的设备实例和实例信息。通常用户在使用时,仅仅需要修改 I/O 口,若有特殊的需要,比如需要更改通道号等,则只需要在配置文件中修改对应部分的设备信息。

1. 设备信息

设备信息是用于在初始化一个设备时,传递给对应驱动函数的一些外设相关的信息,如该外设设备对应的寄存器基地址,使用的中断号、引脚号等。设备信息实际上就是使用相应的设备信息结构体类型定义的一个结构体变量,与设备实例不同的是,该变量需要用户赋初值。同时,由于设备信息无需在运行过程中修改,因此往往将设备信息定义为 const 变量。

打开 {HWCONFIG}\am_hwconf_{dev_name}.c 文件,可以看到定义的设备信息。例如打开\am_hwconf_zlg116_gpio.c 文件,即可看到 GPIO 的设备信息,详见程序清单 8.8。

程序清单 8.8　设备信息定义

```
1    const am_{dev_name}_devinfo_t __g_{dev_name}_devinfo = {
2
3        /* 外设对应的寄存器基地址、使用的中断号等 */
4
5    };
```

上述代码中使用 am_{dev_name}_devinfo_t 类型定义了一个设备信息结构体。设备信息结构体类型在相应的驱动头文件中定义。该类型的具体路径为 ametal\soc{core_type_name}\drivers\include\{dev_name}\am_{dev_name}.h。例如 ametal\soc\{core_type_name}\drivers\include\gpio\am_zlg116_gpio.h 文件中的 am_zlg116_gpio_devinfo_t,详见程序清单 8.9。

程序清单 8.9　设备信息结构体类型定义

```
1    /**
2     *  设备信息
3     */
```

```
4    typedef struct am_{dev_name}_devinfo {
5
6        /* 外设对应的寄存器基地址、使用的中断号、使用的引脚号等 */
7
8        void ( * pfn_plfm_init)(void);              /* 平台初始化函数 */
9        void ( * pfn_plfm_deinit)(void);            /* 平台去初始化函数 */
10   }am_{dev_name}_devinfo_t;
```

一个设备用到的信息都可以添加到上述结构体中。设备信息中通常有外设对应的寄存器基地址、使用的中断号、有时需要用户根据实际情况分配的内存,还有平台初始化函数和平台解初始化函数等。当然,一些比较特殊的设备并没有设置平台初始化函数和平台解初始化函数等,这可以根据设备的需要进行添加。

下面对几个经常使用的设备信息成员,如寄存器基地址、有时需要用户根据实际情况分配的内存、平台初始化函数和平台解初始化函数做一个简单的介绍。

(1) 寄存器基地址

每个片上外设都有对应的寄存器,这些寄存器都有一个起始地址(基地址),只要根据这个起始地址,就能够操作所有寄存器。因此,设备信息需要提供外设的基地址。一般来讲,外设关联的寄存器基地址都只有一个,也有部分较为特殊的,如GPIO 则属于较为特殊的外设,它统一管理了 SWM、GPIO、IOCON、PINT 共计 4 个部分的外设,因此,在 GPIO 的设备信息中,需要 4 个基地址。寄存器基地址已经在 ametal\soc\{core_type_name}\{core_type_name}_regbase. h 文件中使用宏定义好了,用户直接使用即可。

(2) 需要用户根据实际情况分配的内存

前文已经提到,设备实例是用来为外设驱动分配内存的,为什么在设备信息中还需要分配内存呢? 这是因为对于有的资源系统提供得比较多,而用户实际使用数量可能远远小于系统提供的资源数,如果按照默认都使用的操作方式,将会造成不必要的资源浪费。

以 PINT 为例,系统提供了 8 路中断,因此,最多可以将 8 个 GPIO 用作触发模式。每一路 GPIO 触发模式都需要内存来保存用户设定的触发回调函数。如果按照默认操作方式,假定用户可能会使用到所有的 8 路 GPIO 触发,就需要 8 份用于保存相关信息的内存空间,而实际上,用户可能只使用 1 路,这就导致了不必要的空间浪费。

基于此,某些可根据用户实际情况增减的内存由用户通过设备信息提供,以实现资源的最优化利用。实际中,有的外设可能不需要根据实际情况分配内存,那么设备信息结构体中将不包含该部分内容。

(3) 平台初始化函数

平台初始化函数主要用于初始化与该外设相关的平台资源,如使能该外设的时钟,初始化与该外设相关的引脚等。一些通信接口都需要配置引脚,如 UART、SPI、I²C 等,这些引脚的初始化都需要在平台初始化函数中完成。

在设备信息结构体类型中,会有一个用于存放平台初始化函数的指针,以指向平台初始化函数,详见程序清单 8.10。在驱动程序初始化相应外设前,将首先调用设备信息中提供的平台初始化函数。

程序清单 8.10　设备信息结构体类型——平台初始化函数指针定义

```
1    /**平台初始化函数 * /
2    void ( * pfn_plfm_init)(void);
```

平台初始化函数均在设备配置文件中定义,其在{HWCONFIG}\am_hwconf_{dev_name}.c 这个初始化函数中主要是在外设使用前,先配置好所需的 I/O 口、系统配置时钟使/禁能等。

(4) 平台解初始化函数

平台解初始化函数与平台初始化函数相对应,通常情况下,平台初始化函数开启对应的硬件资源,例如时钟、GPIO 口配置等,解初始化函数就是对应关闭平台初始化函数配置的资源。

2. 设备实例

设备实例为整个外设驱动提供必要的内存空间,其实际上就是使用相应的设备结构体类型定义的一个结构体变量,无需用户赋值。因此,用户完全不需要关心设备结构体类型的具体成员变量,只需要使用设备结构体类型定义一个变量即可。在配置文件中,设备实例均已定义。打开{HWCONFIG}\ \am_hwconf_ * .c 文件,即可看到设备实例已经定义好,详见程序清单 8.11。

程序清单 8.11　定义设备实例

```
1    /** 设备实例 * /
2    am_{dev_name}_dev_t __g_{dev_name}_dev;
```

这里使用 am_{dev_name}_dev_t 类型定义了一个设备实例。设备结构体类型在相对应的驱动头文件中定义。该类型即在 ametal\soc\{core_type_name}\drivers\include\{dev_name} \am_{dev_name}.h 文件中定义。比如 PWM 的设备实例,详见程序清单 8.12。

程序清单 8.12　PWM 输出功能设备结构体

```
1    /**
2     * PWM 输出功能设备结构体
3     * /
4    typedef struct am_zlg_tim_pwm_dev {
5        /**< 标准 PWM 服务 * /
6        am_pwm_serv_t pwm_serv;
```

```
7        /**指向 TIM(PWM 输出功能)设备信息常量的指针 */
8        const am_zlg_tim_pwm_devinfo_t *p_devinfo;
9    }am_zlg_tim_pwm_dev_t;
```

从上述结构体中可以看到,设备实例中包含标准 PWM 服务结构体和设备信息常量的指针,但未被初始化的设备实例是空的。所以,需要对设备实例进行初始化,即为设备初始化。

3. 设备初始化

设备初始化函数的主要目的是初始化设备实例,对设备实例结构体中的成员进行一一赋值,此外根据设备具体的需要进行驱动设备的初始化。例如,需要使用 I/O 口时,就对 I/O 口进行配置;需要用到定时器时,就对定时器初始化。例如 PWM 的设备初始化函数,具体实现详见程序清单 8.13。

程序清单 8.13　PWM 的设备初始化函数

```
1    am_pwm_handle_t am_zlg_tim_pwm_init (
2    am_zlg_tim_pwm_dev_t * p_dev,
3    const am_zlg_tim_pwm_devinfo_t * p_devinfo)
4    {
5        amhw_zlg_tim_t * p_hw_tim = NULL;
6        if (p_dev == NULL || p_devinfo == NULL) {
7            return NULL;
8        }
9
10       if (p_devinfo->pfn_plfm_init) {
11           p_devinfo->pfn_plfm_init();
12       }
13
14       p_dev->p_devinfo = p_devinfo;
15       p_hw_tim =
16           (amhw_zlg_tim_t * )p_dev->p_devinfo->tim_regbase;
17       p_dev->pwm_serv.p_funcs =
18           (struct am_pwm_drv_funcs * )&__g_tim_pwm_drv_funcs;
19       p_dev->pwm_serv.p_drv = p_dev;
20
21       __tim_pwm_init(p_hw_tim, p_devinfo->tim_type);
22
23       return &(p_dev->pwm_serv);
24   }
```

可见,设备初始化函数最后返回的标准服务句柄,即是标准接口层中讲到的抽象设备类的地址。从实例初始化函数的原型可见,实例初始化函数的返回值和设备初始化函数的返回值一致,实际用户在使用时只需要关心实例初始化函数的返回值。但实际上,实例初始化函数的返回值不一定是标准服务句柄。具体的返回值还有两种:一种是全局资源外设对应的实例初始化函数的返回值,其为 int 类型的值;另一种是一些较为特殊的设备,功能还没有被标准接口层标准化,其返回值为驱动自定义服务句柄。

4. 实例初始化函数返回值类型

从实例初始化函数的原型可见,关于实例初始化函数的返回值,与设备初始化函数的返回值一致。因此,根据驱动设备的不同,也可能有 3 种不同的返回值类型,如下:

- int 类型;
- 标准服务句柄 handle 类型(am_{dev_name}_handle_t,类型由标准接口层定义),如 am_adc_handle_t;
- 驱动自定义服务句柄。

(1) 返回值为 int 类型

常见的全局资源外设对应的实例初始化函数的返回值类型均为 int 类型,例如 CLK、GPIO、DMA 等,返回值就是一个 int 值。若返回值为 AM_OK,则表明实例初始化成功;否则,表明实例初始化失败,需要检查设备相关的配置信息。以中断的设备初始化函数为例,源程序详见程序清单 8.14。

程序清单 8.14 中断的设备初始化函数

```
1    int am_arm_nvic_init (    am_arm_nvic_dev_t          * p_dev,
2                        const am_arm_nvic_devinfo_t  * p_devinfo)
3    {
4        int i;
5        if (NULL == p_dev || NULL == p_devinfo) {
6            return - AM_EINVAL;
7        }
8        p_dev ->p_devinfo = p_devinfo;
9        __gp_nvic_dev = p_dev;
10       p_dev ->valid_flg = AM_TRUE;
11       if ((NULL == p_devinfo ->p_isrmap) || (NULL == p_devinfo ->p_isrinfo)) {
12           p_dev ->valid_flg = AM_FALSE;
13       }
14       if (p_dev ->valid_flg) {
15           for (! = 0; i < p_devinfo ->input_cnt; i ++ ) {
16               p_devinfo ->p_isrmap[i] = __INT_NOT_CONNECTED;
17           }
18           for (! = 0; i < p_devinfo ->isrinfo_cnt; i ++ ) {
19               p_devinfo ->p_isrinfo[i].pfn_isr = NULL;
20           }
```

21	``` }```
22	`amhw_arm_nvic_priority_group_set (p_devinfo ->group);`
23	`return AM_OK;`
24	`}`

可见,在实例初始化函数中,初始化全局资源外设时,返回值为 int 类型,仅仅是一个初始化结果的标志(int 类型)。

通过实例初始化,后续操作该类外设时直接使用相关的接口操作即可,根据接口是否标准化,可以将操作该外设的接口分为两类,即标准化接口和未标准化接口。

(2) 返回值为标准服务句柄

绝大部分外设驱动初始化函数时均是返回一个标准的服务句柄(handle),以提供标准服务。值为 NULL 表明初始化失败,其他值则表明初始化成功。若初始化成功,则可以使用获取到的 handle 作为标准接口层相关函数的参数,操作对应的外设。以 PWM 设备初始化函数为例,其设备初始化函数原型详见程序清单 8.13。其返回值为设备信息中的抽象设备类的地址,作为标准接口的参数,使得标准接口层函数的相关代码是可跨平台复用的。比如我们使用 PWM 标准接口,通过定时器通道对应的引脚输出频率为 2 kHz、占空比为 50% 的 PWM 波,使用详情可见程序清单 8.15。

程序清单 8.15 标准 PWM 的使用例程

```
1    void demo_std_timer_pwm_entry (intpwm_chan)
2    {
3        am_pwm_handle_t pwm_handle = NULL;
4        /* 实例初始化 PWM 设备 */
5        pwm_handle = am_zlg116_timer0_pwm_inst_init ();
6        /* 配置 PWM 频率为 1 000 000 000/500 000 = 2 kHz */
7        am_pwm_config(pwm_handle,pwm_chan, 500000 /2, 500000);
8        am_pwm_enable(pwm_handle,pwm_chan);
9        AM_FOREVER {
10           ;    /* VOID */
11       }
12   }
```

(3) 返回值为驱动自定义服务句柄

对于一些较为特殊的外设,其功能还没有被标准接口层标准化,此时,为了方便用户使用一些特殊功能,相应驱动初始化函数就直接返回一个驱动自定义的服务句柄(handle),值为 NULL 表明初始化失败,其他值则表明初始化成功。若初始化成功,则可以使用该 handle 作为该外设驱动提供的相关服务函数的参数,用来使用一些标准接口未抽象的功能或该外设的一些较为特殊的功能。特别地,如果一个外设在提供特殊功能的同时,还可以提供标准服务,那么该外设对应的驱动还会提供一个标准服务 handle 获取函数,通过自定义服务句柄获取标准服务句柄。下面是一个

LPC82x 特有的外设 SCT,其功能还没有被标准接口层标准化,实例初始化函数
如下:

```
am_lpc824_sct_handle_t am_lpc824_sct0_inst_init (void);
```

从函数的声明可见,返回驱动自定义服务句柄的实例初始化函数和返回标准服
务句柄的实例初始化函数的操作类似,不同之处在于,返回自定义服务句柄是直接返
回设备实例地址,以 SCT 的设备初始化为例,实现代码详见程序清单 8.16。

程序清单 8.16 SCT 初始化函数

```
1   am_lpc_sct_handle_t am_lpc_sct_init ( am_lpc_sct_dev_t         * p_dev,
2                                          const am_lpc_sct_devinfo_t* p_devinfo)
3   {
4       uint8_t i;
5       amhw_lpc_sct_t * p_hw_sct = NULL;
6       if ((NULL == p_devinfo) || (NULL == p_devinfo) ) {
7           returnNULL;
8       }
9       if (p_devinfo->pfn_plfm_init) {
10          p_devinfo->pfn_plfm_init();
11      }
12      p_hw_sct = (amhw_lpc_sct_t *)(p_devinfo->sct_regbase);
13      p_dev->p_devinfo = p_devinfo;
14      p_dev->evt_stat = 0; /* 所有事件未被使用 */
15      p_dev->valid_flg = AM_TRUE;
16      if ((p_devinfo->p_isrmap ! = NULL) && (p_devinfo->p_isrinfo ! = NULL)) {
17          for (! = 0; i < p_devinfo->evt_isr_cnt; i++ ) {
18              p_devinfo->p_isrmap[i] = __INT_NOT_CONNECTED;
19          }
20          for (! = 0; i < p_devinfo->isrinfo_cnt; i++ ) {
21              p_devinfo->p_isrinfo[i].pfn_isr = NULL;
22          }
23      }
24      ……    /* 配置 SCT 寄存器 */
25      return p_dev;
26  }
```

注意:SCT0 可以用作标准的 PWM、CAP 和定时服务,也可以用作驱动自定义
的特殊功能服务。但同一时间,只能使用一种服务。

8.2.3 实例解初始化

每个外设驱动都提供了对应的驱动解初始化函数,以便应用不再使用某个外设

时释放掉相关资源。外设的驱动解初始化函数在驱动头文件 am_{dev_name}.h 或者 am_{dev_name}.h 文件中声明,详见程序清单 8.17。

程序清单 8.17　设备解初始化函数声明

```
1    /**
2     *  设备去初始化
3     *
4     * \param[in] 无
5     *
6     * \return 无
7     */
8    void am_{dev_name}_deinit (void);
```

当应用不再使用该外设时,只需要调用该函数即可,如下:

```
am_{dev_name}_deinit();
```

为了方便用户理解,使用用户使用起来更简单,与实例初始化函数相对应,每个设备配置文件同样提供了一个实例解初始化函数,当不再使用一个外设时,解初始化该外设,释放掉相关资源。

这样,当用户需要使用一个外设时,完全不用关心驱动设备的初始化函数和解初始化函数,只需要调用设备配置文件提供的实例解初始化函数解初始化外设即可。实例解初始化函数定义在{HWCONFIG}\am_hwconf_{dev_name}.c 或\am_hw-conf_{dev_name}.c 文件中,详见程序清单 8.18。

程序清单 8.18　实例解初始化函数

```
1    /**设备实例解初始化 */
2    void am_{dev_name}_inst_deinit (void)
3    {
4        am_{dev_name}_deinit();
5    }
```

所有实例解初始化函数均无返回值。解初始化后,该外设将不再可用。如需再次使用,则需要重新调用实例初始化函数。根据设备的不同,实例解初始化函数的参数会有所不同。若实例初始化函数的返回值为 int 类型,则解初始化时,无需传入任何参数;若实例初始化函数返回了一个 handle,则解初始化时,应将通过实例初始化函数获取的 handle 作为参数。

8.2.4　其他功能性函数

初始化完成后,对于有标准接口的功能,可以直接使用标准接口访问;对于没有标准接口的功能,则应按照常规驱动,提供一系列功能性接口。例如,DMA 目前还没有标准化,则 DMA 驱动应直接提供 DMA 的功能接口,如下:

```
1    int am_zlg116_dma_chan_start ()
2    {
3        //直接操作寄存器实现
4    }
```

8.3　硬件层

硬件层用于完成外设最底层的操作,其提供的 API 基本上是直接操作寄存器的内联函数,效率最高。当需要操作外设的特殊功能,或者对效率等有需求时,可以调用硬件层 API。硬件层等价于传统 SOC 原厂的裸机包。硬件层接口使用 amhw_/AMHW_ ＋ 芯片名作为命名空间,如 amhw_zlg116、AMHW_ZLG116,具体位置在对应设备的 HW 文件中。下面是一个 ADC 的硬件功能函数,具体实现详见程序清单 8.19。

程序清单 8.19　ADC 检查数据标志值

```
1
2    am_bool_t amhw_zlg_adc_data_valid_check (amhw_zlg_adc_t * p_hw_adc)
3    {
4        return ((( p_hw_adc ->addata >> 21) & 0x1u) > 0 ? AM_TRUE : AM_FALSE);
5    }
```

内联函数的修饰符,即 static inline,其具体作用可以查看 C 语言语法中 static 和 inline 的作用。

amhw_zlg_adc_t 为系统控制器寄存器列表,硬件层接口是直接操作寄存器,所以使用硬件层接口的效率相对于标准层接口会高很多。

使用硬件层接口

HW 层的接口函数都是以外设寄存器结构体指针为参数(特殊地,系统控制部分功能混杂,默认所有函数直接操作 SYSCON 各个功能,无需再传入相应的外设寄存器结构体指针)。

以 ADC 为例,所有硬件层函数均在 ametal\soc\{core_type_name}\drivers\include\adc\hw\ amhw_{core_type_name}_adc. h 文件中声明(一些简单的内联函数直接在该文件中定义)。这里简单列举一个函数,具体实现详见程序清单 8.20。

程序清单 8.20　ADC 硬件层操作函数

```
1    /**
2     * ADCfunction disable set
3     *
4     * \param[in] p_hw_adc:指向 ADC 寄存器
5     * \param[in] flag :ADC 清除寄存器标志位
```

```
6    *
7    * \return none
8    */
9
10   void amhw_zlg_adc_ctrl_reg_clr ( amhw_zlg_adc_t    * p_hw_adc,
11                                     uint32_t           flag)
12   {
13       p_hw_adc ->adcr & = ～flag;
14   }
```

当然还有很多这一类的函数,读者可自行打开 ametal\soc\{core_type_name}\
drivers\ include\adc\hw\amhw_{core_type_name}_adc. h 文件查看。此类函数基本
上都是以 amhw_{core_type_name}_adc_t ＊ 类型作为第一个参数。其中,amhw_{core_
type_name}_adc_t 类型在 ametal\soc\{core_type_name}\drivers\include\adc\ hw\
amhw_{core_type_name}_adc. h 文件中声明,用于定义 ADC 外设的各个寄存器。
程序清单 8.21 给出了 ADC 寄存器结构的定义。

程序清单 8.21　ADC 寄存器结构体的定义

```
1    /**
2     * ADC 外设的各个寄存器定义
3     */
4    typedef struct amhw_zlg_adc{
5        __IO uint32_t addata;                    /＊数据寄存器＊/
6        __IO uint32_t adcfg;                     /＊配置寄存器＊/
7        __IO uint32_t adcr;                      /＊控制寄存器＊/
8        __IO uint32_t adchs;                     /＊通道选择寄存器＊/
9        __IO uint32_t adcmpr;                    /＊窗口比较寄存器＊/
10       __IO uint32_t adsta;                     /＊状态寄存器＊/
11       __IO uint32_t addr[9];                   /＊数据地址寄存器＊/
12   } amhw_zlg_adc_t;
```

该类型的指针已经在 ametal\soc\zlg\{soc_name}\{soc_name}_periph_map. h
文件中定义,应用程序可以直接使用,详见程序清单 8.22。

程序清单 8.22　GPIOA 寄存器结构体定义

```
1    /＊＊GPIO 端口 A 寄存器块指针＊/
2    ＃define ZLG116_ADC((amhw_zlg_adc_t ＊)ZLG116_ADC_BASE)
```

其他系列芯片的设备也是如此,对应的寄存器结构体指针会在 ametal\soc\
{core_type_name}\{board_name}\{board_name}_periph_map. h 文件中定义,应用
程序可以直接使用。

注:其中的{board_name}_ADC_BASE 是 GPIO 外设寄存器的基地址,在

ametal\soc\{core_type_name}\{board_name}\{board_name}_regbase.h 文件中定义,其他所有外设的基地址均在该文件中定义。

有了 ADC 寄存器结构体指针宏后,就可以直接使用 ADC 硬件层的相关函数了。对于一些特殊的功能,硬件层可能没有提供相关接口,但可以基于各个外设指向寄存器结构体的指针直接操作寄存器实现。例如,要使能 ADC 中断,可以直接设置寄存器的值,详见程序清单 8.23。

程序清单 8.23　直接设置寄存器使能 ADC 中断

```
1    /*
2     * 设置 ADCR 寄存器的 bit0 为 1,使能 ADC 中断
3     */
4    AMHW_{board_name}_ADC->adcr |= 0x01;
```

一般情况下,均无需这样操作。若特殊情况下需要以这种方式操作寄存器,应详细了解该寄存器各个位的含义,谨防出错。

所有外设均在 ametal\soc\{core_type_name}\{board_name}\{board_name}_periph_map.h 文件中定义了指向外设寄存器的结构体指针。

8.4　通用接口说明

面向通用接口的编程,使得程序与具体的硬件无关,可以很容易地实现跨平台复用,但具体如何实现,本节将详细描述。

8.4.1　通用接口定义

合理的接口应该是易阅读的、职责明确的。下面将以 LED 通用接口为例,从接口的命名、参数和返回值三个方面阐述在 AMetal 中定义通用接口的一般方法。

1. 通用接口命名

在 AMetal 中,所有通用接口均以"am_"开头,紧接着是操作对象的名字,对于 LED 控制接口,所有接口都应以"am_led_"为前缀。当接口的前缀定义好之后,需要考虑定义哪些功能性接口,然后根据功能完善接口名。

对于 LED,核心的操作是控制 LED 的状态,点亮或熄灭 LED,因此需要提供一个设置(set)LED 状态的函数,比如:am_led_set。显然,通过该接口可以设置 LED 的状态,为了区分是点亮还是熄灭 LED,需要通过一个参数指定具体的操作。

在大多数应用场合中,可能需要进行频繁地开灯和关灯操作,每次开关灯都需要通过传递参数给 am_led_set()接口来实现,这样做非常烦琐。因此,可以为常用的开灯和关灯操作定义专用的接口,这样就不再需要额外的参数来区分具体的操作了。比如,使用 on 和 off 分别表示开灯和关灯,则定义开灯和关灯的接口名分别为:am_ led_on、am_led_off。

在一些特殊的应用场合种,比如 LED 闪烁,我们可能并不关心具体的操作是开灯还是关灯,而是仅仅需要 LED 的状态发生翻转。此时,可以定义一个用于翻转(toggle)LED 状态的接口,其接口名为:am_led_toggle。

2. 接口参数

在 AMetal 中,通用接口的第一个参数表示要操作的具体对象。显然,一个系统可能有多个 LED,为了确定操作的 LED,最简单的方法是为每个 LED 分配一个唯一编号,即 ID 号,然后通过 ID 号确定需要操作的 LED。ID 号是一个从 0 开始的整数,其类型为 int,基于此,所有接口的第一个参数均定义为 int 类型的 led_id。

对于 am_led_set 接口,除使用 led_id 确定需要控制的 LED 外,还需要使用一个参数来区分是点亮 LED 还是熄灭 LED。由于是二选一操作,因此该参数的类型使用布尔类型:am_bool_t。当值为真(AM_TRUE)时,点亮 LED;当值为假(AM_FALSE)时,熄灭 LED。基于此,包含参数的 am_led_set 接口函数原型为(还未定义返回值):

```
am_led_set (int led_id, am_bool_tstate);
```

对于 am_led_on、am_led_off 和 am_led_toggle 接口,它们的职责单一,仅仅需要指定控制的 LED,即可完成点亮、熄灭或翻转操作,无需额外的其他参数。因此对于这类接口,参数仅仅只需要 led_id,其函数原型如下:

```
am_led_on(int led_id);
am_led_off(int led_id);
am_led_toggle(int led_id);
```

实际上,在 AMetal 通用接口的第一个参数中,除使用 ID 号表示操作的具体对象外,还可能直接使用指向具体对象的指针,或者表示具体对象的一个句柄来表示,它们的作用在本质上是完全一样的。

3. 接口返回值

对于用户来说,调用通用接口后,应该可以获取本次执行的结果,成功还是失败,或一些其他有用信息。比如,当调用接口时,如果指定的 led_id 超过有效范围,则由于没有与 led_id 对应的 LED 设备,操作必定会失败,此时必须返回错误,告知用户操作失败,且失败的原因是 led_id 不在有效范围内,无与之对应的 LED 设备。

在 AMetal 中,通过返回值返回接口执行的结果,其类型为 int,返回值的含义为:若返回值为 AM_OK,则表示操作成功;若返回值为负数,则表示操作失败,失败原因可根据返回值,查找 am_errno.h 文件中定义的宏,根据宏的含义确定失败的原因,若返回值为正数,其含义与具体接口相关,由具体接口定义,无特殊说明时,表明不会返回正数。

AM_OK 在 am_common.h 文件中定义,其定义如下:

```
#define AM_OK 0
```

8.4.2 通用接口实现

1. 通用的 LED 设备类

通用 LED 设备初始化函数 am_led_gpio_inst_init 位于 user_config/am_hwconf_led_gpio.c 文件中:

```
int am_led_gpio_inst_init (void)
{
    return am_led_gpio_init(&__g_led_gpio, &__g_led_gpio_info);
}
```

其中,__g_led_gpio 为 LED 实例,__g_led_gpio_info 为 LED 实例信息。

当需要更改 LED 的引脚信息时,只需更改实例信息便可。实例信息结构体的定义如下:

```
typedef struct  am_led_gpio_info {
    am_led_servinfo_t       serv_info;
    const int              * p_pins;
    am_bool_t               active_low;
} am_led_gpio_info_t;
```

说明:

- 结构体 am_led_servinfo_t 仅包含起始 ID 和结束 ID,一般起始 ID 为 0,结束 ID 为总 LED 数减 1。
- 指针 p_pins 指向的是 LED 使用引脚的数组,数组中 LED 引脚的位置对应其 ID 号,例如某 LED 的引脚为 PIOB_3,它在 p_pins 指向的数组中排列第三,由于起始 ID 为 0,所以该 LED 对应的 ID 为 2。
- active_low 为 bool 类型,含义为 LED 是否是低电平点亮。也就是说,LED 低有效,active_low 为真;LED 高有效,active_low 为假。

由于 AMetal 在初始化时会调用 LED 初始化函数,所以要更改 LED 引脚或数量时,可直接修改 am_hwconf_led_gpio.c 文件中的内容。例如,添加一个引脚为 PIOB_3 的 LED,详见程序清单 8.24,在第 7 行定义的数组_g_led_pins 后添加 PIOB_3,并把第 12 行的结束编号改为 2 即可。

程序清单 8.24 通用 LED 设备初始化

```
1      #include "ametal.h"
2      #include "am_led_gpio.h"
```

```
3       # include "zlg116_pin.h"
4       # include "am_input.h"
5       /* 定义 GPIO LED 实例 */
6       static am_led_gpio_dev_t   __g_led_gpio;
7       static const int __g_led_pins[] = {PIOB_1, PIOB_2};
8       /* 定义 GPIO LED 实例信息 */
9       static const am_led_gpio_info_t __g_led_gpio_info = {
10          {
11              0,                /* 起始编号 0 */
12              1                 /* 结束编号 1,共计 2 个 LED */
13          },
14          __g_led_pins,
15          AM_TRUE
16      };
17      int am_led_gpio_inst_init (void)
18      {
19          return am_led_gpio_init(&__g_led_gpio, &__g_led_gpio_info);
20      }
```

2. 抽象的 LED 设备类

还有一些 LED 不是由 GPIO 直接控制,而是通过 I^2C 或 SPI 等通信协议或某种方式,由另一个控制芯片来控制。此时,可以通过将其抽象化,继续使用通用接口函数控制它们。添加抽象 LED 设备的函数 am_led_dev_add 位于 am_led_dev.h 文件中,具体内容为

```
int am_led_dev_add ( am_led_dev_t           * p_dev,
                     const am_led_servinfo_t  * p_info,
                     const am_led_drv_funcs_t * p_funcs,
                     void                     * p_cookie);
```

可以看到,相比于通用接口,抽象的 LED 设备新增了一个指向 LED 设备的驱动函数的 p_funcs 指针以及一个用于指向该设备的驱动函数的 p_cookie 指针。也就是说,要增加一个通过某种方式间接控制的 LED 设备,只要增加这两个参数,并调用 am_led_dev_add 函数,就能向控制通用的 LED 设备那样控制抽象的 LED。

例如,将 MiniPort - LED 和 MiniPort - 595 联合使用,增加了 8 个 LED,调用的 LED 初始化函数为

```
static const am_led_drv_funcs_t __g_led_hc595_drv_funcs = {
    __led_hc595_set,
    __led_hc595_toggle
};
```

```
int am_led_hc595_init ( am_led_hc595_dev_t          * p_dev,
                        const am_led_hc595_info_t    * p_info,
                        am_hc595_handle_t              handle)
{
    if ((p_dev == NULL) || (p_info == NULL)) {
        return    - AM_EINVAL;
    }
    p_dev ->p_info = p_info;
    if (p_info ->active_low) {
        memset(p_info ->p_buf, 0xFF, p_info ->hc595_num);
    } else {
        memset(p_info ->p_buf, 0x00, p_info ->hc595_num);
    }
    am_hc595_send(handle, p_info ->p_buf, p_info ->hc595_num);
        return am_led_dev_add(&p_dev ->isa,
                    &p_info ->serv_info,
                    &__g_led_hc595_drv_funcs,
                     p_dev);
}
```

__g_led_hc595_drv_funcs 中包含了新增 LED 的操作函数__led_hc595_set 和__led_hc595_ toggle,然后 MiniPort - 595 实例 am_hc595_handle_t 中又包含了这些函数的指针,如下:

```
typedef struct am_hc595_dev {
    const struct am_hc595_drv_funcs  * p_funcs;  /**< \brief 设备驱动函数 */
    void                             * p_cookie;  /**< \brief 设备驱动函数参数 */
} am_hc595_dev_t;
```

只需调用 MiniPort - 595LED 初始化函数 am_led_hc595_init,就能像操作通用的 LED 设备那样操作抽象的 LED 设备,详见程序清单 8.25。

程序清单 8.25　抽象 LED 设备初始化

```
1     # include "ametal.h"
2     # include "am_led_hc595.h"
3     # include "am_led_gpio.h"
4     # include "am_hc595_gpio.h"
5     # include "am_hc595_spi.h"
6     # include "am_zlg116_inst_init.h"
7     # include "zlg116_pin.h"
8
9     static am_led_hc595_dev_t   __g_miniport_led_595;
10    static uint8_t __g_miniport_led_595_buf[1];
```

```
11
12     static const am_led_hc595_info_t __g_miniport_led_595_info = {
13         {
14             2,                          /* 起始编号 2 */
15             9                           /* 结束编号 9,共计 8 个 LED */
16         },
17         1,
18         __g_miniport_led_595_buf,
19         AM_TRUE
20     };
21     int am_miniport_led_595_inst_init (void)
22     {
23         return am_led_hc595_init( &__g_miniport_led_595,
24                                   &__g_miniport_led_595_info,
25                                   am_miniport_595_inst_init());
26     }
```

第 **9** 章

专用芯片和模块

本章导读

ZLG 深耕于嵌入式行业，非常了解客户应用的难点与痛点，为简化客户的开发难度，降低开发门槛，使客户的产品可以快速走向市场，创新性地开发了诸多芯片和模块，如集成读卡协议简化软硬件设计的读卡芯片 ZSN603、专用采集高精度模拟信号的 ZML166、具有高吞吐量的蓝牙 5.0 模块 ZLG52810 及具有高精度的磁旋钮模块 MK100 等，本章将详细介绍这些专用芯片和模块。

9.1 读卡专用芯片 ZSN603

ZSN603 读卡专用芯片是广州致远微电子有限公司开发的一款集成了读卡操作指令的芯片，用户不需要进行编程，直接使用 I^2C/UART 方式，按照一定的通信协议即可使用 RFID 功能完成对卡片的读/写。外部电路设计简单，可以快捷、高效地开发出产品。

9.1.1 产品简介

ZSN603 读卡专用芯片采用 LGA 封装形式，厚度 1.05 mm，引脚间距 0.8 mm，可以帮助客户绕过烦琐的 RFID 硬件设计、开发与生产，具备完善的软件开发平台，可满足快速开发需求，减少软件投入，缩短研发周期，加快产品上市速度。

1. 特 点

● 宽电压工作范围为 2.8～3.6 V；
● 符合 ISO/IEC 14443 TypeA/B、ISO 7816－3 标准；
● 集成 TypeB、Mifare UltraLight、MifareS50/S70、SAM 、PLUS CPU 卡的操作命令；
● 提供 ISO 14443－4 的半双工块传输协议接口，可方便支持符合 ISO 14443－4A 的 CPU 卡及符合 ISO 14443－4B 的 TypeB 卡支持 ISO 7816－3 接口标准；
● 支持串口方式进行指令操作；
● 支持 I^2C 接口命令操作；
● 支持外接 2 个读卡天线；

- 读卡距离可达 7 cm(取决于天线设计);
- 支持客户自行开发分体式天线板,且尺寸可任意定义;
- 工作温度符合工业级−40~85 ℃要求。

2. 引脚说明

ZSN603 共计 32 个引脚,引脚排列详见图 9.1,各引脚说明详见表 9.1。

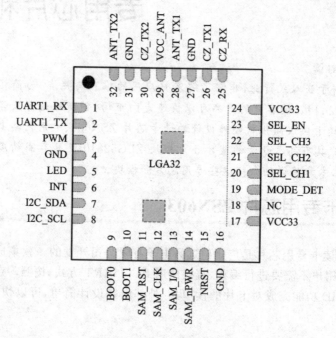

图 9.1　ZSN603 引脚分布图

表 9.1　ZSN603 芯片引脚说明

模块引脚号	引脚功能	引脚状态[1]	引脚功能描述
1	UART1_RX	I	UART1 数据接收端
2	UART1_TX	O	UART1 数据发送端
3	PWM	O	PWM 输出端
4	GND	S	电源地
5	LED	O	LED 控制端
6	INT	I	外部中断输入
7	I2C_SDA	IO	I^2C 数据输入/输出端,开漏结构,需上拉到供电电源
8	I2C_SCL	IO	I^2C 时钟输入/输出端,开漏结构,需上拉到供电电源

模块引脚号	引脚功能	引脚状态[1]	引脚功能描述
9	BOOT0	—	固件升级引脚,预留测试点
10	BOOT1	—	固件升级引脚,预留测试点
11	SAM_RST	O	接触式 IC 卡控制的 RST 引脚
12	SAM_CLK	O	接触式 IC 卡控制的 CLK 引脚
13	SAM_I/O	IO	接触式 IC 卡控制的数据输入/输出引脚
14	SAM_nPWR	O	接触式 IC 卡控制的 VCC 控制引脚
15	NRST	I	芯片复位输入,低电平有效,需要连接上电复位电路
16	GND	S	电源地
17	VCC33	S	芯片供电电源输入,3.3 V
18	NC	—	NC,禁止选用,需悬空处理
19	MODE_DET	I	通信模式检测
20	SEL_CH1	O	天线通道选择 1
21	SEL_CH2	O	天线通道选择 2
22	SEL_CH3	O	天线通道选择 3
23	SEL_EN	O	天线通道选择使能
24	VCC33	S	芯片供电电源输入,3.3 V
25	CZ_RX	I	天线接收端
26	CZ_TX1	O	天线 1 发射端
27	GND	S	电源地
28	ANT_TX1	O	天线 1 测试端
29	VCC_ANT	S	天线供电电源,默认连接到 VCC33
30	CZ_TX2	O	天线 2 发射端
31	GND	S	电源地
32	ANT_TX2	O	天线 2 测试端

[1] I=输入;O=输出;S=电源。

3. ZSN603 通信模型

ZSN603 芯片支持两种不可同时使用的通信方式:UART 和 I^2C。外部与芯片通过这两种接口通信,必须按照规定的协议进行。本芯片以命令—响应方式工作,在系统中 ZSN603 芯片属于从属地位,不会主动发送数据(响应自动检测卡命令除外),通常主机首先发出命令,然后等待芯片响应。

（1）UART 模式

在 UART 模式下,主控 MCU 可以通过 4 个 I/O 口完成对 ZSN603 的控制,具体的通信模型如图 9.2 所示。其中,NRST 引脚用于复位 ZSN603;INT 引脚用于通知主机事件产生(在 UART 模式下,仅用于在自动检测模式下通知用户有卡被检测到);Tx 和 Rx 引脚用于 UART 通信。图中 NRST 使用虚线进行表示,表明该连接是可选的。MODE_DET 引脚用于选择通信模式,在 UART 模式下 MODE_DET 引脚为高电平。

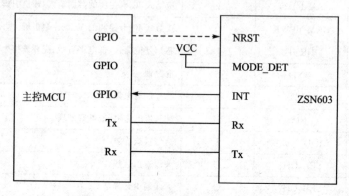

图 9.2　ZSN603 通信模型(UART 模式)

（2）I²C 模式

在 I²C 模式下,主控可以通过 4 个 I/O 口完成对 ZSN603 的控制,具体的通信模型如图 9.3 所示。其中,NRST 引脚用于复位 ZSN603;SDA 与 CLK 引脚用于 I²C 模式通信;INT 引脚为中断引脚,用于通知 I²C 主机获取数据。图中 NRST 使用虚线进行表示,表明该连接是可选的。MODE_DET 引脚用于选择通信模式,在 I²C 模式下 MODE_DET 引脚为低电平。

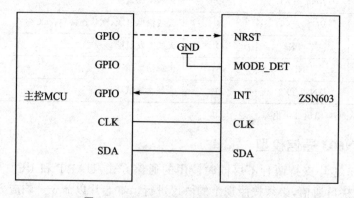

图 9.3　ZSN603 通信模型(I²C 模式)

实际应用中,为了减少 ZSN603 对主控 MCU 的 I/O 占用,NRST 可以不由主控 MCU 控制,直接在外部给 NRST 引脚设计一个 RC 复位电路即可。

9.1.2　协议说明

ZSN603 系列芯片符合 ISO 14443A、ISO 14443B、ISO 7816-3 标准，集成 TypeB、Mifare UltraLight、Mifare1S50/S70、SAM 、PLUS CPU 卡的操作命令；提供 ISO 14443-4 半双工块传输协议接口，可方便支持符合 ISO 14443-4A 的 CPU 卡及符合 ISO 14443-4B 的 TypeB 卡；支持 UART、I²C 两种通信接口；有配置参数的自动检测模式，当检测到卡时可以通过中断引脚通知用户读取数据。与 ZSN603 通信，需严格遵守指定的帧格式进行，UART 与 I²C 帧格式基本一致，只是在协议层上略有不同(I²C 模式具有数据链路层协议)，本小节将重点介绍与 ZSN603 通信相关的协议。

实际上，ZLG 已经提供了通用的驱动软件包，用户大可不必深入了解相关的通信协议，直接使用通用软件包提供的各个接口即可；此外，对于使用 AMetal 或 AWorks 的用户，ZSN603 已经适配了标准接口，用户无需关心任何底层细节，仅需使用相关函数接口即可完成 ZSN603 的操作。

本章的内容仅适合一些以学习为目的的学生或工程师，在实际应用中，为了将 ZSN603 快速应用到项目中，均不建议用户耗费大量的时间深入了解底层细节，而是建议用户直接使用接口操作 ZSN603 即可。这种情况下，建议用户跳过本小节，直接阅读后续章节的内容。

1. 物理链路层

物理链路层协议是 I²C 通信接口必须符合的协议，若用户使用的是 UART 通信方式，则可以直接忽略物理链路层，跳过此部分内容即可。

物理链路层是基于 I²C 的有器件子地址模式，器件地址不固定，用户可根据指定命令进行修改，器件子地址为 2 B。存储/数据交互空间为 542 B，其中前 256 B 为保留使用，后 286 B 为命令帧/回应帧使用。其详细描述见表 9.2。

表 9.2　芯片存储空间分配

子地址	意　义	备　注
0x0000~0x00FF	保留	无特殊意义，任意读/写
0x0100	保留对齐使用	无特殊意义，任意读/写
0x0101	主机控制/芯片状态	写入"STATUS_EXECUTING"(0x8D)将启动芯片执行地址 0x0104~0x021D 中的命令(命令在写入结束后才开始执行)，写入其他值芯片无动作。 读出芯片当前的状态： STATUS_EXECUTING(0x8D)——命令还未执行； STATUS_BUSY(0x8C)——命令正在执行； STATUS_IDLE(0x8A)——芯片空闲； 其他值——执行结果
0x0102~0x0103	命令/回应帧长度	命令/回应帧的长度(小端模式)
0x0104~0x021D	命令/回应帧	命令/回应帧的具体内容

注意：

① 若一次性向包含"0x0101"地址的连续存储空间写入数据，则只有写入结束后，写入"0x0101"地址的数据才起效。

② "0x0101"地址的值为"STATUS_EXECUTING"（0x8D）和"STATUS_BUSY"（0x8C）时，勿向"0x0101～0x021D"地址写入任何数据，因为此时"0x0101～0x021D"地址空间是被芯片内部使用的，向其写数据会造成不可估计的错误或异常情况。

③ "STATUS_IDLE"（0x8A）只有上电时才会自动出现。执行命令后亦不会自动恢复成"STATUS_IDLE"状态，只会保持命令执行后的状态。若有需要，请在执行命令结束后将"0x0101"地址的值改为"STATUS_IDLE"。

④ 为了减少从机处理通信中断的次数，在命令执行期间，请勿频繁访问芯片的存储空间，即使是查询命令执行的状态。在命令执行期间，建议根据实际情况，2～10 ms 查询一次，或者使用芯片中断输出引脚（芯片命令执行完毕，中断引脚会输出一个低电平，该电平持续到接收到本芯片的 SLA＋W 或 SLA＋R 为止）。

⑤ 只有在命令帧格式有效的情况下，芯片才执行命令，在命令帧格式无效的情况下只会产生状态，而不会产生中断。

⑥ 该层不适合于 UART 通信接口，可忽略该层。

芯片 I^2C 支持的最大速率为 400 Kb/s，命令执行完毕中断输出引脚会产生一个低电平，该电平持续到芯片收到本芯片的 SLA＋W 或 SLA＋R 为止。可以通过检查该中断来判断命令是否执行完毕，也可以通过查询"0x0101"地址的值来判断芯片执行的情况。命令执行完毕后可以读取"0x0102～0x0103"的值来获取回应帧的长度，以便确定需读取回应帧的字节数。

2. 帧格式协议

无论是使用 UART 方式还是 I^2C 方式与 ZSN603 进行通信，都遵循同样的帧格式。具体的帧格式如表 9.3～表 9.6 所列。

表 9.3　命令帧数据结构

地址 LocalAddr	卡槽索引 SlotIndex	包号 SMCSeq	命令类型 CmdClass	命令代码 CmdCode	信息长度 InfoLength
1 B	1 B	1 B	1 B	2 B	2 B
信息 Info					校验和 CheckSum
n B					2 B

表9.4 回应帧数据结构

地址 LocalAddr	卡槽索引 SlotIndex	包号 SMCSeq	命令类型 CmdClass	执行状态 Status	信息长度 InfoLength
1 B	1 B	1 B	1 B	2 B	2 B
信息 Info				校验和 CheckSum	
n B				2 B	

特别注意事项："命令代码"、"信息长度"和"校验和"均以小端模式存放,即低字节在前。信息长度可以为 0,即没有信息。

表9.5 命令帧数据结构说明

子地址	长度/B	说明	备 注
LocalAddr	1	同 I^2C 地址模式相同,高 7 位为本机地址,低位为方向	—
SlotIndex	1	IC 卡卡槽的索引编号(本芯片保留该字节,帧里面该字节填入 0x00 即可)	—
SMCSeq	1	命令帧的包号。可以用于通信间的错误检查,从机接收到主机发来的信息,在应答信息中发出一个同样的"包号"信息,主机可以通过此信息检查是否发生了"包丢失"的错误	可以为任意值
CmdClass	2	0x01:设备控制类命令; 0x02: Mifare S50/S70 卡类命令(包括 USI 14443 - 3A); 0x05: ISO 7816 - 3 类命令; 0x06: ISO 14443(PICC)类命令; 0x07: PLUS CPU 卡类命令	不同的芯片,支持的命令类型是不一致的
CmdCode	2	命令代码	—
InfoLength	2	该帧所带信息的字节数	—
Info	InfoLength	数据信息	
CheckSum	2	校验和,从地址字节开始到信息的最后字节的累加和取反	—

表9.6 回应帧数据结构说明

字 段	长度/B	说明	备 注
LocalAddr	1	高 7 位同命令帧,低位为方向	—
SlotIndex	1	同命令帧	—

字 段	长度/B	说　明	备　注
SMCSeq	1	同命令帧	—
CmdClass	1	同命令帧	—
Status	2	执行状态： 0x00：命令执行成功； 0x15：命令帧类型未找到错误； 0x16：命令指令内容错误； 0x17：命令参数无效； 0x18：命令执行错误； others：射频卡操作失败	—
InfoLength	2	该帧所带信息的字节数	—
Info	InfoLength	数据信息	—
CheckSum	2	校验和，从地址字节开始到信息的最后字节的累加和取反	—

由以上 4 个表可以看出，命令帧格式与回应帧格式基本一致，只有"命令码"和"执行状态"之分。帧的最小长度为 10 B，最长理论上可以到 65 545 B，实际上没有必要，设定 ZSN603 芯片帧的最大长度为 282 B，信息的最大长度为 272 B，就已完全满足处理。

ZSN603 总共有数十余条指令，具体参看《ZSN603 芯片用户指南》，这里不再赘述。

9.1.3　驱动软件

ZSN603 通用驱动软件包（为便于描述，后文将"ZSN603 通用驱动软件包"简称为"软件包"）提供了一系列接口，实现了对 ZSN603 各种 RFID 指令的封装，使用户通过调用这些接口就可以快捷地使用 ZSN603 提供的各种功能。同时，这些接口与平台或硬件无关，是"通用"的，换句话说，可以在 Linux 中使用，也可以在 AWorks 中使用，还可以在 AMetal 中使用。

1. 软件包获取

该软件包存于 ZSN603 资料集中，ZSN603 资料集从立功科技官方网站（http://www.zlgmcu.com/）下载（或者联系立功科技相关区域销售获取）。软件包的路径为：ZSN603 资料集/04. 软件设计指南/02. 通用驱动软件包。

软件包中主要包含两个文件夹：drivers 和 examples。drivers 目录下存放了驱动的相关的文件；examples 目录下存放了一些应用示例代码（基于驱动提供的功能接口编写）。各文件夹的简要说明详见表 9.7。

表 9.7 drivers 和 examples 文件夹的简要说明

序 号	文件名	功能描述
drivers	zsn603.h	各功能接口的声明,编写应用程序时查看
	zsn603.c	各功能接口的实现,用户一般无需关心具体内容
	zsn603_platform.h	与平台相关的接口声明、类型定义等
	zsn603_platform.c	与平台相关接口的实现,不同平台实现也不同
examples	demo_zsn603_entries.h	应用程序 demo 的入口函数声明
	demo_zsn603_led_test.c	LED 测试 Demo
	demo_zsn603_ picca_active _test.c	A 类卡激活 Demo
	demo_zsn603_ piccb_active _test.c	B 类卡激活 Demo
	demo_zsn603_auto_detect_test.c	自动检测模式 Demo

　　drivers 目录下存放的文件是驱动的核心。其中,zsn603.h 和 zsn603.c 主要包含了 ZSN603 功能接口的声明和实现,应用程序主要基于 zsn603.h 文件中的接口编程。

2. 软件包结构

　　软件包的基本结构如图 9.4 所示,可以将软件包看作三层结构:应用层、驱动层和平台适配层。

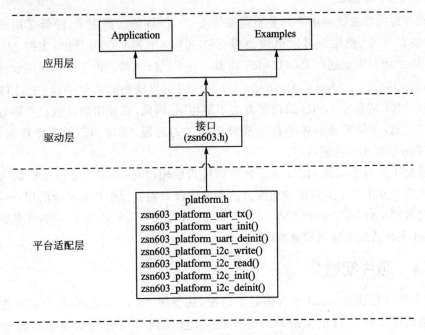

图 9.4 ZSN603 软件包的基本结构

（1）应用层

应用层主要包括两部分：用户应用和 demo 程序，它们都基于 zsn603.h 文件中的功能接口编程。在使用这些接口时，需要传递一个 handle（句柄）作为参数的值，基于 handle 编写的应用程序，可以很容易实现跨平台复用。但在不同平台中，获取 handle 的方式可能不尽相同。

需要注意的是，AMetal、AWorks、Linux 和 Windows 等平台已经完成了适配，因此，这些平台均已提供了获取 handle 的方法。以用户在 AMetal 平台中使用 ZSN603 为例，直接调用 ZSN603 的初始化函数获取 handle，获取到 handle 后就可以直接使用接口函数操作 ZSN603 了。

（2）驱动层

驱动层包含 zsn603.h 和 zsn603.c 文件，它们实现了 ZSN603 核心功能的封装，其中部分与平台相关的功能可能需要调用平台适配层的接口。

（3）平台适配层

平台适配层位于最底层，其包含 zsn603_platform.h 和 zsn603_platform.c 文件，这部分代码的接口固定（需要被驱动层调用），但具体实现与平台相关。软件包的核心是完成了驱动层以及平台适配层的接口定义，在使用软件包之前，必须根据实际平台完成平台的适配工作。

3. 软件包适配

软件包的存在使得用户完全不需要关心 ZSN603 的内部细节，降低了用户使用 ZSN603 的难度，使用户可以更快地将 ZSN603 应用到实际项目中，主控 MCU 与 ZSN603 之间只需要通过 I^2C/UART 以及一些 GPIO 连接。由于在不同的软件环境（Linux、AWorks、AMetal、μC/OS、rt-thread 或用户使用的其他平台）中，I^2C 总线传输、UART 通信和 GPIO 的控制方法不尽相同，因此，在使用软件包提供的各个功能接口之前，必须根据具体平台完成对软件包的适配，实现相应的 I^2C 数据传输、UART 通信和相关功能接口。

适配工作对于部分 MCU 或平台可能较为烦琐（特别是需要了解 I2C 的通信方法），实际上 9.1.3 小节讲解的适配方法主要是针对需要适配自有平台的用户。ZLG 已经对常用平台（AWorks、AMetal 和 Linux 等）进行了适配，9.1.4 小节主要针对 AMetal 平台适配的应用做重点说明。

9.1.4 芯片初始化

ZSN603 已在 AMetal 平台做好了适配，在使用 ZSN603 之前，用户必须先完成所选通信模式的平台相关函数的适配，然后直接调用对应的初始化函数完成对 ZSN603 的初始化。下面，从接口原型开始，详细介绍该函数的调用方法。

初始化函数的原型为

```
/* ZSN603 设备(UART 模式)初始化 */
zsn603_handle_t  zsn603_uart_init( zsn603_uart_dev_t        * p_dev,
                              const zsn603_uart_devinfo_t * p_devinfo)

/* ZSN603 设备(I²C 模式)初始化 */
zsn603_handle_t  zsn603_i2c_init( zsn603_i2c_dev_t         * p_dev,
                              const zsn603_i2c_devinfo_t  * p_devinfo)
```

由以上函数原型的定义可知,无论用户选择何种通信模式,其函数原型基本一致。为便于描述,将初始化函数的介绍分为两大部分:参数和返回值。

1. 参　数

由初始化函数的原型可知,总共有两个参数:p_dev 和 p_devinfo。其中,p_dev 用于为设备运行分配必要的内存空间;p_devinfo 为 ZSN603 设备信息。下面分别对各个参数作详细介绍。

（1）p_dev

p_dev 的主要作用是为设备运行分配必要的内存空间(用于软件包内部保存一些与 ZSN603 相关的状态数据等),其指向的即是一段内存空间的首地址,内存大小为 zsn603_dev_t 类型数据占用的大小。基于此,可以先使用 zsn603_dev_t 类型定义一个变量,dev 的地址(即 &dev)即可作为 p_dev 的实参传递,即

```
zsn603_dev_t dev;
```

由于这里仅需要分配一段内存空间,因此,并不需要关心 zsn603_dev_t 类型的具体定义,例如,该类型具体包含哪些数据成员等。

上面仅仅是从 p_dev 参数的设置形式上对其进行了直观的描述,实际上,可以从"面向对象编程"的角度对其进行更深入的理解。在这里,zsn603_dev_t 类型为 ZSN603 设备类型,每个具体的 ZSN603 硬件设备都可以看作是一个对象,即该类型的具体实例。显然,在使用一个对象之前,必须完成对对象的定义,或者实例化。对象需要占用一定的内存空间,在 C 中,具体的表现形式为使用某个类型定义相应的变量,即

```
zsn603_dev_t        dev;
```

若有多个 ZSN603 对象,例如,系统中使用了两片 ZSN603,则可以使用该类型定义多个对象,即

```
zsn603_dev_t        dev0;
zsn603_dev_t        dev1;
```

当存在多个 ZSN603 对象时,每个 ZSN603 对象都需要使用初始化函数进行初始化。初始化哪个对象,就将其地址作为初始化函数的 p_dev 实参传递。

（2）p_devinfo

p_devinfo 为 ZSN603 设备信息,为 zsn603_uart_devinfo_t 或 const zsn603_i2c_ devinfo_t 结构体类型,其类型定义如下:

```
/* ZSN603 设备结构体(UART 模式) */
typedef struct zsn603_uart_devinfo {
    uint8_t                          local_addr;        //初始设备地址
       zsn603_platform_uart_devinfo_t  platform_info;    //平台相关设备信息
}zsn603_uart_devinfo_t;
/* ZSN603 设备信息结构体(I²C 模式) */
typedef struct zsn603_i2c_devinfo {
    uint8_t                          local_addr;        //设备地址
    zsn603_platform_i2c_devinfo_t   platform_info;     //平台相关设备信息
}zsn603_i2c_devinfo_t;
```

其中,local_addr 为 ZSN603 的初始设备地址,其高 7 位表示的是 7 位 I^2C 从机地址,最后一位固定为 0,故其值只可能为 0xb2、0xb4 等最后一位为 0 的值,不可能为 0xb3、0xb5 等最后一位为 1 的值。芯片出厂时 local_addr 值默认为 0xB2(即 7 位从机地址为 0x59),用户可以通过修改从机地址命令来对 local_addr 进行修改,接收到修改成功回应帧或者 ZSN603 设备重新上电后,下次命令传输将以新的 local_addr 为准,且 local_addr 掉电不丢失。

2. 返回值

初始化函数的返回值为 ZSN603 实例句柄,其类型为:zsn603_handle_t。该类型的具体定义无需关心,用户唯一需要知道的是,软件包提供的各个功能接口中,均使用了一个 handle 参数,用以指定操作的 ZSN603 设备。用户在调用各个功能接口时,handle 参数设置的值即为初始化函数返回的 ZSN603 实例句柄。获取 ZSN603 实例句柄的语句为

```
zsn603_handle_t handle = zsn603_init(&__g_dev ,&__g_dev_info);
```

其中,__g_dev、__g_dev_info 等参数值的定义实际是在驱动适配时完成的(例如,local_address 赋值是在驱动适配时完成的),对于上层应用来讲,上层应用的接口函数仅需获取一个实例句柄,不需要关心驱动适配的具体细节。

3. 实例初始化函数实现范例

基于此,为了避免用户对驱动适配作过多的了解,在适配软件包时,可以直接对外提供一个实例初始化函数,用于完成一片 ZSN603 硬件设备的初始化,进而获取到相应的 handle,范例程序详见程序清单 9.1。

程序清单 9.1　一片 ZSN603 实例初始化函数的实现范例

```
1    static    zsn603_i2c_dev_t    __g_i2c_dev;    //定义采用 I²C 方式与 ZSN603 设备通信
2    static const zsn603_i2c_devinfo_t    __g_i2c_info = {
3        0xb2,
```

```
4           NULL
5       };
6       zsn603_handle_t    zsn603_i2c_inst_init (void)
7       {
8           return zsn603_i2c_init(&__g_i2c_dev ,  &__g_i2c_info);
9       }
10
11      static   zsn603_uart_dev_t   __g_uart_dev;//定义采用 UART 方式与 ZSN603 设备通信
12      static const zsn603_uart_devinfo_t   __g_uart_info = {
13          0xb2,
14          NULL
15      };
16      zsn603_handle_t   zsn603_uart_inst_init (void)
17      {
18          return zsn603_uart_init(&__g_uart_dev ,  &__g_uart_info);
19      }
```

基于此,用户可以直接调用无参数的实例初始化函数,根据用户所需要的通信方式选择对应的实例初始化函数,完成 handle 的获取,如下:

```
zsn603_handle_t   handle = zsn603_uart_inst_init ();        //若通信方式为 UART
zsn603_handle_t   handle = zsn603_i2c_inst_init ();         //若通信方式为 I²C
```

在实际应用中,若使用两片 ZSN603,则可以提供两个实例初始化函数,以此获取两个 handle,不同的 handle 代表不同的 ZSN603 设备,范例程序详见程序清单 9.2。

程序清单 9.2　两片 ZSN603 实例初始化函数的实现范例

```
1   static   zsn603_uart_dev_t   __g_uart_dev_0;  //定义 ZSN603 设备 0(UART 方式)
2   static const zsn603_uart_devinfo_t   __g_uart_info_0 = {
3       0xb2,                              //local address 为 0xb2
4       NULL
5   };
6   zsn603_handle_t    zsn603_uart_0_inst_init (void)
7   {
8       return  zsn603_uart_init(&__g_uart_dev_0 , & __g_uart_info_0 );
9   }
10  static const zsn603_uart_devinfo_t   __g_uart_info_1 = {
11      0xb4,                              //local address 为 0xb4
12      NULL
13  };
14  static   zsn603_uart_dev_t   __g_uart_dev_1;  //定义 ZSN603 设备 1(UART 方式)
15  zsn603_handle_t    zsn603_uart_1_inst_init (void)
16  {
17      return  zsn603_init(&__g_uart_dev_1,  &__g_uart_info_1);
18  }
```

若以使用两个 UART 方式通信的 ZSN603 设备为例,用户可以调用相应的实例初始化函数获取与 ZSN603 对应的 handle,即

```
zsn603_handle_t handle0 = zsn603_uart_0_inst_init (); //定义 ZSN603 设备 0(UART 方式)
zsn603_handle_t handle1 = zsn603_uart_1_inst_init (); //定义 ZSN603 设备 1(UART 方式)
```

注意:上述代码均为示意性代码,并没有实现任何特定的功能,具体实现完全由驱动适配决定。一般来讲,无论如何适配,在适配完成后,都应提供类似于实例初始化函数的接口,以便用户快速获取到 ZSN603 实例句柄,进而使用 ZSN603 提供的各种功能。

9.1.5 功能函数接口

ZSN603 芯片的应用命令共分为 5 种,即设备控制类命令、Mifare S50/S70 卡类命令、ISO 7816-3 类命令、ISO 14443(PICC)卡类命令、PLUS CPU 卡类命令。本小节将从这 5 类命令介绍 ZSN603 的接口。

1. 设备控制类命令

设备控制类命令包含设备信息读取、IC 卡接口操作、密钥操作、天线操作、EEP-ROM 操作等,具体接口函数原型见表 9.8。

表 9.8　设备控制类命令接口

函数原型	功能简介
uint8_t zsn603_get_device_info(zsn603_handle_t handle, uint32_t buffer_len, uint8_t * p_rx_data, uint32_t * p_rx_data_count);	获取设备信息将会返回固件版本号
uint8_t zsn603_config_icc_interface(zsn603_handle_t handle);	配置 IC 卡接口
uint8_t zsn603_close_icc_interface(zsn603_handle_t handle);	关闭 IC 卡接口
uint8_t zsn603_set_ios_type(zsn603_handle_t handle, uint8_t isotype);	设置 IC 卡协议
uint8_t zsn603_load_icc_key(zsn603_handle_t handle, uint8_t key_type, uint8_t key_block, uint8_t * p_key, uint32_t key_length);	装载 IC 卡密钥
uint8_t zsn603_set_icc_reg(zsn603_handle_t handle, uint8_t reg_addr, uint8_t reg_val);	设置 IC 卡接口的寄存器值

函数原型	功能简介

uint8_t zsn603_get_icc_reg(zsn603_handle_t   handle,
                       uint8_t   reg_addr,
                       uint8_t   * p_val);
	获取 IC 卡接口的寄存器值

uint8_t zsn603_set_baud_rate(zsn603_handle_t handle, uint8_t baudrate_flag);	设置串口波特率
uint8_t zsn603_set_ant_mode(zsn603_handle_t handle, uint8_t antmode_flag);	设置天线驱动模式
uint8_t zsn603_set_ant_channel(zsn603_handle_t handle, uint8_t ant_channel);	切换天线通道
uint8_t zsn603_set_slv_addr(zsn603_handle_t handle, uint8_t slv_addr);	设置设备从机地址
uint8_t zsn603_control_lcd(zsn603_handle_t handle, uint8_t control_led);	LED 灯控制
uint8_t zsn603_control_buzzer(zsn603_handle_t handle, uint8_t control_byte);	蜂鸣器控制

uint8_t zsn603_read_eeprom(zsn603_handle_t   handle,
                       uint8_t   eeprom_addr,
                       uint8_t   nbytes,
                       uint32_t   buffer_len,
                       uint8_t   * p_buf);
	读 EEPROM

uint8_t zsn603_write_eeprom(zsn603_handle_t   handle,
                       uint8_t   eeprom_addr,
                       uint8_t   nbytes,
                       uint8_t   * p_buf);
	写 EEPROM

2. Mifare S50/S70 卡类命令

Mifare S50/S70 卡类命令主要包含 Mifare 卡类的操作,具体接口函数原型见表 9.9。

表 9.9 Mifare S50/S70 卡类命令接口

函数原型	功能简介

uint8_t zsn603_mifare_request(zsn603_handle_t   handle,
                       uint8_t   req_mode,
                       uint32_t   * p_atq);
	Mifare 卡的请求操作

函数原型	功能简介

uint8_t zsn603_mifare_anticoll(zsn603_handle_t   handle,
          uint8_t   anticoll_level,
          uint8_t   * p_know_uid,
          uint8_t   nbit_cnt,
          uint8_t   * p_uid,
          uint32_t   * p_uid_cnt);
	Mifare 卡的防碰撞操作

uint8_t zsn603_mifare_select(zsn603_handle_t   handle,
          uint8_t   anticoll_level,
          uint8_t   * p_uid,
          uint8_t   * p_sak);
	Mifare 卡的选择操作

uint8_t zsn603_mifare_halt(zsn603_handle_t handle);	Mifare 卡挂起

uint8_t zsn603_eeprom_auth(zsn603_handle_t   handle,
          uint8_t   key_type,
          uint8_t   * p_uid,
          uint8_t   key_sec,
          uint8_t   nblock);
	该命令用芯片内部已存入的密钥与卡的密钥进行验证

uint8_t zsn603_key_auth(zsn603_handle_t   handle,
          uint8_t   key_type,
          uint8_t   * p_uid,
          uint8_t   * p_key,
          uint8_t   key_len,
          uint8_t   nblock);
	使用输入密钥与卡的密钥进行验证

uint8_t zsn603_mifare_read(zsn603_handle_t   handle,
          uint8_t   nblock,
          uint32_t   buffer_len,
          uint8_t   * p_buf);
	Mifare 卡进行读操作

uint8_t zsn603_mifare_write(zsn603_handle_t   handle,
          uint8_t   nblock,
          uint8_t   * p_buf);
	Mifare 卡进行写操作

uint8_t zsn603_ultralight_write(zsn603_handle_t   handle,
          uint8_t   nblock,
          uint8_t   * p_buf);
	UltraLight 卡进行写操作

函数原型	功能简介

uint8_t zsn603_mifare_value(zsn603_handle_t   handle,
    uint8_t   mode,
    uint8_t   nblock,
    uint8_t   ntransblk,
    uint32_t   value);
	Mifare 卡的值块进行加减操作并写入指定块

uint8_t zsn603_mifare_cmd_trans(zsn603_handle_t   handle,
    uint8_t   * p_tx_buf,
    uint8_t   tx_nbytes,
    uint8_t   * p_rx_buf,
    uint32_t   * p_rx_nbytes);
	读写器与卡片的数据交互

uint8_t zsn603_mifare_card_active(zsn603_handle_t   handle,
    uint8_t   req_mode,
    uint8_t   * p_atq,
    uint8_t   * p_saq,
    uint8_t   * p_len,
    uint8_t   * p_uid);
	用于激活卡片,是请求、防碰撞和选择 3 条命令的组合

uint8_t zsn603_card_reset(zsn603_handle_t handle, int8_t time_ms);	卡片复位
uint8_t zsn603_auto_detect(zsn603_handle_t handle, zsn603_auto_detect_ctrl_t * p_ctrl);	卡片的自动检测

uint8_t zsn603_get_auto_detect(zsn603_handle_t   handle,
    uint8_t   ctrl_mode,
    zsn603_auto_detect_data_t   * p_data);
	读取自动检测数据

uint8_t zsn603_mifare_set_value(zsn603_handle_t   handle,
    uint8_t   block,
    int   data);
	设置值块的值

uint8_t zsn603_mifare_get_value(zsn603_handle_t   handle,
    uint8_t   block,
    int   * p_value);
	获取值块的值

uint8_t zsn603_mifare_exchange_block(zsn603_handle_t   handle,
    uint8_t   * p_data_buf,
    uint8_t   len,
    uint8_t   wtxm_crc,
    uint8_t   fwi,
    uint8_t   * p_rx_buf,
    uint32_t   * p_len);
	用于芯片向卡片发送任意长度组合的数据串

3. ISO 7816 – 3 类命令

ISO 7816 – 3 类命令主要包含接触式 IC 卡类的操作,具体接口函数原型见表 9.10。

表 9.10　ISO 7816 – 3 类命令接口

函数原型	功能简介
uint8_t zsn603_cicc_deactivation(zsn603_handle_t　　　　handle);	关闭 IC 卡的电源
uint8_t zsn603_mifare_cmd_trans(zsn603_handle_t　　　　handle, uint8_t　　　　　　* p_tx_buf, uint8_t　　　　　　tx_nbytes, uint32_t　　　　　buffer_len, uint8_t　　　　　　* p_rx_buf, uint32_t　　　　　* p_rx_nbytes);	该命令根据接触式 IC 卡的复位信息,自动选择 T＝0 传输协议或 T＝1 传输协议
uint8_t zsn603_cicc_cold_reset(zsn603_handle_t　　handle, uint32_t　　　　　buffer_len, uint8_t　　　　　　* p_rx_buf, uint32_t　　　　　* p_rx_len);	接触式卡冷复位
uint8_t zsn603_cicc_warm_reset(zsn603_handle_t　　handle, uint32_t　　　　　buffer_len, uint8_t　　　　　　* p_rx_buf, uint32_t　　　　　* p_rx_len);	接触式卡热复位
uint8_t zsn603_cicc_tp0(zsn603_handle_t　　handle, uint8_t　　　　　　* p_tx_buf, uint32_t　　　　　tx_bufsize, uint8_t　　　　　　* p_rx_buf, uint32_t　　　　　* p_rx_len);	T＝0 传输协议
uint8_t zsn603_cicc_tp1(zsn603_handle_t　　handle, uint8_t　　　　　　* p_tx_buf, uint32_t　　　　　tx_bufsize, uint8_t　　　　　　* p_rx_buf, uint32_t　　　　　* p_rx_len);	T＝1 传输协议

4. ISO 14443(PICC)卡类命令

ISO 14443(PICC)卡类命令包含支持 ISO 14443 类协议的卡的操作,接口函数原型见表 9.11。

表 9.11 ISO 14443(PICC)卡类命令接口

函数原型	功能简介
uint8_t zsn603_picca_request(zsn603_handle_t handle, 　　　　　　　　　　　　　 uint8_t req_mode, 　　　　　　　　　　　　　 uint32_t * p_atq);	A 型卡的请求操作
uint8_t zsn603_picca_anticoll(zsn603_handle_t handle, 　　　　　　　　　　　　　 uint8_t anticoll_level, 　　　　　　　　　　　　　 uint8_t * p_know_uid, 　　　　　　　　　　　　　 uint8_t nbit_cnt, 　　　　　　　　　　　　　 uint8_t * p_uid, 　　　　　　　　　　　　　 uint32_t * p_uid_cnt);	A 型卡的防碰撞操作
uint8_t zsn603_picca_select(zsn603_handle_t handle, 　　　　　　　　　　　　　 uint8_t anticoll_level, 　　　　　　　　　　　　　 uint8_t * p_uid, 　　　　　　　　　　　　　 uint8_t uid_cnt, 　　　　　　　　　　　　　 uint8_t * p_sak);	A 型卡的选择
uint8_t zsn603_picca_reset(zsn603_handle_t handle, 　　　　　　　　　　　　　 uint8_t time_ms);	A 型卡复位
uint8_t zsn603_picca_halt(zsn603_handle_t handle);	A 型卡的挂起
uint8_t zsn603_picca_deselect(zsn603_handle_t handle);	将卡片置为挂起(HALT)状态
uint8_t zsn603_picca_rats(zsn603_handle_t handle, 　　　　　　　　　　　　 uint8_t cid, 　　　　　　　　　　　　 uint32_t buffer_len, 　　　　　　　　　　　　 uint8_t * p_ats_buf, 　　　　　　　　　　　　 uint32_t * p_rx_len);	RATS(请求回应)
uint8_t zsn603_picca_pps(zsn603_handle_t handle, 　　　　　　　　　　　 uint8_t dsi_dri);	传输协议参数选择命令
uint8_t zsn603_picca_active(zsn603_handle_t handle, 　　　　　　　　　　　　 uint8_t req_mode, 　　　　　　　　　　　　 uint16_t * p_atq, 　　　　　　　　　　　　 uint8_t * p_saq, 　　　　　　　　　　　　 uint8_t * p_len, 　　　　　　　　　　　　 uint8_t * p_uid)	A 型卡激活

函数原型	功能简介
uint8_t zsn603_picca_tpcl(zsn603_handle_t handle, 　　　　　uint8_t 　　　　* p_cos_buf, 　　　　　uint8_t 　　　　cos_bufsize, 　　　　　uint32_t 　　　　buffer_len, 　　　　　uint8_t 　　　　* p_res_buf, 　　　　　uint32_t 　　　　* p_rx_len);	T=CL 半双工分组传输协议
uint8_t zsn603_picca_exchange_block(zsn603_handle_t handle, 　　　　　uint8_t 　　　　* p_data_buf, 　　　　　uint8_t 　　　　len, 　　　　　uint8_t 　　　　wtxm_crc, 　　　　　uint8_t 　　　　fwi, 　　　　　uint32_t 　　　　buffer_len, 　　　　　uint8_t 　　　　* p_rx_buf, 　　　　　uint32_t 　　　　* p_rx_len);	读/写器与卡片的数据交互
uint8_t zsn603_piccb_active(zsn603_handle_t handle, 　　　　　uint8_t 　　　　req_mode, 　　　　　uint8_t 　　　　* p_info);	B 型卡激活
uint8_t zsn603_piccb_reset(zsn603_handle_t handle, 　　　　　uint8_t 　　　　time_ms);	B 型卡复位
uint8_t zsn603_piccb_request(zsn603_handle_t handle, 　　　　　uint8_t 　　　　req_mode, 　　　　　uint8_t 　　　　slot_time, 　　　　　uint32_t 　　　　buffer_len, 　　　　　uint8_t 　　　　* p_uid);	B 型卡请求
uint8_t zsn603_piccb_attrib(zsn603_handle_t handle, 　　　　　uint8_t 　　　　* p_pupi, 　　　　　uint8_t 　　　　cid, 　　　　　uint8_t 　　　　protype);	B 型卡修改传输属性(卡选择)
uint8_t zsn603_piccb_halt(zsn603_handle_t handle, 　　　　　uint8_t 　　　　* p_pupi);	B 型卡挂起
uint8_t zsn603_piccb_getid(zsn603_handle_t handle, 　　　　　uint8_t 　　　　req_mode, 　　　　　uint8_t 　　　　* p_uid);	读取二代身份证 ID

5. PLUS CPU 卡类命令

PLUS CPU 卡类命令主要包含支持 PLUS CPU 卡的操作,具体接口函数原型见表 9.12。

表 9.12　PLUS CPU 卡类命令接口

函数原型	功能简介
uint8_t zsn603_plus_cpu_write_perso(zsn603_handle_t　　handle, 　　　　　　　　　　　　uint16_t　　　　　　addr, 　　　　　　　　　　　　uint8_t　　　　　　　* p_data);	SL0 更新个人化数据
uint8_t zsn603_plus_cpu_commit_perso(zsn603_handle_t　　handle);	提交个人化数据
uint8_t zsn603_plus_cpu_first_auth(zsn603_handle_t　　handle, 　　　　　　　　　　　uint16_t　　　　　　addr, 　　　　　　　　　　　uint8_t　　　　　　　* p_data);	首次密钥验证(密钥来自用户输入)
uint8_t zsn603_plus_cpu_first_auth_e2(zsn603_handle_t　　handle, 　　　　　　　　　　　　uint16_t　　　　　　addr, 　　　　　　　　　　　　uint8_t　　　　　　　key_block);	首次密钥验证(密钥来自内存输入)
uint8_t zsn603_plus_cpu_follow_auth(zsn603_handle_t　　handle, 　　　　　　　　　　　uint16_t　　　　　　addr, 　　　　　　　　　　　uint8_t　　　　　　　* p_data);	跟随密钥验证,密钥来自函数参数
uint8_t zsn603_plus_cpu_follow_auth_e2(zsn603_handle_t　　handle, 　　　　　　　　　　　　uint16_t　　　　　　addr, 　　　　　　　　　　　　uint8_t　　　　　　　key_block);	跟随密钥验证,验证的密钥来自芯片内部 EEPROM
uint8_t zsn603_plus_cpu_sl3_reset_auth(zsn603_handle_t　　handle);	PLUS CPU 卡复位验证
uint8_t zsn603_plus_cpu_sl3_read(zsn603_handle_t　　handle, 　　　　　　　　　　uint8_t　　　　　　read_mode, 　　　　　　　　　　uint16_t　　　　　start_addr, 　　　　　　　　　　uint8_t　　　　　　block_num, 　　　　　　　　　　uint8_t　　　　　　* p_rx_data, 　　　　　　　　　　uint32_t　　　　　* p_rx_lenght);	读 SL3 的数据块
uint8_t zsn603_plus_cpu_sl3_write(zsn603_handle_t　　handle, 　　　　　　　　　　uint8_t　　　　　　write_mode, 　　　　　　　　　　uint16_t　　　　　start_addr, 　　　　　　　　　　uint8_t　　　　　　block_num, 　　　　　　　　　　uint8_t　　　　　　* p_tx_data, 　　　　　　　　　　uint8_t　　　　　　tx_lenght);	写 SL3 的数据块

续表 9.12

函数原型	功能简介
uint8_t zsn603_plus_cpu_sl3_value_opr(zsn603_handle_t handle, uint8_t write_mode, uint16_t src_addr, uint16_t dst_addr, int data);	SL3 PLUS CPU 卡值操作

9.1.6 应用实例

为了使用户加深对各个接口的理解,下面针对一些典型应用编写了相应的应用程序范例,这些应用程序的入口函数原型均为

```
void demo_zsn603_xxx_entry(zsn603_handle_t handle);
```

其中,函数名中的"xxx"与具体应用的功能相关,例如 A 型卡读 ID 测试,其函数名可能为:demo_zsn603_picca_read_id_test_entry()。所有入口函数均有一个 zsn603_handle_t 类型的 handle 参数,该参数通过 ZSN603 的初始化函数得到,在不同平台中,获取的方式可能不同,这里重点介绍在 AMetal 中使用 ZSN603 的方法,其中会提到 handle 的获取方法。只要获取到 handle,即可将其传入应用入口函数中,以运行相应的应用程序。

1. ZSN603LED 控制示例

为了判断 ZSN603 上电复位后,芯片是否工作正常,可以做一个简单的 LED 测试,根据执行结果进行判断,范例程序详见程序清单 9.3。

程序清单 9.3 设备类 LED 控制范例程序

```
1    void demo_zsn603_led_test_entry (zsn603_handle_t handle)
2    {
3        unsigned char ret = 0;
4        ret = zsn603_control_led(handle,  ZSN603_CONTROL_LED_ON);
5        if(ret == 0){
6            printf("LEDon ! \r\n");
7        }else{
8            printf("LEDcontrol beacuse error 0x%02x", ret);
9        }
10       ret = zsn603_control_led(handle,  ZSN603_CONTROL_LED_OFF);
11       if(ret == 0){
12           printf("LEDoff ! \r\n");
13       }else{
14           printf("LEDcontrol beacuse error 0x%02x", ret);
15       }
16   }
```

该应用程序的入口函数为：demo_zsn603_led_test_entry()。在程序清单 9.3 中，程序调用 zsn603_control_led()函数对 LED 进行控制，若执行成功，LED 将会点亮后熄灭，用户可根据此测试效果判断 ZSN603 是否正常工作。

2. A 型卡激活示例

为了判断 ZSN603 的 RFID 功能是否正常工作，可以做一个简单的激活操作：在 ZSN603 上电复位后，将任意一张 A 型卡放置于天线感应区，根据激活是否成功判断 ZSN603 工作是否正常，范例程序详见程序清单 9.4。

程序清单 9.4　A 型卡激活范例程序

```
1    void demo_zsn603_picca_active_test_entry (zsn603_handle_t handle)
2    {
3        unsigned char atq[2] = {0};
4        unsigned char saq = 0;
5        unsigned char len = 0;
6        unsigned char uid[10] = {0};
7        unsigned char  ret = 0;
8        //A 型卡请求接口函数请求模式为 0x26   IDLE
9        ret = zsn603_picca_active(handle, 0x26, (uint16_t *)atq, &saq, &len, uid);
10       if(ret == 0){
11           unsigned char ! = 0;
12           printf("ATQ  is：% 02x　% 02x\r\n", atq[0], atq[1]);
13           printf("SAQ  is：% 02x \r\n", saq);
14           printf("UID is：");
15           for(! = 0; i < len ; i ++ ){
16               printf("% 02x ",  uid[i]);
17           }
18           printf("\r\n");
19       }else{
20           printf("active fail beacuse error 0x% 02x", ret);
21       }
22   }
```

该应用程序为 A 型卡激活函数，其入口函数为：demo_zsn603_picca_active_test_entry()。在程序清单 9.4 中，程序调用 zsn603_picca_active()函数，返回值保存在 ret 中，若 ret 等于 0，则表示命令主机发送成功且从机成功执行命令帧，此例程打印了激活卡操作返回的相关信息(包括 ATQ、SAQ 和 UID)；若 ret 等于任意非 0 值，则会打印对应错误号，具体错误标识已在 zsn603.h 头文件中定义。

3. B 型卡激活示例

ZSN603 提供的 RFID 功能支持 B 型卡操作，范例程序详见程序清单 9.5。

程序清单 9.5　B 型卡激活范例程序

```
1    void demo_zsn603_piccb_active_test_entry (zsn603_handle_t handle)
2    {
3        unsigned char   info[12] = {0};
4        unsigned char   ret = 0;
5        /*  在使用 B 型卡相关的函数之前,需设置协议为 B 型卡  */
6        ret = zsn603_set_ios_type (handle, ZSN603_ICC_ISO_TYPE_B);
7        if(ret != 0 ){
8        am_kprintf("ios set fail beacuse %0x2", ret);
9            return;
10       }
11       //B 型卡请求接口函数请求模式为 0x00   IDLE
12       ret = zsn603_piccb_active(handle, 0x00, info);
13       if(ret == 0){
14           unsigned char ! = 0;
15           printf("CARD INFO  is :");
16           for(! = 0; i < 12 ; i ++ ){
17           am_kprintf("%02x ",  info[i]);
18       }
19           printf("\r\n");
20       }else{
21           printf("active fail beacuse error 0x%02x", ret);
22       }
23   }
```

　　该应用程序为 B 型卡激活函数,其入口函数为:demo_zsn603_piccb_active_test_entry()。在程序清单 9.5 中,程序调用 zsn603_piccb_active() 函数,返回值保存在 ret 中,若 ret 等于 0,则表示命令主机发送成功且从机成功执行命令帧,该例程打印了激活卡操作返回的相关信息;若 ret 为任意非 0 值,则会打印 ret(即对应错误号),具体错误标识已在 zsn603.h 头文件中定义。

4. 自动检测模式示例

　　ZSN603 提供卡片自动检测功能,范例程序详见程序清单 9.6。

程序清单 9.6　在多任务环境中使用 ZSN603

```
1    static int a = 0;
2    //有卡检测到回调函数
3    void __card_input(void * p_arg){
4        a = 1;
5    }
6    void demo_zsn603_auto_detect_test_entry(zsn603_handle_t handle)
7    {
```

```
8        uint8_t ret;
9        zsn603_auto_detect_ctrl_t    auto_ctrl;
10       zsn603_auto_detect_data_t    auto_data;
11       //自动检测模式配置
12       auto_ctrl.ad_mode    = ZSN603_AUTO_DETECT_CONTINUE |   //检测到卡后继续检测
13                              ZSN603_AUTO_DETECT_INTERRUPT    //检测到卡后发生中断
14                              ZSN603_AUTO_DETECT_SEND;        //检测到卡后自动发送
15       auto_ctrl.tx_mode    = ZSN603_ANT_MODE_TX12;
16       auto_ctrl.req_code   = ZSN603_MIFARE_REQUEST_IDLE;
17       auto_ctrl.auth_mode  = ZSN603_AUTO_DETECT_KEY_AUTH;
18       auto_ctrl.key_type   = ZSN603_ICC_KEY_TYPE_A;
19       auto_ctrl.p_key      = data;
20       auto_ctrl.key_len    = 6;
21       auto_ctrl.block      = 4;
22       auto_ctrl.pfn_card_input    = __card_input;
23       auto_ctrl.p_arg             = NULL;
24
25       ret = zsn603_auto_detect(handle, &auto_ctrl);
26       if(ret == 0){
27           printf("Entry auto detect card mode success! \r\n");
28       }else{
29           printf("Entry auto detect card mode fail beacuse error 0x%02x! \r\n",
ret);
30           return ;
31       }
32       while(a == 0);
33       ret = zsn603_get_auto_detect(handle, 0, &auto_data);
34       a = 0;
35       if(ret == 0){
36           printf("Auto detect card success! \r\n");
37       }else{
38           printf("Auto detect card fail beacuse error 0x%2x! \r\n", ret);
39       }
40   }
```

该应用程序为自动检测模式测试函数,其入口函数为:demo_zsn603_auto_de-tect_test_entry()。在程序清单 9.6 中,程序调用 zsn603_auto_detect()函数,使 ZSN603 进入自动检测模式,且自动检测模式可以自由配置,若进入成功则会打印相应提示信息。值得注意的是,auto_ctrl 中的 pfn_card_input 成员是一个函数指针,用于通知用户卡被检测到,该函数由用户实现,同时由于该函数是在发生中断时被调用,所以在该函数中不能做太多工作,只能实现一个通知功能。在检测到卡后,用户可以调用 zsn603_get_auto_detect() 函数来获取自动读卡数据,并且可以配置 ZSN603 是否再继续进行检测。

9.2　高精度模/数转换芯片 ZML166

ZML166N32A 是广州致远微电子科技有限公司研发的混合信号微处理器,单芯集成 24 位 Σ-Δ 型模/数转换器和 32 位 Arm Cortex-M0 处理器,同时内部集成模拟信号调理电路,可实现 ADC 输入端多路复用、信号程控增益、信号电平移位等功能,并且该芯片内置一个 LDO 和一个高精度的基准电压,非常适用于模拟信号采集的应用场景。

9.2.1　产品简介

ZML166N32A 设计为与外部精密传感器直接连接,构成单片高精度数据采集系统。ZML166 包括 4 个 16 位通用定时器、1 个 32 位通用定时器、1 个高级 PWM 定时器、2 个 UART 接口、1 个 I²C 接口、1 个 SPI 接口和 1 个 USB 接口。除此之外,内部还有一个 24 位 Σ-Δ 型模/数转换器,拥有 5 个模拟输入通道,可两两任意配置成差分输入通道,可软件配置模拟输入通道信号增益,支持宽动态范围信号输入。

ZML166N32A 产品系列工作电压为 2.4~3.6 V,常规型工作温度范围为 -40~85 ℃。多种省电工作模式保证低功耗应用的要求。

1. ZML166N32A 特性

- 内核与系统:高性能的 Arm Cortex-M0 为内核的 32 位微控制器。
- 存储器:高达 64 KB 的闪存程序存储器,高达 8 KB 的 SRAM。
- 时钟、复位和电源管理:2.4~3.6 V 供电;上电/断电复位(POR/PDR)、可编程电压监测器(PVD);外部 8~24 MHz 高速晶体振荡器;内嵌经出厂调校的 48 MHz 高速振荡器;内嵌 40 kHz 低速振荡器;PLL 支持 CPU 最高运行在 48 MHz。
- 低功耗:睡眠、停机和待机模式。
- 1 个 24 位高精度模/数转换器,5 个输入通道,可自由选择增益和配对成差分输入通道。
- 输入通道增益配置可选 1/2/4/8/16/32/64/128,具有 50/60 Hz 工频抑制。
- 自带 LDO,输出 3.0 V。
- 24 位 ADC 内置 1.225 V 基准。
- 2 个比较器。
- 5 通道 DMA 控制器。
- 多达 15 个快速 I/O 端口。
- 多达 9 个定时器。

- 96 位唯一芯片 ID(UID)。
- 采用 QFN32 封装。

2. 引脚说明

ZML166N32A 产品提供 QFN32 封装形式,共计 32 个引脚,引脚排列详见图 9.5, 各引脚说明如表 9.13 所列。

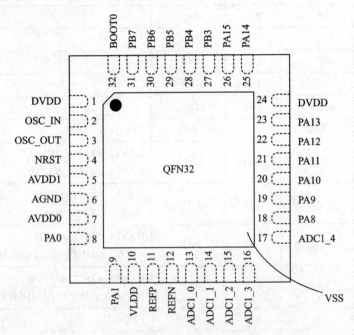

图 9.5　ZML166 引脚分布图

表 9.13　ZML166 引脚说明

引脚编码	引脚名称	类　型	主功能	可选复用功能
1	DVDD	S	DVDD	—
2	OSC_IN	I	OSC_IN	OSC_IN
3	OSC_OUT	O	OSC_OUT	OSC_OUT
4	NRST	I/O	NRST	—
5	AVDD1	S	AVDD1	—
6	AGND	S	AGND	—
7	AVDD0	S	AVDD0	—
8	PA0	I/O	PA0	TIM2_CH1_ETR/UART2_CTS
9	PA1	I/O	PA1	TIM2_CH2/UART2_RTS

引脚编码	引脚名称	类 型	主功能	可选复用功能
10	VLDD	S	VLDD	—
11	REFP	S	REFP	—
12	REFN	S	REFN	—
13	ADC1_0	I/O	ADC1_0	
14	ADC1_1	I/O	ADC1_1	
15	ADC1_2	I/O	ADC1_2	
16	ADC1_3	I/O	ADC1_3	
17	ADC1_4	I/O	ADC1_4	
18	PA8	I/O	PA8	TIM1_CH1/MCO
19	PA9	I/O	PA9	UART1_TX/TIM1_CH2/UART1_RX/I2C_SCL/MCO
20	PA10	I/O	PA10	UART1_RX/TIM1_CH3/UART1_TX/I2C_SDA
21	PA11	I/O	PA11	UART1_CTS/TIM1_CH4/I2C_SCL/COMP1_OUT/USB_DM
22	PA12	I/O	PA12	UART1_RTS/TIM1_ETR/I2C_SDA/COMP2_OUT/USB_DP
23	PA13	I/O	PA13	SWDIO
24	DVDD	S	DVDD	—
25	PA14	I/O	PA14	SWCLK/UART2_TX
26	PA15	I/O	PA15	TIM2_CH1_ETR/SPI1_NSS/UART2_RX
27	PB3	I/O	PB3	TIM2_CH2/SPI1_SCK
28	PB4	I/O	PB4	TIM3_CH1/SPI1_MISO
29	PB5	I/O	PB5	TIM3_CH2/SPI1_MOS
30	PB6	I/O	PB6	UART1_TX/I2C_SCL
31	PB7	I/O	PB7	UART1_RX/I2C_SDA
32	BOOT0	I	BOOT0	
33	DGND	S	DGND	

9.2.2 外围设计要点

在实际应用中,往往因为芯片外围电路处理不当,导致用户测试结果和标称值相差很远,表现出内部 24 位 ADC 精度差。使用 ZML166N32A 芯片的智能采集节点所需的外围处理(见图 9.6)包含供电电源处理、数字接口处理、PCB 接地处理以及可选的滤波器设计(提高抗干扰性能)和基准处理(外部基准)。这几个部分都影响到 24 位 ADC 的性能指标。

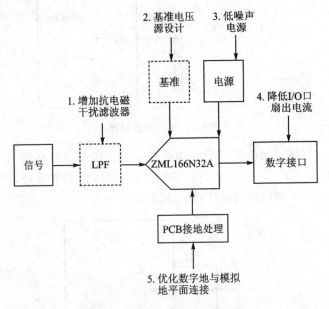

图 9.6 ZML166 所需外围处理

1. 增加抗电磁干扰滤波器

ZML166N32A 芯片内部的 24 位 ADC 是 $\Sigma - \Delta$ 架构,其内部的数字滤波器大大降低了对外部模拟滤波器的要求,但是,为了实现良好的电磁干扰(EMI)抗扰度,抑制掉频率接近于调制器采样速率的噪声,在模拟输入前端设计了一个很实用的差动滤波器,如图 9.7 所示。

对于实际待测信号带宽,选择合适的截止频率。注意,共模电容器不匹配会产生差模噪声,所以共模电容 $C_3 = C_2$,并且 C_1 比 C_2 大 10 倍,选取 $R_1 = R_2$,并且 R_1 选取合适的值可以提高模拟输入端的可靠性,保护不受 ESD 影响。对于测量温度的应用,实际温度不会变化很快,选取 $10 \sim 20$ Hz 的低截止频率滤波器是非常合理的,差动滤波器截止频率按下列等式计算:

$$ f_c = \frac{1}{2\pi(R_1 + R_2)\left(C_1 + \dfrac{C_2}{2}\right)} $$

2. 基准电压源设计

基准电压直接影响 ADC 的数字输出,要求低噪声、低输出阻抗、温度稳定性良好。ZML166N32A 芯片可以选择 3 种基准电压,选择外部低温漂基准,这样可以保

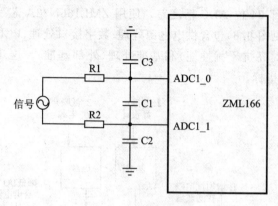

图 9.7 输入端滤波器

证最佳的温度稳定性。选择 VLDD 作为基准时需要将 VLDD 引脚与 REFP 引脚直接相连，并且加上一个 100 nF 和 1 μF 的电容器，以降低基准噪声，如图 9.8 所示。选择内部基准是一个最简洁的设计，但效果欠佳。

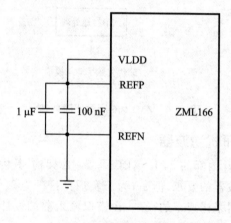

图 9.8 基准电压源处理

3. 低噪声电源

为避免从电源端口串入干扰，需要低噪声的供电电源。利用线性稳压器的纹波抑制比，可以从通常的数字环境开关电源获取此低噪声电源，推荐电路如图 9.9 所示。

线性稳压器使用 ZLG 品牌的 LDO 芯片 ZL6205，纹波抑制比曲线如图 9.10 所示，在低频至 2 kHz 频段有接近 60 dB 的良好纹波抑制比，5 kHz 之后明显下降。

输入端加入磁珠、电阻和电容无源滤波网络，可以有效改善 ZL6205 在高频段纹波抑制比下降的问题，从而使得输入到 ZML166 芯片的高频纹波得到抑制。磁珠 FB 在高频时呈现高阻抗，可以有效滤除 3.3 V 电源上的毛刺噪声。LDO 芯片 ZL6205 应当靠近 ZML166 芯片放置，数字电源不共用模拟电源，如果考虑成本需要

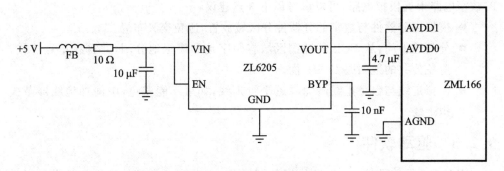

图 9.9　获取低噪声模拟电压

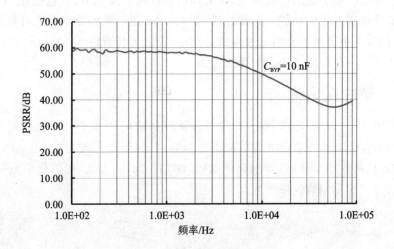

图 9.10　ZL6205 纹波抑制比曲线

共用,则数字部分的电源单独用 LC 滤波电路隔离。

4. 降低 I/O 口扇出电流

当 ZML166 芯片数字电源和模拟电源共用时,MCU 工作时在电源上产生数字开关电流,通过共用引脚产生噪声电压,从而干扰内部 24 位 ADC。

避免 I/O 口直接驱动大电流,使用驱动电路间接驱动,例如晶体管或者逻辑驱动芯片。

如果涉及的数据量比较少,MCU 空闲时间较多,则推荐在 ADC 采集建立时,MCU 不进行其他操作,等待 ADC 采集结束后再进行相关操作。

5. 优化数字地与模拟地平面连接

ZML166 芯片内部模拟部分和数字部分供电和接地是分开的,以保证模拟部分不受干扰,AVDD0 和 AVDD1 是模拟电源,DVDD 是数字部分电源,AGND 是模拟部分接地,VSS 是数字部分接地,接地引脚应当通过最短的引线接到地平面。

在电路板上数字信号的开关噪声也是模拟采集部分的干扰源,为避免电路板上

的数字电路干扰模拟电路,可以参考以下 3 点建议:

- 模拟部分器件与数字部分器件分区域放置,避免交叉布局。
- 分割地平面,从 PCB 的铺铜区域将数字地和模拟地分割,并且在单点连接,避免公共的地回路引入干扰。
- 模拟走线与数字走线避免靠近平行走线,如果不能避免,中间加地线屏蔽模拟走线。

9.2.3　驱动软件

ZML166 目前已接入 ZLG 的 AMetal 平台,并适配了丰富的组件和外设参考示例。若应用程序基于通用接口编写,则无需关心任何底层细节,直接使用 AMetal 提供的标准接口实现相应功能。标准外设,如 UART、SPI 等的使用方法可参考第 4 章的相关内容,本小节不再介绍标准外设的应用,该芯片特有的 24 位 ADC 的配置及使用将在 9.2.4 小节和 9.2.5 小节详细介绍。

9.2.4　芯片初始化

在使用 24 位 ADC 之前,需要对该外设进行初始化,才能调用平台所提供的功能函数。目前,AMetal 平台已完成了初始化函数的适配,以实现对 24 位 ADC 的初始化。下面,从函数原型开始,详细介绍 ZML166 的 24 位 ADC 初始化函数的构成及调用方法。初始化函数的原型为

```
/**
 *   ZML166 ADC 初始化函数
 *
 * \param[in] p_dev      :指向 AM_ZML166_ADC 设备结构体的指针
 * \param[in] p_devinfo  :指向 AM_ZML166_ADC 设备信息结构体的指针
 *
 * \return:返回 AM_ZML166_ADC 句柄,若为 NULL,则说明初始化失败
 */
am_zml166_adc_handle_t am_zml166_adc_init ( am_zml166_adc_dev_t        * p_dev,
                                   const am_zml166_adc_devinfo_t * p_devinfo);
```

该函数意在获取 24 位 ADC 的初始化实例句柄,初始化完成后,即可使用功能函数接口完成相应的功能。其中,

- p_dev 为指向 am_zml166_adc_dev_t 类型实例的指针;
- p_devinfo 为指向 am_zml166_adc_devinfo_t 类型实例信息的指针;

1. 实　例

定义 am_zml166_adc_dev_t 类型(am_zml166_adc.h)的实例如下:

```
am_local am_zml166_adc_dev_t __g_zml166_adc_dev;//定义 ZML166 ADC 设备实例
```

其中,__g_zml166_adc_dev 为用户自定义的实例,其地址作为 p_dev 的实参
传递。

2. 实例信息

实例信息主要描述了与 24 位 ADC 相关的信息,其类型 am_zml166_adc_devin-fo_t(am_zml166_adc.h)的定义如下:

```
typedef struct am_zml166_adc_devinfo {
        uint32_t   vref;              /**< ADC 参考电压,单位 mV */
        uint32_t   timeout;           /**< 超时时间,单位 ms     */
}am_zml166_adc_devinfo_t;
```

基于以上信息,实例信息可以定义如下:

```
am_local am_const am_zml166_adc_devinfo_t __g_zml166_adc_devinfo = {
        2500,                         /**< ADC 参考电压,单位 mV */
        5000,                         /**< 超时时间,单位 ms */
};
```

其中,__g_zml166_adc_devinfo 为用户自定义的实例信息,其地址作为 p_devinfo 的
实参传递。

9.2.5 功能函数接口

1. 配置 AM_ZML166_ADC 前置放大器增益

使用函数接口如下:

```
am_err_t am_zml166_adc_gain_set ( am_zml166_adc_dev_t    * p_dev,
                                  uint16_t                 gain);
```

说明:
- p_dev 为初始化获取 ADC 的标准服务句柄(即 handle);
- gain 为增益值,可设置为 1、2、4、8、16、32、64、128、256;
- 设置成功返回 AM_OK;
- 参数无效返回- AM_EINVAL。

2. 获取 AM_ZML166_ADC 前置放大器增益

使用函数接口如下:

```
am_err_t am_zml166_adc_gain_get( am_zml166_adc_dev_t    * p_dev,
                                 uint8_t                  * p_gain);
```

说明:
- p_dev 为初始化获取 ADC 的标准服务句柄(即 handle);
- p_gain 指向保存获取到的增益的指针;

- 设置成功返回 AM_OK；
- 参数无效返回 – AM_EINVAL。

3. 配置 AM_ZML166_ADCMUX 通道

使用函数接口如下：

```
am_err_t am_zml166_adc_mux_set ( am_zml166_adc_dev_t    * p_dev,
                                 uint8_t                  chan);
```

说明：

- p_dev 为初始化获取 ADC 的标准服务句柄(即 handle)；
- chan 为 MUX 通道，0~2 位为 MUXP，3~5 位为 MUXN；
- 设置成功返回 AM_OK。

4. 数据输出速率设置

使用函数接口如下：

```
am_err_t am_zml166_adc_speed_set( am_zml166_adc_dev_t    * p_dev,
                                  uint8_t                  speed);
```

说明：

- p_dev 为初始化获取 ADC 的标准服务句柄(即 handle)；
- speed 为输出速率，可设置为 12.5~200 Hz；
- 设置成功返回 AM_OK。

5. 数据输出速率获取

使用函数接口如下：

```
am_err_t am_zml166_adc_speed_get( am_zml166_adc_dev_t    * p_dev,
                                  uint8_t                  * p_speed);
```

说明：

- p_dev 为初始化获取 ADC 的标准服务句柄(即 handle)；
- p_speed 为输出速率，指向输出速率设置值；
- 获取成功返回 AM_OK。

6. 读取采样值

在根据应用需求对 ADC 进行配置之后，使用如下函数接口即可读取 ADC 采样值：

```
int am_adc_read( am_adc_handle_t    handle,
                 int                chan,
                 void               * p_val,
                 uint32_t           length);
```

说明：
- handle 为初始化获取 ADC 的标准服务句柄；
- chan 为 ADC 采样的通道；
- p_val 为采样数据，指向缓冲区，数据默认使用右对齐；
- length 为缓冲区的长度。

9.2.6 应用实例

为了方便用户使用和参考，AMetal 提供了多个应用示例，下面就典型的应用程序范例做相关说明。ZML166 提供对应的 24 位 ADC 精度测试的评估板 AML166 - Core，并且提供相应的采样外围电路，这里所述应用示例均基于该板（见图 9.11）。

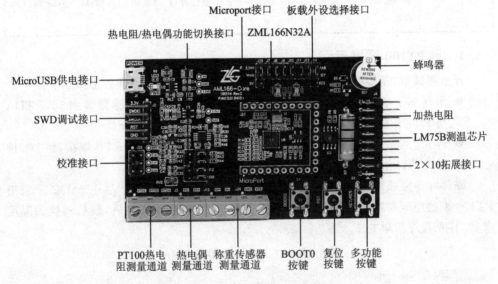

图 9.11 AML166 - Core 评估板

AML166 - Core 评估板接口说明详见表 9.14。

表 9.14 AML166 - Core 评估板接口说明

位 号	功能说明
J1	MicroUSB 供电接口，接 5 V 给评估板供电（无通信功能）
J2	SWD 调试接口，采用 2.54 mm 间距 1×5 弯排针，提供给用户开发调试使用
J3	热电偶测量通道，采用 5.08 mm 间距 1×2 绿色端子，可外接热电偶温度传感器，TC＋为正端，TC－为负端
J4	2×10 拓展接口，采用 2.54 mm 间距 2×10 弯排针，引出微控制器全部 I/O 口

续表 9.14

位 号	功能说明
J5	热电阻/热电偶功能切换接口,采用 2.54 mm 间距 1×3 直排针,热电阻测量短接 A13 与 RTA,热电偶测量短接 A13 与 TCA
J6	PT100 热电阻测量接口,采用 5.08 mm 间距 1×3 绿色端子,外接三线制 PT100 温度传感器,RTDA 和 RTDB 接 PT100 两根短接线,RTDC 接 PT100 另一根线
J15,J26	称重传感器测量通道,采用 2 个 5.08 mm 间距 1×2 绿色端子组合,VCC 端口接电桥激励电源正,GND 端口接电桥激励电源负,Br+ 和 Br- 接电桥输出信号的正负端
J25	校准接口,采用 2.54 mm 间距 2×3 直排针,可用于校准电压源
J27	MicroPort 接口,采用 2.54 mm 间距 3×9 U 型圆排母,可外拓 ZLG 带 MicroPort 接口的模块

1. 测 PT100 温度示例

开始测试前,需要做硬件准备,将 PT100 接入评估板,具体准备工作如下:

- 示例基于 AM166 - Core,将三线制的 PT100 热电阻传感器接到 J6,RTDA 与 RTDB 直通,RTDC 为单独一端。
- 将 J20 排针的 REF1 和 REF 短接,将 J12 排针的 A12 和 RTB 短接,将 J17 排针的 A14 和 RTC 短接,将 J5 排针的 A13 与 RTA 短接。

硬件准备完成后,下面将开始搭建软件。本示例主要通过 24 位 ADC 来采集 PT100 上的电压参数,将该电压参数转换为对应的阻值,校准之后,最后转换为温度参数,详见程序清单 9.7。

程序清单 9.7　PT100 测温范例程序

```
1    # include "ametal.h"
2    # include "am_zml166_adc.h"
3    # include "am_vdebug.h"
4    # include "am_delay.h"
5    # include "am_pt100_to_temperature.h"
6    # include "am_common.h"
7    /**
8     *   获取 PT100 热电阻阻值
9     */
10   float am_zml166_adc_thermistor_res_data_get(void * p_handle)
11   {
12       am_zml166_adc_handle_t handle = (am_zml166_adc_handle_t)p_handle;
13       uint8_t  i;
14       float    r_data = 0;
15       int32_t    vol_rtdb_c = 0, vol_rtda_c = 0, vol_res = 0;
```

```
16        int32_t adc_val[4];
17        am_adc_handle_tadc_handle = &handle->adc_serve;
18        //设置通道为 ADC_2 ADC_4      RTDB --- RTDC
19        am_zml166_adc_mux_set(handle,    AM_ZML166_ADC_INPS_AIN(2) |
20                                         AM_ZML166_ADC_INNS_AIN(3));
21        am_adc_read(adc_handle, 0, (uint32_t *)adc_val, AM_NELEMENTS(adc_val));
22        for(! = 0; i < AM_NELEMENTS(adc_val); i++){
23            vol_rtdb_c += adc_val[i];
24        }
25        vol_rtdb_c /= 4;
26        /*  设置通道为 ADC_3 ADC_4      RTDA --- RTDC */
27        am_zml166_adc_mux_set(handle,    AM_ZML166_ADC_INPS_AIN(3) |
28                                         AM_ZML166_ADC_INNS_AIN(3));
29        am_adc_read(adc_handle, 0, (uint32_t *)adc_val, AM_NELEMENTS(adc_val));
30        for(! = 0; i < AM_NELEMENTS(adc_val); i++){
31            vol_rtda_c += adc_val[i];
32        }
33        vol_rtda_c /= AM_NELEMENTS(adc_val);
34        vol_res = vol_rtdb_c * 2 - vol_rtda_c;
35        if(vol_res < 0){
36            vol_res * =-1;
37        }
38        /* 调用电压校准系数  */
39        r_data = (float)((float)(vol_res / 8388607.0) * 1999.36);
40        return r_data;
41    }
42    /* *
43     *   测试 AML166 板级外接 PT100 热电阻的阻值以及对应的转换温度
44     */
45    void demo_zml166_adc_pt100_measure_entry( am_zml166_adc_handle_t      handle,
46                                              float                    * p_para)
47    {
48        float  r_data = 0, temperature = 0;
49        while(1){
50            /* 设置 PT100 增益倍数 */
51            am_zml166_adc_gain_set(handle,1);
52            r_data = am_zml166_adc_thermistor_res_data_get(handle);
53            /* 电阻校准系数   */
54            r_data = p_para[0] * r_data + p_para[1];
55            /* PT100 电阻转温度   */
56            temperature = pt100_to_temperature(r_data);
```

```
57              if(temperature < 0){
58                  temperature * =-1;
59                  am_kprintf("Tem =- % d. % 03d°\r\n",
60                      ((int32_t)(temperature * 1000) /1000) ,
61                      ((int32_t)(temperature * 1000) % 1000));
62              }else{
63                  am_kprintf("Tem = % d. % 03d°\r\n\r\n",
64                      ((int32_t)(temperature * 1000) /1000) ,
65                      ((int32_t)(temperature * 1000) % 1000));
66              }
67              am_mdelay(200);
68          }
69      }
```

2. 压力电阻桥测试示例

压力电阻桥的差分电压测量,所接传感器一般是电阻应变片,本示例基于 AML166-Core 实现,将桥式电阻应变片接到 J26 和 J15 端子,VCC 是激励源的正端,GND 是激励源的负端,Br＋是电阻桥输出信号的正端,Br－是电阻桥输出信号的负端。将 J20 排针的 REF1 和 REF 短接。

本示例实现的功能为打印桥式电阻应变片输出的差分电压,如需换算成对应的重量或者压力,需要根据具体的电阻应变片传感器的转换参数添加转换公式,参考示例详见程序清单 9.8。

程序清单 9.8　压力电阻桥测试范例

```
1   # include "ametal.h"
2   # include "am_delay.h"
3   # include "am_vdebug.h"
4   # include "am_zml166_adc.h"
5   # include "demo_zlg_entries.h"
6   / * *
7    *   AM_ZML166_ADC 电压测试例程
8    * /
9   void dome_zml166_adc_vol_measure_entry( void      * p_handle,
10                                          float     * p_para,
11                                          uint8_t gpa_index)
12  {
13      am_zml166_adc_handle_t handle = (am_zml166_adc_handle_t)p_handle;
14      am_zml166_adc_gain_set(handle,1 << gpa_index);
15      am_zml166_adc_mux_set(handle, AM_ZML166_ADC_INPS_AIN3 | AM_ZML166_ADC_INNS_AIN2);
16      while(1){
17          uint8_t i = 0;
18          int32_t adc_val[10];
19          double vol = 0;;
```

```
20      am_adc_read(&handle->adc_serve, 0, (void *)adc_val,
21      AM_NELEMENTS(adc_val));
22      for(!= 0 ; i < AM_NELEMENTS(adc_val); i++){
23          vol += ((double)adc_val[i] / AM_NELEMENTS(adc_val));
24      }
25      vol = (double)((double)(vol  / 8388607.0) * handle->p_devinfo->vref);
26      vol = p_para[gpa_index * 2] * vol + p_para[gpa_index * 2 + 1];
27      vol *= 10000;
28      vol /= (1 << gpa_index);
29      if(vol > 0){
30          am_kprintf("Voltage is %d.%04d mV\r\n", (int32_t)vol/10000,
            (int32_t)vol%10000);
31      }else {
32          vol *= -1;
33          am_kprintf("Voltage is  -%d.%04d mV\r\n", (int32_t)vol/10000,
            (int32_t)vol%10000);
34      }
35      }
36 }
```

3. 24 位 ADC 校准示例

本示例主要用于 24 位 ADC 的校准,出厂评估板已经经过校准,用户无需再去进行校准,本例主要适用于用户二次开发过程中需要自行校准的情况,有此需求可以采用本示例方法进行校准以及查看当前校准系数,校准函数入口示例代码详见程序清单 9.9,其他调用的接口函数可见 demo_zml166_adc_vol_para_adjuet.c 文件。

程序清单 9.9 校准函数入口

```
1  void demo_zml166_adc_vol_para_adjuet_entry( am_zml166_adc_handle_t      handle,
2                                              am_uart_handle_t            uart_handle,
3                                              float                       * p_para)
4  {
5      char uart_data[20];
6      while(uart_data[0] < '0' || uart_data[0] > '2'){
7          am_kprintf("Please choose your option. eg: 1\\n'  \r\n");
8          am_kprintf("1. Enter calibration mode.\r\n");
9          am_kprintf("2. Check parameters.  \r\n");
10         __uart_str_get(uart_handle, uart_data);
11     }
12     if(uart_data[0] == '1'){
13         am_zml166_adc_adjust_entry(handle, uart_handle, p_para);
14     }else if(uart_data[0] == '2'){
15         int i  = 0;
16         memcpy((void *)p_para, (uint32_t *)((FLASH_BLOCK_NUM * 1024)), 4 * 18);
17         for(!= 0 ;i < 7; i++){
18             __print_adjust_function(i, p_para[i * 2], p_para[i * 2 + 1]);
19         }
```

```
20              __print_adjust_function(10, p_para[16], p_para[17]);
21              __print_adjust_function(11, p_para[8],  p_para[9]);
22          }
23      }
```

（1）硬件操作

将 AML166-Core 的 J20 排针 REF2 和 REF 短接，确保 J5、J12 和 J17 排针上无短路帽。

（2）校准方法

打开 PC 端的串口调试助手，配置上位机通信的波特率为 115 200，采用 8 位数据、1 位停止位、无检验位、无流控制位的方式。配置完后，通过上位机发送"1\n"即可进入校准模式，发送"2\n"即可查看当前校准系数。

发送"1\n"后，进入校准模式，需要测量校准电压点 cali0 与 cali1 的电压（推荐采用 5 位半精度以上的万用表测量），cali0 接正端，cali1 接负端，测量完成后根据提示的格式输入至字符串框发送测量的电压值。

接着测量校准电压点 cali1 与 cali2 的电压，与上一步骤类似，测量完成后根据提示的格式输入至字符串框发送测量的电压值。

输入的测量电压发送完成后，根据打印的提示信息把 J21 的 A12 与 cali0 短接，A13 与 cali1 短接，确认连接无误后，发送"Y\n"。

然后根据打印的提示信息把 J21 的 A12 与 cali2 短接，A13 与 cali1 短接，确认连接无误后，发送"Y\n"，即可完成校准操作，校准动作详见图 9.12。

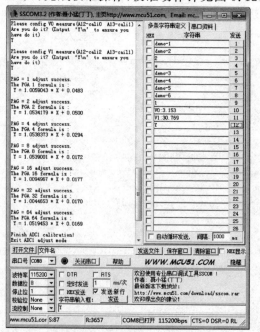

图 9.12　校准操作示例

9.3 蓝牙5.0透传模块 ZLG52810

9.3.1 产品简介

　　ZLG52810 是广州立功科技股份有限公司推出的一款低功耗、低成本和小尺寸的新一代 BLE5.0 透传模块,该款模块已成为蓝牙设备与 MCU 之间双向通信的桥梁,适用于智能家具、仪器仪表、健康医疗、运动计量、汽车电子和休闲玩具等领域。

　　如图 9.13 所示,模块采用半孔工艺将 I/O 引出,帮助客户绕过烦琐的射频硬件设计、开发与生产过程,加快产品上市。搭载 AMetal 软件平台,满足快速开发的需求,可减少软件投入,缩短研发周期。根据使用需求,提供板载 PCB 天线版本和外接天线版本,其中,板载天线版本为 ZLG52810P0 - 1 - TC,外接天线版本为 ZLG52810P0 - 1C - TC。

图 9.13　ZLG52810 模块

1. 产品特性

- 32 位 Arm Cortex - M4@64M 微控制器。
- 净荷数据传输速率最高可达 94 KB/s。
- 兼容 BLE4.0/4.1/4.2/5。
- 2.402~2.480 GHz 免证 ISM 频段。
- AES 安全协议处理器。
- 支持透传、自定义广播包/iBeacon 模式;宽工作电压为 1.7~3.6 V,典型值为 3.3 V。
- 深度睡眠电流:242 nA。
- 接收灵敏度:-96 dBm@1 Mb/s,-93 dBm@2 Mb/s。
- 发射功率:-20 dBm~4dBm 可调。
- 尺寸:12 mm×17 mm×1.75 mm。

2. 硬件描述

ZLG52810P0 - 1 - TC 模块采用半孔工艺,ZLG52810P0 - 1 - TC(PCB 天线)和

ZLG52810P0‑1C‑TC(外接天线)采用相同的引脚分布,如图 9.14 所示,引脚说明请参考表 9.15,典型电路详见图 9.15。

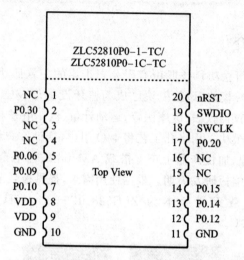

图 9.14　ZLG52810P0‑1‑TC(PCB 天线)和 ZLG52810P0‑1C‑TC(外接天线)模块引脚图

表 9.15　ZLG52810P0‑1‑TC(PCB 天线)和 ZLG52810P0‑1C‑TC(外接天线)模块的引脚定义

引　脚	定　义	复位状态	描　述
1	NC	—	保留,用户悬空即可
2	P0.30	输入	恢复出厂设置引脚,在全速运行模式下拉低 5 s 恢复出厂设置,模块会立刻复位
3	NC	—	保留,用户悬空即可
4	NC	—	保留,用户悬空即可
5	P0.06	输入	低功耗唤醒引脚,下降沿触发
6	P0.09	输出	模块串口的 TX 引脚
7	P0.10	输入	模块串口的 RX 引脚
8	VDD	VDD	电源引脚,一定要与引脚 9 连接在一起
9	VDD	VDD	电源引脚,一定要与引脚 8 连接在一起
10	GND	GND	电源地引脚
11	GND	GND	电源地引脚
12	P0.12	输出	模块串口的 RTS 引脚,用作流控,不使用串口流控时可以悬空该引脚。低电平:表示模块能够接收 MCU 发送的串口数据,MCU 可继续发送。高电平:表示模块不能接收 MCU 发送的串口数据,MCU 应停止发送数据(考虑 MCU 响应流控信号会有延迟,所以输出高电平之后,模块仍然能够接收 300 B 的数据)

引脚	定 义	复位状态	描　　述
13	P0.14	输入	模块串口的 CTS 引脚,用作流控,不使用串口流控可以悬空该引脚。当用户 MCU 不能接收数据时,应将该引脚拉高;当用户 MCU 能够接收数据时,应将该引脚拉低
14	P0.15	输出	连接状态指示引脚,在未连接状态下,该引脚输出 0.5 Hz 的方波,连接状态下输出低电平
15	NC	—	保留,用户悬空即可
16	NC	—	保留,用户悬空即可
17	P0.20	输出	低功耗指示引脚,全速运行模式下,该引脚为高电平,进入低功耗模式后为低电平
18	SWCLK	—	预留调试接口,用户悬空即可
19	SWDIO	—	预留调试接口,用户悬空即可
20	nRST	输入	硬件复位,低电平有效

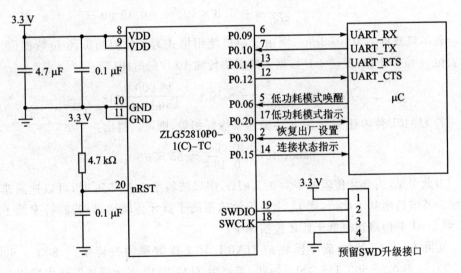

图 9.15　典型应用图

9.3.2　协议说明

　　ZLG52810 无线核心模块默认运行在桥接模式(透传模式)下,模块启动后会自动进行广播,已打开特定 APP 的手机会对其进行扫描和对接,连接成功后就可以通过 BLE 在模块与手机之间进行数据传输。

使用蓝牙进行数据传输是双向的,对于 ZLG52810 蓝牙模块发送数据至手机端,其流程是首先通过 MCU 的串口发送数据至 ZLG52810 蓝牙模块,然后 ZLG52810 蓝牙模块再将数据转发至手机端。这就存在一个速率匹配的问题。若串口传输速率高于蓝牙传输速率,且数据不间断传输,则会导致 ZLG52810 蓝牙模块内部 200 B 的缓冲区很快被填满,使得后续数据不得不丢弃,这种情况下,通过串口每发送 200 B 数据至 ZLG52810 蓝牙模块后,均需要延时一段时间,以确保下次发送数据前,ZLG52810 蓝牙模块已经通过蓝牙完成对数据的转发,内部有可用空间用于装载新的数据。

同理,对于手机端发送数据至主控 MCU,其流程是首先手机端通过 BLE 发送数据至 ZLG52810 蓝牙模块,然后 ZLG52810 蓝牙模块再通过串口将数据发送至 MCU。若串口传输速率低于蓝牙传输速率,也将导致传输速率的不匹配。

最理想的情况就是,串口波特率与蓝牙数据传输速率刚好匹配,发送至 ZLG52810 蓝牙模块一个数据的时间与通过蓝牙转发一个数据的时间恰好相等,这样就不存在速率不匹配的问题了。假设蓝牙的传输速率为 5.5 kHz,则平均传输一个数据的时间为

$$T_{byle\_ble} = \frac{1}{5\ 500}\ s \approx 1.8 \times 10^{-4}\ s = 0.18\ ms$$

若串口波特率为 baudrate,则由于串口使用格式为 1 位起始位、8 位数据位、无校验位、1 位停止位,发送 1 B 数据大约需要传输 10 位的时间,即

$$T_{byle\_uart} = \frac{1}{baudrate} \times 10\ s = \frac{10\ 000}{baudrate}\ ms$$

若 UART 传输速率与 BLE 传输速率恰好相等,则可以得出:

$$baudrate = \frac{10\ 000}{0.18} \approx 55\ 556$$

由此可见,当蓝牙传输速率为 5.5 kHz,串口波特率为 55 556 时,可以达到速率匹配。若波特率高于此值,则 UART 传输速率高于蓝牙传输速率;若波特率低于此值,则 UART 传输速率低于蓝牙传输速率。

实际上,ZLG52810 蓝牙模块的 UART 只支持常见的波特率:4 800、9 600、19 200、38 400、57 600、115 200。因此,若使用 ZLG52810 蓝牙模块发送大数据至手机端,则 UART 传输速率应该低于蓝牙传输速率,此时,波特率设置为 38 400 较为合适。若使用 ZLG52810 蓝牙模块主要用于接收来自手机端的大数据,则 UART 传输速率应该高于蓝牙传输速率,此时,波特率设置为 57 600 较为合适。若双方都有大数据传输,则需确保每发送 200 B 数据之间存在一定的时间间隔(30~60 ms)。

9.3.3 驱动软件

ZLG52810 目前已接入 ZLG 的 AMetal 平台,并且适配了丰富的参考示例。若

应用程序基于通用接口编写,则无需关心任何底层细节,直接使用 AMetal 提供的标准接口实现相应功能即可。相关源码已开源,本章将详细介绍提供的蓝牙功能函数。

9.3.4 芯片初始化

AMetal 已经支持的 ZLG52810 蓝牙模块,提供了操作该模块的相应驱动函数,可以直接使用相应的函数完成对该模块的配置及数据的收发操作,用户无需关心该模块底层的通信协议。这里以 ZLG116 作为处理器使用 ZLG52810 蓝牙模块进行蓝牙通信为例,使用 ZLG52810 蓝牙模块各个功能函数前必须先完成该模块的实例初始化,实例初始化函数的原型(am_zlg52810.h)为

```
am_zlg52810_handle_t am_zlg52810_init(
    am_zlg52810_dev_t           * p_dev,
    const am_zlg52810_devinfo_t * p_devinfo,
    am_uart_handle_t            uart_handle);
```

其中,p_dev 为指向 am_zlg52810_dev_t 类型实例的指针,p_devinfo 为指向 am_zlg52810_devinfo_t 类型实例信息的指针。

1. ZLG52810 蓝牙模块实例

ZLG52810 蓝牙模块实例 am_zlg52810_dev_t(am_zlg52810.h)的定义如下:

```
am_zlg52810_dev_t g_zlg52810_dev;          //定义一个 ZLG52810 实例
```

其中,g_zlg52810_dev 为用户自定义的实例,其地址作为 p_dev 的实参传递。

2. 实例信息

实例信息主要描述了与 ZLG52810 通信时,与引脚、UART 波特率、缓冲区等相关的信息。其类型 am_zlg52810_devinfo_t 的定义(am_zlg52810.h)如下:

```
typedef struct am_zlg52810_devinfo {
    int        pin_rts;           //RTS 引脚
    int        pin_cts;           //CTS 引脚
    int        pin_rst;           //硬件复位引脚
    int        pin_restore;       //RESTORE 引脚,用于恢复出厂设置
    int        pin_wakeup;        //WAKEUP 引脚,用于唤醒低功耗模式
    uint32_t   baudrate;          //模块初始化波特率
    uint8_t    * p_uart_rxbuf;    //串口接收的缓冲区
    uint8_t    * p_uart_txbuf;    //串口发送的缓冲区
    uint16_t   rxbuf_size;        //串口接收缓冲区的大小
    uint16_t   txbuf_size;        //串口发送缓冲区的大小
}am_zlg52810_devinfo_t;
```

其中,pin_rst、pin_cts、pin_rst、pin_restore、pin_wakeup 分别表示 ZLG116 与蓝

牙模块对应功能引脚相连接的引脚号,这里按照实际情况填入引脚号。对于未使用到的引脚,如用作恢复出厂设置的 RESTORE 引脚,将 pin_restore 的值设置为 −1 即可。

baudrate 表示 UART 使用的波特率。由于 ZLG52810 出厂默认波特率为 9 600,因此对于出厂设置的模块,该值必须设置为 9 600。初始化完成后,后续可以使用 ZLG52810 控制函数修改波特率(支持的波特率有:4 800、9 600、19 200、38 400、57 600、115 200)。若修改了波特率,则必须确保下次调用初始化函数时,实例信息中 baudrate 的值为修改后的波特率值。

为了提高数据处理的效率和确保接收数据不会因为正在处理事务而丢失,UART 发送和接收都需要一个缓冲区,用于缓存数据。缓冲区的实际大小由用户根据实际情况确定,建议在 32 B 以上,一般设置为 128 B。p_uart_rxbuf 和 rxbuf_size 描述了接收缓冲区的首地址和大小,p_uart_txbuf 和 txbuf_size 描述了发送缓冲区的首地址和大小。如分别定义大小为 128 B 的缓冲区供发送和接收使用,定义如下:

```
uint8_t g_zlg52810_uart_txbuf[128];
uint8_t g_zlg52810_uart_rxbuf[128];
```

其中,g_zlg52810_uart_txbuf[128]为用户自定义的数组空间,供发送使用,充当发送缓冲区,其地址(数组名 g_zlg52810_uart_txbuf 或首元素地址 &g_zlg52810_uart_txbuf[0])作为实例信息中 p_uart_txbuf 成员的值,数组大小(这里为 128)作为实例信息中 txbuf_size 成员的值。同理,g_zlg52810_uart_rxbuf[128]充当接收缓冲区,其地址作为实例信息中 p_uart_rxbuf 成员的值,数组大小作为实例信息中 rxbuf_size 成员的值。

基于以上信息,实例信息可以定义如下:

```
uint8_t __g_zlg52810_txbuf[128];
uint8_t __g_zlg52810_rxbuf[128];

const am_zlg52810_devinfo_t g_zlg52810_devinfo = {
    PIOB_4,                   //RTS 引脚用作流控
    PIOB_5,                   //CTS 引脚用作流控
    PIOB_6,                   //复位引脚
    -1,                       //RESTORE 引脚不使用,设置为 −1
    PIOB_7,                   //低功耗唤醒引脚
    9600,                     //与 ZLG52810 通信的波特率,出厂默认值为 9 600
    __g_zlg52810_rxbuf,       //用于串口接收的缓冲区
    __g_zlg52810_txbuf,       //用于串口发送的缓冲区
    128,                      //接收数据缓冲区的大小
    128                       //发送数据缓冲区的大小
};
```

其中,g_zlg52810_devinfo 为用户自定义的实例信息,其地址作为 p_devinfo 的实参传递。

3. UART 句柄 uart_handle

若使用 ZLG116 的 UART2 与 ZLG52810 通信,则 UART 句柄可以通过 ZLG116 的 UART2 实例初始化函数 am_zlg116_uart2_inst_init()获得,即

```
am_uart_handle_t uart_handle = am_zlg116_uart2_inst_init();
```

获得的 UART 句柄可直接作为 uart_handle 的实参传递。

4. 实例句柄

ZLG52810 初始化函数 am_zlg52810_init()的返回值即为 ZLG52810 实例的句柄,该句柄将作为其他功能接口函数的 handle 参数的实参。其类型 am_zlg52810_handle_t(am_zlg52810.h)的定义如下:

```
typedef am_zlg52810_dev_t * am_zlg52810_handle_t;
```

若返回值为 NULL,则说明初始化失败;若返回值不为 NULL,则说明返回了一个有效的 handle。基于模块化编程思想,将初始化相关的实例、实例信息等的定义存放到 ZLG52810 的配置文件(am_hwconf_zlg52810.c)中,通过头文件(am_hwconf_zlg52810.h)引出实例初始化函数接口,其中源文件和头文件的程序范例分别详见程序清单 9.10 和程序清单 9.11。

程序清单 9.10　ZLG52810 实例初始化函数实现

```
1    # include "ametal.h"
2    # include "am_zlg52810.h"
3    # include "am_zlg116.h"
4    # include "am_zlg116_inst_init.h"
5
6    am_local uint8_t __g_zlg52810_txbuf[128];     //发送缓冲区
7    am_local uint8_t __g_zlg52810_rxbuf[128];     //接收缓冲区
8
9    am_local am_zlg52810_dev_t __g_zlg52810_dev;  //定义设备实例
10
11   am_local am_const am_zlg52810_devinfo_t __g_zlg52810_devinfo = {  //定义设备信息
12       PIOB_4,                              //RTS 引脚用作流控
13       PIOB_5,                              //CTS 引脚用作流控
14       PIOB_6,                              //复位引脚
15       -1,                                  //RESTORE 引脚,用于恢复出厂设置
16       PIOB_7,                              //低功耗唤醒引脚
17       9600,                                //模块当前使用的波特率
18       __g_zlg52810_rxbuf,                  //接收缓存
```

```
19          __g_zlg52810_txbuf,                    //发送缓存
20          sizeof(__g_zlg52810_rxbuf),            //接收缓存长度
21          sizeof(__g_zlg52810_txbuf)             //发送缓存长度
22      };
23
24      am_zlg52810_handle_t am_zlg52810_inst_init (void)
25      {
26      am_uart_handle_t uart_handle = am_zlg116_uart2_inst_init();
27          return am_zlg52810_init(&__g_zlg52810_dev, &__g_zlg52810_devinfo, uart_handle);
28      }
```

程序清单 9.11   ZLG52810 实例初始化函数声明

```
1       #pragma oncer2
2       #include "ametal.h"
3       #include "am_zlg52810.h"
4
5       am_zlg52810_handle_t am_zlg52810_inst_init (void);
```

后续只需要使用无参数的实例初始化函数即可获取到 ZLG52810 的实例句柄,即

```
am_zlg52810_handle_t zlg52810_handle = am_zlg52810_inst_init();
```

9.3.5   功能函数接口

ZLG52810 控制接口用于控制 ZLG52810 完成所有与 ZLG52810 相关的控制,如参数设置、参数获取、软件复位等。其函数原型(am_zlg52810.h)为

```
int am_zlg52810_ioctl(am_zlg52810_handle_t handle, int cmd, void * p_arg);
```

其中,cmd 用于指定控制命令,不同的命令对应不同的操作;p_arg 为与命令对应的参数。当命令不同时,对应 p_arg 的类型可能也不同,因此,这里 p_arg 使用的类型为 void *,其实际类型应与命令指定的类型一致。常见命令(am_zlg52810.h)及命令对应的 p_arg 类型详见表 9.16。

表 9.16   常见命令及命令对应的 p_arg 类型

序　号	操　作	命　令	p_arg 类型
1	设置 BLE 连接间隔	AM_ZLG52810_BLE_CONNECT_INTERVAL_SET	uint32_t
2	获取 BLE 连接间隔	AM_ZLG52810_BLE_CONNECT_INTERVAL_GET	uint32_t *
3	模块重命名	AM_ZLG52810_RENAME	char *
4	模块重命名(带 MAC)	AM_ZLG52810_RENAME_MAC_STR	char *

序 号	操 作	命 令	p_arg 类型
5	获取模块名	AM_ZLG52810_NAME_GET	char *
6	设置波特率	AM_ZLG52810_BAUD_SET	uint32_t
7	获取波特率	AM_ZLG52810_BAUD_GET	uint32_t *
8	获取 MAC 地址	AM_ZLG52810_MAC_GET	char *
9	复位模块	AM_ZLG52810_RESET	—
10	设置 BLE 广播周期	AM_ZLG52810_BLE_ADV_PERIOD_SET	uint32_t
11	获取 BLE 广播周期	AM_ZLG52810_BLE_ADV_PERIOD_GET	uint32_t *
12	设置发射功率	AM_ZLG52810_TX_POWER_SET	int
13	获取发射功率	AM_ZLG52810_TX_POWER_GET	int *
14	设置数据延时	AM_ZLG52810_BCTS_DELAY_SET	uint32_t
15	获取数据延时	AM_ZLG52810_BCTS_DELAY_GET	uint32_t *
16	进入低功耗模式	AM_ZLG52810_POWERDOWN	—
17	获取软件版本号	AM_ZLG52810_VERSION_GET	uint32_t *
18	获取 BLE 连接状态	AM_ZLG52810_CONSTATE_GET	bool_t *
19	断开 BLE 连接	AM_ZLG52810_DISCONNECT	—
20	设置 BLE 配对码	AM_ZLG52810_PWD_SET	char *
21	获取 BLE 配对码	AM_ZLG52810_PWD_GET	char *
22	设置传输加密	AM_ZLG52810_ENC_SET	bool_t
23	获取传输加密状态	AM_ZLG52810_ENC_GET	bool_t *
24	获取缓冲区已接收数据量	AM_ZLG52810_NREAD	uint32_t *
25	设置数据接收超时时间	AM_ZLG52810_TIMEOUT	uint32_t

有些命令无需参数(表中 p_arg 类型标识为"—"),如复位模块命令。此时,调用 am_zlg52810_ioctl()函数时,只需将 p_arg 的值设置为 NULL 即可。带"*"的类型表示指针类型,若函数返回值为 AM_OK,则表示操作成功,否则表示操作失败。

虽然控制命令较多,看似使用起来较为复杂,但由于在绝大部分应用场合下,默认值即可正常工作,因此,若无特殊需求,就可以直接使用读/写数据接口来完成"透传数据"的发送和接收。一般地,也尽可能使用少量命令来完成一些特殊应用需求。下面将详细介绍各个命令的使用方法。

1. 设置/获取 BLE 连接间隔

当模块与手机相连时,会定时进行同步,以保证手机与模块一直处于连接状态,且数据交互操作也是在同步时进行的。若 BLE 连接间隔较短,则速率较高,平均功耗也较高;反之,若 BLE 连接间隔较长,则数据传输的速率会降低,但同样平均功耗也会降低。

连接间隔的单位为 ms,有效值有:20、50、100、200、300、400、500、1 000、1 500、2 000,出厂默认值为 20,即最小时间间隔。

如设置连接间隔为 50 ms,范例程序详见程序清单 9.12。注意,设置连接间隔后掉电会丢失,并且连接间隔的修改只有在重新连接后才生效。

程序清单 9.12　设置 BLE 连接间隔范例程序

```
1    am_zlg52810_ioctl(zlg52810_handle, AM_ZLG52810_BLE_CONNECT_INTERVAL_SET, (void * )50);
```

连接间隔设置成功与否主要取决于手机端对连接间隔的限制。不同手机的实际连接间隔可能也不同,如魅族手机的实际连接间隔会比设定值少 25% 左右;iPhone 手机在连接时均先以 30 ms 间隔运行 1 min,然后切换成设定值。

可以通过命令获取当前的连接间隔,范例程序详见程序清单 9.13。

程序清单 9.13　获取 BLE 连接间隔范例程序

```
1    uint32_t  interval_ms;C
2    am_zlg52810_ioctl(
3        zlg52810_handle, AM_ZLG52810_BLE_CONNECT_INTERVAL_GET, (void * )&interval_ms);
```

程序执行结束后,interval_ms 的值即为当前使用的连接间隔。若使用程序清单 9.12 所示的代码修改时间间隔,则此处获取的值应为 50。

2. 模块重命名/获取模块名

模块名即手机端发现 ZLG52810 时,显示的 ZLG52810 模块的名字。模块名限定在 15 B 以内。如修改模块名为"ZLGBLE",范例程序详见程序清单 9.14。注意,修改模块名后,掉电不会丢失。

程序清单 9.14　模块重命名范例程序

```
1    am_zlg52810_ioctl(zlg52810_handle, AM_ZLG52810_RENAME, "ZLGBLE");
```

修改模块名为"ZLGBLE"后,手机端发现 ZLG52810 时,将显示其名字为"ZLG-BLE"。

显然,当使用 ZLG52810 开发实际产品时,在同一应用场合,可能存在多个 ZLG52810 模块,若全部命名为"ZLGBLE",将不容易区分具体的 ZLG52810 模块。此时,可以使用自动添加 MAC 后缀的模块重命名命令,使用方法与 AM_ZLG52810_RENAME 相同,范例程序详见程序清单 9.15。

程序清单 9.15　模块重命名(自动添加 MAC 后缀)范例程序

```
1    am_zlg52810_ioctl(zlg52810_handle, AM_ZLG52810_RENAME_MAC_STR, "ZLGBLE");
```

使用该命令修改模块名后,会自动添加 6 个字符(MAC 地址后 3 个字节的 Hex 码),若 ZLG52810 模块的 MAC 地址为"08:7C:BE:CA:A5:5E",则重命名后, ZLG52810 的模块名被设置为"ZLGBLECAA55E"。可以通过命令获取当前的模块名,范例程序详见程序清单 9.16。

程序清单 9.16　获取 ZLG52810 模块名范例程序

```
1    char name[16];
2    am_zlg52810_ioctl(zlg52810_handle, AM_ZLG52810_NAME_GET, (void * )name);
```

程序中,由于模块名的最大长度为 15 个字符,为了存放"\0",需将存储模块名的缓冲区大小设置为 16。程序执行结束后,name 中即存放了 ZLG52810 的模块名。

3. 设置/获取波特率

ZLG52810 支持的波特率有 4 800、9 600、19 200、38 400、57 600、115 200。在大数据传输时,由于 BLE 数据转发速率有限,为了数据可靠稳定传输,建议将波特率设置为 38 400 及以下。如设置波特率为 38 400,范例程序详见程序清单 9.17。注意,修改波特率后,掉电不会丢失。

程序清单 9.17　波特率修改范例程序

```
1    am_zlg52810_ioctl(zlg52810_handle, AM_ZLG52810_BAUD_SET, (void * )38400);
```

设置成功后,会在 2 s 后启用新的波特率,因此,建议修改波特率成功 2 s 后,再进行传输数据或其他命令操作。由于设置波特率后,掉电不会丢失。因此,下次启动时,将直接使用修改后的波特率。这就要求修改波特率后,在下次启动调用初始化函数初始化 ZLG52810 时,需确保实例信息中波特率(baudrate)的值为修改后的值(如 38 400)。

可以通过命令获取当前使用的波特率,范例程序详见程序清单 9.18。

程序清单 9.18　获取模块使用的波特率范例程序

```
1    uint32_t baudrate = 0;
2    am_zlg52810_ioctl(zlg52810_handle, AM_ZLG52810_BAUD_GET, (void * )&baudrate);
```

程序执行结束后,baudrate 的值即为当前使用的波特率。若使用程序清单 9.17 所示的代码修改波特率,则此处获取的值应为 38 400。

4. 获取 MAC 地址

应用程序可以使用命令直接获取 ZLG52810 的 MAC 地址,获取的值为字符串,范例程序详见程序清单 9.19。

程序清单 9.19　获取 MAC 地址范例程序

```
1    char mac[13];
2    am_zlg52810_ioctl(zlg52810_handle, AM_ZLG52810_MAC_GET,(void * )mac);
```

程序中,由于 MAC 字符串的长度为 12(MAC 地址为 48 位,数值需要 6 个字节表示,每个字节的十六进制对应的字符串为两个字符),为了存放"\0",需将存储MAC 字符串的缓冲区大小设置为 13。程序执行结束后,mac 中即存放了 ZLG52810的 mac 字符串。

若 ZLG52810 模块的 MAC 地址为"08:7C:BE:CA:A5:5E",则对应的 MAC 字符串为"087CBECAA55E"。

5. 复位模块

可以使用复位命令对 ZLG52810 进行一次软件复位,程序范例详见程序清单9.20。

程序清单 9.20　复位模块范例程序

```
1    am_zlg52810_ioctl(zlg52810_handle, AM_ZLG52810_RESET,NULL);
```

6. 设置/获取 BLE 广播周期

当使能 ZLG52810 模块后(EN 引脚设置为低电平时),ZLG52810 将以广播周期为时间间隔,广播自身信息,以便被手机端发现,直到与手机端连接成功。广播周期越短,ZLG52810 被发现的速度越快,进而可以更快地建立连接,但其平均功耗也会更高;反之,广播周期越长,被发现的速率就越慢,建立连接的过程就更长,但平均功耗会更低。

BLE 的广播周期单位为 ms,有效值有:200、500、1 000、1 500、2 000、2 500、3 000、4 000、5 000。出厂默认值为 200 ms,即最小广播周期。如设置广播周期为1 000 ms,范例程序详见程序清单 9.21。注意,修改广播周期后,掉电不丢失。

程序清单 9.21　设置 BLE 广播周期范例程序

```
1    am_zlg52810_ioctl(zlg52810_handle, AM_ZLG52810_BLE_ADV_PERIOD_SET,(void * )1000);
```

可以通过命令获取当前的广播周期,范例程序详见程序清单 9.22。

程序清单 9.22　获取 BLE 广播周期范例程序

```
1    uint32_t period_ms = 0;
2    am_zlg52810_ioctl(zlg52810_handle, AM_ZLG52810_BLE_ADV_PERIOD_GET,(void * )&period_ms);
```

程序执行结束后,period_ms 的值即为当前使用的广播周期。若使用程序清单 9.21 所示的代码修改广播周期,则此处获取的值应该为 1 000。

7. 设置/获取 ZLG52810 模块蓝牙发射功率

ZLG52810 模块蓝牙的发射功率影响着模块的传输距离,功率越大传输的距离越远,相应的平均功耗也会越大,发射功率的单位为 dBm,有效值有:−20、−18、

−16、−14、−12、−10、−8、−6、−4、−2、0、2、4。ZLG52810 模块蓝牙的发射功率出厂默认值为 0 dBm。如设置发射功率为−2 dBm,范例程序详见程序清单 9.23。注意,修改发射功率后,掉电依旧保存。

程序清单9.23　设置 ZLG52810 模块蓝牙发射功率范例程序

```
1    am_zlg52810_ioctl(zlg52810_handle, AM_ZLG52810_TX_POWER_SET, (void * )(−2));
```

可以通过命令获取当前的发射功率,范例程序详见程序清单 9.24。

程序清单9.24　获取 ZLG52810 模块蓝牙发射功率范例程序

```
1    int tx_power = 0;
2    am_zlg52810_ioctl(zlg52810_handle, AM_ZLG52810_TX_POWER_GET, (void * )&tx_power);
```

程序执行结束后,tx_power 的值即为当前使用的发射功率。若使用程序清单 9.23 所示的代码修改发射功率,则此处获取的值应为−2。特别注意,tx_power 可能为负值。

8. 设置/获取数据延时

在介绍 ZLG52810 引脚和硬件电路时,描述了引脚 BCTS 的作用。当 ZLG52810 有数据需要发送至主控 MCU 时,BCTS 引脚会立即输出低电平。设置为低电平后,延时一段时间才开始传输数据。这里设置的数据延时即为引脚输出低电平至实际开始传输数据之间的时间间隔。

该延时在一些低功耗应用场合中非常有用,例如,正常情况下主控 MCU 均处于低功耗模式以降低功耗,并将 BCTS 引脚作为主控 MCU 的唤醒源,使得仅仅有数据需要接收时,主控 MCU 才被唤醒工作。由于 MCU 唤醒是需要时间的,因此提供了该数据延时功能,以确保主控 MCU 被完全唤醒后再发送数据,避免数据丢失。

延时时间的单位为 ms,有效值有:0、10、20、30。出厂默认值为 0,即不延时。如设置数据延时为 10 ms,范例程序详见程序清单 9.25。注意,修改数据延时时间后,掉电不会丢失。

程序清单9.25　设置数据延时范例程序

```
1    am_zlg52810_ioctl(zlg52810_handle, AM_ZLG52810_BCTS_DELAY_SET, (void * )10);
```

可以通过命令获取当前的数据延时,范例程序详见程序清单 9.26。

程序清单9.26　获取数据延时范例程序

```
1    uint32_t bcts_delay = 0;
2    am_zlg52810_ioctl(zlg52810_handle, AM_ZLG52810_BCTS_DELAY_GET, (void * )&bcts_delay);
```

程序执行结束后,bcts_delay 的值即为当前使用的数据延时。若使用程序清单 9.25 所示的代码修改数据延时,则此处获取的值应为 10。

9. 进入低功耗模式

可以使用进入低功耗命令使 ZLG52810 进入低功耗模式,范例程序详见程序清单 9.27。

```
1    am_zlg52810_ioctl(zlg52810_handle,AM_ZLG52810_POWERDOWN,NULL);
```

注意：在介绍 ZLG52810 引脚和硬件电路时，描述了引脚 EN 的作用。当 EN 为高电平时，模块被禁能，处于极低功耗模式，只有变为低电平后模块才能正常工作。若 EN 引脚未使用（固定为低电平），则可以使用该命令使 ZLG52810 进入低功耗模式，进入低功耗模式后会关闭 BLE 端和串口端，数据透传被禁止，也不能使用串口发送命令至 ZLG52810。此时，只有当 EN 引脚或 BRTS 引脚发生边沿跳变时才能唤醒 ZLG52810，唤醒后方可正常工作。

10. 获取软件版本号

当前 ZLG52810 最新的软件版本号为"V1.01"，历史版本有"V1.00"。可以使用获取版本号命令获取当前 ZLG52810 的软件版本号，范例程序详见程序清单 9.28。

程序清单 9.28　获取软件版本号范例程序

```
1    uint32_t version = 0;
2    am_zlg52810_ioctl(zlg52810_handle,AM_ZLG52810_VERSION_GET,(void *)&version);
```

程序执行结束后，version 的值即表示了 ZLG52810 的软件版本号。注意，获取的值为整数类型，100 表示"V1.00"版本，101 表示"V1.01 版本"，以此类推。

11. 获取 BLE 连接状态

可以使用命令直接获取当前 BLE 的连接状态，范例程序详见程序清单 9.29。

程序清单 9.29　获取 BLE 连接状态范例程序

```
1    bool_t  conn_stat = FALSE;
2    am_zlg52810_ioctl(zlg52810_handle,AM_ZLG52810_CONSTATE_GET,(void *)&conn_stat);
```

程序执行结束后，conn_stat 的值即表示了当前的连接状态。若值为 TRUE，则表示当前 BLE 已连接；若值为 FALSE，则表示当前 BLE 未连接。

12. 断开 BLE 连接

若当前 BLE 处于连接状态，则可以使用命令强制断开当前的 BLE 连接，范例程序详见程序清单 9.30。

程序清单 9.30　断开 BLE 连接范例程序

```
1    am_zlg52810_ioctl(zlg52810_handle,AM_ZLG52810_DISCONNECT,NULL);
```

13. 设置/获取 BLE 配对码

出厂默认情况下，ZLG52810 的 BLE 未设置配对码，此时，任何手机端均可连接 ZLG52810。为了防止非法手机连接，可以设置一个配对码。设置配对码后，在手机端与 ZLG52810 模块开始连接的 10 s 内,必须发送配对码字符串至 ZLG52810。如果配对码错误或者 ZLG52810 在 10 s 内没有接收到配对码,则 ZLG52810 会主动断开此连接。

配对码是由 6 个数字字符(字符"0"～"9")组成的字符串。如设置配对码为"123456",范例程序详见程序清单 9.31。注意,修改配对码后,掉电不会丢失。

程序清单 9.31　设置 BLE 配对码范例程序

```
1    am_zlg52810_ioctl(zlg52810_handle, AM_ZLG52810_PWD_SET, (void * )"123456");
```

设置配对码成功后,手机端与 ZLG52810 建立连接时必须输入配对码"123456"才能连接成功。特别地,若设置配对码为"000000",则表示取消配对码。

可以通过命令获取当前的配对码,范例程序详见程序清单 9.32。

程序清单 9.32　获取 BLE 配对码范例程序

```
1    char  pwd[7];
2    am_zlg52810_ioctl(zlg52810_handle, AM_ZLG52810_PWD_GET, (void * )pwd);
```

程序中,由于配对码的长度为 6 字符,为了存放"\0",需将存储配对码的缓冲区大小设置为 7。程序执行结束后,pwd 中即存放了 ZLG52810 当前使用的配对码。特别地,若获取的配对码为"000000",则表示当前未使用配对码功能。

14. 传输加密的设置和状态获取

出厂默认情况下,ZLG52810 未对传输加密,此时,数据都是明文传输,很容易被破解。为了确保数据通信的安全性,可以使能 ZLG52810 传输加密的功能,详见程序清单 9.33。

程序清单 9.33　使能 BLE 传输加密范例程序

```
1    am_zlg52810_ioctl(zlg52810_handle, AM_ZLG52810_ENC_SET, (void * )TRUE);
```

程序中,将 p_arg 参数的值设置为了 TRUE,表示使能传输加密。若将 p_arg 的值设置为 FALSE,则表示禁能传输加密。注意,修改传输加密的设置后,掉电不会丢失。

可以通过命令获取当前传输加密的状态,范例程序详见程序清单 9.34。

程序清单 9.34　获取 BLE 传输加密的状态范例程序

```
1    bool_t  enc;
2    am_zlg52810_ioctl(zlg52810_handle, AM_ZLG52810_ENC_GET, (void * )&enc);
```

程序执行结束后,enc 的值表示当前传输加密的状态。若值为 TRUE,则表示当前已经使能传输加密;若值为 FALSE,则表示当前未使能传输加密。

15. 获取接收缓冲区已接收数据量

在初始化 ZLG52810 时,提供了一个接收缓冲区供 UART 接收使用,当

ZLG52810 发送数据至主控 MCU 时,首先会将 UART 接收到的数据存储到接收缓冲区中,应用程序使用接收函数接收数据时,直接提取出接收缓冲区中的数据返回给应用即可。

应用程序可以实时查询当前接收缓冲区中已经存储的数据量(字节数),以便决定是否使用接收数据函数接收数据。范例程序详见程序清单 9.35。

程序清单 9.35　获取接收缓冲区已接收数据量范例程序

```
1    uint32_t nread = 0;
2    am_zlg52810_ioctl(zlg52810_handle, AM_ZLG52810_NREAD, (void * )&nread);
```

程序执行结束后,nread 的值即表示当前接收缓冲区中已存储的数据量。

16. 设置数据接收超时时间

默认情况下,没有设置接收超时时间,使用接收数据函数接收数据时,若接收缓冲区中的数据不够,将会一直"死等",直至达到期望接收的字节数后才会返回。为了避免出现"死等",可以使用该命令设置一个超时时间,当等待时间达到超时时间时,也会直接返回。特别地,可以将超时时间设置为 0,即不进行任何等待,接收函数会立即返回。如设置超时时间为 100 ms,范例程序详见程序清单 9.36。注意,设置超时时间后,掉电会丢失。

程序清单 9.36　设置数据接收超时时间范例程序

```
1    am_zlg52810_ioctl(zlg52810_handle, AM_ZLG52810_TIMEOUT, (void * )100);
```

17. 蓝牙模块读/写数据接口

读/写数据接口实现了数据的透传,详见表 9.17。只有当 BLE 处于连接状态时,ZLG52810 才能正确地将数据透传至与之连接的 BLE 设备,否则 ZLG52810 会将数据丢弃。

表 9.17　ZLG52810 读/写数据接口函数(am_zlg52810.h)

函数原型		功能简介
int am_zlg52810_send (　　am_zlg52810_handle_t　　handle, 　　const uint8_t　　　　　* p_buf, 　　int　　　　　　　　　len);		发送数据
int am_zlg52810_recv (　　am_zlg52810_handle_t　　handle, 　　uint8_t　　　　　　　* p_buf, 　　int　　　　　　　　　len);		接收数据

(1) 发送数据

发送数据的函数原型为

```
int am_zlg52810_send(am_zlg52810_handle_t handle,const uint8_t * p_buf,int len);
```

其中,p_buf 为待发送数据存放的缓冲区首地址,len 为发送数据的长度(字节数)。若返回值为负数,则表示发送失败,非负数则表示成功发送的字节数。

程序清单 9.37 所示为发送一个字符串"Hello World!"的范例程序。

程序清单 9.37　发送数据范例程序

```
1    am_zlg52810_send(zlg52810_handle,"Hello World!",strlen("Hello World!"));
```

若已经有 BLE 设备(如手机)与 ZLG52810 相连,则在手机 APP 端可以接收到使用该段程序发送的"Hello World!"字符串。

注意:由于 ZLG52810 会将"TTM:"开始的数据视为命令数据,因此,使用此接口发送的数据不应该包含"TTM:"。

(2) 接收数据

接收数据的函数原型为

```
int am_zlg52810_recv (am_zlg52810_handle_t handle, uint8_t * p_buf,int len);
```

其中,p_buf 为接收数据存放的缓冲区首地址,len 为期望接收的长度(字节数)。若返回值为负数,则表示接收失败,非负数则表示成功接收的字节数。

程序清单 9.38 所示为接收 10 B 数据的范例程序。

程序清单 9.38　接收数据范例程序

```
1    uint8_t buf[10];
2    am_zlg52810_recv(zlg52810_handle, buf,10);
```

默认情况下,没有设置接收超时时间,该段程序会直到 10 个数据接收完成后才会返回。若发送端迟迟未发送满 10 个字节,则会一直"死等"。

在一些应用中,可能不期望出现"死等"的情况,此时,可以使用"设置数据接收超时时间(AM_ZLG52810_TIMEOUT)"命令设置一个超时时间,从而避免"死等"。实际读取的字节数可以通过返回值得到。

9.3.6　应用实例

下面为一个简单的数据收发测试。使用 ZLG52810+MCU 作为蓝牙从设备,收到主机端(可选择手机 APP 端)发送的数据后,将数据原封不动地回复到主机端。范例程序详见程序清单 9.39。

程序清单 9.39　ZLG52810+MCU 与主机相互收发数据范例程序

```
1    # include "ametal.h"
2    # include "am_zlg52810.h"
3    # include "am_hwconf_zlg52810.h"
```

```
4
5      int am_main (void)
6      {
7          uint8_t  buf[10];
8          am_zlg52810_handle_t zlg52810_handle = am_zlg52810_inst_init();
9          //复位 ZLG52810
10         am_zlg52810_ioctl(zlg52810_handle, AM_ZLG52810_RESET,NULL);
11         //设置超时时间为 100 ms
12         am_zlg52810_ioctl(zlg52810_handle, AM_ZLG52810_TIMEOUT, (void * )100);
13         while(1) {
14             int len = am_zlg52810_recv(zlg52810_handle, buf,10);
15             if (len > 0) {                      //成功接收到长度为 len 字节的数据
16                 am_zlg52810_send(zlg52810_handle, buf, len);
17             }
18         }
19         return 0;
20     }
```

程序中,首先通过实例初始化函数得到蓝牙模块的句柄,然后使用控制接口对蓝牙模块进行复位操作,接着设置接收数据的超时时间为 100 ms,最后在主循环中接收数据,若接收到数据,则再将数据发送出去,回传给主机。设置超时的作用是,当接收数据不足 10 个字符时,也能在超时后返回,并及时将数据回发给主机。

为了测试该范例程序,需要一个蓝牙主机来进行对应的收发数据操作,主机端往往通过手机 APP 来模拟。相关的测试蓝牙串口透传的 APP 有很多,读者可以自行下载,使用方法非常简单,与平常在 PC 上使用的串口调试助手进行数据的收发非常类似。安卓端可以下载我公司提供的 QppDemo. apk 安装使用,IOS 端可以在 App Store 中搜索 BLE 助手、LightBlue 等蓝牙工具软件进行测试。

以安卓端 QppDemo 为例,首先下载 QppDemo. apk,然后按照默认设置进行安装,安装完成后,会在手机桌面上新增一个名为 Qpp Demo 的应用。打开手机蓝牙,然后启动该 APP,启动后界面详见图 9.16(a)。若程序清单 9.39 所示的范例程序正在运行,则启动后会发现一个名为 QuinticBLE 的蓝牙设备,若未发现,则可以单击右上角的 SCAN 启动扫描,以发现 BLE 设备。

单击名为 Quintic BLE 的蓝牙设备进入收发数据界面,详见图 9.16(b),界面顶部显示了蓝牙设备的名字、MAC 地址、数据速率、发送计数和接收计数等信息,接着是发送窗口和接收窗口。为了正常显示接收到的信息,需要使能接收显示,单击接收窗口中的 View 按钮即可使能接收显示,单击后 View 为高亮,详见图 9.16(c)。在发送窗口中,输入"hello"字符串,单击 send 按钮发送,由于测试程序会将接收到的信息原封不动地回发到主机,因此可以在接收窗口中看到 hello 字符串,表明接收的信息与发送的信息一致,测试成功。

| (a) 启动界面 | (b) 收发数据界面 | (c) 使能接收并发送hello |

图 9.16　Qpp Demo 界面

9.4　磁旋钮模块 MK100

9.4.1　产品简介

　　MK100 是广州立功科技股份有限公司基于 ZLG116 芯片开发的一款磁旋钮模块。其中,ZLG116 是基于 Arm Cortex - M0 内核设计的 32 位微控制器,具有 48 MHz 主频、64 KB 闪存和 8 KB 片内 SRAM。MK100 使用邮票孔封装。基于 AMetal 提供了完善的软件,可减少用户的软件开发投入,有效缩短研发周期。MK100 详见图 9.17。

图 9.17　MK100

1. 产品特性

　　● 32 位 Arm Cortex - M0 内核微控制器 ZLG116;

　　● 工作电压为 4.5~5.5 V;

　　● 模块使用 UART 通信协议;

　　● 旋转角度分辨率为 1.4°;

　　● 具有旋钮校零功能;

- 可检测旋钮拿起/放下动作;
- 外接模拟霍尔传感器,可检测旋钮上/下/左/右 4 个方向的推动动作;
- 支持低功耗模式;
- 邮票孔焊接方式。

2. 硬件描述

MK100 各引脚的说明详见表 9.18。

表 9.18　MK100 的引脚说明

引　脚	定　义	复位状态	引脚状态	描　述
1	VDD_5V			5 V 数字电源输入
2	GND			接地
3	SWDIO	I;PU	I/O	SWD 调试输入/输出
4	SWCLK	I;PU	I	SWD 时钟
5	Hall_Left	I;PU	A	左方位模拟霍尔数据接口
6	Hall_Down	I;PU	A	下方位模拟霍尔数据接口
7	MGL		O	数字输出指示场强低于寄存器设置的场强水平
8	MGH		O	数字输出指示场强超过寄存器设置的场强水平
9	NC			未定义引脚,悬空处理
10	NC			未定义引脚,悬空处理
11	NC			未定义引脚,悬空处理
12	NC			未定义引脚,悬空处理
13	UART1_RX	I;PU	I	异步串口接收端,接收 5 V 电平串口数据
14	UART1_TX	I;PU	O	异步串口发送端,输出 5 V 电平串口数据
15	NC			未定义引脚,悬空处理
16	NC			未定义引脚,悬空处理
17	NC			未定义引脚,悬空处理
18	NC			未定义引脚,悬空处理
19	Hall_Right	I;PU	A	右方位模拟霍尔数据接口
20	Hall_Up	I;PU	A	上方位模拟霍尔数据接口
21	NC			未定义引脚,悬空处理
22	NC			未定义引脚,悬空处理
23	NC			未定义引脚,悬空处理
24	NC			未定义引脚,悬空处理

引　脚	定　义	复位状态	引脚状态	描　述
25	NC			未定义引脚,悬空处理
26	NC			未定义引脚,悬空处理
27	NC			未定义引脚,悬空处理
28	PB4	I；PU	I/O	串口波特率配置引脚:悬空或加上拉电阻,串口通信波特率为 9 600;下拉到地,串口通信波特率为 2 400
29	PB5	I；PU	O	低功耗唤醒＋低功耗使能引脚
30	RESET	I；PU	I	外部复位信号输入,短至 50 ns 的下降沿会复位模块,使 I/O 口、外围恢复默认状态
31	GND	—	—	接地
32	VDD_3.3V		O	3.3 V 数字电源输出

9.4.2　协议说明

1. 指令协议概述

MK100 通过 UART 与主机之间进行通信交互,UART 配置参数详见表 9.19,所有功能的实现都依赖 UART 收发指令帧。

表 9.19　UART 配置

配　置	参　数	配　置	参　数
波特率	9 600	停止位	1 bit
数据位	8 bit	校验位	NONE

每一帧数据的格式详见表 9.20。其中,帧头固定为 0x2A;帧标识代表了本帧功能,其构成部分详见表 9.21;帧数据 1 和帧数据 2 代表具体的功能参数。

表 9.20　串口数据帧结构图

帧　头	帧标识	帧数据 1	帧数据 2	帧校验 CRC-8
1 B	1 B	1 B(十六进制)	1 B(十六进制)	1 B

表 9.21　帧标识定义

帧标识字节	值	含　义
位[7]	1	主机要配置从机
	0	主机要获取从机信息

续表 9.21

帧标识字节	值	含 义
位[6:4]	1	主机设置传感器参数
	2	主机获取传感器信息
	3	从机返回错误信息
	4	主机设置从机系统参数
位[3:0]	xx	具体指令项

2. 指令协议解析

MK100 和主机在发送或接收一帧数据时都要通过 CRC-8 校验,帧校验为帧标识、帧数据 1、帧数据 2 的 CRC-8 校验值,详见表 9.22。

表 9.22   校验字节

帧校验[7:0]	多项式(HEX)	数据反转	初始值(HEX)	异或值(HEX)
CRC-8	x8+x5+x4+1(0x31)	MSB First	0xFF	0x00

在 MK100 中,校验的源码详见程序清单 9.40。

程序清单 9.40   校验源码

```
1    uint8_t xCal_crc(uint8_t * ptr, uint32_t len)
2    {
3        uint8_t crc;
4        uint8_t i;
5        crc = 0xFF;
6        while(len-- ) {
7            crc ^= * ptr++ ;
8            for(!= 0; i < 8; i++ ) {
9                if (crc & 0x80) {
10                   crc = (crc << 1) ^ 0x0131;
11               } else {
12                   crc = (crc << 1);
13               }
14           }
15       }
16       return crc;
17   }
```

3. 帧标识

基于表 9.20 所列的帧标识结构,在 MK100 中,帧标识的高 4 位代表一个大的功能类,低 4 位代表具体的功能项。功能类的分类如下:

● 0x9n:代表主机要对 MK100 传感器的一些参数进行设定,MK100 收到正确的帧之后,会按照相应的指令和数据设置传感器,并将设置后的值返回给主机,帧接收正确情况后返回帧的帧标识不变。

- 0x2n:代表主机要获取 MK100 传感器的一些信息,MK100 收到正确的帧之后,会按照相应的指令和数据读取相应信息,并将读取到的数据返回给主机,帧接收正确情况后返回帧的帧标识不变。
- 0x3n:仅为 MK100 返回帧的帧标识。当主机发起通信时,若 MK100 收到的帧存在问题,或者 MK100 系统存在故障,则会返回相应的错误帧;当主机收到 0x3n 的帧时,应认为当前指令操作失败,然后根据该帧的帧数据内容,分析错误原因。
- 0xCn:代表主机要对 MK100 中的一些系统参数进行设定,例如波特率、旋转精度等。MK100 收到正确的帧之后,会按照相应的指令和数据设置系统参数,并将设置后的值返回给主机,接收正确情况下返回帧的帧标识不变。

4. 帧数据

帧数据为两个字节,当帧标识不同时,其数据具有不同的含义。

5. 支持指令一览

MK100 所支持的指令如表 9.23 所列。

表 9.23 MK100 所支持的指令

指令(帧标识)	功　能	功能类
0x2F	获取当前角度值	
0x2E	获取磁旋钮位置	
0x22	获取当前磁场强度阈值	获取传感器信息
0x23	获取当前旋转方向	
0x24	获取当前磁场强度阈值状态	
0x25	获取方向传感器数据	获取传感器信息
0x26	获取红外传感器数据	
0x31	系统错误	系统错误返回
0x32	接收帧错误	
0x91	设置当前角度值	
0x92	设置当前磁场强度上阈值	
0x93	设置当前磁场强度下阈值	
0x94	设置当前旋转方向	设置传感器信息
0x95	设置方向传感器参数	
0x96	设置红外传感器参数	
0x97	方向传感器初始值校准	

续表 9.23

指令（帧标识）	功 能	功能类
0xC1	设置当前波特率	
0xC2	设置系统功能	
0xC3	设置系统输出模式	设置系统参数
0xC4	设置旋钮灵敏度	
0xC6	设置延时窗口大小	
0xC7	设置进入低功耗时间	

9.4.3　驱动软件

MK100 目前已接入 ZLG 的 AMetal 平台，并适配了丰富的参考示例。若应用程序基于通用接口编写，则无需关心任何底层细节，直接使用 AMetal 提供的标准接口实现相应功能即可，相关源码已开源。

9.4.4　芯片初始化

AMetal 已经支持了 MK100，并提供了相应的驱动，可以直接使用相应的 API 完成磁旋钮模块的配置及数据的收发，用户无需关心底层的通信协议，即可快速使用 MK100 进行磁旋钮数据通信。这里以 ZLG116 作为处理器驱动 MK100 为例，使用其他各功能函数前必须先完成初始化，初始化函数的原型（am_mk100.h）为

```
am_mk100_handle_t am_mk100_init ( am_mk100_dev_t           * p_dev,
                                  const am_mk100_devinfo_t * p_devinfo,
                                  am_uart_handle_t           uart_handle);
```

其中，p_dev 为指向 am_mk100_dev_t 类型实例的指针，p_devinfo 为指向 am_mk100_devinfo_t 类型实例信息的指针，uart_handle 为 UART 句柄。

1. 实　例

定义 am_mk100_dev_t 类型（am_mk100.h）的实例如下：

```
typedef struct am_mk100_dev {
    /**\brief UART 环形缓冲区实例句柄 */
    am_uart_rngbuf_handle_t uart_rngbuf_handle;
    /**\brief UART 实例句柄 */
    am_uart_handle_t uart_handle;
    /**\brief 错误接收 */
    uint8_t error_frame[AM_MK100_FRAME_LEN];
    /**\brief 用于保存设备信息指针 */
    const am_mk100_devinfo_t * p_devinfo;
} am_mk100_dev_t;
```

2. 实例信息

实例信息主要描述了与 MK100 通信时,与 UART 缓冲区等相关的信息。其类型 am_mk100_devinfo_t 的定义(am_mk100.h)如下:

```
typedef struct am_mk100_devinfo {
    /**\brief 用于串口接收的缓冲区,建议大小在 32 B 以上 */
    uint8_t * p_uart_rxbuf;
    /**\brief 用于串口发送的缓冲区,建议大小在 32 B 以上 */
    uint8_t * p_uart_txbuf;
    /**\brief 用于串口接收的缓冲区大小 */
    uint16_t rxbuf_size;
    /**\brief 用于串口发送的缓冲区大小 */
    uint16_t txbuf_size;
} am_mk100_devinfo_t;
```

p_uart_rxbuf、p_uart_txbuf、rxbuf_size 和 txbuf_size 均用于初始化 UART 环形缓冲区。MK100 实例初始化的实现详见程序清单 9.41。

程序清单 9.41 MK100 实例初始化

```
1   # include "ametal.h"
2   # include "am_uart_rngbuf.h"
3   # include "am_zlg116_inst_init.h"
4   # include "am_hwconf_mk100_uart.h"
5   #define UART_RX_BUF_SIZE   128  /**< \brief 接收环形缓冲区大小,应该为 2^n    */
6   #define UART_TX_BUF_SIZE   128  /**< \brief 发送环形缓冲区大小,应该为 2^n    */
7   /*******************************************************
8   全局变量
9   *******************************************************/
10  /**\brief UART 接收环形缓冲区  */
11  static uint8_t __uart_rxbuf[UART_RX_BUF_SIZE];
12  /**\brief UART 发送环形缓冲区  */
13  static uint8_t __uart_txbuf[UART_TX_BUF_SIZE];
14  /**\brief MK100 设备实例 */
15  static am_mk100_dev_t __g_mk100_uart_dev ;
16  /**\brief MK100 设备信息实例 */
17  static am_mk100_devinfo_t __g_mk100_uart_dev_info = {
18      __uart_rxbuf,
19      __uart_txbuf,
20      UART_RX_BUF_SIZE,
21      UART_TX_BUF_SIZE,
22  };
23  /**\brief MK100 设备初始化 */
```

```
24    am_mk100_handle_t am_mk100_uart2_inst_init (void)
25    {
26        uint32_t pam = AM_MK100_DEFAULT_BAUDRATE;
27        __g_mk100_uart_dev.uart_handle = am_zlg116_uart2_inst_init();
28        am_uart_ioctl(__g_mk100_uart_dev.uart_handle, AM_UART_BAUD_SET, (void *)pam);
29        return am_mk100_init(    &__g_mk100_uart_dev,
30                                 &__g_mk100_uart_dev_info,
31                                 __g_mk100_uart_dev.uart_handle);
32    }
```

在 am_mk100_uart2_inst_init()中,先调用 am_zlg116_uart2_inst_init()获得一个 UART 句柄,然后把 UART 波特率设置为默认波特率 AM_MK100_DEFAULT_BAUDRATE,即 9 600,最后调用 am_mk100_init( )得到 MK100 句柄并返回。

3. 实例句柄

定义一个 MK100 的实例句柄,在后续的使用中,只需要通过封装好的接口函数使用 MK100 句柄即可完成对 MK100 的操作,MK100 的实例句柄定义如下:

```
typedef struct am_mk100_dev * am_mk100_handle_t;
```

9.4.5 功能接口函数

1. 获取角度值

获取角度值的代码如下:

```
int am_mk100_get_angle(am_mk100_handle_t handle, uint8_t gear);
```

说明:

- handle 为 MK100 实例句柄。
- gear 若为 0,则表示不设置挡位,直接输出采集角度;若为其他值,则表示一共划分为几个挡位。
- 返回值≥0,表示角度值;返回值<0,表示错误,handle ->error_frame 存放了错误返回帧。

2. 获取磁旋钮位置

获取磁旋钮位置的代码如下:

```
int am_mk100_get_knob(am_mk100_handle_t handle);
```

说明:

- handle 为 MK100 实例句柄;
- 返回值≥0,表示磁旋钮位置;返回值<0,表示错误,handle→error_frame 存放了错误返回帧。

3. 获取当前磁场强度阈值

获取当前磁场强度阈值的代码如下：

```
int am_mk100_get_strength_threshold(am_mk100_handle_t handle,
uint8_t * upper_limit, uint8_t * lower_limit);
```

说明：

- handle 为 MK100 实例句柄；
- upper_limit 为上限阈值存放在 upper_limit 指向的内存中；
- lower_limit 为下限阈值存放在 lower_limit 指向的内存中；
- 返回值为 AM_OK，表示操作成功；返回值＜0，表示错误，handle ->error_frame 存放了错误返回帧。

4. 获取当前旋转方向

获取当前旋转方向的代码如下：

```
int am_mk100_get_rotation_direction(am_mk100_handle_t handle);
```

说明：

- handle 为 MK100 实例句柄；
- 返回值≥0，表示当前旋转方向；返回值＜0，表示错误，handle ->error_frame 存放了错误返回帧。

5. 获取当前磁场强度阈值状态

获取当前磁场强度阈值状态的代码如下：

```
int am_mk100_get_strength_threshold_status( am_mk100_handle_t handle,
                                            am_bool_t * upper_limit_status,
                                            am_bool_t * lower_limit_status);
```

说明：

- handle 为 MK100 实例句柄；
- upper_limit_status 为上限阈值状态存放在 upper_limit_status 指向的内存中；
- lower_limit_status 为下限阈值状态存放在 lower_limit_status 指向的内存中；
- 返回值为 AM_OK，表示操作成功；返回值＜0，表示错误，handle ->error_frame 存放了错误返回帧。

6. 获取方向传感器数据

获取方向传感器数据的代码如下：

```
int am_mk100_get_direction_data(am_mk100_handle_t handle, uint8_t direction);
```

说明：

- handle 为 MK100 实例句柄；
- direction 为方向，上、下、左、右分别为 AM_MK100_DIRECTION_UP、AM_MK100_DIRECTION_DOWN、AM_MK100_DIRECTION_LEFT、AM_MK100_DIRECTION_RIGHT；
- 返回值≥0，表示该方向上的数据；返回值＜0，表示错误，handle -> error_frame 存放了错误返回帧。

7. 获取红外传感器数据

获取红外传感器数据的代码如下：

```
int am_mk100_get_infrared_data(am_mk100_handle_t handle);
```

说明：

- handle 为 MK100 实例句柄；
- 返回值≥0，表示红外传感器数据；返回值＜0，表示错误，handle -> error_frame 存放了错误返回帧。

8. 设置当前角度值

设置当前角度值的代码如下：

```
int am_mk100_set_angle(am_mk100_handle_t handle, uint16_t angle);
```

说明：

- handle 为 MK100 实例句柄；
- angle 为角度值，范围为 0～360；
- 返回值≥0，表示当前设置的角度值；返回值＜0，表示错误，handle -> error_frame 存放了错误返回帧。

9. 设置当前磁场强度阈值上限

设置当前磁场强度阈值上限的代码如下：

```
int am_mk100_set_strength_upper_limit(am_mk100_handle_t handle, uint8_t limit);
```

说明：

- handle 为 MK100 实例句柄；
- limit 为阈值上限，最大值为 0x07；
- 返回值≥0，表示当前设置的阈值上限；返回值＜0，表示错误，handle -> error_frame 存放了错误返回帧。

10. 设置当前磁场强度阈值下限

设置当前磁场强度阈值下限的代码如下：

```
int am_mk100_set_strength_lower_limit(am_mk100_handle_t handle, uint8_t limit);
```

说明：

- handle 为 MK100 实例句柄；
- limit 为阈值下限，最大值为 0x07；
- 返回值≥0，表示当前设置的阈值下限；返回值＜0，表示错误，handle ->error_frame 存放了错误返回帧。

11. 设置当前旋转方向

设置当前旋转方向的代码如下：

```
int am_mk100_set_rotation_direction(am_mk100_handle_t handle, uint8_t direction);
```

说明：

- handle 为 MK100 实例句柄；
- direction 表示方向，AM_MK100_DIR_CW 为顺时针，AM_MK100_DIR_CCW 为逆时针；
- 返回值≥0，表示当前设置的方向；返回值＜0，表示错误，handle ->error_frame 存放了错误返回帧。

12. 方向传感器初始值校准

方向传感器初始值校准的代码如下：

```
int am_mk100_direction_cal(am_mk100_handle_t handle);
```

说明：

- handle 为 MK100 实例句柄；
- 返回值为 AM_OK，表示成功；返回值＜0，表示错误，handle ->error_frame 存放了错误返回帧。

13. 设置方向传感器参数

设置方向传感器参数的代码如下：

```
int am_mk100_set_direction_parameter( am_mk100_handle_t handle, uint8_t direction,
                                      uint16_t threshold);
```

说明：

- handle 为 MK100 实例句柄；
- direction 表示方向；
- threshold 为方向传感器参数；
- 返回值≥0，表示当前设置的参数；返回值＜0，表示错误，handle ->error_frame 存放了错误返回帧。

14. 设置红外传感器参数

设置红外传感器参数的代码如下：

```
int am_mk100_set_infrared_parameter(am_mk100_handle_t handle, uint16_t data);
```

说明：

- handle 为 MK100 实例句柄；
- data 为参数；
- 返回值≥0，表示当前设置的参数；返回值＜0，表示错误，handle -> error_ frame 存放了错误返回帧。

15. 设置系统波特率

设置系统波特率的代码如下：

```
int am_mk100_set_baudrate(am_mk100_handle_t handle, uint8_t baudrate_setting);
```

说明：

- handle 为 MK100 实例句柄；
- baudrate_setting 为波特率设置，只能设置 AM_MK100_BAUDRATE_ *** 这些宏定义；
- 返回值≥0，表示当前设置的波特率；返回值＜0，表示错误，handle -> error_ frame 存放了错误返回帧。

16. 设置系统功能

设置系统功能的代码如下：

```
int am_mk100_set_system_func(am_mk100_handle_t handle, uint8_t mode);
```

说明：

- handle 为 MK100 实例句柄；
- mode 为功能选择，只有以下有效的输入：AM_MK100_SET_ROTATION_ FUNC、AM_MK100_SET_INFRARED_DETECT、AM_MK100_SET_ STATUS_DETECT、AM_MK100_SET_LEFT_RIGNH_DETECT、AM_ MK100_SET_UP_DOWN_DETECT、AM_MK100_SET_UP_DOWN_ LEFT_RIGNH_DETECT；
- 返回值≥0，表示当前设置的系统功能；返回值＜0，表示错误，handle -> error_ frame 存放了错误返回帧。

17. 设置系统为查询模式

设置系统为查询模式的代码如下：

```
int am_mk100_set_query_mode(am_mk100_handle_t handle);
```

说明：

- handle 为 MK100 实例句柄；
- 返回值≥0，表示当前设置的模式；返回值＜0，表示错误，handle -> error_

frame 存放了错误返回帧。

18. 设置系统为主动上报模式,数据有改变时输出

设置系统为主动上报模式,数据有改变时输出,代码如下:

```
int am_mk100_set_report_change_mode(am_mk100_handle_t handle);
```

说明:

- handle 为 MK100 实例句柄;
- 返回值≥0,表示当前设置的模式;返回值<0,表示错误,handle -> error_frame 存放了错误返回帧。

19. 设置系统为主动上报模式,固定频率输出

设置系统为主动上报模式,固定频率输出,代码如下:

```
int am_mk100_set_report_periodically_mode(am_mk100_handle_t handle, uint16_t time);
```

说明:

- handle 为 MK100 实例句柄;
- 返回值≥0,表示当前设置的模式;返回值<0,表示错误,handle -> error_frame 存放了错误返回帧。

20. 设置旋钮灵敏度

设置旋钮灵敏度的代码如下:

```
int am_mk100_set_knob_sensitivity(am_mk100_handle_t handle, uint8_t sensitivity);
```

说明:

- handle 为 MK100 实例句柄;
- sensitivity 为灵敏度等级选项,值的范围为 2~50;
- 返回值≥0,表示当前设置的灵敏度;返回值<0,表示错误,handle -> error_frame 存放了错误返回帧。

21. 设置延时窗口宽度

设置延时窗口宽度的代码如下:

```
int am_mk100_set_delay_window(am_mk100_handle_t handle, uint8_t delay_window);
```

说明:

- handle 为 MK100 实例句柄;
- delay_window 为延时窗口宽度,单位为采样时间 10 ms,值的范围为 10~100;
- 返回值≥0,表示当前设置的延时窗口宽度;返回值<0,表示错误,handle -> error_frame 存放了错误返回帧。

22. 设置进入低功耗时间

设置进入低功耗时间的代码如下：

```
int am_mk100_set_enter_low_power_time( am_mk100_handle_t handle, uint8_t enter_low
_power_time);
```

说明：

● handle 为 MK100 实例句柄；

● enter_low_power_time 为进入低功耗时间，单位为秒，值的范围为 0～255；

● 返回值≥0，表示当前设置的进入低功耗时间；返回值＜0，表示错误，handle -> error_frame 存放了错误返回帧。

9.4.6 应用实例

1. 检测四向推动

需求功能为 360 旋转＋霍尔传感器检测拿起/放下＋检测上/下/左/右方向推动，MK100 应用电路如图 9.18 所示，外接上/下/左/右 4 个方位的传感器可检测磁旋钮拿起/放下和 4 个方向推动的动作。

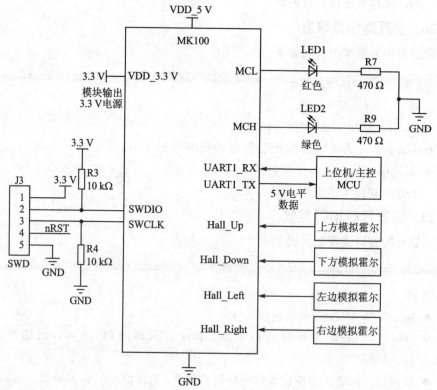

图 9.18　MK100 应用电路图

2. 固定频率上报数据

下面是一个简单的固定频率上报角度和磁旋钮位置的应用程序,首先调用 am_mk100_set_report_periodically_mode(handle, 500)设置 500 ms 上报一次数据,然后在主循环判断此次获得的数据是角度值还是磁旋钮位置,并通过调试串口打印出来,详见程序清单 9.42。

程序清单 9.42　固定频率上报数据

```
1    # include "ametal. h"
2    # include "am_led. h"
3    # include "am_delay. h"
4    # include "am_vdebug. h"
5    # include "am_board. h"
6    # include "demo_std_entries. h"
7    # include "demo_am116_core_entries. h"
8    # include "am_hwconf_mk100_uart. h"
9    # include "demo_components_entries. h"
10   # include "am_zlg116_inst_init. h"
11   int am_main (void)
12   {
13       am_mk100_handle_t handle = am_mk100_uart2_inst_init();
14       uint8_t type = 0;
15       uint8_t data = 0;
16       int ret = 0;
17       AM_DBG_INFO("Start up successful! \r\n");
18       /* 设置定时上报数据 */
19       ret = am_mk100_set_report_periodically_mode(handle, 500);
20       if (ret < 0) {
21           AM_DBG_INFO("am_mk100_set_report_periodically_mode error! \r\n");
22           am_mk100_display_error_recevice(handle);
23       }
24       AM_FOREVER {
25           /* 获取定时上报的数据,不需要延时 */
26           ret = am_mk100_get_report(handle, &type, &data);
27           if (ret < 0) {
28               AM_DBG_INFO("am_mk100_get_report error! \r\n");
29               am_mk100_display_error_recevice(handle);
30               continue;
31           }
32           if (type == AM_MK100_GET_ANGLE) {
33               AM_DBG_INFO("mk100 angle: % d\r\n", data);
34           } else if (type == AM_MK100_GET_KNOB_POS) {
35               AM_DBG_INFO("mk100 knob position: % d\r\n", data);
36           } else {
37               AM_DBG_INFO("wrong type!!! \r\n");
38           }
39       }
40   }
```

3. 查询角度值

下面是一个简单的查询模式读取角度值的程序,首先调用 am_mk100_set_query_mode(handle)把 MK100 设置为查询模式,然后在主循环中把角度值读出来,范例程序详见程序清单9.43。

程序清单9.43 查询角度值

```
1    # include "ametal.h"
2    # include "am_led.h"
3    # include "am_delay.h"
4    # include "am_vdebug.h"
5    # include "am_board.h"
6    # include "demo_std_entries.h"
7    # include "demo_am116_core_entries.h"
8    # include "am_hwconf_mk100_uart.h"
9    # include "demo_components_entries.h"
10   # include "am_zlg116_inst_init.h"
11   int am_main (void)
12   {
13       am_mk100_handle_t handle = am_mk100_uart2_inst_init();
14       uint8_t type = 0;
15       uint8_t data = 0;
16       int ret = 0;
17       AM_DBG_INFO("Start up successful! \r\n");
18       /* 设置查询模式 */
19       am_mk100_set_query_mode(handle);
20       if (ret < 0) {
21           AM_DBG_INFO("am_mk100_set_query_mode error! \r\n");
22           am_mk100_display_error_recevice(handle);
23       }
24       AM_FOREVER {
25           /* 不设置挡位,直接输出采集角度 */
26           ret = am_mk100_get_angle(handle, 0x00);
27           if (ret < 0) {
28               AM_DBG_INFO("am_mk100_get_angle error! \r\n");
29               am_mk100_display_error_recevice(handle);
30           } else {
31               AM_DBG_INFO("am_mk100_get_angle: %d\r\n", ret);
32           }
33           am_mdelay(100);
34       }
35   }
```

第**10**章

典型应用方案参考设计

📖 **本章导读**

前面讲了很多关于 AMetal 平台的内容,如外设、逻辑器件、存储器件和传感器等,那么在实际项目中,如何快速地应用起来,如何降低研发难度和研发成本呢? 本章将结合实际应用 AMetal 进行产品开发的案例,一步步展示该平台的便捷之处。

10.1 自动点胶机应用方案

10.1.1 产品概述

自动点胶机/焊接/螺丝控制器,主要是给外部的电机机构或者电机平台提供控制信号,有序地控制多个电机,从而实现自动点胶、自动焊接或者自动拧螺丝的功能。

自动点胶机/焊接/螺丝控制器的产品实物如图 10.1 所示,分为主控板卡和手持示教器两部分。驱动控制算法由主控板卡完成,主控板卡通过 UART 接口与手持示教器进行通信,实时获取手持示教器的运行状态,从而做出相应的控制功能。手持示教器中的主控采用 ZLG116N32A 设计。

图 10.1　自动点胶机/焊接/螺丝控制器的产品实物

10.1.2 方案介绍

1. 功能框图

自动点胶机手持示教器功能框图如图 10.2 所示,自动点胶机手持示教器通过 5 V 输入电压供电,经过 LDO 转化为 3.3V 给 MCU 供电,外置 1 个 LED 状态指示灯和 1 个蜂鸣器,支持 48 个按键(14 路 I/O 提供 6×8 矩阵式按键检测),外扩 4 MB SPI NOR Flash 用于存储控制相关数据。手持示教器通过 UART 转化为 RS232 电平串口与主控板卡通信,以保证更远的通信距离。

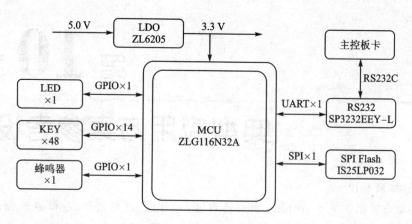

图 10.2　自动点胶机手持示教器功能框图

2. 资源需求

- 1 路 I/O 实现 LED 状态显示；
- 1 路 I/O 实现蜂鸣器发音提示；
- 14 路 I/O 提供 6×8 矩阵式按键检测实现 48 个按键输入；
- 1 路 SPI 接口用于外扩 SPI NOR Flash；
- 1 路 UART 接口转化为 RS232 电平串口，用于与主控板卡通信。

3. 优　势

对比自动点胶机手持示教器同类产品，现用芯片方案有如下优势：

- MCU 资源丰富（64 KB Flash/8 KB SRAM），开发更为灵活，性价比超高；
- 完善齐全的 DEMO 软件和详尽的技术文档，能够帮助用户快速完成产品开发；
- 提供矩阵键盘、SPI NOR Flash 存储器驱动、带缓冲区的 UART 接口通信等丰富的组件软件，极大地简化了客户的开发，更专注于核心应用软件的设计；
- 采用 AMetal 软件架构，真正实现跨平台移植，帮助客户快速完成产品升级换代。

4. 推荐器件

ZLG 提供点胶机手持示教器全套 BOM 解决方案、全套 BOM 打包、一站式采购，降低了整体成本。主控芯片采用 ZLGIoT MCU_ZLG116N32A 设计，详细器件推荐如表 10.1 所列。

表 10.1　点胶机手持示教器解决方案推荐器件

产品名称	型　号	厂　家	器件特点
MCU	ZLG116N32A	ZLG	Cortex - M0 内核,64 KB Flash/8 KB SRAM; 运行频率高达 48 MHz; 支持宽电压输入 2.0~5.5 V; 多路 UART、SPI、I²C 等外设接口
Flash	IS25LP032	ISSI	数据存储、低功耗、低电压
串口通信	SP3232EEY - L	EXAR	支持波特率高达 200 000 bit/s 支持 3.3~5.0 V 的电压范围; 两线制异步串行通信
LDO	ZL6205	ZLG	成本低、噪声小、静态电流小

10.1.3　参考设计

1. 矩阵键盘

自动点胶机需要大量的按键实现人机交互,本方案采用 6×8 矩阵按键设计,仅用 14 个 I/O 就能实现 48 个按键检测,如图 10.3 所示,行线为 6,列线为 8,行线为输出,列线为输入。

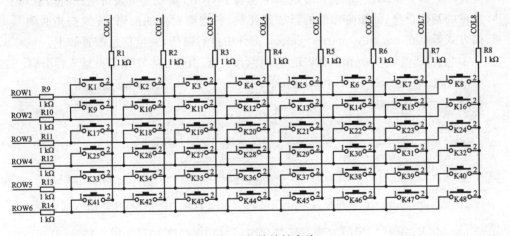

图 10.3　矩阵按键电路

矩阵按键可以提高 I/O 的使用效率,但是要区分和判断按键动作的方法却比较复杂。每次扫描一行,扫描该行时,对应行线输出为低电平,其余行线输出为高电平,然后读取所有列线的电平,若有列线读到低电平,则表明该行与读到低电平的列对应的交叉点有按键按下。逐列扫描法恰好相反,其列线为输出,行线为输入,但基本原理还是一样的。

AMetal 已经集成了矩阵按键组件软件,客户只需配置与矩阵按键相关的信息即可,操作非常简单。在 am_key_matrix_gpio. h 文件中,定义了与矩阵按键相关的配置函数结构体,详见程序清单 10.1。

程序清单 10.1　矩阵按键配置信息定义

```
1    typedef struct am_key_matrix_gpio_info {
2        am_key_matrix_base_info_t      base_info;      //矩阵按键基础信息
3        constint                     * p_pins_row;     //行线引脚
4        constint                     * p_pins_col;     //列线引脚
5    }am_key_matrix_gpio_info_t;
6    /**
7     *   矩阵按键基础信息
8     */
9    typedef struct am_key_matrix_base_info {
10       int        row;                 //行数目
11       int        col;                 //列数目
12       constint   * p_codes;           //各个按键对应的编码,按行的顺序依次对应
13       am_bool_t  active_low;          //按键按下后是否为低电平
14       uint8_t    scan_mode;           //扫描方式(按行扫描或按列扫描)
15   }am_key_matrix_base_info_t;
```

在 am_key_matrix_gpio_info 成员中包含了 GPIO 驱动矩阵按键的所有信息、矩阵按键的基础信息(如矩阵按键的行数和列数、各按键对应的编码、按键扫描时间及扫描方式等),在 am_key_matrix_gpio. c 文件中进行赋值,对应信息配置如下:

① __g_key_pins_row 指向存放矩阵按键行线对应引脚号的数组,在此输入行引脚;

```
/************************************************************
按键 GPIO 行线引脚
************************************************************/
static const int __g_key_pins_row[] = { PIOB_5,PIOB_4,PIOB_3,
                                        IOB_2,PIOB_1,PIOB_0};
/************************************************************/
```

② __g_key_pins_col 指向存放矩阵按键列线对应引脚号的数组,在此输入列引脚;

```
/************************************************************
按键 GPIO 列线引脚
************************************************************/
static const int __g_key_pins_col[] = { PIOA_15,PIOA_14,PIOA_13,PIOA_12,
                                        PIOA_11,PIOA_10,PIOA_09,PIOA_08};
/************************************************************/
```

③ __g_key_codes 指向按键编码数组,指定了各按键对应的编码,在此填入按键

编码;

```
/ ************************************************************
按编码信息
************************************************************ /
static const int __g_key_codes[] = {
    KEY_00, KEY_01, KEY_02, KEY_03, KEY_04, KEY_05, KEY_06, KEY_07,
    KEY_10, KEY_11, KEY_12, KEY_13, KEY_14, KEY_15, KEY_16, KEY_17,
    KEY_20, KEY_21, KEY_22, KEY_23, KEY_24, KEY_25, KEY_26, KEY_27,
    KEY_30, KEY_31, KEY_32, KEY_33, KEY_34, KEY_35, KEY_36, KEY_37,
    KEY_40, KEY_41, KEY_42, KEY_43, KEY_44, KEY_45, KEY_46, KEY_47,
    KEY_50, KEY_51, KEY_52, KEY_53, KEY_54, KEY_55, KEY_56, KEY_57,
};
```

④ scan_interval_ms 指定了按键扫描的时间间隔(单位:毫秒),即每隔该段时间执行一次按键检测,检测是否有按键事件发生(按键按下或按键释放),该值一般设置为 5 ms,在结构体中直接赋值即可,如程序清单 10.2 所示。

程序清单 10.2　按键实例化函数

```
1    int am_miniport_key_inst_init (void)
2    {
3        static am_key_matrix_gpio_softimer_t          miniport_key;
4        static const am_key_matrix_gpio_softimer_info_t  miniport_key_info = {
5            {
6                {
7                    6,                           //6 行按键
8                    8,                           //8 列按键
9                    __g_key_codes,               //各按键对应的编码
10                   AM_TRUE,                      //按键低电平视为按下
11                   AM_KEY_MATRIX_SCAN_MODE_COL,  //扫描方式,按列扫描
12               },
13               __g_key_pins_row,
14               __g_key_pins_col,
15           },
16           5,                                   //扫描时间间隔,5 ms
17       };
18       return am_key_matrix_gpio_softimer_init(&miniport_key, &miniport_key_info);
19   }
```

进行完上述配置之后,就可以调用函数实现按键键值读取,触发完成相应的功能,实现源码详见程序清单 10.3。

程序清单 10.3　按键获取触发

```
1    static void __input_key_proc (void * p_arg, int key_code, int key_state, int keep_time)
2    {
3        switch (key_code) {
4        case KEY_0:
5            if (key_state == AM_INPUT_KEY_STATE_PRESSED) {
6                AM_DBG_INFO("key0 Press! Keep_time is %d\r\n", keep_time);
7            } else if (key_state == AM_INPUT_KEY_STATE_RELEASED){
8                AM_DBG_INFO("key0 Released! \r\n");
9            }
10           break;
11       case KEY_1:
12           if (key_state == AM_INPUT_KEY_STATE_PRESSED) {
13               AM_DBG_INFO("key1 Press! Keep_time is %d\r\n", keep_time);
14           } else if (key_state == AM_INPUT_KEY_STATE_RELEASED){
15               AM_DBG_INFO("key1 Released! \r\n");
16           }
17           break;
18       case KEY_2:
19           if (key_state == AM_INPUT_KEY_STATE_PRESSED) {
20               AM_DBG_INFO("key2 Press! Keep_time is %d\r\n", keep_time);
21           } else if (key_state == AM_INPUT_KEY_STATE_RELEASED){
22               AM_DBG_INFO("key2 Released! \r\n");
23           }
24           break;
25       case KEY_3:
26           if (key_state == AM_INPUT_KEY_STATE_PRESSED) {
27               AM_DBG_INFO("key3 Press! Keep_time is %d\r\n", keep_time);
28           } else if (key_state == AM_INPUT_KEY_STATE_RELEASED){
29               AM_DBG_INFO("key3 Released! \r\n");
30           }
31           break;
32       ……/**更多按键处理*/
33       default :
34           break;
35       }
36   }
37   void am_get_key (void)
38   {
39       static am_input_key_handler_t key_handler;
40       am_input_key_handler_register(&key_handler, __input_key_proc, NULL);
                                                     /**注册中断回调函数 */
41   }
```

2. SPI NOR Flash 实现数据读/写

本方案需要外扩一个 4 MB SPI NOR Flash 用于存储控制相关数据,采用 ISSI 的 IS25LP032 设计。

IS25LP032 的通信接口为标准 4 线 SPI 接口(支持模式 0 和模式 3),即 nCS、MOSI、MISO 和 SCLK,详见图 10.4。其中,nCS(♯1)、SO(♯2)、SI(♯5)和 SCLK(♯6)分别为 SPI 的 nCS、MISO、MOSI 和 SCLK 信号引脚。特别地,WP(♯3)用于写保护,HOLD(♯7)用于暂停数据传输。一般来说,这两个引脚不会使用,可通过上拉电阻上拉至高电平。

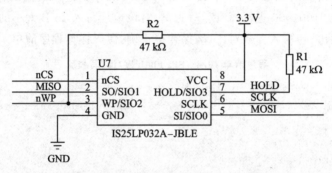

图 10.4　SPI NOR Flash 电路原理图

AMetal 提供了支持常见的 IS25LP064、MX25L8006、MX25L1606 等系列 SPI NOR Flash 器件的驱动函数,而 SPI NOR Flash 比较特殊,在写入数据前必须确保相应的地址单元已经被擦除,因此除初始化、读/写函数外,还有一个擦除函数,其接口函数详见表 10.2。

表 10.2　IS25xx 接口函数

函数原型	功能简介
am_is25xx_handle_t is25xx_handle＝ 　　am_is25xx_inst_init();	实例初始化
int am_is25xx_erase(　　am_is25xx_handle_t　　handle, 　　uint32_t　　addr, 　　uint32_t　　len);	擦除
int am_is25xx_write(　　am_is25xx_handle_t　　handle, 　　uint32_t　　addr, 　　uint8_t　　* p_buf, 　　uint32_t　　len);	写入数据

续表 10.2

函数原型	功能简介

int am_is25xx_read(
     am_is25xx_handle_t   handle,
     uint32_t   addr,
     uint8_t   * p_buf,
     uint32_t   len);
	读取数据

利用平台提供的函数接口,下面实现对 IS25LP032 进行数据的读/写和校验。这里以对地址 0x001000 进行擦/读/写为例,对该地址写入 16 B 大小的内容,写入后再通过 SPI 读出,与写入参数对比,确保数据正确,源码详见程序清单 10.4。

程序清单 10.4　SPI Flash 擦/读/写校验

```
1   #define __BUF_SIZE 16 /* 缓冲区大小 */
2   void demo_is25xx_entry (am_is25xx_handle_t is25xx_handle, int32_t test_lenth)
3   {
4       int         ret;
5       uint8_t     i;
6       uint8_t     wr_buf[__BUF_SIZE] = {0};        /* 写数据缓存定义 */
7       uint8_t     rd_buf[__BUF_SIZE] = {0};        /* 读数据缓存定义 */
8       if (__BUF_SIZE < test_lenth) {
9           test_lenth = __BUF_SIZE;
10      }
11      /* 填充发送缓冲区 */
12      for (! = 0;i < test_lenth; i ++ ) {
13          wr_buf[i] = i;
14      }
15      /* 擦除扇区 */
16      am_is25xx_erase(is25xx_handle, 0x001000, test_lenth);
17      /* 写数据 */
18      ret = am_is25xx_write(is25xx_handle, 0x001000, &wr_buf[0], test_lenth);
19      if (ret ! = AM_OK) {
20          AM_DBG_INFO("am_is25xx_write error(id: % d).\r\n", ret);
21          return;
22      }
23      am_mdelay(5);
24      /* 读数据 */
25      ret = am_is25xx_read(is25xx_handle, 0x001000, &rd_buf[0], test_lenth);
26      if (ret ! = AM_OK) {
27          AM_DBG_INFO("am_is25xx_read error(id: % d).\r\n", ret);
28          return;
```

```
29          }
30          /*校验写入和读取的数据是否一致*/
31          for (! = 0; i < test_lenth; i++) {
32              AM_DBG_INFO("Read FLASH the %2dth data is %2x\r\n", i ,rd_buf[i]);
33              /* 校验失败 */
34              if(wr_buf[i] ! = rd_buf[i]) {
35                  AM_DBG_INFO("verify failed at index %d.\r\n", i);
36                  break;
37              }
38          }
39          if (test_lenth == i) {
40              AM_DBG_INFO("verify success! \r\n");
41          }
42      }
```

3. 带缓冲区的 UART 接口

手持示教器通过 UART 转化为 RS232 电平串口与主控板通信。由于查询模式会阻塞整个应用，因此在实际应用中几乎都使用中断模式。但在中断模式下，UART每收到一个数据都会调用回调函数，如果将数据的处理放在回调函数中，很有可能因当前数据的处理还未结束而丢失下一个数据。

基于此，AMetal 提供了一组带缓冲区的 UART 通用接口，详见表 10.3，其实现是在 UART 中断接收与应用程序之间，增加一个接收缓冲区。当串口收到数据时，将数据存放在缓冲区中，应用程序直接访问缓冲区即可。

表 10.3　带缓冲区的 UART 通用接口函数(am_uart_rngbuf.h)

函数原型	功能简介
am_uart_rngbuf_handle_t am_uart_rngbuf_init(　　am_uart_rngbuf_dev_t　　* p_dev, 　　am_uart_handle_t　　　　handle, 　　uint8_t　　　　　　　　* p_rxbuf, 　　uint32_t　　　　　　　　rxbuf_size, 　　uint8_t　　　　　　　　* p_txbuf, 　　uint32_t　　　　　　　　txbuf_size);	初始化
int am_uart_rngbuf_send(　　am_uart_rngbuf_handle_t　　handle, 　　const uint8_t　　　　　　* p_txbuf, 　　uint32_t　　　　　　　　nbytes);	发送数据

续表 10.3

函数原型		功能简介
int am_uart_rngbuf_receive(　　am_uart_rngbuf_handle_t　　handle, 　　uint8_t　　* p_rxbuf, 　　uint32_t　　nbytes);		接收数据
int am_uart_rngbuf_ioctl(　　am_uart_rngbuf_handle_t　　handle, 　　int　　request, 　　void　　* p_arg);		控制函数

对于 UART 发送,虽然不存在丢失数据的问题,但为了便于开发应用程序,避免在 UART 中断模式下的回调函数接口中一次发送单个数据,同样提供了带缓冲区的 UART 发送函数。当应用程序发送数据时,将发送数据存放在发送缓冲区中,串口在发送空闲时提取发送缓冲区中的数据进行发送。

下面,可以基于 AMetal 提供的函数接口来实现对数据的收发。数据收取后,通常需要按照预定的协议进行解码,以此来识别接收指令的意图,以便完成其功能。在接收数据时,需要指定接收数据的个数,即从 buf 区读取数据的量。为了防止接收区没有数据而使得函数一直处于等待状态,可以设置超时时间,设置超时时间后,如果超过超时时间,则函数可以直接返回,其返回值为实际接收到的数据的个数,并可清空接收数据的 buf。默认情况下,不开启超时时间设置,需要在串口初始化后进行设置。

案例中定义了一系列的指令,在此不对指令做具体说明,仅接收数据。这里可以设置超时时间为 50 ms,默认指令长度一致,均为 10 个字节,每次从 buf 读取 10 个字节,读取数据收后,对数据进行解码,识别指令,进而完成后续操作,代码详见程序清单 10.5。

程序清单 10.5　UART 缓冲区数据接收解码

```
1    void demo_std_uart_ringbuf_entry (am_uart_handle_t uart_handle)
2    {
3        uint8_t                 uart1rx_buf[10];      /*数据缓冲区*/
4        am_uart_rngbuf_handle_t handle = NULL;        /*串口环形缓冲区服务句柄*/
5        /*UART初始化为环形缓冲区模式*/
6        handle = am_uart_rngbuf_init(       &__g_uart_ringbuf_dev,
7                                            uart_handle,
8                                            __uart_rxbuf,
9                                            UART_RX_BUF_SIZE,
10                                           __uart_txbuf,
11                                           UART_TX_BUF_SIZE);
```

```
12      am_uart_rngbuf_ioctl(
13              handle,                              //串口(带缓冲区)标准服务 handle
14              AM_UART_RNGBUF_TIMEOUT,              //"设置读超时时间"控制命令
15              (void *)50);                         //设置超时时间为 50 ms
16      am_uart_rngbuf_send(handle, __ch, sizeof(__ch));
17      while (1) {
18          /* 从接收缓冲区取出 10 个数据到 buf,接收数据 */
19          am_uart_rngbuf_receive(handle, uart1rx_buf, 10);
20          if(uart1rx_buf[0] == "A")
21          {
22              if(uart1rx_buf[1] == "T")
23              /* 继续识别指令 */
24          }else if(uart1rx_buf[0] == "B")
25          {
26              if(uart1rx_buf[1] == "T")
27              /* 继续识别指令 */
28          }
29      }
30  }
```

10.2 出租车打印机应用方案

10.2.1 产品概述

出租车打印机产品实物如图 10.5 所示,其属于梭式点阵打印机,是利用机械和电路驱动打印针撞击色带和打印介质,进而打印出点阵,通过打印的字符或组成的图形来完成打印。出租车打印机具有结构简单、技术成熟、性价比高、消耗费用低等特点。

图 10.5 出租车打印机产品实物

主机通过 UART 和 MCU 通信，MCU 控制出租车打印机完成信息打印。本出租车打印机方案的主控采用 ZLG217P64A 设计。

10.2.2 方案介绍

1. 功能框图

出租车打印机的功能框图如图 10.6 所示，打印机机头使用 5 V 供电，通过 LDO 将 5 V 电压转化为 3.3 V 给系统供电；出租车打印机外置 2 个 LED 状态指示灯，1 路 I/O 驱动蜂鸣器作为打印提示。UART 转化为 RS232 电平串口与主机通信，获取打印数据。5 路 I/O 通过逻辑器控制打印机机头工作，其中 1 路用于控制电机走纸，4 路用于控制 4 个打印针工作。2 路 I/O 连接打印机机头，其中 1 路检测打印机复位信号，另 1 路检测打印机脉冲信号。

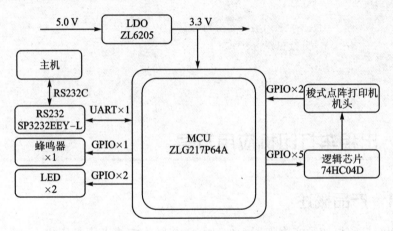

图 10.6 出租车打印机的功能框图

2. 资源需求

- 2 路 I/O 实现 LED 状态显示；
- 1 路 I/O 用于驱动蜂鸣器；
- 5 路 I/O 通过逻辑器控制打印机机头，其中 4 路控制打印针，1 路控制电机；
- 2 路 I/O 连接打印机机头，其中 1 路连接用于检测打印机复位信号，另 1 路检测打印机脉冲信号；
- 1 路 UART 接口转化为 RS232 电平串口，用于与主机通信。

3. 优　势

对比出租车打印机同类产品现用芯片方案有如下优势：

- MCU 资源丰富(128 KB Flash/20 KB SRAM)、开发更为灵活、性价比超高；
- 完善齐全的 DEMO 软件和详尽的技术文档，能够帮助用户快速完成产品开发；

- 提供梭式点阵打印机驱动组件、带缓冲区的 UART 接口通信等丰富的组件软件,极大地简化了用户的开发,更专注于核心应用软件的设计;
- 采用 AMetal 软件架构,真正实现跨平台移植,帮助用户快速完成产品的升级换代。

4. 推荐器件

ZLG 提供出租车打印机全套 BOM 解决方案、全套 BOM 打包、一站式采购,降低整体成本。主控芯片采用 ZLGIoT MCUZLG217P64A 设计,详细器件推荐如表 10.4 所列。

表 10.4 出租车打印机解决方案推荐器件

产品名称	型 号	厂 家	器件特点
MCU	ZLG217P64A	ZLG	Cortex - M3 内核,20 KB SRAM/128 KB Flash; 单指令周期 32 位硬件乘法器; 运行频率高达 96 MHz; 支持宽电压输入 2.0~5.5 V; 多路 SPI、I^2C 等外设接口
逻辑器	74HC04D	NXP	成本低、支持多达 6 路独立通道
串口通信	SP3232EEY - L	EXAR	支持波特率高达 200 000 bit/s; 支持 3.3~5.0 V 的电压范围; 两线制异步串行通信
LDO	ZL6205	ZLG	成本低、噪声小、静态电流小

10.2.3 参考设计

1. 梭式点阵打印机介绍

(1) M-150Ⅱ梭式点阵打印机

本方案采用爱普生微型打印机中的 M-150Ⅱ梭式点阵打印机,打印机体积小巧且高度可靠,其质量约为 60 g,但性能依然很强。因为体积小巧,所以 M-150Ⅱ梭式点阵打印机满足各种小型设备的打印需求,包括从手持终端到笔记本电脑以及小型测量仪器等。由于运行所需电量较小,所以这款打印机可以选择采用电池供电,产品如图 10.7 所示。

图 10.7 M-150Ⅱ梭式点阵打印机

(2) 工作原理

M-150Ⅱ梭式点阵打印机由打印头、电机、电磁阀和复位检测器等组成。其中,打印头由 4 个水平放置的打印电磁阀(A、B、C、D)组成。打印头在打印状态下从左侧向右侧移动,移动量为每个打印电磁阀的 24 个点。当打印头移动时,通过逐个驱动打印电磁阀打点形成一条点线,每个点线的总点数为 96(24 点×4 个打印电磁阀),当打印头从右侧返回左侧时,纸张自动送入 0.35 mm(一个间距)重复此点线的打印,如图 10.8 所示。

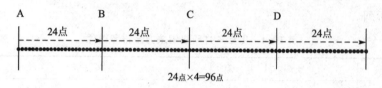

图 10.8 一条点线

电机采用直流有刷电机,当打印机处于待机状态(即非打印状态)时,电机处于暂停状态。定时检测器(timing detector)是与电机直接连接的转速计发生器。定时检测器的每个点线产生 168 个输出信号,其中 96 个输出信号对应打印头的点位置,72 个输出信号对应打印头返回。这些输出信号按脉冲排列的波形用作定时脉冲,如图 10.9 所示。

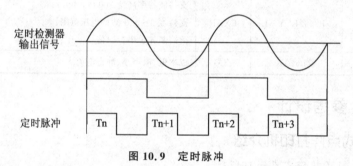

图 10.9 定时脉冲

复位检测器(reset detector)具有簧片开关,每条点线都会产生复位信号。在每次打印周期中点位置的标准位置时,复位检测器输出的信号用作复位,时序图如图 10.10 所示。

2. 梭式点阵打印机组件

AMetal 已经集成了 M-150Ⅱ梭式点阵打印机组件软件,用户只需配置与打印机相关的信息即可,操作非常简单。在 am_printer_m150.h 文件中,定义了与 M-150Ⅱ梭式点阵打印机设备相关的信息结构体,详见程序清单 10.6。

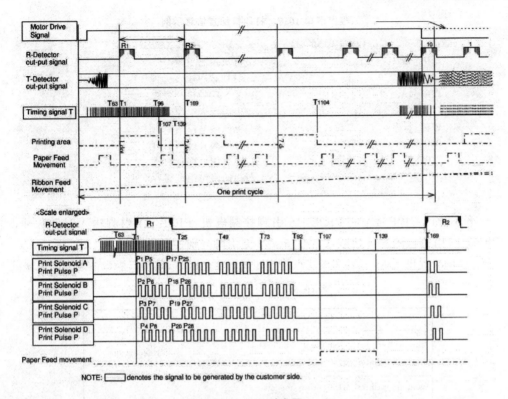

图 10.10　时序图

程序清单 10.6　打印机配置信息定义

```
1    typedef struct am_printer_m150_info {
2        int        mot_pin;              //电机控制引脚
3        int        tir_pin;              //时钟脉冲输入引脚
4        int        rst_pin;              //复位信号检测引脚
5        int        print_a_pin;          //电磁阀 A 控制引脚
6        int        print_b_pin;          //电磁阀 B 控制引脚
7        int        print_c_pin;          //电磁阀 C 控制引脚
8        int        print_d_pin;          //电磁阀 D 控制引脚
9        uint8_t    * p_addr_buf;         //指向字库数组,存储字符相对地址
10   }am_printer_m150_info_t;
```

在 am_printer_m150_info 结构体成员中包含了驱动 M－150 Ⅱ梭式点阵打印机的所有信息,包括电机控制引脚,时钟脉冲输入引脚,复位信号检测引脚,A、B、C、D电磁阀控制引脚等,在 am_hwconf_printer_m150.c 文件中进行赋值,对应信息配置示例如程序清单 10.7 所示。

程序清单 10.7　打印机配置信息示例

```
1    static const am_printer_m150_info_t __g_printer_m150_info = {
2        PIOB_15,                          //电机控制引脚
3        PIOB_14,                          //时钟脉冲输入引脚
4        PIOB_13,                          //复位信号检测引脚
5        PIOC_6,                           //电磁阀 A 控制引脚
6        PIOC_7,                           //电磁阀 B 控制引脚
7        PIOC_8,                           //电磁阀 C 控制引脚
8        PIOC_9,                           //电磁阀 D 控制引脚
9        __g_add_buf,                      //指向字符地址缓存
10   };
```

配置 ZLG217P64A 的 PIOB_15 引脚控制电机，PIOB_14 引脚输入时钟脉冲，PIOB_13 引脚检测复位信号，PIOC_6、7、8、9 引脚分别控制电磁阀 A、B、C、D。

AMetal 提供了 M‐150 Ⅱ梭式点阵打印机的驱动函数，其接口函数详见表 10.5。

表 10.5　M‐150 Ⅱ接口函数

函数原型	功能简介
am_printer _m150_handle_t handle = 　　am_printer_m150_inst_init( );	实例初始化
void am_printer_m150_print_line_char (　　am_m150_handle_t　　　handle, 　　unsigned char　　　　　* data_buf);	打印一行字符
void am_printer_m150_print_line_chinese (　　am_m150_handle_t　　　handle, 　　unsigned char　　　　　* data_buf);	打印一行汉字

其中，handle 为服务句柄，即为初始化 M‐150 Ⅱ打印机获取的句柄；databuf 为指向字符或汉字数据相对地址的指针。

（1）打印一行字符

字符是由 5×7 的点阵组成，将一个打印电磁阀可打印的 24 个点分成 4 个相等的部分，并且一个部分中的 6 个点用作一列，即用于打印的 5 个点和用于列空间的一个点。因此，一个点线由 96 个点形成，其被分成 16 个部分，并且可以通过在送纸方向上重复 7 次获得 5×7 点阵的字符，如图 10.11 所示。

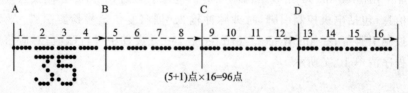

图 10.11　5×7 点阵字符——35

以打印一行 16 个字符中的第 2、3 个字符"35"为例：

● 字符"3"在字库中的编码为：0x07，0xef，0xdf，0xcf，0xf7，0x77，0x8f；

● 字符"5"在字库中的编码为：0x07，0x7f，0x0f，0xf7，0xf7，0x77，0x8f。

字符转换过程详见表 10.6。

表 10.6　字库字符转换示例

字符"3"	二进制	0 的位	字符"5"	二进制	0 的位
0x07	00000111	00000___	0x07	00000111	00000___
0xef	11101111	___0____	0x7f	01111111	0_____
0xdf	11011111	___0____	0x0f	00001111	0000____
0xcf	11101111	___0____	0xf7	11110111	____0___
0xf7	11110111	____0___	0xf7	11110111	____0___
0x77	01110111	0___0___	0x77	01110111	0___0___
0x8f	10001111	_000____	0x8f	10001111	_000____

打印一行字符的函数定义如程序清单 10.8 所示。

程序清单 10.8　打印一行字符的函数定义

```
1   void am_printer_m150_print_line_char(   am_m150_handle_t      handle,
2                                           unsigned char *       data_buf)
3   {
4       unsigned char i;
5       am_m150_dev_t * p_m150_dev = handle;
6       //连接时钟脉冲引脚中断服务函数
7       am_gpio_trigger_connect( p_m150_dev ->p_info->tir_pin,
8                               __gpio_isr_handler,
9                               p_m150_dev);
10      //配置时钟脉冲引脚中断触发方式
11      am_gpio_trigger_cfg( p_m150_dev ->p_info->tir_pin,
12                          AM_GPIO_TRIGGER_BOTH_EDGES);
13      //寻找第一行地址
14      __addr_search(0, p_m150_dev ->p_info->p_addr_buf, data_buf);
15      am_gpio_set(p_m150_dev->p_info->mot_pin, 0);       //打开电机
16      am_udelay (10);
17      for (i = 1; i < = 7; i++ ) {                       //循环打印 7 行
18          __print_point_line(p_m150_dev);               //打印一行墨点
19          if(i < 7){
20              __addr_search_chinese(i, p_m150_dev ->p_info->p_addr_buf, data_buf);
21                                                         //寻找下一行汉字的地址
```

```
22                    }
23                }
24            __print_end(p_m150_dev);           //打印结束
25        }
```

（2）打印一行汉字

汉字是由 11×12 的点阵组成，将一个打印电磁阀可打印的 24 个点分成 2 个相等的部分，并且一个部分中的 12 个点用作一列，即用于打印的 11 个点和用于列空间的一个点。因此一个点线由 96 个点形成，其被分成 8 个部分，并且可以通过在送纸方向上重复 12 次获得 11×12 点阵的汉字，如图 10.12 所示。

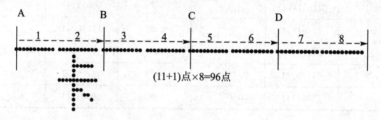

图 10.12　11×12 点阵汉字——卡

以打印一行 8 个汉字中的第 2 个汉字"卡"为例，汉字"卡"在字库中的编码为

0x08,0x08,0x0f,0x08,0x08,0xff,0x08,0x0e,0x09,0x08,0x08,0x08,
0x00,0x00,0xc0,0x00,0x00,0xe0,0x00,0x00,0x80,0x40,0x00,0x00,

汉字转换过程详见表 10.7。

表 10.7　字库汉字转换示例

汉字"卡"		二进制		1 的位	
0x08	0x00	00001000	00000000	____1___	_____
0x08	0x00	00001000	00000000	____1___	_____
0x0f	0xc0	00001111	11000000	____1111	11_____
0x08	0x00	00001000	00000000	____1___	_____
0x08	0x00	00001000	00000000	____1___	_____
0xff	0xe0	11111111	11100000	11111111	111_____
0x08	0x00	00001000	00000000	____1___	_____
0x0e	0x00	00001110	00000000	____111_	_____
0x09	0x80	00001001	10000000	____1__1	1_____
0x08	0x40	00001000	01000000	____1___	_1_____
0x08	0x00	00001000	00000000	____1___	_____
0x08	0x00	00001000	00000000	____1___	_____

打印一行汉字的函数定义如程序清单 10.9 所示。

程序清单 10.9 打印一行汉字的函数定义

```
1   void am_printer_m150_print_line_chinese( am_m150_handle_t      handle,
2                                             unsigned char *       data_buf)
3   {
4       unsigned char i;
5       am_m150_dev_t * p_m150_dev = handle;
6       //连接时钟脉冲引脚中断服务函数
7       am_gpio_trigger_connect( p_m150_dev ->p_info ->tir_pin,
8                                __gpio_isr_handler,
9                                p_m150_dev);
10      //配置时钟脉冲引脚中断触发方式
11      am_gpio_trigger_cfg( p_m150_dev ->p_info ->tir_pin,
12                           AM_GPIO_TRIGGER_BOTH_EDGES);
13      //寻找第一行的地址
14      __addr_search_chinese(0, p_m150_dev ->p_info ->p_addr_buf, data_buf);
15      am_gpio_set(p_m150_dev ->p_info ->mot_pin, 0);      //打开电机
16      am_udelay (10);
17      for (i =1; i < =12; i++) {                          //循环打印 12 行
18          __print_point_line(p_m150_dev);                //打印一行墨点
19          if(i < 12){
20              __addr_search_chinese(i, p_m150_dev ->p_info ->p_addr_buf, data_
buf);
21                                                          //寻找下一行汉字的地址
22          }
23      }
24      __print_end(p_m150_dev);                            //打印结束
25  }
```

3. 带缓冲区的 UART 接口

出租车打印机通过 UART 转化为 RS232 电平串口与主机通信。由于查询模式会阻塞整个应用，因此在实际应用中几乎都使用中断模式。但在中断模式下，UART 每收到一个数据都会调用回调函数，如果将数据的处理放在回调函数中，则很有可能因当前数据的处理还未结束而丢失下一个数据，此时可采用平台提供的带缓冲区的 UART 收发函数来实现数据收发功能，这里不再重复，可参考 4.2.4 小节的相关内容。

10.3 读卡应用方案

10.3.1 产品概述

读卡产品实物如图 10.13 所示,其用 FM17520 作为读卡芯片,通过 SPI 与主控芯片通信,读卡距离达 5 cm,支持多种卡片。

采用非接触式读卡的安全性较高,使用方便。非接触式读卡是目前主流的读卡方案,应用广泛,并支持多种应用场合,可以存储用户信息、离线管理数据和上传等。读卡方案中的主控采用 ZLG116N32A 设计。

图 10.13 读卡产品实物

10.3.2 方案介绍

1. 功能框图

读卡的功能框图如图 10.14 所示,读卡系统采用 DC12 V 供电,经过 LDO 转化为 3.3 V 和 5.0V 给 MCU 和外设器件供电,外置两个 LED 状态指示灯。通过 SPI 与读卡芯片通信,从而对卡片进行读/写。

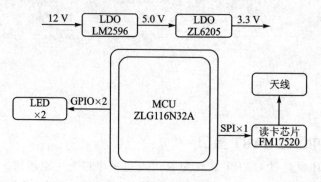

图 10.14 读卡的功能框图

2. 资源需求

- 2 路 I/O 实现 LED 状态显示;
- 1 路 SPI 接口用于与 FM17520 通信。

3. 优　势

对比读卡系统同类产品,现用芯片方案有如下优势:

- MCU 资源丰富(64 KB Flash/8 KB SRAM)、开发更为灵活、性价比超高;

- 完善齐全的 DEMO 软件和详尽的技术文档,能够帮助用户快速完成产品开发;
- 提供 SPI 驱动通信组件等丰富的组件软件,极大地简化了用户的开发,更专注于核心应用软件的设计;
- 采用 AMetal 软件架构,真正实现跨平台移植,帮助用户快速完成产品的升级换代。

4. 推荐器件

ZLG 提供读卡系统的全套 BOM 解决方案、全套 BOM 打包、一站式采购,降低整体成本。主控芯片采用 ZLGIoT MCUZLG116N32A 设计,详细器件推荐如表 10.8 所列。

表 10.8　读卡系统推荐器件

产品名称	型　号	厂　家	器件特点
MCU	ZLG116N32A	ZLG	Cortex – M0 内核,64 KB Flash/8 KB SRAM; 运行频率高达 48 MHz; 支持宽电压输入 2.0~5.5 V; 多路 UART、SPI、I^2C 等外设接口
读卡芯片	FM17520	复旦微	非接触式读卡、低电压、长距离
LDO	ZL6205	ZLG	成本低、噪声小、静态电流小
LDO	LM2596	TI	成本低、噪声小、静态电流小

10.3.3　参考设计

1. 读卡电路设计

读卡芯片 FM17520 内部集成了强大的读卡系统,外部电路设计通常比较简单,主要组成为:供电电路、通信接口电路、天线电路和振荡电路,其中天线电路设计尤为重要。读卡电路主要分成 4 个部分:EMC 滤波、匹配电路、天线和接收电路,如图 10.15 所示。

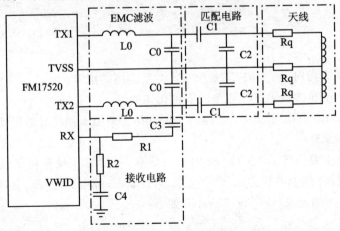

图 10.15　读卡电路

滤波电路是由 L0 和 C0 组成的低通滤波器,主要用于滤去高于 13.56 MHz 的衍生谐波。滤波器截止频率设计在 14 MHz 以上。这里推荐 680 nH 电感和 180 pF 电容或者 1 μH 电感和 120 pF 电容。这两组组合使得匹配网络既不偏感性也不偏容性,设计合理。

匹配电路用于调节发射负载和谐振频率,由电容 C1 和 C2 组成。射频电路发射功率一般受芯片内阻抗和外阻抗影响,当芯片内阻抗和外阻抗一致时,发射功率最大。C1 是负载电容,天线电感量越大,C1 取值越小。电容 C2 是谐振电容,通常设计由两个电容并联。C2 的取值与天线电感量直接相关,使得谐振频率在 13.56 MHz。

天线设计由 Q 值电阻 Rq(通常 1 Ω 或者 0 Ω)和印制 PCB 线路组成。接收电路由 R1、R2 和 C3、C4 组成,其中 C3＝102 pF、C4＝104 pF。R1 和 R2 组成分压电路,使得 RX 端接收的正弦波幅度电压在 1.5～3 V 之间。

2. 读卡组件

AMetal 已经提供了 FM175xx 系列的驱动函数,在使用之前,必须先完成初始化,初始化函数详见表 10.9。

表 10.9　FM175xx 初始化函数

函数原型		功能简介
uint8_t am_fm175xx_init (am_fm175xx_dev_t　　　　　　　* p_dev, 　　　　　　　am_spi_handle_t　　　　　　　spi_handle, 　　　　　　　const am_fm175xx_devinfo_t * p_devinfo);		FM175xx 初始化,得到 FM175xx 设备信息

(1) 初始化

初始化意在获取 FM175xx 实例句柄(handle),该实例句柄将作为其他功能接口函数 handle 的实参。其函数初始化原型为

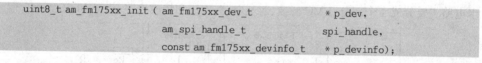

```
uint8_t am_fm175xx_init ( am_fm175xx_dev_t          * p_dev,
                          am_spi_handle_t             spi_handle,
                          const am_fm175xx_devinfo_t * p_devinfo);
```

说明:
- p_dev 为指向 am_fm175xx _dev_t 类型实例的指针;
- spi_handle 为获取 SPI 服务的实例化句柄。
- p_devinfo 为指向 am_ fm175xx _devinfo_t 类型实例信息的指针;

(2) 实例信息

实例信息主要描述了 FM175xx 的相关信息,包括 SPI 设备信息、软件定时器、超时计数器、保存读卡芯片协议、命令信息、天线状态、掉电标志等信息。其类型 am_fm175xx_dev_t 的定义(am_fm175xx.h)如下:

```
/**
 *   FM175xx  设备定义
 */
typedef struct am_fm175xx_dev {
    am_spi_device_t              spi_dev;                    // SPI 设备
    am_softimer_t                timer;                      //软件定时器,用于超时
    volatile uint32_t            tmo_cnt;                    //超时计数器
    am_fm175xx_prot_type_t       iso_type;                   //保存读卡芯片协议
    am_fm175xx_cmd_info_t        cmd_info;                   //命令信息
    volatile uint8_t             tx_state;                   //天线状态
    volatileam_bool_t            power_down;                 //掉电标志
    am_fm175xx_tpcl_prot_para_t  cur_prot_para;              // T = CL 通信协议参数
    constam_fm175xx_devinfo_t    * p_devinfo;                //设备信息
    void                         ( * lpcd_int_cb)(void * p_arg);
    void                         * p_lpcd_cb_arg;
}am_fm175xx_dev_t;
```

(3) 设备控制类接口函数

FM17520 支持多种 IC 卡,比如 Mifare S50/S70、ISO 7816 - 3、ISO 14443 (PICC)、PLUS CPU 卡等,每种卡都有对应的命令。命令与接口函数基本上是一一对应的关系,AMetal 提供了标准接口函数,与具体卡片没有直接关系,直接作用于 FM17520,获取相应的设备信息、通信加密、设置防碰撞及卡请求模式等,FM17520 设备控制接口函数详见表 10.10。

表 10.10 FM17520 设备控制接口函数

函数原型		功能简介
uint8_t am_fm175xx_crypto1(am_fm175xx_dev_t * p_dev, 　　　　　　　　　uint8_t mode, 　　　　　　　　　const uint8_t p_key[6], 　　　　　　　　　const uint8_t p_uid[4], 　　　　　　　　　uint8_t nblock);		设置通信加密
uint8_t am_fm175xx_picca_anticoll(am_fm175xx_dev_t * p_dev, 　　　　　　　　　uint8_t anticoll_level, 　　　　　　　　　uint8_t * p_uid, 　　　　　　　　　uint8_t * p_real_uid_len);		设置防碰撞等级
uint8_t am_fm175xx_picca_request(am_fm175xx_dev_t * p_dev, 　　　　　　　　　uint8_t req_mode, 　　　　　　　　　uint8_t p_atq[2]);		设置卡请求模式

1) 设置通信加密

该函数意在设置通信加密类型,卡片内存储的数据均是加密的,必须验证成功后

才能读/写数据。验证就是将用户提供的密钥与卡片内部存储的密钥对比，只有相同才认为验证成功。设置密钥类型，主要有密钥 A、密钥 B，可设置为外部输入的密钥验证，或使用内部 E2 的密钥验证。使用内部密钥时，第一字节为密钥存放扇区。其函数定义如下：

```
uint8_t am_fm175xx_crypto1( am_fm175xx_dev_t      * p_dev,
                            uint8_t                 mode,
                            const uint8_t           p_key[6],
                            const uint8_t           p_uid[4],
                            uint8_t                 nblock);
```

IC 卡密钥类型的定义如下：

```
#define AM_FM175XX_IC_KEY_TYPE_A        0x60        /*类型 A   */
#define AM_FM175XX_IC_KEY_TYPE_B        0x61        /*类型 B   */
```

注：之所以存在两类密钥，是由于实际卡片中往往存在两类密钥，两类密钥可以更加方便地进行权限管理，比如，TypeA 验证成功后只能读，而 TypeB 只有验证成功后才能写入，但权限可以自定义设置。

2) 设置防碰撞等级

当多卡出现在读卡感应区内，需要保证同一时刻只有一张卡可以被读且与之通信，故需要设置防碰撞等级。符合 ISO 14443A 标准卡的序列号都是全球唯一的，正是这种唯一性，才能实现防碰撞的算法逻辑。当若干卡同时在天线感应区内时，这个函数能够找到一张序列号较大的卡来操作。该函数需要执行一次请求命令，并且返回请求成功后，才能执行防碰撞操作，否则返回错误，设置防碰撞等级函数如下：

```
uint8_t am_fm175xx_picca_anticoll( am_fm175xx_dev_t    * p_dev,
                                   uint8_t               anticoll_level,
                                   uint8_t             * p_uid,
                                   uint8_t             * p_real_uid_len);
```

防碰撞等级设置有如下三级设置：

```
#define AM_FM175XX_PICCA_ANTICOLL_1      0x93      /*第一级防碰撞    */
#define AM_FM175XX_PICCA_ANTICOLL_2      0x95      /*第二级防碰撞    */
#define AM_FM175XX_PICCA_ANTICOLL_3      0x97      /*第三级防碰撞    */
```

防碰撞等级设置参考卡的序列号长度。目前主流卡的序列号长度有三种，分别为 4 B、7 B 和 10 B。其中，4 B 选择第一级防碰撞即可得到完整的序列号，7 B 使用第二级防碰撞可得到完整序列号，前一级多得到的序列号的最低字节为级联标志 0x88。在序列号内，只有 3 B 可用，后一级选择能得到 4 B 序列号，两者按顺序连接为 7 B 序列号，10 B 以此类推。

3）设置卡请求模式

卡进入天线后,从射频场中获取能量,从而得电复位,复位后卡处于 IDLE 模式,当使用两种请求模式的任一种请求时,卡均能响应。若对某一张卡成功挂起,则进入 Halt 模式,此时卡只响应 ALL(0x52)模式的请求,除非将卡离开天线感应区后再进入,设置卡请求模式函数定义如下:

```
uint8_t am_fm175xx_picca_request ( am_fm175xx_dev_t    * p_dev,
                                   uint8_t              req_mode,
                                   uint8_t              p_atq[2]);
```

卡请求模式主要有 IDLE 和 ALL 两种,如下:

```
#define AM_FM175XX_PICCA_REQ_IDLE    0x26 /* IDLE 模式,请求空闲的卡 */
#define AM_FM175XX_PICCA_REQ_ALL     0x52 /* ALL 模式,请求所有的卡 */
```

4）读卡操作接口函数

Mifare 卡是一种符合 ISO 14443 标准的 A 型卡,其接口函数详见表 10.11。

表 10.11 读卡操作接口函数

接口类型	函数原型	功能简介

卡片自动检测接口函数	uint8_t am_fm175xx_picca_authent (am_fm175xx_dev_t * p_dev,
	                                   uint8_t key_type,
	                                   const uint8_t p_uid[4],
	                                   const uint8_t p_key[6],
	                                   uint8_t nblock);
		密钥验证

读卡操作接口函数	uint8_t am_fm175xx_picca_read (am_fm175xx_dev_t * p_dev,
	                                uint8_t nblock,
	                                uint8_t p_buf[16]);
		卡读数据

	uint8_t am_fm175xx_picca_write (am_fm175xx_dev_t * p_dev,
	                                 uint8_t nblock,
	                                 const uint8_t p_buf[16]);
		卡写数据

	uint8_t am_fm175xx_picca_val_set (am_fm175xx_dev_t * p_dev,
	                                   uint8_t nblock,
	                                   int32_t value);
		卡值块写值

	uint8_t am_fm175xx_picca_val_get (am_fm175xx_dev_t * p_dev,
	                                   uint8_t nblock,
	                                   int32_t * p_value);
		卡值块读取

经常使用的公交卡、房卡、水卡和饭卡等均是 Mifare 卡。比如,S50 和 S70,它们的区别在于容量的不同。其中,S50 为 1 KB,共 16 个扇区,每个扇区 4 块,每块 16 B;S70 为 4 KB,共 40 个扇区,前 32 个扇区每个扇区 4 块,每块 16 B,后 8 个扇区每个

扇区 16 块,每块 16 B。

① 密钥验证。

由于绝大部分卡片在检测到时,都要先读取一块数据,因此可以将读取数据作为自动检测的一个附加功能,即在检测到卡片时,自动读取 1 块(16 B)数据。由于读取数据前均需要验证,这就需要在启动自动检测时,指定密钥验证相关的信息。将传入的密钥与卡的密钥进行验证,对应的卡的序列号有 4 B 和 7 B 之分,对于 7 B 的卡,只需将卡号的高 4 B,即第二防碰撞等级得到的序列号作为验证的卡号即可。

每张卡片都具有一个唯一序列号,即 UID,所有卡片的 UID 都是不相同的。卡的序列号长度有 3 种:4 B、7 B 和 10 B。uid_len 表明读取到的 UID 的长度,uid[4] 中存放读取到的 UID(字节数),如下所示为卡密钥验证函数:

```
uint8_t am_fm175xx_picca_authent ( am_fm175xx_dev_t   * p_dev,
                                    uint8_t            key_type,   //密钥类型
                                    const uint8_t      p_uid[4],   //卡序列号,4 B
                                    const uint8_t      p_key[6],   //密钥,6 B
                                    uint8_t            nblock);    //需验证卡块号
                                                                   //与卡有关
```

② 卡读数据。

验证成功后,才能读相应的块数据,所验证的块号与读块号必须在同一个扇区内。Mifare1 卡从块号 0 开始,按顺序每 4 个块 1 个扇区,若要对一张卡中的多个扇区进行操作,则在对某一个扇区操作完成后,必须进行一条读命令才能对另一个扇区直接进行验证命令,否则必须从请求开始操作。对于 PLUS CPU 卡,若读下一个扇区的密钥与当前扇区的密钥相同,则不需要再次验证密钥,直接读即可。

对应的密钥正确,验证成功,将读取启动自动检测时信息结构体的 nblock 成员指定的块(由信息结构体的 nblock 指定)的数据。读取的数据存放在 p_buf[16]数组中,如下所示为卡读取数据的函数:

```
uint8_t am_fm175xx_picca_read ( am_fm175xx_dev_t   * p_dev,
                                uint8_t            nblock,       //读取数据的块号
                                uint8_t            p_buf[16]);   //存放读取数据,16 B
```

③ 卡写数据。

对卡内某一块进行验证成功后,即可对同一个扇区的各个块进行写操作(只要访问条件允许),其中包括位于扇区尾的密码块,这是更改密码的唯一方法。对于 PLUS CPU 卡等级 2、3 的 AES 密钥则是其他位置修改密钥,写入数据缓冲区,大小必须为 16,如下所示为卡写数据的函数:

```
uint8_t am_fm175xx_picca_write ( am_fm175xx_dev_t   * p_dev,
                                 uint8_t            nblock,       //读取数据的块号
                                 const uint8_t      p_buf[16]);   //写入缓冲区,大小
                                                                  //必须为 16
```

④ 卡块值写值。

对 Mifare 卡块值的设置，nblock 指定写入的块号，value 为指向写入数据的值，缓冲区大小为 16 B。对卡内某一块进行验证成功，并且访问条件允许后，才能进行该写值操作，如下所示为卡块值写操作的函数：

```
uint8_t am_fm175xx_picca_val_set ( am_fm175xx_dev_t    * p_dev,
                                   uint8_t               nblock,     //块值地址
                                   int32_t               value);     //写入值
```

⑤ 卡块值读取。

对 Mifare 卡块值的读取，若验证成功，则开始读/写已验证的块。读/写数据都是以块为单位的，其大小为 16 字节，指定读取数据的值块地址，nblock 指定本次验证的块号，可以使用该函数读取数值块的值。对卡内某一块进行验证成功，并且访问条件允许后，才能进行读值操作，如下为卡块值读取的函数：

```
uint8_t am_fm175xx_picca_val_get ( am_fm175xx_dev_t    * p_dev,
                                   uint8_t               nblock,     //块值地址
                                   int32_t               * p_value); //获取值指针
```

读卡函数是以库的形式提供的，看不到函数内部，但提供的接口函数都有详细说明，基于声明的函数接口，就可以完成对卡的读/写和校验，详见程序清单 10.10。

程序清单 10.10　对卡进行读/写和校验示例代码

```
1    void demo_fm175xx_picca_read_block (am_fm175xx_handle_t handle)
2    {
3        uint8_t tag_type[2]   = { 0 };                    /* ATQA */
4        uint8_t uid[10]       = { 0 };                    /* UID */
5        uint8_t uid_real_len = 0;                         /* 接收到的 UID 的长度 */
6        uint8_t sak[1]        = { 0 };                    /* SAK */
7        uint8_t keya[6]       = {0xff, 0xff, 0xff, 0xff, 0xff, 0xff};  /* 验证密钥 A */
8        uint8_t buff[16]      = { 0 };                    /* 用于存储块数据的缓冲区 */
9        uint8_t i;
10       while (1) {
11           /* 寻所有未休眠(halt)的卡 */
12           if (AM_FM175XX_STATUS_SUCCESS == am_fm175xx_picca_active\
13                                          (handle,
14                                          AM_FM175XX_PICCA_REQ_IDLE,
15                                          tag_type,
16                                          uid,
17                                          &uid_real_len,
18                                          sak)) {
19               am_kprintf("actived\n");
20               /* 验证 A 密钥 */
```

```
21          if (AM_FM175XX_STATUS_SUCCESS == am_fm175xx_picca_authent\
22                                          (handle,
23                                          AM_FM175XX_IC_KEY_TYPE_A,
24                                          uid,
25                                          keya,
26                                          2)) {              /* 验证的是块 2 */
27              /* 读块数据 */
28              am_fm175xx_picca_read(handle, 0, buff);       /* 读取块 0 */
29              am_kprintf("block0: ");
30              for (! = 0; i < 16; i++) {
31                  am_kprintf("%x", buff[i]);
32              }
33              am_kprintf("\n");
34              am_fm175xx_picca_read(handle, 3, buff);       /* 读取块 3 */
35              am_kprintf("block3: ");
36              for (! = 0; i < 16; i++) {
37                  am_kprintf("%x", buff[i]);
38              }
39              am_kprintf("\n");
40              am_fm175xx_picca_read(handle, 4, buff);       /* 读取块 4 */
41              am_kprintf("block4: ");
42              for (! = 0; i < 16; i++) {
43                  am_kprintf("%x", buff[i]);
44              }
45              am_kprintf("\n\n");
46          } else {
47              am_kprintf("key A authent failed\n\n");
48          }
49      }
50      am_mdelay(200);
51  }
52 }
```

10.4 智能门锁方案

10.4.1 产品概述

  智能门锁产品实物如图 10.16 所示,广泛应用于银行、政府部门以及酒店、公寓、学校宿舍等。智能门锁区别于传统机械锁,在用户安全性、识别、管理性方面更具优势。

智能门锁内部集成非接触式读卡模块、蓝牙模块和 NB 模块,支持刷卡、手机 APP 蓝牙控制、远程控制多种开门方式。本智能门锁方案主控采用 ZLG237P64A,通过 SPI 接口与读卡芯片 FM17550 通信,实现非接触式读卡,通过 UART 接口与 BLE-ZLG52810、NB ZM7100M 通信,实现 APP 开锁、远程控制及管理。

图 10.16　智能门锁产品实物

10.4.2　方案介绍

1. 功能框图

智能门锁的功能框图如图 10.17 所示,智能门锁通过 7.8 V 锂电池供电,经过 LDO 转化为 3.3 V 的电压给 MCU 供电,外置 2 个 LED 状态指示灯和 1 个蜂鸣器,支持触摸按键,通过 4 个 I/O 控制门锁电机,外扩 EEPROM 用于存储用户数据,RTC 用于时间管理。主控通过 UART 接口与 BLE 模块、NB 无线模块通信,用于实现手机 APP 开锁、远程控制,方便用户管理和使用。

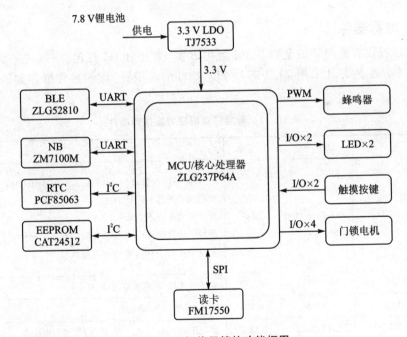

图 10.17　智能门锁的功能框图

2. 资源需求

为满足智能门锁的功能需求,核心处理器所必需的资源需求如下:

● 2 路 I/O 实现 LED 状态显示;

- 1 路 I/O 实现蜂鸣器发音提示；
- 2 路 I/O 实现触摸按键检测输入；
- 4 路 I/O 用于控制门锁电机；
- 1 路 SPI 接口用于与读卡芯片 FM17550 通信；
- 1 路 I²C 接口用于外扩 EEPROM；
- 1 路 I²C 接口用于读取 RTC 时钟；
- 1 路 UART 接口用于与 NB ZM7100M 模块通信；
- 1 路 UART 接口用于与 BLE ZLG52810 模块通信。

3. 优　势

对比智能门锁同类产品,现用芯片方案有如下优势:
- MCU 资源丰富(128 KB Flash/20 KB SRAM)、开发更为灵活,性价比超高;
- 完善齐全的 DEMO 软件和详尽的技术文档,能够帮助用户快速完成产品开发;
- 提供 SPI 读卡驱动、EEPROM 驱动、RTC 驱动、带缓冲区的 UART 接口通信等丰富的组件软件,极大地简化了用户的开发,更专注于核心应用软件的设计;
- 采用 AMetal 软件架构,真正实现跨平台移植,帮助用户快速完成产品的升级换代。

4. 推荐器件

ZLG 提供智能门锁的全套 BOM 解决方案、全套 BOM 打包、一站式采购,降低整体成本。主控芯片采用 ZLG 芯片 ZLG237P64A 设计,详细器件推荐如表 10.12 所列。

表 10.12　智能门锁解决方案推荐器件

产品名称	型　号	厂　家	器件特点
MCU	ZLG237P64A	ZLG	Cortex - M3 内核,128 KB Flash/20 KB SRAM; 运行频率高达 96 MHz; 支持宽电压输入 2.0～5.5 V; 多种低功耗模式; 多路 UART、SPI、I²C 等外设接口
读卡芯片	FM17550	复旦微	非接触式读卡、低电压、长距离
LDO	TJ7333	MPS	成本低、噪声小、静态电流小
EEPROM	CAT24512	安森美	宽电压输入 1.7～5.5 V、低功耗、静态电流小
RTC	PCF85063	NXP	成本低、低功耗、静态电流小
BLE	ZLG52810	ZLG	成本低、低功耗、静态电流小
NB	ZM7100M	ZLG	成本低、低功耗、静态电流小

10.4.3 参考设计

智能门锁方案中,需要用到实时时钟 RTC、BLE 通信、读卡功能、数据存储、门锁电机控制、触摸按键扫描以及蜂鸣器提示和 LED 提示等功能。其中,蜂鸣器控制、LED 控制、触摸按键扫描及门锁电机控制,均较为简单,MCU 通过控制 I/O 的输入/输出功能即可,这里不做详细描述,本小节就用到的 BLE 通信、读卡功能、数据存储和实时时钟系统进行介绍。

1. 门锁 BLE 蓝牙通信

本智能门锁方案采用 ZLG52810P0 - 1 - TC 作为蓝牙通信模块,ZLG52810 典型应用电路如图 10.18 所示,其中 VDD 和 GND 分别为电源和地;nRST 为硬件复位引脚,低电平有效;P0.09 和 P0.10 分别为模块串口的 TX 和 RX 引脚;P0.06 为低功耗唤醒引脚,下降沿触发;P0.20 为低功耗指示引脚,全速运行模式下,该引脚为高电平,进入低功耗模式后为低电平;P0.15 为连接状态指示引脚,在未连接状态时,该引脚输出 0.5 Hz 的方波,连接状态下输出低电平;P0.30 为恢复出厂设置引脚,在全速运行模式下拉低 5 s 恢复出厂设置,模块会立刻复位。

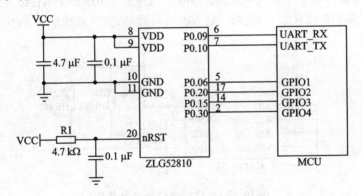

图 10.18 ZLG52810 电路原理图

AMetal 提供了 ZLG52810 组件及功能接口,通过 UART 发送操作指令即可完成通信,关于通信协议及功能接口函数等详细内容可参考 9.3 节,参考该章节内容即可完成蓝牙通信设计,本节不再赘述。

2. 门锁读卡功能

本智能门锁采用 FM17550 作为读卡芯片,在 10.3 节中的读卡器方案采用 FM17520 作为读卡芯片,与 FM17550 芯片属于同一个系列,AMetal 已经提供了 FM175xx 系列的驱动函数,关于 FM17550 读卡功能的使用可直接参考 10.3.3 小节中的"2.读卡组件"的相关内容。

3. RTC 实时时钟

本智能门锁方案采用的是 PCF85063,是一款低功耗实时时钟芯片,它提供了实时时间的设置与获取、闹钟、可编程时钟输出、中断输出等功能,关于 RTC 实时时钟的使用,可参考 7.3 节,关于此类 RTC 芯片,均统一封装好了函数接口,直接参考即可。

4. 门锁数据存储

本智能门锁方案需要外扩 EEPROM 用于存储用户数据,这里采用安森美的 CAT24C512。CAT24C512 总容量为 512 Kbit(512×1 024),即 65 536 B(512×1 024/8)。每个字节对应一个储存地址,因此其储存数据地址范围为 0x0000～0xFFFF。CAT24C512 页(page)的大小为 128 B,分 512 页。支持按字节读/写和按页读/写,按页读/写一次可高达 128 B。

CAT24C512 的通信接口为标准的 I^2C 接口,仅需 SDA 和 SCL 两根信号线,其电路原理图如图 10.19 所示。其中 WP 为写保护,当该引脚接高电平时,将阻止一切写入。一般来说,该引脚直接接地,以便芯片正常读/写。A0、A1、A2 决定了 CAT24C512 器件的 I^2C 从机地址,其 7 bit 从机地址为 01010A2A1A0。如果 I^2C 总线上只有一片 CAT24C512,则 A0、A1、A2 直接接地,其从机地址为 0x50。

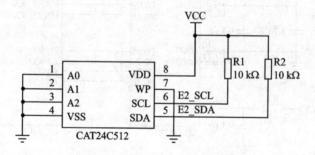

图 10.19　CAT24C512 电路原理图

AMetal 提供了丰富的 CAT24C512 的驱动函数和接口函数,可以基于提供的这些函数做好数据存储和数据管理,关于这些函数的使用,请参考 5.1 节,这里不再赘述。

10.5　智能电容补偿装置应用方案

10.5.1　产品概述

智能电容补偿装置产品实物如图 10.20 所示,由 CPU 测控单元、控制装置、保护装置、两台或一台低压电力电容器组成。

智能电容器组成的低压无功补偿装置具有补偿方式灵活(共补和分补可任意组

合)、补偿效果好、装置体积小、功耗低、安装维护方便、使用寿命长、保护功能强、可靠性高等特点,并真正做到过零投切,满足用户对无功补偿的需求,并且切实满足提高功率因数、改善电压质量、节能降损的实际需求。智能电容补偿装置方案中的主控采用ZLG237P64A设计。

图 10.20 智能电容补偿
装置产品实物

10.5.2 方案介绍

1. 功能框图

智能电容补偿装置的功能框图如图 10.21 所示。

智能电容补偿装置通过 DC 5 V 供电,经过 LDO 转化为 3.3 V 的电压给 MCU 供电,3 个 I/O 用于 74HC595 实现 4 位数码管显示,外置 3 个 LED 状态指示灯、3 个按键,6 个 I/O 用于 ADC 采样,通过 8 个 I/O 控制 ULN2803 输出端开关。主控通过 TP8485E 电平转换芯片将 UART 接口转化为 RS485,用于与网络插座变压器接头通信。

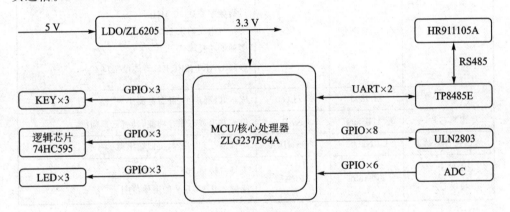

图 10.21 智能电容补偿装置的功能框图

2. 资源需求

● 3 路 I/O 用于 74HC595 实现 4 位数码管显示;
● 3 路 I/O 实现 LED 指示电容投切状态;
● 3 路 I/O 检测 3 个按键输入;
● 6 路 I/O 用于 ADC 采样;
● 8 路 I/O 控制 ULN2803 输出;
● 2 路 UART 接口转化为 RS485,用于与网络插座变压器接头通信。

3. 优 势

对比智能电容补偿装置同类产品,现用芯片方案有如下优势:

- MCU 资源丰富（128 KB Flash/20 KB SRAM）、开发更为灵活、性价比超高；
- 完善齐全的 DEMO 软件和详尽的技术文档，能够帮助用户快速完成产品开发；
- 提供 74HC595 逻辑芯片组件、ADC 接口、UART 接口通信等丰富的组件软件，极大地简化了用户的开发，更专注于核心应用软件的设计；
- 采用 AMetal 软件架构，真正实现跨平台移植，帮助用户快速完成产品的升级换代。

4. 推荐器件

ZLG 提供智能电容补偿装置的全套 BOM 解决方案、全套 BOM 打包、一站式采购，降低整体成本。主控芯片采用 ZLG 芯片 ZLG237P64A 设计，详细器件推荐如表 10.13 所列。

表 10.13　智能电容补偿装置推荐器件

产品名称	型号	厂家	器件特点
MCU	ZLG237P64A	ZLG	Cortex - M3 内核，128 KB Flash/20 KB SRAM；运行频率高达 96 MHz；支持宽电压输入 2.0～5.5 V；多种低功耗模式；多路 UART、SPI、I^2C 等外设接口
LDO	ZL6205	ZLG	成本低、噪声小、静态电流小
逻辑芯片	74HC595	NXP	串入并出带有锁存功能，具有三态输出
达林顿管驱动器	ULN2803	TOSHIBA	与标准 TTL 兼容，反向输出型
RS485 电平转换芯片	TP8485E	3PEAK	支持波特率 300 b/s～250 kb/s；支持 3.0～5.5 V 的电压范围

10.5.3　参考设计

1. 投切开关电路参考设计

本智能电容器投切开关电路如图 10.22 所示，其中，COM 和 VSS 分别接电源和地，ONEN、OFFEN 分别是 ULN2803 输出端 OUT1～OUT4、OUT5～OUT8 的总开关，再由相应的输入引脚电平（INx）决定输出引脚电压（OUTx）。ULN2803 为反向输出型，当 INx 为低电平时，OUTx 输出高电平；当 INx 为高电平时，OUTx 输出低电平。

2. 数码管显示控制组件

本智能电容补偿装置使用 4 位数码管显示。由于数码管的段码使用到

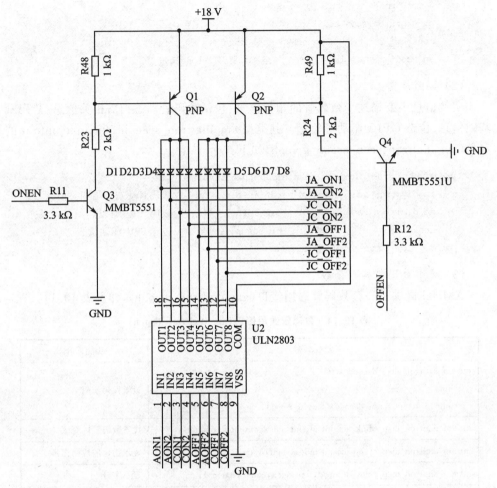

图 10.22 智能电容器投切开关电路

74HC595,所以必须先完成 74HC595 的初始化操作。

AMetal 提供了 74HC595 的 SPI 接口的驱动函数和接口函数,初始化完成后即可根据 id 号对每位数码管进行操作。

(1) 初始化

在使用 74HC595 之前,必须调用初始化函数完成 74HC595 的初始化操作,对 74HC595 的数据锁存引脚(RCK)、移位时钟引脚(SCK)、数据引脚(DIN)和 SPI 输出的时钟频率进行配置。

```
am_hc595_handle_t am_miniport_595_inst_init (void);
```

使用无参数的 74HC595 实例初始化函数,即可获取 74HC595 实例句柄,该句柄将作为数码管初始化的实参。

数码管的初始化函数原型为

```
int am_digitron_scan_hc595_gpio_init (
    am_digitron_scan_hc595_gpio_dev_t        * p_dev,
    const am_digitron_scan_hc595_gpio_info_t  * p_info,
    am_hc595_handle_t                        handle);
```

(2) 实例信息

实例信息主要描述了数码管的相关信息,包括数码管动态扫描相关信息、数码管基础信息、位选 GPIO 驱动等信息。其类型 am_digitron_scan_hc595_gpio_info_t 的定义(am_digitron_scan_hc595_gpio.h)如下:

```
typedef struct am_digitron_scan_hc595_gpio_info {
    am_digitron_scan_devinfo_t  scan_info;      //数码管动态扫描相关信息
    am_digitron_base_info_t     base_info;      //数码管基础信息
    const int                  * p_com_pins;     //位选 GPIO 驱动信息
}am_digitron_scan_hc595_gpio_info_t;
```

(3) 通用数码管接口函数

AMetal 提供了一套数码管通用接口(am_digitron_disp.h),详见表 10.14。

表 10.14   数码管通用接口(am_digitron_disp.h)

函数原型	功能简介

int am_digitron_disp_decode_set(
    int   id,
    uint16_t   (* pfn_decode)(uint16_t ch));
	设置段码解码

int am_digitron_disp_blink_set(int id, int index,am_bool_t blink);	设置数码管闪烁
int am_digitron_disp_at(int id, int index, uint16_t seg);	显示指定的段码图形
int am_digitron_disp_char_at(int id, int index,const char ch);	显示字符
int am_digitron_disp_str(int id, int index, int len,const char * p_str);	显示字符串
int am_digitron_disp_clr(int id);	显示清屏

关于控制数码管的各个函数功能和使用,解释如下:

1) 设置段码解码函数

该函数用于设定字符的解码函数。一个数码管设备中的多个数码管往往是相同的,可以使用同样的解码规则,共用一个解码函数,因而接口仅需要使用 ID 指定数码管设备,而无需使用 index 指定具体的数码管索引。解码函数的作用是对字符进行解码,然后输入一个字符,输出该字符对应的编码。

其中,pfn_decode 是指向解码函数的指针,表明解码函数的类型:具有一个 16 位无符号类型的 ch 参数,返回值为 16 位无符号类型的编码。这里使用 16 位的数据表示字符和编码,是为了更好的扩展性。例如,除 8 段数码管以外,还存在 14 段的米字符数码管、16 段数码管等,在这些情况下,8 位数据就无法表示完整的段码了。

2）设置数码管闪烁函数

该函数用于设置数码管的闪烁属性。除数码管 ID 以外，还需要使用参数指定设置闪烁属性的数码管位置以及使用本次设置的闪烁属性（打开闪烁还是关闭闪烁）。

其中，index 指定本次设置闪烁属性的数码管位置；blink 指定闪烁属性，当值为 AM_TRUE 时，打开闪烁，当值为 AM_FALSE 时，关闭闪烁。

3）显示指定的段码图形函数

该函数用于直接设置显示的段码。与显示一个字符类似，除数码管设备 ID 以外，同样需要使用参数指定显示的位置以及要显示的内容（段码）。

4）显示字符函数

该函数用于显示一个字符。虽然有数码管设备 ID 用于确定显示该字符的数码管设备，但仅仅通过数码管设备 ID 还不能确定在数码管设备中显示的具体位置，为此需要新增一个索引参数，用于指定字符显示的位置，索引的有效范围为 0～（数码管个数−1），如 MiniPort – View 有两个数码管，则索引的有效范围为 0～1。此外，该接口还需要一个参数用以指定要显示的字符。

5）显示字符串函数

该函数用于显示一个字符串。除数码管设备 ID 以外，同样需要一个索引参数以指定字符串显示的起始位置，此外，还需要使用参数指定要显示的字符串以及显示的字符串的长度。

其中，len 指定显示的长度，p_str 指定要显示的字符串，实际显示的长度为字符串长度和 len 中的较小值。

6）显示清屏函数

该函数用于清除一个数码管设备显示的所有内容，仅需使用 ID 指定需要清除的数码管设备，无需其他额外参数。

下面将完成一个数码管显示的功能，使两个数码管循环显示实现一个简单的计数，代码详见程序清单 10.11。

程序清单 10.11　数码管显示控制

```
1    void demo_std_digitron_60s_counting_entry (int32_t id)
2    {
3        int i       = 0;
4        int num     = 0;
5        /* 初始化,设置 8 段 ASCII 解码 */
6        am_digitron_disp_decode_set(id, am_digitron_seg8_ascii_decode);
7
8        am_digitron_disp_char_at(id, 0, '0');        /* 十位数码管显示字符 0 */
9        am_digitron_disp_char_at(id, 1, '0');        /* 个位数码管显示字符 0 */
10       /* 初始数值小于 30,个位闪烁 */
11       am_digitron_disp_blink_set(id, 1, AM_TRUE);
```

```
12          while(1) {
13              for (! = 0; i < 60; i++) {
14                  am_mdelay(1000);
15                  /* 数值加 1, 0 ~ 59 循环 */
16                  num = (num + 1) % 60;
17                  /* 更新个位和十位显示 */
18                  am_digitron_disp_char_at(id, 0, '0' + num / 10 );
19                  am_digitron_disp_char_at(id, 1, '0' + num % 10);
20                  if (num < 30) {
21                      /* 小于 30, 个位闪烁, 十位不闪烁 */
22                          am_digitron_disp_blink_set(id, 0, AM_FALSE);
23                          am_digitron_disp_blink_set(id, 1, AM_TRUE);
24                  } else {
25                          /* 大于 30, 十位闪烁, 个位不闪烁 */
26                          am_digitron_disp_blink_set(id, 0, AM_TRUE);
27                          am_digitron_disp_blink_set(id, 1, AM_FALSE);
28                  }
29              }
30          }
31      }
```

3. UART 采用 RS485 模式

智能电容补偿装置通过 TP8485E 电平转换芯片将 UART 接口转化为 RS485, 用于与网络插座变压器接头通信。

AMetal 提供了 RS485 模式下 UART 通用接口, 由于查询模式会阻塞整个应用, 因此在实际应用中使用中断模式。

(1) RS485 通信初始化

RS485 通信必须先进行初始化, 将 UART 配置为 RS485 模式来获取 UART 实例句柄(handle), 该实例句柄将作为其他功能接口函数 handle 的实参。其函数初始化为

```
1       am_uart_handle_t am_microport_rs485_inst_init (void)
2       {
3           am_uart_handle_t handle;
4           handle = am_zlg237_usart_init(   &__g_microport_rs485_dev,
5                                            &__g_microport_rs485_devinfo);
6           if (NULL ! = handle) {
7               am_uart_ioctl(   handle,
8                                AM_UART_RS485_SET,
9                                (void * )AM_TRUE);
10          }
11          return handle;
12      }
```

（2）UART 接口函数调用

AMetal 平台已提供 UART 标准接口函数,其在 am_uart. h 文件中声明,am_uart. h 文件可在 service 目录下的 am_uart. c 包含的头文件中找到。其中包含的 UART 标准接口函数详见表 10.15。

表 10.15 UART 标准接口函数

UART 标准接口函数	功能说明
am_uart_ioctl( );	串口控制函数
am_uart_tx_startup( );	启动 UART 中断模式数据传输函数
am_uart_callback_set( );	设置 UART 回调函数

1) UART 控制函数详解

UART 控制函数的原型为

```
int am_uart_ioctl ( am_uart_handle_t    handle,
                    int                 request,
                    void                * p_arg);
```

说明:

● handle 为 UART 的服务句柄,即初始化 UART1 获取的句柄;

● request 为控制指令;

● p_arg 为该指令对应的参数。

其中,request 控制指令及 p_arg 参数详见表 10.16。

表 10.16 request 控制指令及 p_arg 参数

request 控制指令	指令说明	p_arg 参数
AM_UART_BAUD_SET;	设置波特率	uint32_t 指针类型,值为波特率
AM_UART_BAUD_GET;	获取波特率	uint32_t 指针类型
AM_UART_OPTS_SET;	设置硬件参数	
AM_UART_OPTS_GET;	获取硬件参数	uint32_t 指针类型
AM_UART_AVAIL_MODES_GET;	获取当前可用的模式	
AM_UART_MODE_GET;	获取当前模式	
AM_UART_MODE_SET;	设置模式	值为 AM_UART_MODE_POLL 或 AM_UART_MODE_INT
AM_UART_FLOWMODE_SET;	设置流控模式	值为 AM_UART_FLOWCTL_NO 或 AM_UART_FLOWCTL_OFF
AM_UART_FLOWSTAT_RX_SET;	设置接收器流控状态	值为 AM_UART_FLOWSTAT_ON 或 AM_UART_FLOWSTAT_OFF
AM_UART_FLOWSTAT_TX_GET;	获取发送器流控状态	

request 控制指令	指令说明	p_arg 参数
AM_UART_RS485_SET;	设置 RS485 模式	值为 bool_t 类型,TURE(使能),FALSE(禁能)
AM_UART_RS485_GET;	获取 RS485 模式状态	参数为 bool_t 指针类型

基于以上信息,串口控制函数设置波特率的程序为

```
uint32_t BAUD = 115200;
am_uart_ioctl (uart_handle, AM_UART_BAUD_SET, &BAUD);
```

2)启动 UART 中断模式数据传输函数详解

启动 UART 中断模式数据传输函数的原型为

```
int am_uart_tx_startup (am_uart_handle_t handle);
```

其中,handle 为 UART 的服务句柄,即初始化 UART1 获取的句柄。

基于以上信息,启动 UART 中断模式数据传输的程序为

```
am_uart_tx_startup(uart_handle);
```

3)设置 UART 回调函数详解

设置 UART 回调函数的原型为

```
int am_uart_callback_set (am_uart_handle_t    handle,
                          int                 callback_type,
                          void                * pfn_callback,
                          void                * p_arg);
```

说明:

- handle 为 UART 的服务句柄,即初始化 UART1 获取的句柄;
- callback_type 为指明设置的何种回调函数;
- pfn_callback 为指向回调函数的指针;
- p_arg 为回调函数的用户参数。

其中,callback_type 回调函数类型详见表 10.17。

表 10.17　callback_type 回调函数类型

回调函数类型	类型说明
AM_UART_CALLBACK_GET_TX_CHAR;	获取一个发送字符函数
AM_UART_CALLBACK_PUT_RCV_CHAR;	提交一个接收到的字符给应用程序
AM_UART_CALLBACK_ERROR;	错误回调函数

基于以上信息,设置错误回调函数的程序为

```
am_uart_callback_set(uart_handle, AM_UART_CALLBACK_ERROR, uart_callback, NULL);
```

4. ADC 采集电压

用户可通过主控的 ADC 外设读取智能电容补偿装置的电压值,从而了解其内部状态。

(1) ADC 初始化

AMetal 平台提供了 ADC 初始化函数,可以直接调用初始化函数,函数原型为

```
am_adc_handle_t am_zlg237_adc1_inst_init (void);
```

该函数在 user_config 目录下的 am_hwconf_zlg237_adc.c 文件中定义,在 am_zlg237_inst_init.h 文件中声明。因此使用 ADC 初始化函数时,需要包含头文件 am_zlg237_inst_init.h。

调用该函数初始化 ADC 时,需要定义一个 am_adc_handle_t 类型的变量,用于保存获取的 ADC 服务句柄,ADC 初始化程序为

```
am_adc_handle_t adc_handle;
adc_handle = am_zlg237_adc1_inst_init ();
```

使用前,一般需要修改引脚初始化函数;以 ADC 通道 0 为例,ADC_IN0 为 PIOA_0 的复用功能,需要把 ADC 平台初始化函数更改为

```
1    static void __zlg_plfm_adc_init (void)
2    {
3        am_gpio_pin_cfg(PIOA_0, PIOA_0_ADC12_IN0 | PIOA_0_AIN);
4        am_clk_enable(CLK_ADC1);
5    }
```

把解除 ADC 平台初始化函数更改为

```
1    static void __zlg_plfm_adc_deinit (void)
2    {
3        am_gpio_pin_cfg(PIOA_0, PIOA_0_INPUT_FLOAT);
4        am_clk_disable (CLK_ADC1);
5    }
```

(2) ADC 读取电压

在使用过程中,我们需要通过多次采样然后取平均值来减小误差,读取 ADC 采样值的函数原型为

```
int am_adc_read ( am_adc_handle_t    handle,
                  int                chan,
                  void               * p_val,
                  uint32_t           length);
```

说明：

- handle 为 ADC 的服务句柄；
- chan 为 ADC 的通道编号；
- p_val 指向保存采样值的数组；
- length 为采样的次数。

采样完成后，我们需要把 p_val 指向的数组里的值加起来，然后除以 length，来得到多次采样的平均值：

```
1    for (sum = 0, ! = 0; i < length; i ++ ) {
2        sum += p_val [i];
3    }
4    sum/ = length;
```

得到平均值后，可用 AM_ADC_VAL_TO_MV()将它转换为电压值：

```
adc_mv = AM_ADC_VAL_TO_MV(handle, chan,adc_code);
```

其中，adc_mv 为保存电压值的变量，handle 为 ADC 的服务句柄，chan 为 ADC 的通道编号，adc_code 为多次采样的平均值。

实现电压采集和参数转换的代码详见程序清单 10.12。

程序清单 10.12　投切电压采集

```
1     # include "ametal. h"
2     # include "am_vdebug. h"
3     # include "am_delay. h"
4     # include "am_adc. h"
5     / * *
6      *   获取 ADC 转换值
7      */
8     static uint32_t __adc_code_get (am_adc_handle_t handle, int chan)
9     {
10        int         adc_bits = am_adc_bits_get(handle, chan);
11        int         i;
12        uint32_     sum;
13        /*
14         * 启动 ADC 转换器,采集 12 次 CODE 值
15         *
16         * 多次采集取平均可提高可靠性,但效率不高,也可采用其他方式
17         */
18        if (adc_bits < = 8) {
19            uint8_t val_buf[12];
20            am_adc_read(handle, chan, val_buf, 12);
21            for (sum = 0, ! = 0; i < 12; i ++ ) {          / *均值处理 * /
```

```
22              sum + = val_buf[i];
23          }
24      }
25      return (sum / 12);
26  }
27  void demo_std_adc_entry (am_adc_handle_t handle, int chan)
28  {
29      int adc_bits = am_adc_bits_get(handle , chan);      /* 获取 ADC 转换精度 */
30      int adc_vref = am_adc_vref_get(handle , chan);
31      uint32_t adc_code;                                  /* 采样 Code 值 */
32      uint32_t adc_mv;                                    /* 采样电压 */
33      am_kprintf("The ADC value channel is %d: \r\n",chan);
34      if (adc_bits < 0 || adc_bits > = 32) {
35          am_kprintf("The ADC  channel is error, Please check! \r\n");
36          return;
37      }
38      while (1) {
39          adc_code     = __adc_code_get(handle, chan);
40          adc_mv       = adc_code * adc_vref / ((1UL << adc_bits) - 1);
41          /* 串口输出采样电压值 */
42          am_kprintf("Sample : %d, Vol: %d mv\r\n", adc_code, adc_mv);
43          am_mdelay(500);
44      }
45  }
```

10.6 指夹血氧仪应用方案

10.6.1 产品概述

指夹血氧仪采用无创式测量红外技术,通过检测人体末梢组织如手指或耳垂等部位对不同波长的红光和红外光的吸光度变化率之比推算出组织的动脉血氧饱和度。

指夹血氧仪产品实物如图 10.23 所示,其分为血氧饱和度测量和数据显示两部分。其中,血氧饱和度测量由主控制器依次驱动红光 LED(660 nm)和红外光 LED(910 nm),通过检测不同波长光的吸收区别计算出血氧饱和度;数据显示部分采用双色 OLED 显示屏,通过 SPI 方式与主控制器通信。指夹血氧仪中的主控采用 ZLG116N32A 设计。

图 10.23 指夹血氧仪产品实物

10.6.2 方案介绍

1. 功能框图

指夹血氧仪的功能框图如图 10.24 所示,指夹血氧仪主控制器选用 ZLG116N32A,整个系统采用 3 V 电池供电,外置 1 个复位测量按键和 1 个报警蜂鸣器,1 个红光和 1 个红外光驱动电路,以及 1 个 SPI 驱动的 OLED 显示屏,用于显示测量的血氧浓度数据。

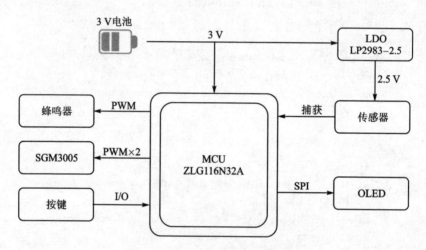

图 10.24 指夹血氧仪的功能框图

2. 资源需求

- 1 路 PWM 实现蜂鸣器报警提示;
- 2 路 PWM 实现红光 LED 和红外光 LED 的驱动;
- 1 路 I/O 用于测量的复位;
- 1 路 SPI 接口用于驱动 OLED 显示屏;
- 1 路 CAP 接口用于输入捕获。

3. 优 势

对比指夹血氧仪同类产品,现用芯片方案有如下优势:

- MCU 资源丰富(64 KB Flash/8 KB SRAM)、开发更为灵活、性价比超高;
- 完善齐全的 DEMO 软件和详尽的技术文档,能够帮助用户快速完成产品开发;
- 提供 SPI 驱动、OLED 组件等丰富的组件软件,极大地简化了用户的开发,更专注于核心应用软件的设计;
- 采用 AMetal 软件架构,真正实现跨平台移植,帮助用户快速完成产品的升级换代。

4. 推荐器件

ZLG 提供了指夹血氧仪的全套 BOM 解决方案、全套 BOM 打包、一站式采购，降低整体成本。主控芯片采用 ZLG 自主芯片 ZLG116N32A 设计，详细器件推荐如表 10.18 所列。

表 10.18　指夹血氧仪推荐器件

产品名称	型号	厂家	器件特点
MCU	ZLG116N32A	ZLG	Cortex - M0 内核，64 KB Flash/8 KB SRAM； 运行频率高达 48 MHz； 支持宽电压输入 2.0～5.5 V； 低功耗，低功耗待机模式典型电流为 0.6 μA； 多路 UART、SPI、I^{2}C 等外设接口
LDO	ZL6205	ZLG	宽输入电压、噪声小、静态电流小、过温过流保护
模拟开关	SGM3005	SGMICRO	低压工作 1.8～5.5 V，低导通电阻 0.5 Ω，低功耗 0.01 μW，可快速切换

10.6.3　参考设计

OLED 显示屏

本指夹血氧仪显示方案采用 OLED12864 显示屏显示采集结果。OLED 作为新一代显示技术，与液晶显示技术相比，具有超轻薄、高亮度、广视角、自发光、低功耗等优越性能，可实时显示字符、汉字、曲线等信息，这里从硬件及软件两部分介绍 OLED 显示部分的设计和使用。

OLED 电路原理图如图 10.25 所示，其中 BS0、BS1、BS2 三个引脚用于配置选择显示屏的通信接口，可配置为 I^{2}C 接口、6800 并行接口、8080 并行接口、4 线串行接口和 3 线串行接口，配置方式详见表 10.19。此方案选用 4 线 SPI 接口，因此 BS0、BS1、BS2 三个引脚连接到地。在此接口模式下，D0 为时钟线 SCLK 引脚，D1 为数据线 MOSI 引脚，DC 为数据命令控制引脚，RES 为复位引脚，CS 为片选引脚。

表 10.19　OLED 接口方式配置

引脚名称	I^{2}C 接口	6800 并行接口	8080 并行接口	4 线串行接口	3 线串行接口
BS0	0	0	0	0	1
BS1	1	0	1	0	0
BS2	0	1	1	0	0

AMetal 提供了 OLED 组件和接口函数，OLED 初始化完成后，即可调用 OLED

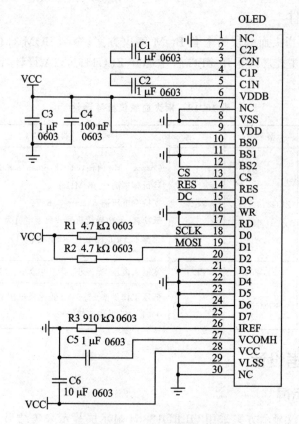

图 10.25 OLED 电路原理图

接口函数设置显示的坐标和显示的内容,其接口函数原型详见表 10.20。

表 10.20 OLED 接口函数

函数原型	功能简介
am_ssd1306_handle_tam_ssd1306_inst_init(void);	实例初始化

int am_ssd1306_set_pos (am_ssd1306_handle_thandle,
 	
     uint8_t   x,
     uint8_t   y);
	设置坐标

int am_ssd1306_set_light (am_ssd1306_handle_t handle, uint8_t light);	设置亮度
int am_ssd1306_clear (am_ssd1306_handle_t handle);	清屏
int am_ssd1306_show_char(am_ssd1306_handle_t handle, char chr);	显示一个字符

int am_ssd1306_show_num(am_ssd1306_handle_t   handle,
     uint32_t   num,
     uint8_t   len);
	显示数字

函数原型	功能简介
int am_ssd1306_show_str(am_ssd1306_handle_t handle, char * p_ch);	显示字符串

int am_ssd1306_draw_line(am_ssd1306_handle_t   handle,
    uint16_t   x0,
    uint16_t   y0,
    uint16_t   x1,
    uint16_t   y1);
	画直线

int am_ssd1306_draw_rectangle(am_ssd1306_handle_t   handle,
    uint16_t   x0,
    uint16_t   y0,
    uint16_t   x1,
    uint16_t   y1);
	画矩形

各函数的返回值含义都是相同的：返回 AM_OK 表示成功，返回负值表示失败，失败原因可根据具体的值查看 am_errno.h 文件中相对应的宏定义。正值的含义由各 API 自行定义，无特殊说明时，表明不会返回正值。

（1）OLED 实例初始化函数

在使用 OLED 之前，必须调用初始化函数完成 OLED 设备的初始化操作，以获取对应的操作句柄，进而才能使用 OLED 的接口函数实现内容的显示。OLED 的实例初始化函数原型（am_hwconf_oLED_ssd1306.h）为

```
am_ssd1306_handle_t am_ssd1306_inst_init(void);
```

使用无参数的 OLED 实例初始化函数，即可获取 OLED 实例句柄，进而通过 OLED 接口函数显示数据和内容，实例初始化详见程序清单 10.13。

程序清单 10.13　OLED 实例初始化

```
am_ssd1306_handle_tssd1306_handle = am_ssd1306_inst_init();
```

（2）清屏函数

OLED 初始化完成后，需要进行清屏操作，保证显示前不会出现花屏现象。OLED 清屏函数的原型（am_oled_ssd1306.h）为

```
int am_ssd1306_clear (am_ssd1306_handle_t handle);
```

入口参数 handle 为 OLED 初始化时获取的实例句柄，如果返回值为 AM_OK，则说明清屏成功，反之失败。清屏的程序详见程序清单 10.14。

程序清单 10.14　OLED 清屏

```
am_ssd1306_clear (ssd1306_handle);
```

（3）设置坐标函数

该函数意在指定显示的起始坐标，其函数原型（am_oled_ssd1306.h）为

```
int am_ssd1306_set_pos ( am_ssd1306_handle_t      handle,        //OLED 句柄
                         uint8_t                  x,             //X 轴坐标
                         uint8_t                  y);            //Y 轴坐标
```

如果返回值为 AM_OK，则说明设置坐标成功，反之失败。假定从坐标（5,0）开始显示，设置坐标的程序详见程序清单 10.15。

程序清单 10.15　设置显示的起始坐标

```
am_ssd1306_set_pos (ssd1306_handle, 5, 0);        //设置显示的起始坐标为(5, 0)
```

（4）显示一个字符函数

该函数意在显示一个字符，其函数原型（am_oled_ssd1306.h）为

```
int am_ssd1306_show_char( am_ssd1306_handle_t      handle,       // OLED 句柄
                          char                     chr);         //待显示的字符
```

假定显示大写字母 A，示例程序详见程序清单 10.16。

程序清单 10.16　显示一个字符

```
am_ssd1306_show_char(ssd1306_handle,'A');
```

（5）显示字符串函数

该函数意在显示一串字符，其函数原型（am_oled_ssd1306.h）为

```
int am_ssd1306_show_str( am_ssd1306_handle_t  handle,       //OLED 句柄
                         char                 * p_ch);       //指向待显示字符串的指针
```

假定待显示的字符串为"This is a display example!"，示例程序详见程序清单 10.17。

程序清单 10.17　显示字符串

```
am_ssd1306_show_str(ssd1306_handle, "This is a display example!");
```

10.7　电子烟应用方案

10.7.1　产品概述

电子烟产品实物如图 10.26 所示，通过控制 DCDC 的输出电压，在温度传感器的反馈下控制陶瓷加热管的温度，实现电子烟的功能。

电子烟产品主要分为主控模块和 DC-

图 10.26　电子烟产品实物

DC 模块两部分。其中,主控模块控制 DCDC 的输出电压,同时采集温度数据,动态调节加热管的温度;DCDC 模块负责输出电压给加热管,保证加热管能够迅速加热和维持温度。电子烟中的主控采用 ZLG116 设计。

10.7.2　方案介绍

1. 功能框图

电子烟的功能框图如图 10.27 所示,通过电池输入电压供电,经过 LDO 转化为 2.8 V 的电压给 MCU 供电,外置 3 个 LED 状态指示灯、1 个按键、1 个电机,通过 1 路 PWM 调节 DCDC 输出电压、1 路 PWM 控制 DCDC 的开关、2 路 I/O 控制加热管开关,4 路 ADC 分别采集电路板温度、电池电压、加热管电流和加热管电压。

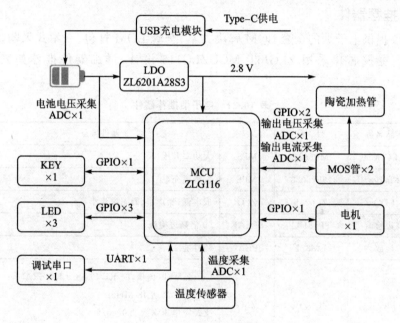

图 10.27　电子烟的功能框图

2. 资源需求

- 3 路 I/O 实现 LED 状态显示;
- 1 路 I/O 用于驱动马达开关;
- 1 路 I/O 用于按键及唤醒;
- 1 路 UART 接口用于调试;
- 1 路 PWM 调压;
- 1 路 PWM 斩波控制;
- 2 路 I/O 负责切换输出加热管;
- 4 路 ADC 采集,其中,1 路采集电路板温度,1 路采集电池电压,1 路采集电流,1 路采集加热管输入电压。

3. 优　势

对比电子烟同类产品,现用芯片方案有如下优势:

● MCU 资源丰富(64 KB Flash/8 KB SRAM)、开发更为灵活、性价比超高;

● 完善齐全的 DEMO 软件和详尽的技术文档,能够帮助用户快速完成产品开发;

● 提供 GPIO、PWM、ADC 的丰富的接口组件,大大节省了调试底层驱动的时间;

● 采用 AMetal 软件架构,真正地实现了跨平台移植,帮助用户快速完成产品的升级换代。

4. 推荐器件

ZLG 提供电子烟的全套 BOM 解决方案、全套 BOM 打包、一站式采购,降低整体成本。主控芯片采用 ZLGIoT MCUZLG116 设计,详细器件推荐如表 10.21 所列。

表 10.21　电子烟推荐器件

产品名称	型　号	厂　家	器件特点
DCDC	MP3429	MPS	大功率升压
Charge	MP26028	MPS	大电流充电
LDO	ZL6201	ZLG	成本低、噪声小、静态电流小
高边检流	TP181A1	3PEAK	50 倍高边检流
运放	LM321	3PEAK	高性能
MCU	ZLG116	ZLG	Cortex - M0 内核,64 KB Flash/8 KB SRAM; 运行频率高达 48 MHz; 支持宽电压输入 2.0～5.5 V; 多路 UART、SPI、I^2C 等外设接口

10.7.3　参考设计

1. 产品逻辑

可将电子烟的软件控制逻辑划分为 3 个运行状态,分别为开机、加热和关机,并用状态机来实现状态的转换,状态机转换函数详见程序清单 10.18。

程序清单 10.18　状态机转换函数原型

```
typedef state_fun_ret_t ( * pfn_state_fun_t)(void);
```

其中,返回值 state_fun_ret_t 用来判断产品是否需要继续运行,如下:

```
typedef enum {
    RET_END = 0,
    RET_CONTINUE,
}state_fun_ret_t;
```

当状态机转换函数返回 RET_END 时,执行关机;当返回 RET_CONTINUE 时,产品继续运行,程序详见程序清单 10.19。

程序清单 10.19　状态机运行

```
1    /**
2     * 状态机运行
3     */
4    void state_machine_run(void)
5    {
6        state_t state;
7        state_fun_ret_t ret;
8        AM_FOREVER {
9            for (state = STATE_HARDWARE_INIT; state ! = STATE_MAX; state ++ ) {
10               ret = state_fun[state]();
11               if (ret == RET_END) {
12                   if (state == STATE_HARDWARE_INIT) {
13                       state_stop_no_motor();
14                   } else {
15                       state_stop();
16                   }
17               }
18           }
19           AM_DBG_INFO("ERROR\r\n");
20       }
21   }
```

其中,state_fun[]是状态机转换函数数组,包含所有状态机转换函数。STATE_HARDWARE_INIT 和 STATE_MAX 为状态机转换函数数组的索引。在恒温过程中,使用 PID 算法来动态调节 PWMB 的占空比,实现斩波控制,程序详见程序清单 10.20。

程序清单 10.20　PID 函数

```
1    static int pid_contorl(uint32_t temperature, uint32_t tag)
2    {
3        int kp = 2500;
4        int ki = 1;
5        int kd = - 1000;
```

```
6          int duty = 0;
7          int ek = 0;
8          static int en = 0;
9          static int old_ek = 0;
10         ek = tag - temperature;
11         en += ek;
12         duty = kp * ek + ki * en + kd * (ek - old_ek);
13         old_ek = ek;
14         if (duty < DUTY_LOWER_LIMIT) {
15             return DUTY_LOWER_LIMIT;
16         } else if (duty > DUTY_UPPER_LIMIT) {
17             return DUTY_UPPER_LIMIT;
18         } else {
19             return duty;
20         }
21     }
```

其中,变量 kp、ki、kd 分别是比例系数、积分系数和微分系数,可根据实际控制效果调节。

2. 交互接口

本方案的 LED、电机、按键、MOS 控制都是通过控制 GPIO 的电平实现的,接口函数如下:

```
int am_gpio_pin_cfg(int pin, uint32_t flags);
```

其中,pin 是引脚编号,值为 PIO*;flags 是配置参数,功能配置详见表 4.1。
通过以下函数配置 GPIO 电平:

```
int am_gpio_set(int pin, int value);
```

其中,value 为电平值。
通过以下函数获取 GPIO 的电平状态:

```
int am_gpio_get(int pin);
```

3. 电子烟加热控制

本方案分别通过调节 PWMA 和 PWMB 的占空比来控制 DCDC 的输出电压和开关来控制烟弹的加热。当开始加热时,PWMA 的占空比设置为 35%,每隔 1 s 占空比减小 1%,占空比最小为 27%,这样避免功率过大。当加热管进入恒温阶段时,PWMB 根据温度传感器的反馈动态调节占空比,实现斩波控制,在误差允许范围内把温度稳定在一个数值上。PWMA 使用 TIM2 的通道 1,PWMB 使用 TIM2 的通道 2,PWM 的配置和操作如下:

```
1
2    int am_pwm_config ( am_pwm_handle_t       handle,
3                        int                   chan,
4                        unsigned long         duty_ns,
5                        unsigned long         period_ns)
6    {
7        return handle ->p_funcs ->pfn_pwm_config(      handle ->p_drv,
8                                                       chan,
9                                                       duty_ns,
10                                                      period_ns);
11   }
```

am_pwm_config 中的 handle 是初始化函数返回的句柄,chan 是对应的通道值, duty_ns 是 PWM 脉宽时间(单位:ns),period_ns 是 PWM 周期时间(单位:ns)。 AMetal 通过以下两个函数使能和禁能 PWM 输出:

```
int am_pwm_enable (am_pwm_handle_thandle, int chan);      //PWM 使能
int am_pwm_disable (am_pwm_handle_thandle, int chan);      //PWM 禁能
```

4. 温度采集

本方案使用了 4 路 ADC,分别用于采集电路板温度、电池电压、加热管电流和加热管电压。ADC 初始化函数如下:

```
am_adc_handle_t am_zlg116_adc_inst_init (void);
```

am_zlg116_adc_inst_init 的返回值是 ADC 标准服务句柄。要读取电压值,需要采取的步骤有:读取指定通道的 ADC 转换值、对转换值做均值处理、获取转换精度、获取 ADC 参考电压、计算出转换值对应的电压值。实现代码详见程序清单 10.21。

程序清单 10.21　读取 ADC 电压

```
1    uint32_t adc_get_vol_mv(uint32_t channel)
2    {
3        uint16_t adv_value[10] = {0};
4        uint32_t adv_avg = 0;
5        uint32_t adc_bits = 0;           /* ADC 位数 */
6        uint32_t adc_vref = 0;           /* ADC 参考电压 */
7        uint32_t ! = 0;
9        am_adc_read(adc_handle, channel, adv_value,10);
10       for (! = 0; i < 10; i++) {
11           /* 均值处理 */
```

```
12          adv_avg += adv_value[i];
13      }
14      adv_avg /= 10;
15      /* 获取 ADC 转换精度 */
16      adc_bits = am_adc_bits_get(adc_handle , channel);
17      /* 获取 ADC 参考电压,单位:mV */
18      adc_vref = am_adc_vref_get(adc_handle , channel);
19      return (adv_avg * adc_vref / ((1UL << adc_bits) - 1));
20  }
```

其中,函数的参数是要获取的 ADC 通道值。如果希望采集到的电压值变化更加平滑,则可使用窗口滤波来代替一般的均值处理。窗口滤波详见程序清单 10.22。

程序清单 10.22　窗口滤波

```
1   static uint32_t window_filter(uint16_t val)
2   {
3       const uint8_t WINDOW_LEN = 10;
4       static int i = 0;
5       static uint16_t adv_value[WINDOW_LEN] = {0};
6       uint32_t ret = 0;
8       adv_value[i++] = val;
9       if (i >= WINDOW_LEN) {
10          i = 0;
11      }
12      if (adv_value[WINDOW_LEN - 1] == 0) {
13          ret = adc_get_avg(adv_value, i);
14      } else {
15          ret = adc_get_avg(adv_value, WINDOW_LEN);
16      }
17      return ret;
18  }
```

采用窗口滤波函数把采集到的几个数据一起做均值滤波处理,可以有效滤去一些突变的数据,有效保证数据的可靠性。

5. 低功耗模式

本方案的关机实现是让 MCU 进入待机模式,这样可以通过按键唤醒,在休眠期间保持功耗最低,实现代码如下:

```
1   static state_fun_ret_t _state_stop(uint8_t cmd)
2   {
3       int ret = AM_OK;
5       led_all_off();
```

```
6          if (am_zlg116_pwr_inst_init() == NULL) {
7              return RET_END;
8          }
9          am_zlg116_wake_up_cfg(AM_ZLG116_PWR_MODE_STANBY,NULL,NULL);
10         if (cmd == STOP_WITH_MOTOR) {
11             motor_on_ms(2000);
12         }
13         do {
14             ret = am_zlg116_pwr_mode_into(AM_ZLG116_PWR_MODE_STANBY);
15         } while (ret <= 0);
16         return RET_END;
17     }
```

其中,参数 cmd 决定进入关机时是否需要电机振动;第 6、7、14 行是关于进入待机模式的操作;第 15~17 行是防止进入待机模式失败,如下所示为 ZLG116 进入休眠的初始化函数:

```
am_zlg116_pwr_handle_t am_zlg116_pwr_inst_init (void);
```

am_zlg116_pwr_inst_init 返回值为 PWR 标准服务句柄,如果返回 NULL,则表示初始化失败。芯片进入休眠前需要配置好唤醒方式,配置采用何种方式唤醒 MCU,函数如下:

```
void am_zlg116_wake_up_cfg ( am_zlg116_pwr_mode_t    mode,
                             am_pfnvoid_t            pfn_callback,
                             void                    * p_arg);
```

其中,mode 是 PWR 模式,这里选择待机模式 AM_ZLG116_PWR_MODE_STANBY;pfn_callback 和 p_arg 分别是唤醒回调函数和唤醒回调函数参数,由于待机模式唤醒会复位,所以唤醒回调函数不起作用,这里设置为 NULL,配置好唤醒后,可通过如下函数进入休眠:

```
int am_zlg116_pwr_mode_into (am_zlg116_pwr_mode_t mode);
```

其中,mode 是休眠模式,这里选择待机模式 AM_ZLG116_PWR_MODE_STANBY。调用此函数后,MCU 会进入待机模式,按下 WAKE_UP 按键则被唤醒,唤醒时会复位运行。

10.8 净水器滤芯多天线防伪方案

10.8.1 产品概述

滤芯是净水器、空气净化器等产品实现功能的核心配件,也是厂家获得持续利润的关键产品。滤芯市场的巨大利润成为不良商家的造假动机,致使市场上出现假冒伪劣滤芯,一方面使得正规厂家无法维持滤芯的销售利润,另一方面劣质滤芯直接损害消费者利益,从而导致正规品牌信誉严重受损,因此滤芯防伪至关重要。

净水器滤芯产品实物如图 10.28 所示。市场上的净水器通常有多个滤芯,以所示的净水器为例:采用 5 个读卡天线板,每个天线板负责 1 个滤芯的防伪标签读取,所有天线板由连接线汇集到带有读卡芯片的主控板接口上。此方式安装灵活,可以适应灵活多变的滤芯布局结构。读卡芯片采用 ZSN603,可支持多达 8 路天线,实现一芯多用。主控芯片采用 ZLG116N32A 设计。

图 10.28　净水器滤芯产品实物

10.8.2　方案介绍

1. 功能框图

净水器防伪滤芯的功能框图如图 10.29 所示,适配器提供 5 V 电压,经 LDO 转化为 3.3 V 的电压给 MCU 及读卡芯片供电,外置 1 个 LED 状态指示灯、1 个蜂鸣器作为提示,通过 I^2C 与 ZSN603 通信,ZSN603 可接多个读头,滤芯的防伪标签靠近时,即可识别真伪。

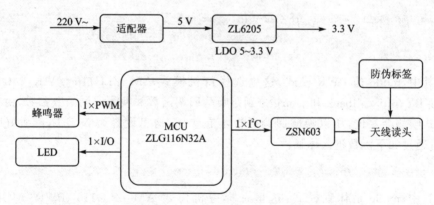

图 10.29　净水器防伪滤芯的功能框图

2. 资源需求

- 1 路 I/O 实现 LED 状态显示;
- 1 路 I/O 实现蜂鸣器发音提示;
- 1 路 I^2C 与 ZSN603 通信。

3. 优　势

对比多防伪识别同类产品,现用芯片方案有如下优势:

- MCU 资源丰富(64 KB Flash/8 KB SRAM)、开发更为灵活、性价比超高;
- 完善齐全的 DEMO 软件和详尽的技术文档,能够帮助用户快速完成产品开发;
- ZSN603 采用指令控制的方式,脱离了传统读卡芯片的寄存器操作,只需了解电子标签的基本信息,就可以快速调用对应操作指令去完成标签的读/写操作,节省了大量的软件开发时间;
- ZSN603 芯片自带天线拓展功能,支持配合通道芯片拓展多路天线的应用,最多可拓展 8 路天线,一芯多用;
- 专业的支持人员可协助完成天线阻抗匹配,确保天线板工作在最佳谐振点;
- 读卡距离可达 7 cm(取决于天线设计);
- 采用 AMetal 软件架构,真正地实现了跨平台移植,帮助用户快速完成产品的升级换代。

4. 推荐器件

ZLG 提供多天线滤芯防伪方案的全套 BOM 解决方案、全套 BOM 打包、一站式采购,降低整体成本。主控芯片采用 ZLGIoT MCUZLG116N32A 设计,详细器件推荐如表 10.22 所列。

表 10.22 多天线滤芯防伪方案推荐器件

产品名称	型 号	厂 家	器件特点
MCU	ZLG116N32A	ZLG	Cortex - M0 内核,64 KB Flash/8 KB SRAM; 运行频率高达 48 MHz; 支持宽电压输入 2.0～5.5 V; 多路 UART、SPI、I^2C 等外设接口
读卡芯片	ZSN603	ZLG	平均电流:3.3 V 直流供电/73 mA; 峰值电流:小于 150 mA; 标准大小的 TypeA 卡:7 cm (天线尺寸为 5 cm×5 cm); 标准大小的 TypeB 卡:3～4 cm; 支持串口、I^2C 两种通信接口,支持多种串口工作波特率; 提供 ISO 14443 - 4 的半双工块传输协议接口,可支持符合 ISO 14443 - 4A 的 CPU 卡及符合 ISO 14443 - 4B 的 TypeB 卡片; 支持配合通道芯片拓展多路天线的应用,最多可拓展 8 路天线
LDO	ZL6205	ZLG	成本低、噪声小、静态电流小

10.8.3 参考设计

净水器多天线滤芯防伪方案的核心在于多天线读卡,单芯片实现多个读卡感应区的识别以及滤芯防伪标签的识别和处理,本小节就 ZSN603 支持的多天线读卡展开介绍。

1. 硬件参考设计

本方案采用 I²C 模式与 ZSN603 进行通信，ZLG116 可以通过 4 个 I/O 口完成对 ZSN603 的控制，具体的通信模型如图 9.3 所示。其中，NRST 引脚用于复位 ZSN603；SDA 与 CLK 用于 I²C 模式通信；INT 引脚为中断引脚，用于通知 I²C 主机 获取数据。图中主控 MCU 通过一个 GPIO 与 ZSN603 的 NRST 使用虚线连接，此 连接是可选的，可由主控 MCU 对其直接控制，也可以外部设计一个 RC 复位电路来 进行控制；MODE_DET 引脚用于选择通信模式，在 I²C 模式下 MODE_DET 引脚为 低电平。

2. ZSN603 读卡

AMetal 平台已经完成了对 ZSN603 的适配，可以在初始化之后，使用 ZSN603 通用驱动软件包中提供的各个接口操作 ZSN603，使用 ZSN603 提供的相应的 RFID 功能，无需关心任何底层细节，用户可以更加快捷地将 ZSN603 应用到实际项 目中。

（1）实例初始化函数

在使用 AMetal 提供的所有的功能函数之前，需要给功能接口传入一个 handle 参数，用以指定操作的 ZSN603 对象。用户可以根据自己所使用的通信方式直接通 过 ZSN603 的实例初始化函数获得相应的 handle，其函数原型为

```
zsn603_handle_t am_zsn603_i2c_inst_init (void);    //ZSN603 实例初始化函数(I²C 模式)
```

I²C 通信方式实例初始化函数的调用形式如下：

```
zsn603_handle_t handle = am_zsn603_i2c_inst_init();
```

此处获取的 handle 可用于 ZSN603 通用软件包提供的各个功能接口。

（2）配　　置

配置实例初始化函数在模板工程中的 ZSN603 配置文件中实现，配置文件的默 认名称为：am_hwconf_zsn603_uart.c 与 am_hwconf_zsn603_i2c.c。这里使用 ZLG116 的 I²C 来驱动 ZSN603，文件的具体内容详见程序清单 10.23。

程序清单 10.23　am_hwconf_zsn603_i2c.c 文件内容示意

```
1      # include "ametal.h"
2      # include "am_i2c.h"
3      # include "zsn603.h"
4      # include "zlg116_pin.h"
5      # include "am_zsn603.h"
6      # include "zsn603_platform.h"
7      # include "am_zlg116_inst_init.h"
8      # include "am_hwconf_zsn603_i2c.h"
```

```
9    static zsn603_i2c_dev_t __g_zsn603_i2c_dev;        // ZSN603(I²C模式)设备实例
10   //ZSN603(I²C模式) 设备信息
11   static const zsn603_i2c_devinfo_t __g_i2c_info = {
12       0xb2,
13       {
14           -1,
15           PIOA_12,
16           am_zlg116_i2c1_inst_init,
17           am_zlg116_i2c1_inst_deinit
18       }
19   };
20   // ZSN603 实例初始化,获得 ZSN603 标准服务句柄(I²C模式)
21   zsn603_handle_t am_zsn603_i2c_inst_init (void)
22   {
23       return zsn603_i2c_init(&__g_zsn603_i2c_dev, &__g_i2c_info);
24   }
```

之所以将这些内容放在配置文件中,主要是为了方便用户根据实际情况对文件中的部分配置信息作相应的修改。每一个可修改的地方均视为一个配置项,I^2C 模式有 5 个配置项可以修改,各配置项的功能简介详见表 10.23,这些配置项都可以根据实际情况进行修改。

表 10.23　ZSN603 I^2C 模式配置项

序　号	对应程序 清单10.23的行号	配置项	备　注
1	12	默认地址	0xb2(默认出厂地址)
2	14	复位引脚	-1,默认使用硬件复位电路
3	15	工作模式	中断引脚
4	16	I^2C 初始化函数	可修改此函数选择不同的硬件端口
5	17	I^2C 解初始化函数	要与 3 配置项的端口项对应

(3) 功能函数

使用 I^2C 与 ZSN603 进行通信,需要对 I^2C 读/写函数进行适配。该函数实现比较简单,读取函数与写入函数的结构基本是一致的。其功能为在指定的从机地址的指定器件子地址中写入/读取指定字节数据。写函数与读函数的函数原型为

```
int zsn603_platform_i2c_write( zsn603_platform_i2c_t    * p_dev,
                               uint8_t                    slv_addr,
                               uint16_t                   sub_addr,
                               uint8_t                  * p_data,
                               int32_t                    nbytes);
```

```
int zsn603_platform_i2c_read( zsn603_platform_i2c_t      * p_dev,
                              uint8_t                     slv_addr,
                              uint16_t                    sub_addr,
                              uint8_t                    * p_data,
                              int32_t                     bytes);
```

该函数的返回值为 int 类型,主要用于返回解初始化的结果,0 表示成功,非 0 表示失败。函数有 5 个参数:p_dev、slv_addr、sub_addr、p_data 和 bytes,各个参数的简要介绍如表 10.24 所列。

表 10.24　ZSN603 I²C 传输函数的参数说明

名　称	含　义	详细描述
p_dev	平台相关参数	平台自身结构体对象,用于保存一些必要的状态数据
slv_addr	I²C 从机地址	I²C 设备从机地址
sub_addr	寄存器地址	本次读/写的目标寄存器地址,数据应从该地址指定的寄存器开始写
p_data	数据缓存区	写入寄存器的 nbytes 数据从 p_buf 指向的缓存中获取
bytes	数据量(字节)	表示本次读/写的数据量

除了第一个参数外,其他参数都描述了与 I²C 写操作相关的数据信息:slv_addr 表示设备的从机地址;sub_addr 表示地址信息;p_data 表示数据的存储位置;bytes 表示写入数据的字节数。具体平台层代码在实现 I²C 数据传输时,最重要的职责就是根据这些参数信息完成 I²C 数据的读/写。

(4) 读卡测试函数

为了判断 ZSN603 的 RFID 功能是否正常,这里实现一个简单的激活操作:在 ZSN603 上电复位后,将任意一张 A 类卡放置于天线感应区,根据激活是否成功判断 ZSN603 工作是否正常,范例程序详见程序清单 10.24。

程序清单 10.24　A 类卡激活范例程序

```
1    void demo_zsn603_picca_active_test_entry (zsn603_handle_t handle)
2    {
3        unsigned char atq[2] = {0};
4        unsigned char saq = 0;
5        unsigned char len = 0;
6        unsigned char uid[10] = {0};
7        unsigned char  ret = 0;
8        //A 类卡请求接口函数请求模式为 0x26   IDLE
9        ret = zsn603_picca_active(handle, 0x26, (uint16_t *)atq, &saq, &len, uid);
10       if(ret == 0){
11           unsigned char ! = 0;
12           printf("ATQ  is : %02x   %02x\r\n", atq[0], atq[1]);
```

```
13        printf("SAQ  is : % 02x \r\n", saq);
14        printf("UID is :");
15        for(! = 0; i < len ; i ++ ){
16            printf(" % 02x ",  uid[i]);
17        }
18        printf("\r\n");
19    }else{
20        printf("active fail beacuse error 0x % 02x", ret);
21    }
22  }
```

该应用程序为 A 类卡激活函数，其入口函数为：demo_zsn603_picca_active_test_entry()。在程序清单 10.24 中，程序调用 zsn603_picca_active() 函数，该函数返回值保存在 ret 中，若 ret 等于 0，则表示命令主机发送成功，并且从机成功执行了命令帧，该例程打印激活操作返回的相关信息（包括 ATQ、SAQ 以及 UID）；若 ret 等于任意非 0 值，则会打印对应错误号，具体错误标识在 zsn603.h 头文件中已被定义。更多关于 ZSN603 芯片的应用，请参考 9.1 节相关内容。

10.9 智能水表应用方案

10.9.1 产品概述

智能水表产品实物如图 10.30 所示，主要应用于学校、小区等。智能水表区别于传统机械水表，无论是收费还是管理都更具优势，轻松解决了收费难、均摊有矛盾、随意浪费水等问题。

智能水表内部集成非接触式读卡模块，实现刷卡用水。本方案主控采用 ZLG237P64A，通过 SPI 接口与读卡芯片 FM17520 通信，实现非接触

图 10.30 智能水表产品实物

式读卡；通过 I^2C 接口与 RTC、EEPROM 通信，实现时间管理和数据存储；通过 UART 接口与 BLEZLG52810、RS485 转换芯片通信，实现数据的传输及管理。

10.9.2 方案介绍

1. 功能框图

智能水表的功能框图如图 10.31 所示，其通过电源适配器供电，经过 LDO 转化为 3.3 V 的电压给 MCU 供电，外置 2 个 LED 状态指示灯和 1 个蜂鸣器，通过 2 个 I/O 捕获水表信号；同时，1 路 SPI 用于驱动读卡芯片，1 路 SPI 驱动 LCD 显示用户数据，外扩 EEPROM 用于存储固件及用户数据，RTC 用于时间管理。主控通过

UART 接口与 BLE 模块、RS485 转换芯片通信,方便实现数据传输和管理。

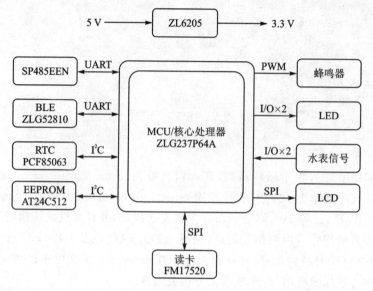

图 10.31　智能水表的功能框图

2. 资源需求

- 2 路 I/O 实现 LED 状态显示;
- 1 路 PWM 实现蜂鸣器发音提示;
- 2 路 I/O 实现水表脉冲信号计数;
- 1 路 SPI 驱动 LCD 显示用户数据;
- 1 路 SPI 接口用于与读卡芯片 FM17520 通信;
- 1 路 I^2C 接口用于外扩 EEPPROM;
- 1 路 I^2C 接口用于读取 RTC 时钟;
- 1 路 UART 接口用于与 RS485 转换芯片通信;
- 1 路 UART 接口用于与 ZLG52810 模块通信。

3. 优　势

对比智能水表同类产品,现用芯片方案有如下优势:

- MCU 资源丰富(128 KB Flash/20 KB SRAM)、开发更为灵活、性价比超高;
- 完善齐全的 DEMO 软件和详尽的技术文档,能够帮助用户快速完成产品开发;
- 提供 SPI 读卡驱动、EEPPROM 驱动、RTC 驱动、带缓冲区的 UART 接口通信等丰富的组件软件,极大地简化了用户的开发,使其更专注于核心应用软件的设计;
- 采用 AMetal 软件架构,真正地实现了跨平台移植,帮助用户快速完成产品的升级换代。

4. 推荐器件

ZLG 提供智能水表的全套 BOM 解决方案、全套 BOM 打包、一站式采购,降低整体成本。主控芯片采用 ZLGIOT 芯片 ZLG237P64A 设计,详细器件推荐如表 10.25 所列。

表 10.25　智能水表方案推荐器件

产品名称	型　号	厂　家	器件特点
MCU	ZLG237P64A	ZLG	Cortex - M3 内核,128 KB Flash/20 KB SRAM; 运行频率高达 96 MHz; 支持宽电压输入 2.0~5.5 V; 低功耗,低功耗停止模式典型电流 6 μA; 多路 UART、SPI、I²C 等外设接口
读卡芯片	FM17520	复旦微	非接触式读卡、低电压、长距离
LDO	ZL6205	ZLG	成本低、噪声小、静态电流小
EEPROM	AT24C512	安森美	宽电压输入 1.7~5.5 V、低功耗、静态电流小
RTC	PCF85063	NXP	成本低、低功耗、静态电流小
BLE	ZLG52810	ZLG	成本低、低功耗、静态电流小
RS485	SP485EEN	Sipex	抗干扰、低功耗

10.9.3　参考设计

ZLG52810BLE 组件

智能水表应用方案除具备传统水表的计量流量功能外,还具备刷卡取水和蓝牙通信功能,此外还具备显示接口,通过 LCD 显示水费信息、用水量信息、时间信息等。读卡功能及蓝牙通信功能在前面方案中已有介绍,本方案采用的 ZLG52810 的使用详见 9.3 节,读卡功能使用 FM17520,硬件设计和驱动组件的使用请参考 10.3.3 小节,本小节不再详述,这里就使用的 LCD ST7735 驱动组件作为介绍。

本智能水表方案采用 SPI 驱动的 1.44 寸、分辨率为 128×160 的 LCD 作为人机交互界面,用于显示用户数据,驱动芯片为 ST7735R。SPI 接口屏相对于并口接口屏需要的 I/O 引脚少,对 MCU 的 I/O 资源要求较低,最少只需 4 个 I/O 即可实现屏幕的控制,应用电路非常简单。

LCD 应用电路原理图详见图 10.32,其中 VDDA 和 VDDIO 为电源引脚,VSS 为地,LED＋和 LED－为背光引脚,SCK 为 SPI 的时钟引脚,SDA 为 SPI 的数据引脚,A0 为 Command/Data 选择引脚,CS 为 SPI 片选引脚,RST 为硬件复位引脚。

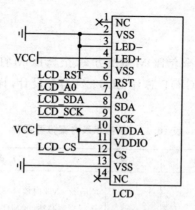

图 10.32　LCD 应用电路原理图

AMetal 提供了 ST7735R 组件及功能接口函数,ST7735R 初始化完成后,即可调用功能接口显示字符、图形或汉字等其他功能函数,ST7735R 组件的相关接口函数详见表 10.26。

表 10.26　ST7735R 功能接口函数介绍

函数原型		功能简介
am_st7735_handle_t am_st7735_inst_init(void);		设备初始化
int am_st7735_set_pos (am_st7735_handle_t　　handle, 　　　　　　　　　　uint16_t　　　　　　　x, 　　　　　　　　　　uint16_t　　　　　　　y);		设置起始坐标
int am_st7735_set_charsize (am_st7735_handle_t　handle, 　　　　　　　　　　uint16_t　　　　　　width, 　　　　　　　　　　uint16_t　　　　　　heigh, 　　　　　　　　　　am_fontlib_type_t　type);		设置显示的字符大小
int am_st7735_set_light (am_st7735_handle_t　handle, 　　　　　　　　　　uint8_t　　　　　　light);		设置亮度
int am_st7735_show_num(am_st7735_handle_t　handle, 　　　　　　　　　　uint32_t　　　　　　num, 　　　　　　　　　　uint8_t　　　　　　　len);		显示数字
int am_st7735_show_char(am_st7735_handle_t　handle, 　　　　　　　　　　char　　　　　　　　chr);		显示一个字符
int am_st7735_show_str(am_st7735_handle_t　handle, 　　　　　　　　　　char　　　　　　　　* p_ch);		显示字符串

函数原型	功能简介

int am_st7735_draw_line(am_st7735_handle_t   handle,
    uint16_t   x0,
    uint16_t   y0,
    uint16_t   x1,
    uint16_t   y1);
	画直线

int am_st7735_draw_rectangle(am_st7735_handle_t   handle,
    uint16_t   x0,
    uint16_t   y0,
    uint16_t   x1,
    uint16_t   y1);
	画矩形

int am_st7735_draw_circle(am_st7735_handle_t   handle,
    uint16_t   x0,
    uint16_t   y0,
    uint8_t   r);
	画圆

int am_st7735_draw_picture(am_st7735_handle_t handle, uint8_t idx);	显示 BMP 图片

(1) 设备初始化

在使用 ST7735R 驱动 LCD 之前,必须调用初始化函数来完成 ST7735R 的初始化操作,以获取对应的操作句柄,进而才能使用 ST7735R 驱动 LCD 显示字符、汉字。ST7735R 的实例初始化函数原型(am_hwconf_st7735.h)为

```
am_st7735_handle_t am_st7735_inst_init(void);
```

使用无参数的 ST7735R 实例初始化函数,即可获取 ST7735R 实例句柄,进而通过 LCD 功能接口函数设置显示的参数。

(2) 设置起始坐标

在显示内容之前,需要先确定内容显示的位置,设置显示的起始坐标,进而写入显示的内容。设置起始坐标的函数原型(am_st7735.h)为

```
int am_st7735_set_pos ( am_st7735_handle_t  handle,
                        uint16_t            x,
                        uint16_t            y);
```

其中,x 为设置显示的 x 轴坐标,y 为设置显示的 y 轴坐标。由于屏幕分辨率为 128×160,因此 x、y 坐标的范围为 $0 \sim 160$。

程序清单 10.25 所示为设置起始坐标为(0,0)的范例程序。

程序清单 10.25　设置起始坐标范例程序

```
am_st7735_set_pos (st7735_handle, 0, 0);
```

（3）设置显示内容

设置显示的起始坐标后,调用显示功能接口函数设置显示的内容,即可显示需要的内容。显示功能接口函数包括显示一个字符、显示字符串、显示数字、显示图形以及显示图片。以显示字符串为例,程序详见程序清单 10.26。

程序清单 10.26 显示范例程序

```
1    # include "ametal.h"
2    # include "am_st7735.h"
3    # include "am_hwconf_st7735.h"
4    int am_main (void)
5    {
6        am_st7735_handle_t handle = am_st7735_inst_init();
7        am_st7735_set_pos(handle,10,10);                    //设置坐标
8        am_st7735_show_str(handle,"ZLGDisplay Demo");       //显示字符串
9        while(1);
10   }
```

10.10 红外测温枪应用方案

10.10.1 产品概述

红外测温枪实物如图 10.33 所示,无需接触,瞬间就可读取温度信息。在新冠肺炎疫情暴发的情况下,体温检测已成为疫情防控的一道重要防线,测温枪发挥的作用不言而喻。

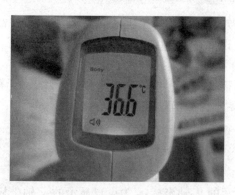

图 10.33 测温枪产品实物

测温枪多采用模拟热电堆传感器作为温度采集的器件,对信号的处理有较高的要求,需要通过液晶显示测量信息,同时需要对测量信息进行存储,部分还需要蓝牙功能,将采集的信息通过蓝牙发送到手机。

10.10.2　方案介绍

1. 红外测温枪功能框图

红外测温枪的功能框图如图 10.34 所示,使用两节干电池供电,通过 DCDC 升压到 3.6 V,再使用 LDO 稳压到 3.3 V 给系统供电。系统采用华大 HC32L136K8TA 作为主控 MCU,该芯片内置 LCD 驱动外设,可直接驱动 LCD 显示。4 路 ADC 实现传感器的参数采集,其中 2 路通过运放芯片放大后进行采集;1 路 I/O 提供 PWM 控制蜂鸣器鸣叫作为提示;采用 1 路 I/O 作为测量按键的检测,配合开机电路,该按键也作为开机的通电按键,上电之后由 MCU 接管电源控制,测量完成自动断电,完成功耗的最优化。除测量按键以外,还需要 3 个按键实现系统功能的切换,其中,1 个用于切换单位(华氏度和摄氏度切换),1 个用于切换模式(人体模式和物体模式的切换),1 个用于翻查测量记忆。采用 AT24C02 实现温度数据和校准数据的存储,默认存储 32 条温度值。同时可选用蓝牙,通过蓝牙将数据传输到手机上进行数据统计和管理。

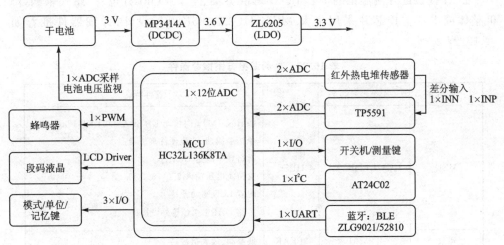

图 10.34　红外测温枪的功能框图

2. 资源需求

● 2 路 I/O 实现 LED 背光显示控制;

● 1 路 I/O 用于驱动蜂鸣器;

● 1 路 IO 用于采集电池电压;

● 4 路 I/O 用于采集传感器信息,其中 2 路用于采集 NTC 两端,2 路用于采集热电堆;

● 4×14 路 I/O 用于控制 LCD 显示;

● 1 路 I^2C 用于 AT24C02 进行数据读/写;

- 1 路 UART 用于连接蓝牙模块；
- 4 路 I/O 用于按键的检测。

3. 优　势

对比红外测温枪同类产品，现用芯片方案有如下优势：

- MCU 资源丰富（64 KB Flash/8 KB SRAM）、开发更为灵活、性价比超高；
- 完善齐全的 DEMO 软件和详尽的技术文档，能够帮助用户快速完成产品开发；
- 提供完整的热电堆传感器数据采集、处理、转换、校准标定算法，极大地简化了用户的开发，更专注于应用软件的设计；
- 支持多种模拟传感器接入，非常容易替换；
- 采用 AMetal 软件架构，真正地实现了跨平台移植，帮助用户快速完成产品的升级换代。

4. 推荐器件

ZLG 提供红外测温枪的全套 BOM 解决方案、全套 BOM 打包、一站式采购，降低整体成本。主控芯片采用华大 MCU HC32L136K8TA 设计，详细器件推荐如表 10.27 所列。

表 10.27　外测温枪方案推荐器件

产品名称	型　号	厂　家	器件特点
MCU	HC32L136K8TA	HDSC	Cortex－M0＋内核，8 KB SRAM/64 KB Flash； 单指令周期 32 位硬件乘法器； 运行频率高达 48 MHz； 支持宽电压输入 2.0～5.5 V； 内置 LCD 驱动器； 多路 UART、I^{2}C 等外设接口
运放	TP5591	3PEAK	低温漂、放大倍数高
存储	AT24C02	安森美	宽电压、高可靠性、擦写寿命长，字节写入
BLE	ZLG52810/9021	ZLG	蓝牙模块，集成指令集，操作简单
LDO	ZL6205	ZLG	成本低、噪声小、静态电流小
DCDC	MP3414A	MPS	成本低、噪声小、静态电流小

10.10.3　参考设计

测温枪原理：任何自然界物体，只要温度高于绝对零度（－273.15 ℃），就会以电磁辐射的形式在非常宽的波长范围内发射能量，产生电磁波（辐射能）。通过探测被测物体表面发射的红外辐射，结合热辐射相关定律，就可以获得物体表面的温度。测温枪大多采用红外热电堆传感器来采集人体辐射的电磁波,其准确度主要取决于对传感器信号的处理能力。

1. 热电堆传感器数据处理

热电堆传感器实现非接触式测量,需要避免手或其他热源接触到传感器金属外壳,同时避免空调、风扇、暖风等冷/热流直接作用于传感器金属外壳。当传感器温度受外界影响快速变化时,传感器热电堆芯片冷热端都会发生热失衡,输出电压出现过冲现象,不利于测量的稳定性和准确性,故可以在金属封装的外壳上加装热沉套筒,减缓热失衡和过冲幅度,并在算法中增加环境温度补偿算法。

模拟热电堆的特性和使用方法大都相似,参数分两段采集。先采 NTC 压降转换得到对应的阻值,根据传感器厂家提供的 RT 表,得到该阻值对应的温度值,该温度值表征环境温度。得到 NTC 压降之后,再采集热电堆两端压降。热电堆压降变化较为微弱,需要通过运放进行处理,将信号放大之后再交由 MCU 采集,最后得到热电堆的压降。利用传感器厂家提供的 VT 表,结合 NTC 得到的环境温度,采用线性插值算法可得目标温度。线性插值法原理详见图 10.35。

标准RT表		RT二维数组		$V_{NTC}T$二维数组		$ADC_{NTC}T$二维数组	
T_{NTC}/℃	R_{NTC}/kΩ	T_{NTC}/℃	R_{NTC}/kΩ	T_{NTC}/℃	V_{NTC}/V	T_{NTC}/K	ADC_{NTC}
⋮	⋮	⋮	⋮	⋮	⋮	⋮	⋮
10	199.810 0	23	109.320 4	23	2.611 3	296.15	34 226
11	190.475 0	23.5	106.932 0	23.5	2.583 7	296.65	33 865
12	181.619 7	24	104.543 6	24	2.555 5	297.15	33 495
13	173.217 8	24.5	102.271 8	24.5	2.528 1	297.65	33 135
14	165.244 5	25	100.000 0	25	2.500 0	298.15	32 767
15	157.676 4	25.1	99.562 4	25.1	2.494 5	298.25	32 695
16	150.491 5	25.2	99.124 8	25.2	2.489 0	298.35	32 623
17	143.669 0	25.3	98.687 2	25.3	2.483 5	298.45	32 550
18	137.189 3	25.4	98.249 6	25.4	2.477 9	298.55	32 478
19	131.033 8	25.5	97.812 0	25.5	2.472 3	298.65	32 405
20	125.185 2	25.6	97.374 3	25.6	2.466 7	298.75	32 331
21	119.627 0	25.7	96.936 7	25.7	2.461 1	298.85	32 257
22	114.343 6	25.8	96.499 1	25.8	2.455 5	298.95	32 183
23	109.320 4	25.9	96.061 5	25.9	2.449 8	299.05	32 109
24	104.543 6	26	95.623 9	26	2.444 1	299.15	32 034
25	100.000 0	26.5	93.546 9	26.5	2.416 6	299.65	31 674
26	95.623 9	27	91.469 9	27	2.388 6	300.15	31 307
27	91.469 9	27.5	89.497 5	27.5	2.361 4	300.65	30 951
28	87.525 1	28	87.525 1	28	2.333 7	301.15	30 587
29	83.777 4	29	83.777 4	29	2.279 3	302.15	29 875
30	80.215 4	30	80.215 4	30	2.225 5	303.15	29 170
⋮	⋮	⋮	⋮	⋮	⋮	⋮	⋮

图 10.35 热电堆线性插值计算示意图

采集 NTC 的阻值之后,可通过电阻值获取当前环境温度,本方案提供了对应的函数接口,输入阻值即可查找到对应的环境温度。如果更换不同的传感器,则需要按

照传感器的 RT 表更新 rt_table. h 文件中的 RT 数组,函数接口如下:

```
float zal_environment_tem_value_get(float rInput);//rInput 输入电阻值
                                                   //returnNTC 温度
```

获取环境温度后,采集热电堆两端压降,可根据 VT 表进行线性插值,得到采集的目标温度。本方案提供了对应的函数接口,如更换传感器,则需要根据传感器厂家提供的 VT 表,更新 vt_table. h 文件中的 VT 数组,函数接口如下:

```
float        zal_temperature_get(
             float env_value,        //env_value NTC 温度
             float vInput);          //vInput 热电堆压降
```

2. 热电堆校准和环境温度补偿

NTC 部分和热电堆部分在出厂前是必须要校准的。市场上基本上能拿到的热电堆传感器,厂家向用户提供的 VT 表,都是在没有外部结构下,通过传感器自身全视场覆盖黑体辐射面(发射率为 0.98~1.00)的条件下测量得到的,测量方法详见图 10.36。

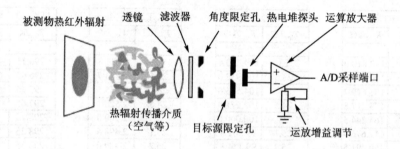

图 10.36　热电堆温度采集模型图

实际应用中,为防止其他热源干扰采集,通常需要加光阑套筒(即光学组件)以限定视场角度。当传感器搭配光学组件进行应用时,一方面光阑套筒缩小了红外光进入传感器的角度范围,另一方面透镜对红外光的透过率仅有 20%~90%,这意味着测量同一温度的物体,带光学组件的传感器(TP0)与不带光学组件的传感器(TP1)相比,带光学组件的传感器接收到的红外辐射能量大于不带光学组件传感器接收到的,即热点堆输出电压 $V_{TP1} < V_{TP0}$。

根据黑体辐射的相关公式可以计算得近似关系:

$$V_{TP1} \approx V_{TP0} \times (FOV1/FOV0) \times \tau$$

图 10.37 所示为热电堆传感器物距比模型,其中 FOV 为热电堆视场角,当产品的 FOV 固定时,测量距离(measuring distance)与被测物体的直径(spot size)也呈一固定比值关系,其中 τ 是透过率比例系数。用户可以通过已经确定下来结构(外壳、光学组件、传感器)的测温应用产品实测几组 V_{TP1} 与 VT 表中的 V_{TP0} 计算得到视场

比例系数 FOV,也可以通过结构参数进行理论计算得到。

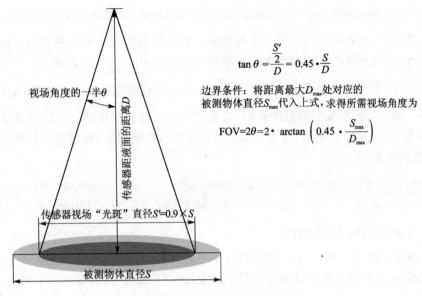

$$\tan\theta=\dfrac{\frac{S'}{2}}{D}=0.45\cdot\dfrac{S}{D}$$

边界条件:将距离最大 D_{max} 处对应的
被测物体直径 S_{max} 代入上式,求得所需视场角度为

$$FOV=2\theta=2\cdot\arctan\left(0.45\cdot\dfrac{S_{max}}{D_{max}}\right)$$

视场角度的一半 θ

传感器距液面的距离 D

传感器视场"光斑"直径 $S'=0.9\times S$

被测物体直径 S

图 10.37 物距比关系示意图

加套筒的作用一是缩小视场,二是作为热沉防止传感器温度快速变化导致热堆芯片冷端热失衡,提高传感器输出稳定性。套筒使用铝合金或铜合金等金属材料的原因有二:一是金属导热快,能与传感器保持相同温度;二是金属材料的发射率极低,发出的红外辐射能量很小,可以忽略不计。

对于红外测温枪来说,其主要的测量范围在 $32\sim43$ ℃之间,同时也是医疗认证主要关注的温度区间,该区间的精度决定是否可以量产和过认证。本方案采用两点法进行校准,折中校准点,可取 35 ℃和 40 ℃作为校准点,当然也可以增加校准点来保证精度,或者切换校准点。校准主要对获取热电堆的压降进行校准,使得校准后的压降与目标温度对应的压降一致,以此达到校准目的。本方案提供了校准所需的全部函数接口,可直接使用。

本方案提供的示例校准算法,采用 2 校准点进行校准,提供了所需的接口函数,反向查找校准点压降,通过校准点与实测压降的关系,计算得到校准系数,后续得到的热电堆压降均采用该校准系数进行校准后再进行查表。

先设置校准点,可直接调用如下函数接口:

```
int ir_thremometer_set_calib_point(float obj_temp);        //设置校准点
```

反向获取当前温度下热电堆两端压降的接口函数如下:

```
float zal_voltage_value_get( float       env_v,        //环境温度值
                             float       obj_v);       //目标温度
```

其后可调用校准函数进行校准：

```
int ir_thremometer_calib_run(void);              //返回 OK 即校准成功,其他为失败
```

校准之后,便在存储器中写入了校准值。后续热电堆获取电压先调用校准系数进行校准,之后再按之前的函数去查表得到校准之后的温度,可调用函数：

```
float ir_thremometer_calib_vol(float vol);   //vol 为原始电压,返回值为校准后的电压
```

为了削弱环境温度对测量的影响,这里引入了环境补偿算法。该部分算法提供了 API 接口,也可直接调用,输入校准后的温度值和环境温度,即可返回补偿后的温度,函数接口如下：

```
float ir_thremometer_ntc_comp( float obj_temp,       //校准后的温度值
                               float ntc_temp);      //环境温度
```

3. EEPROM 存储组件

本方案采用 AT24C02 作为存储器,用于存储校准参数、测量数据历史记录值等。AMetal 平台对这类存储器件进行了抽象,统一了标准接口,详见 5.1 节。

参考文献

[1] 周立功. C 高级程序设计[M]. 北京:北京航空航天大学出版社,2013.

[2] 周立功. 程序设计与数据结构[M]. 北京:北京航空航天大学出版社,2018.

[3] 李先静. 系统程序员成长计划[M]. 北京:人民邮电出版社,2010.

[4] 刘琛梅. 测试架构师修炼之道[M]. 北京:机械工业出版社,2021.

[5] Eckel B. C++编程思想[M]. 刘宗田,刑大红,孙累生,译. 北京:机械工业出版社,2011.

[6] 前桥和弥. 征服 C 指针[M]. 2 版. 吴雅明,译. 北京:人民邮电出版社,2021.

[7] 王咏武,王咏刚. 道法自然:面向对象实践指南[M]. 北京:电子工业出版社,2005.

[8] 潘加宇. 软件方法:业务建模和需求[M]. 北京:清华大学出版社,2018.

[9] Booch G,et al. 面向对象分析与设计[M]. 北京:电子工业出版社,2016.

[10] Shalloway A,Troot J R. 设计模式解析[M]. 徐言声,译. 北京:人民邮电出版社,2006.

[11] 严蔚敏,吴伟民. 数据结构:C 语言版[M]. 北京:清华大学出版社,2012.

山东巨龙建工集团
SHANDONG JULONG CONSTRUCTION GROUP

中华人居工程变迁

王学全 著

中国建筑工业出版社

中华民族历史悠久，中国大地幅员辽阔，在这片古老的土地上，先民们从刀耕火种、原始蒙昧一路走来，用血汗与智慧开创了辉煌灿烂的中华建筑文化，使其成为世界上历史最为悠久、体系最为完整的东方建筑体系，并在较长的一段时间内对周边国家和地区产生了深远影响。

翻开中国建筑历史的壮美画卷，从穴居巢栖的原始居住到板筑夯土的商周高台，从朴拙刚健的秦汉宫阙到体量惊人的摩崖造像，从开朗大气的古韵唐风到严正工整的宋式铺作，从精巧俊秀的明清宫殿到西风东渐的民国建筑。中华建筑以其独特的构筑巧思与丰富的文化内涵，成为我们这个民族灿烂文化的一部分，并深刻影响着我们这个民族的生存生活发展。

正如梁思成先生所言："建筑之始，本无所谓一定形式，更无所谓派别……只取其合用，以待风雨，求其坚固，取诸大壮，而已。"民居作为建筑的一种基本形态，是其他一切建筑形式的根源，诸如宫殿、陵寝、寺庙等建筑形式也常常反过来影响民居的形制风格与功能效用，且广阔的地域自然风貌与乡土文化风情，又使其在共性中表现出个性，最终形成了丰富多彩、蔚为大观的中华人居。而中国建筑体系的特色，特别民间建筑，其一系列特色，如因地制宜的环境因素，因材构用的构筑方式，因势利导的设计艺匠，因务施巧的设计手法等，都在现代城市和乡村建筑中沿承下来，深刻地影响着我们今天的生活。所以研究中华人居工程的延续存留与开创性的继承发展，遵循"天人合一"的营造理念，打造出环境和谐友好、彰显地域和民族特色、功能科学完备的升级版中式住宅，笔者认为，这不仅仅是决策者们的责任，建筑师们的课题，也应该是全社会共同关注的一个和谐持续生存发展的命题，要做到这一点，对中华人居变迁的追本溯源就显得尤为重要。

本人自20世纪70年代末进入建筑行业，从不懂到懂，从外行到内行，对建筑文化和施工技术由热爱到痴迷直至忘我。迄今为止，我曾多次组团实地考察黄河沿途自然风貌乡土人情及人居变迁，并持续探寻研究。工作的需要，我也曾多次远赴海外，并常常到全国各地进行实地考察，无论是处于发展前沿的沿海城市，还是相对闭塞的西北、西南民居，足迹遍布全国。近些年出于对民居古村落的钟情和保护，自己亲手策划实施了一批古村落保护及美丽村居改造提升项目。走得越远，看得越多，感悟越深，越发感受到中国传统民居的魅力。因此整理出版一本中华人居工程变迁方面的书籍，成为多年来萦绕在我心中的一个夙愿，没想到兜兜转转如今才与广大读者见面。

本书的出版旨在为初涉建筑业者及广大青少年朋友提供一扇了解中华人居工程变迁的窗口，对青少年朋友的美育或许也可以从中国传统建筑文化入手。中国优秀的传统文化基因不仅仅存留在唐诗宋词、书法绘画中，同时也珍藏在那些历史悠久的古建、传统民居中。

　　本书共分为六章，前五章按照中华文明的历史脉络，有侧重地向大家介绍了不同历史时期，中华人居工程的风格特点。第六章遴选了中国各地特色人居形式中的代表性作品。全书采用了简洁明快的三字歌谣形式，配以图片和简短的注释，旨在方便大家读后理解记忆。该书出版发行后，除正常发行外，山东巨龙建工集团将以公益形式捐赠给中小学书屋书架、文化馆、图书馆及建筑文化爱好者。

　　该书在编写过程中李俊和、范胜东等老师提出了宝贵意见，王伯涛、张洪贵、王成军、王成波等同事在编写及照片遴选方面做了相关工作，在此一并表示感谢。该书由于涉及时序跨度较为久远且漫长，有些文字及图片还需待考古发现与史料完善，不当与糙讹之处在所难免，请读者谅解指正。

著名画家 张生太 作 《建筑春秋》

引言

天地初，混沌始。
盘古神，化山川。
万物生，四时转。
自兹后，有人间。
三皇后，五帝延。
尧舜禹，薪火传。

夏商周，新纪元。
高台榭，环阆苑。
秦王宫，汉皇殿。
铜雀台，魏武鞭。
至东晋，归田园。
唐都雄，宋京繁。
元明清，法式严。
紫禁城，藏万千。

狼烟走，牧笛还。
朝更替，星斗转。
檩梁枋，斗拱展。
亭台阁，越千年。
断垣壁，王侯眠。
残砖瓦，铭变迁。

中华史，荡长澜。
文化蕴，育匠贤。
遵礼序，师自然。
妙手绘，巧匠传。
观人居，兴衰演。
似锦绣，如画卷。
九州地，蔚大观。
瞻青史，梦无边。

[目录]

第五章　当代人居

第二篇　区域人居工程篇

第六章　特色人居

历代人居工程篇

壹

中华人居工程变迁

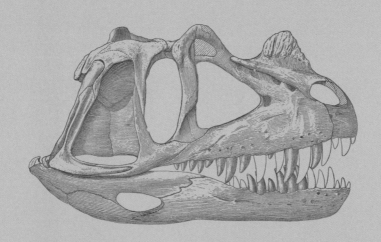

第一章 史前人居

《盘古》著名画家 张生太 作

洪荒蒙昧 穴居巢栖

（原始社会）

人之初，天为庐。

风雨袭，虫兽逐。

钻岩洞，攀树木。

冬染寒，夏侵暑。

难生存，寿命促。

北京山顶洞人原始洞穴

万年前，智者出。
有巢氏，观禽悟。
鸟构巢，能育雏。
避侵害，亦能住。
人依此，岂无庐。
仿巢筑，成树屋。
若栖居，避寒暑。
民尊之，皆仰服。
巢穴居，肇始初。

巢居时期想象复原图

巢居始，选单树。

使牢稳，架双株。

横杆扎，纵枝铺。

榫卯连，更坚固。

考古地，江南隅。

干阑式，河姆渡。

犹可见，树巢屋。

浙江余姚河姆渡遗址干阑式建筑复原图

南巢居，北穴庐。

半穴式，又进步。

易构筑，地面屋。

人口增，易扩筑。

氏族成，村落簇。

共御侵，保妇孺。

云南省沧源佤族自治县翁丁村佤族部落村寨

废弃的老窑洞

半穴式，隐患生。

难防火，易遭洪。

坑穴深，阻出行。

地上屋，现初形。

下王岗，残存证。

三十间，排排筑。

双间组，南门同。

基不坚，常塌崩。

洪水至，顷刻无。

台地屋，呼欲出。

起夯土，用板筑。

垂直捣，密排铺。

防洪涝，高台础。

基愈坚，墙愈固。

泥土阶，木为骨。

白灰面，茅茨屋。

仰韶期，区划出。

龙山址，吕字庐。

仰韶文化时期姜寨民居复原模型图

仰韶文化时期村落复原模型图

洪荒蒙昧 穴居巢栖

中华先民从原始蒙昧时期走来，在茹毛饮血中艰难地求生存，在刀耕火种中努力地求发展。最初，原始人应该如同野兽一般居住在洞穴中，以抵御风霜雨雪和野兽侵袭。经过漫长的岁月，随着智力的提升和族群的壮大，先民们从野兽和禽鸟那里获得灵感，开始在高大的树木上建造巢屋，以抵御野兽和蛇虫鼠蚁，这种巢屋应该发端于长江流域的南方地区，那里气候潮湿，毒虫众多，巢栖更为适合。

大约六千年前，中华大地进入氏族公社时期，这时期营造的屋舍因地区文明程度不同，也是各式各样，位于长江流域的河姆渡遗址，已经发现了由巢居演变而来的干阑式建筑，同时也发现这时期的营建活动已经出现榫卯结构；而处于黄河流域由穴居发展而来的木骨泥墙房屋，则以半坡遗址为代表。这两种屋舍形式，发展到后来，就是西南地区的吊脚楼和陕北地区的窑洞。

原始社会晚期，黄河中游文化的代表是仰韶文化和龙山文化，仰韶文化是母系氏族社会，这时期已经形成了聚落和村寨，在位于陕西临潼姜寨的仰韶文化遗址中，我们能够看到，这时的村落已经有居住区、墓葬区、畜养区这样的功能区划。作为父系氏族的龙山文化遗址，已经出现了家庭私有的迹象，发现了双室相连的套间式半穴居。

　　原始社会时期，对神祇的崇拜和图腾的信仰，促生了一批神庙和祭坛类的建筑，这类建筑在体量、空间和装饰上都有别于一般的民居房屋，这说明，建筑在诞生之初就不仅仅是遮风避雨的居所，同时伴随着灵魂的安放与精神的寄托，从物质的需求到精神的表征，这是一种飞跃，它促使建筑向更高的艺术层面发展，这类建筑逐步发展为宫殿、佛塔、寺庙及陵寝建筑。

　　总体而言，原始社会由于生产力低下，前期的人居形态主要以穴居巢栖为主，南方地区的构木为巢逐步发展为干阑式木架构；北方地区则经历了天然横穴、竖向深穴、半穴居、地面建筑的发展历程。后期随着人口的壮大，逐渐形成聚落与村寨，原始社会末期，私有制出现，城市的形成也在酝酿之中。

原始社会时期的岩画

中华人居工程变迁

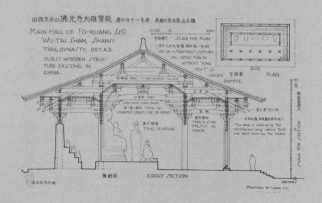

第二章　古代人居

第一节

夯土板筑 曙光初现

（夏、商、周）

夏王宫，回字形。

庭院式，带回廊。

木结构，拱梁柱。

夯土基，草泥墙。

面八间，有殿堂。

二里头，遗址详。

商王朝，广筑城。

中轴线，区划明。

高台起，长方形。

铜构件，重檐顶。

鹿台巍，朝歌雄。

小屯村，有遗凭。

河南省洛阳市偃师区二里头夏朝文化遗址

周灭商，营洛邑。
周公礼，井秩序。
分等级，依规矩。
营造法，不可逾。

制瓦术，新技艺。
三合土，筑墙基。
岐山旁，凤雏地。
四合院，已发迹。

河南省郑州市商代城垣遗址

周代岐山凤雏宫殿模型复原图

夯土板筑 曙光初现

夏朝是中国历史上的第一个王朝，也是中国进入奴隶社会的标志。夏朝也是较为神秘的一个朝代，在古代文献中，虽有关于夏朝的史实记载，但考古工作上对夏王朝的探索尚在进行中。其中不少被认为是夏朝遗址的古城遗迹，仍然存在分歧。但考古学界基本认同位于河南省洛阳市偃师区二里头遗址是夏王朝的都城——斟鄩，在这里，考古学家发现了大大小小的建筑数十座，其中最大的有面阔八间，占地约 $350m^2$，是中国最早的夯土木构建筑和庭院建筑实证。

商代是中国奴隶社会大发展的时期，这时期的青铜铸造技术已经相当成熟，生产工具的进步，使建筑技术得到了显著提升，考古发现商代的城市遗址有多处，从这些遗址可以看出，夯土木构庭院式建筑仍是宫殿建筑的主要形式，但这一时期开始讲究轴线分布，而奴隶、贫民的房屋仍主要是窝棚或穴居。

西周灭商，周公营造洛邑，并推行了一系列有利于统治的等级制度，被后世称为"周礼"，遵从礼序，成为中国古代封建文化观念的一项重要内容，并影响了社会的各个层面。在建筑史上，最能体现礼序制度的就是合院式建筑，陕西省岐山凤雏遗址，就是早周时一座相当严整的四合院建筑，这种"前堂后室"的功能区分对后来的宫殿、民居乃至其他类型的建筑都产生了深远的影响。西周时期，瓦的发明也是建筑上的一大突破。这时期的夯土墙也出现了三合土抹面，表面较为平整。

从夏王朝开始，至西周覆灭，是中国历史上的奴隶社会时期，也是青铜器出现、发展、成熟的阶段。这一时期，普通贫民的人居改良不大，大概率仍以半穴居、干阑式、窝棚等简陋的形式存在，但在技艺、材料、形制等方面，都出现较大的改观。同时，国家出现，城市形成，宫殿崛起，预示着文明的曙光。

河南省洛阳市偃师区二里头夏朝文化遗址中的高台基

第二节

高台美榭 木构发展

（春秋、战国）

东周时，王室衰。

由奴隶，到封建。

五霸鼎，七雄战。

百家鸣，多圣贤。

铁器利，牛耕田。

手工业，争奇艳。

战国时期铁犁

战国时期铁斧

战国时期铁锄

匠营国，规划显。
考工记，载详篇。
营造法，得进展。
良匠出，百行添。
木作术，崇鲁班。
造砖瓦，遍地现。

周原凤雏甲组建筑基址模型

影视城中仿春秋时期的宫殿建筑

美台榭，宫室妍。

雕梁栋，阁高悬。

石水榭，陶栏杆。

建园圃，池沼连。

塑美景，尚逸闲。

园林意，已显现。

高台美榭 木构发展

春秋时期是奴隶制向封建制的过渡时期，这期间由于铁器和耕牛等先进生产工具、生产方式的变革，使社会生产力得到了很大提高，这也促进了手工业和商业的发展，体现在建筑上，首先是出现了像鲁班这样的能工巧匠，推动了木结构技术的革新。其次是砖瓦等建筑材料的广泛使用，尤其是瓦的使用，在春秋时期不仅出现了多种功能的瓦及瓦当，而且已经使用普遍。再次是高台建筑的进一步发展。诸侯们出于军事防御、政治统治及个人享乐的需求，出现了一批规模宏大、造型美观的台榭建筑。

战国时期，封建地主阶级走上历史舞台，结束了中国的奴隶制社会，开启了封建统治时期，由于生产关系的变革和生产力的继续发展，手工业与商业继续繁荣，一些诸侯国的都城，已经从过去的奴隶主贵族统治据点，成为各国的政治、经济、文化中心。战国时期，铁器的广泛应用极大地提高了生产效率，当锯、斧、凿、锥这些铁器作用于木材时，对建筑工艺和建筑结构都产生较大的提升，从而进一步夯实了中国土木构造的基础。

江苏省常州市春秋淹城旅游区中的城楼

影视城中的仿战国建筑

第三节

朴拙刚健　雄浑宏大

（秦、汉）

战国时，列七雄。

纷争霸，变图穷。

商鞅法，秦翼丰。

扫六合，铁马鸣。

四海一，宇内平。

大一统，始皇功。

长城长，接苍穹。

拒夷狄，民力倾。

修别馆，筑离宫。

骊山墓，兵马俑。

三百里，阿房宫。

浙江省横店影视城秦王宫景区

秦筑基，汉铸魂。
观其风，称雄浑。
亦朴拙，且刚健。
高台地，宫绵连。

未央宫，宣室殿。
置筵席，设帷幔。
胡笳响，辇道宽。
飞阁望，昭君远。

都匀影视城中仿秦朝宫殿

上林苑，广连天。

三百里，起蓝田。

入泾渭，出灞浐。

含名峰，揽八川。

集珍兽，囊阔观。

异花木，山林泉。

驰千骑，驱百猿。

春围捕，秋猎还。

上林苑想象复原图

汉代丝绸之路高昌古国遗址

汉武帝，雄志远。
厉兵马，猎长边。
击匈奴，卫家园。
狼居胥，王旗现。
域外敌，多忌惮。
驼铃响，西域安。
汉家阙，枕万关。
丝绸路，逾千年。

秦瓦当，汉方砖。

庑殿顶，脊平直。

木梁枋，斗拱檐。

石构件，连廊柱。

简雕饰，朱漆艳。

陶制瓦，翻模砖。

木架构，渐完善。

秦汉瓦当纹面

东汉永元砖

汉民居，多单院。

一堂屋，二内间。

前为堂，备几案。

后为室，榻上眠。

楼阁阙，回廊添。

下待客，上养眷。

汉代一堂两屋式民居

带畜圈的汉代凹字形民居

汉代民居前堂

坞壁居，高庭院。

王莽朝，风蔚然。

北方饥，世事乱。

豪强聚，蓄私产。

藏部曲，家兵豢。

防流民，壁上观。

汉代民居模型

汉代民居前堂大门模型

汉代坞壁模型

朴拙刚健 雄浑宏大

秦汉时期，是中国古代建筑的繁荣时期。公元前221年，秦始皇统一全国，建立起中国第一个封建大一统的国家，为了巩固政权，他大力改革政治、经济、文化，统一货币、文字、度量衡，又大量征调劳力，搜集六国巧匠与技术工艺，开通衢，修步道，兴阿房，筑长城，修建了规模空前的大型宫殿、行苑、陵寝及防御工事。他奉行法家思想，在高压的统治及过重赋税徭役下，终于爆发了农民起义，开始了推翻暴秦的运动。出身于草莽的刘邦，最终战胜西楚霸王项羽，建立起大汉王朝。

汉初统治者在吸取秦代教训的基础上，劝课农桑，与民休息，至汉武帝，国力进入鼎盛时期。汉朝在整个中国历史上也处于封建社会的上升期。这期间由于生产力的发展，木架构建筑有了很大发展并趋于成熟，从出土的明器来看，这期间的民居，既有穿斗式，也有抬梁式，更有干阑式，斗拱的应用也比较普遍，但体量较大，且规制不能做到统一。在建筑材料方面，汉代的砖石技术有了巨大进步，这时期既有带楔形和榫卯的砖，也有企口砖、条形砖、空心砖等多种形式，但此时的砖石主要还是运用在陵寝建筑。瓦当的纹面也从文字纹和动物纹，发展到昆虫、四灵、云纹等多种题材。民居方面虽然没有实物存留，但从陪葬的坞壁、碉楼等陶土工艺品来看，这时期土木结构的

都匀影视城中的秦汉宫殿

民居已经普遍出现，且屋顶多为悬山顶和庑殿顶，歇山顶与囤顶也有发现。

总体来看，秦汉时期在大一统的时代背景下，社会相对稳定，生产力得到了发展，体现在建筑上，出现了风格相近的秦汉建筑风格，正所谓"秦皇筑基，汉武铸魂"，秦汉建筑以其"朴拙刚健，雄浑宏大"的风格特点，为后世人居工程及建筑风格的演变奠定了基础。

第四节

尊佛重道 山水田园

（魏、晋、南北朝）

东汉末，风云变。
魏蜀吴，三国战。
转两晋，八王乱。
五胡争，刀兵见。
生灵涂，世事颠。

河南省洛阳市龙门石窟

南北朝，伽蓝传。

石窟寺，千佛现。

人字拱，斗三升。

融中亚，装饰变。

须弥座，绽石莲。

昔刚健，今熟圆。

黎庶居，若从前。

甘肃省敦煌莫高窟

西晋灭，东晋迁。

儒学衰，道家显。

主玄学，尚清谈。

寄山水，吟诗篇。

士大夫，乐游园。

桃源境，辞人间。

竹林士，有七贤。

会稽山，兰亭传。

私家苑，初显现。

造园林，崇自然。

开池沼，堆景山。

伽蓝记，金谷园。

尊佛重道 山水田园

东汉末年，汉室倾颓，群雄并起，中华大地开始长期处于分裂割据的局面。王朝更替，政治动荡，人民流离失所，经济严重破坏，是这一时期的显著特点。尽管晋室南迁，中原人口大量南移，带去了先进的生产技术与文化，使南方经济获得了迅速发展；但北方地区由于连年征战而人口锐减。北魏孝文帝统一北方后，社会相对稳定，经济得到了一些恢复，总体而言，由于没有大一统的社会环境，社会经济和生产力发展都较为缓慢。这一时期的中国建筑，尤其是人居建筑的发展也是较为缓慢的，其技法工艺和形式，仍旧是沿用了汉代的制式，甚至不及汉代建筑。

这一时期，最为显著的特点是佛教对中国建筑的影响。早在西汉时期，就有僧侣不远万里来到中原传教，至南北朝时期，人民饱受战乱疾苦，佛教信众急剧增长，统治阶级出于巩固政权、统一思想、收买人心的需求，也大兴佛教，如北魏孝文帝、南梁武帝等，因此大规模的造佛运动开始兴起，寺庙、石塔、石窟大量建设开凿，这一时期比较著名的有敦煌莫高窟、大同云冈石窟、洛阳龙门石窟、太原天龙山石窟、麦积山石窟、洛阳永宁寺等。据说，仅梁武帝时，建康就有寺庙五百多所，僧尼十万多众，后世有诗云"南朝四百八十寺，多少楼台烟雨中"。

佛教的兴起，也带来了印度、中亚的建筑、雕塑、绘画艺术，使汉代以来的质朴刚健风格变得圆润成熟，尤其是建筑细部，如须弥座、莲花柱础及其他纹饰对后世的中国建筑都产生了深远影响。

敦煌莫高窟中的佛像雕塑

第五节

严整开朗 气魄宏伟

（隋、唐、五代）

隋一统，曙光显。
开运河，修皇苑。
大兴城，新长安。
宇文恺，主修建。
工程浩，规划现。
凿通渠，渭水间。
三百里，至潼关。
耗民力，千千万。
仅两代，朝替换。

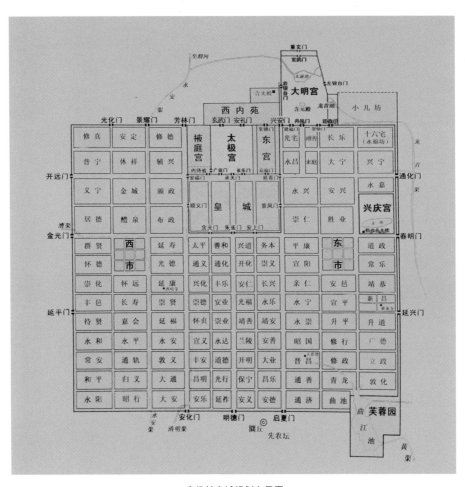

唐代长安城规划布局图

唐王朝，开新篇。东洛阳，西长安。

里坊制，区划严。百千家，似棋盘。

十二街，如畦田。东西市，商贾攒。

西市街，胡商团。外邦货，异域产。

唐代长安城模型复原图

香料多，物品全。新奇特，冠长安。

东市里，精货店。作坊数，千百间。

金招牌，花酒幡。人熙然，车马喧。

买东西^①，嫌昼短^②。唐长安，四海巅。

---

① 东市与西市是唐代长安城内的两大"商业中心"。东市临近皇室贵胄和达官富豪居住的府第，因此四方珍奇汇聚，奢侈品云集，各类酒肆、食肆等高档消费场所鳞次栉比；西市内商人居多，从异域外邦引进的香料、蔬菜及各种新奇物件琳琅满足。市民在东市采购完，还要再去西市转一转，文中"买东西"由此而来。

② 由于唐代里坊制对开市、闭市的时间有严格规定。市民买了"东市"，又买了"西市"，时间紧促，行动匆忙，因此称"嫌昼短"。

唐建筑，铸鸿篇。

蕴古风，势壮观。

名海外，传四番。

木结构，匠作严。

斗拱硕，飞檐展。

柱梁枋，坚如磐。

抱本色，装饰鲜。

山西省五台县佛光寺东大殿

湖北省襄阳市影视城中的唐风城楼

湖北省襄阳市影视城中的仿唐代建筑

桂抱阁，廊连殿。

望宫顶，平翅展。

玲珑脊，列阵雁。

乌叠瓦，织壑浅。

启丹门，户枢转。

直棂窗，佛纹繁。

终南望，兴庆殿。

九成宫，涌醴泉。

华清池，栖凤銮。

工匠精，都料专。

文有载，梓人传。

唐王朝，三百年。

文治世，武拓边。

陕西省西安市大唐芙蓉园

四方臣，万国参。
大唐魂，永流传。

龙韵文化城记

　　鲁中临朐，周称骈邑，千年之古城也。龙韵文化城，城中之城也。其滨弥水，烟波水光以醒目；邻朐山，苍颜秀壁以壮神者，亦城中之殊胜也。

　　文化城几经运筹，再三斟酌，创意始出。北京盛世华龙公司设计，山东巨龙建工集团兴建，去秋破土，岁余即成。斥资两亿，用地百亩，楼宇二百余栋，计五万余平方米，堪称蔚然之观也。

　　概而览之，韵承盛唐，秉悠悠古意；立建筑地标，领一域之风。其相地会作传承有据，结构框架亦别具匠心。有质朴恢宏之厅台，又辅玲珑娇巧之廊榭，整饬中寓有变化，曲折中亦不失规矩。大与小，高与低，粗犷豪放与典雅细致，似老翁之携幼孙，谐与趣皆然也。迫而察之，石坊高矗，门衢广开，三街洞达，六巷深幽。街名

山东省临朐县龙韵文化城仿唐风建筑群

以山，巷名以水，巨龙居水中，有寓意深焉。其堂阁参差，乌脊青墙，缀以彩栋红椽，雕塑刻石，具诗情亦含画意；间布车轹碾碓，犁耙耧耧，睹是物即明民俗；而泉瀑清泠，亭台别出，更点花木大石，丽兰芳草，动与静，虚与实，相因相借，相生相发，城中亦有林间气象也。

斯城汇商贾旅客，萃百货千奇，可贸易展示，游览憩息；可砥砺切磋，观摩研习；更可钓沉勾幽，吐故纳新，取其精而去其敝，悉心者皆有所得，亦得而有所乐也。

盛世崇文。承骈邑百代文脉，添朐城今日风采，熔古铸今，启后开风，龙韵文化城者，文化化人之城也。

公元二仟零九年十二月龙韵文化城落成，王学全请为之记，即撰此并书之以应，王庆德于白胸谷。

南禅寺，藏深山。
佛光寺，东大殿。
梁思成，考古鉴。
壮汗青，证史篇。
历千年，不朽坍。
赛瑰宝，珠光转。
遗世人，窥真颜。

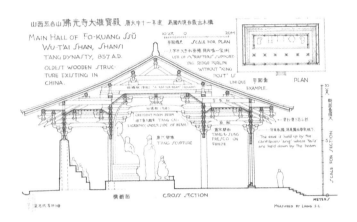

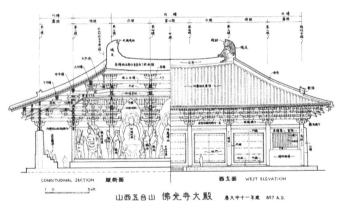

山西省五台山佛光寺东大殿梁思成建筑手绘稿

湖北省襄阳市影视城仿唐代建筑群

五代灭，十国短，
狼烟起，战事乱，
论人居，唐制延，
建树寡，前行缓。

严整开朗 气魄宏伟

　　南北朝末期，北周静帝禅位于丞相杨坚，改国号为"隋"，定都大兴城，隋朝建立，几年后，隋军南下灭陈，统一中国，结束了自西晋以来长达近三百年的分裂局面。隋炀帝继位以后，横征暴敛，大兴土木，致使民不聊生，天下群雄并起。公元617年，李渊于晋阳起兵，次年称帝，定都长安，称国号为"唐"。经唐初统治者的励精图治，唐王朝疆域扩大，国力强盛，百姓安居乐业，经济繁荣发展，至唐玄宗时期，已达极盛，史称"开元盛世。"唐朝也成为中国历史上封建社会经济文化发展的高峰时期。

　　终唐一代，虽然中间有"安史之乱"，但在近三百年的时间中，它为我们留下了宝贵的历史文化遗产，其在政治制度建设、文化艺术发展、科学技术成就、民族外交融合等方面都远超前代，甚至在很多方面也是后代王朝所无法比拟的。

仿唐风建筑及园林景观

唐王朝实行兼容并蓄的开放态度，不断吸收来自外域的文化艺术，睦邻友邦，和平共荣，使四海臣服，万国来朝，唐都长安曾是世界级的文化经济中心，鼎盛时据说有百万之众。唐朝统治者又积极地输出和传播自己的先进文化，大唐文化对周边国家也产生了深远影响。这种高度的文化自信，体现在建筑上就是"严整开朗，气魄宏伟"。今天我们来看那些遗存下来的为数不多的唐代建筑，会发现一个特点——那就是装饰性的构件并不多，其造型简洁，讲求实用、严谨，因规模宏大，规划严整，建筑群体处理成熟，又给人一种疏朗之气度，达到了力与美的和谐统一。唐代门窗朴实无华，但庄重大方，木构件用料、形制规格统一，反映了当时的设计施工管理水平。这时期还出现了掌握设计与施工的民间专业人员——都料，并一直沿用到元朝。同时砖石结构建筑进一步发展，出现了一批高大的佛塔，但此时砖石仍主要用在佛塔、陵寝一类的建筑上。

　　唐代建筑以其简洁的线条，严整的外观，实用的构筑，受到许多建筑爱好者的追捧，它严整开朗、气魄宏伟，从建筑造型上体现了一个时代的自信与威严，讲述着一个王朝的气度与从容。

飞檐翘角　俊朗舒逸

（两宋）

南北宋，举国安。

民乐业，仕登官。

商业盛，贸易繁。

手工业，尤凸显。

科技术，若涌泉。

宋人居，又进演。

河南省开封市清明上河园仿宋代建筑群

北宋都，谓东京。

三城套，四水清。

里坊制，于兹停。

望火楼，可预警。

千步廊，御街行。

街酒肆，生意兴。

舟楫望，商贾经。

樊楼里，馔玉精。

瓦舍中，歌升平。

上河图，窥市井。

宋代市井想象复原图

王安石，佐新皇。

推新政，拓旧荒。

李诚者，范式详。

营造法，列规章。

小木作，门槛窗。

大木作，檩梁枋。

名铺作，斗升昂。

歇山顶，硬山墙。

宋以后，竞相仿。

习千年，永流芳。

始建于宋代天圣年间的山西太原晋祠圣母殿

文风盛，美装潢。

天花井，格子窗。

隔扇屏，榻几床。

横额匾，盈丈长。

竖桃符，嵌两旁。

粉漆画，丹青量。

建筑风，多辉煌。

结构巧，匠艺长。

山西省太原市晋祠中的建筑细部

宋民宅，式样繁。

围合院，工字房。

前屋敞，面三间。

后为寝，连主廊。

前院亭，后草堂。

宋代王希孟《千里江山图》局部

主房侧，附耳房。

乃挟屋，类蓄仓。

两厢室，东西向。

左右称，通式样。

江山图，可端详。

宋词婉，句缠绵。

园林境，儒道禅。

渔樵耕，尘嚣远。

品诗酒，卧林泉。

金明池，宜春苑。

洛阳城，天下园。

沧浪亭，濯缨潭①。

欧阳修，赋七言。

诗画境，摇醉眠②。

① 此句出自《孟子·离娄》。原句为"沧浪之水清兮，可以濯我缨；沧浪之水浊兮，可以濯我足"。
② 此句出自宋代欧阳修所著《沧浪亭》七言诗。原句为"岂如扁舟任飘兀，红蕖渌浪摇醉眠"。

苏州沧浪亭（始建于北宋庆历年间）

万岁山，华阳宫。

建艮岳，宋徽宗。

前后续，叠云生。

左为山，右为淙，

吞山势，压青峰，

植异花，移奇松。

养珍兽，觅仙虫。

掇山法，集大成。

竭民力，起灾凶。

金兵入，囚帝命。

艮岳毁，北宋终。

花石纲，荒草中。

北京市北海公园楞伽窟艮岳遗石

游苏杭，登画阁。

西湖畔，聆渔歌。

苏堤春，平湖月。

南屏钟，断桥雪。

花港鱼，曲院荷。
柳浪莺，三潭波。
雷峰照，双峰峨。
忆南宋，胜地多。

飞檐翘角 俊朗舒逸

　　五代十国之后，出身行伍的后周将领赵匡胤黄袍加身，被拥立为帝，在夺取后周政权后，改元"建隆"，定国号为"宋"，史称宋朝。随后逐步统一了黄河流域以南的大部地区，在经过"杯酒释兵权"后，解决了自唐朝中叶以来，地方节度使拥兵自重的历史遗留问题，结束了五代十国战乱分裂的状况，形成了相对安定的局面。

　　但也从此时，"重文轻武"作为宋初统治者的一种理念一直延续，造成了两宋看似文强武弱的时代特点。但在科技、农业、手工业和商业等方面都有较大发展，有些手工业部门超过了唐代，中国古代诸多伟大的发明和学术论著也集中出现在这一时期。

　　手工业的发展促成了建

江西省南昌市滕王阁

筑工艺的革新，商业的繁荣影响了城市功能格局的变化。例如北宋都城汴京，由于商业繁荣，发展迅速，人口聚集，原来住宅区与商业区分割的做法已经不能满足城市居民的需求，最终"里坊制"被打破，出现了许多沿街商铺，这一点我们从宋代张择端所绘的《清明上河图》中就能看到。宋代建筑是在唐代建筑基础上发展而来的，但建筑体量比唐代要小，最大的特点是官式建筑的设计施工采用古典的模数化，各部件的尺寸都严格按照规定制式来做，所以宋代建筑较为严谨工整，这时期还诞生了一些总结性的建筑论著，如喻皓的《木经》（已失传）、李诫的《营造法式》等，其中《营造法式》是中国古代最完整的建筑技术书籍，是一部影响深远的作品。

经济的富足，使宋人转而追求精神层面的丰富，宋代是中国古代文化艺术发展较快的一个阶段，宋式建筑受文人风尚的影响，从诗词、绘画等其他艺术门类中吸取营养，将建筑与装饰做了有机结合。这一点，体现在宋代园林中更为明显。宋代建筑总体呈现出了"飞檐翘角，俊朗舒逸"的时代特点。

这一时期，与北宋对峙的辽，原是北方的游牧民族，唐末时受汉族文化影响逐渐强大起来，辽代建筑很好地继承和保留了唐代建筑的手法，在大木、装修、彩画、佛像等方面能看出这一点。我国目前唯一的一座古代木塔——山西应县佛宫寺释迦塔，就是辽代遗留下来的，也是我国古代木构高层建筑的实例。金朝统治者在占领中国北方地区后，仿照北宋东京，营造都城，兴建宫殿，金代建筑与宋、辽相比更为奢侈华丽，从一些汉白玉的华表、栏杆以及琉璃瓦等能看到明清宫殿色彩的雏形。党项族建立的西夏政权位于中国的西北地区，其建筑风格既受宋的影响，也受吐蕃影响，从遗留下来的佛塔建筑可以看出，西夏建筑具有汉藏文化的双重内涵。

第七节　民族融合　粗放不羁

（元）

斡难河，大蒙古。

铁木真，称大汗。

弯刀利，穿云箭。

胡儿马，踏万川。

东西征，战远关。

忽必烈，建大元。

定北京，大都建。

秉忠①划，格局延。

① 刘秉忠是元初杰出的政治家、文学家，他主持规划设计的元大都，奠定了北京市最初的城市雏形，明
清两代又在此基础上延展开拓。

始建于元代的山西芮城永乐宫无极殿

战火连，民生艰。

物料乏，巧工短。

元建筑，凋敝现。

木架构，有所减。

料粗糙，工亦浅。

崇白色，多素染。

同前朝，逊比肩。

北京妙应寺白塔

民族融合 粗放不羁

公元1206年，成吉思汗统一蒙古各部，建立大蒙古国，先后攻灭西辽、西夏、花剌子模、金朝等政权。至公元1279年忽必烈结束南宋流亡政府的统治，元朝成为横跨亚欧大陆、幅员辽阔的大帝国，也结束了自唐朝以来长期分裂的局面，成为中国历史上第一个由少数民族建立政权的大一统帝国。

元代统治阶层源于草原上的游牧民族，在战争中除了大肆掠夺屠杀外，还圈耕地为牧场，掠夺农业和手工业人口，严重破坏了农业和手工业的发展，致使宋代以来高速发展的经济文化受到极大摧残。同时由于连年的战争破坏，民生凋敝，人口锐减，能工巧匠流失严重。所以总览元代，是中国建筑史上发展缓慢的时代。

在木架构建筑方面，元代继承了宋、金以来的传统，但在建筑规模、建筑质量和建筑艺术上都逊色于宋，如宋代的斗拱较为硕大，形似汉代。斗拱及其他构件都减少了许多，这就反映木料短缺、良匠凋敝的现实情况。由于元代统治阶层的喜好，建筑外饰多以白色为主，这也是元代建筑的一个特点。在宗教建筑方面，统治者崇信多种宗教信仰，因此这一时期的宗教建筑较为兴盛，内地还出现了一些藏传佛教寺院，自此之后，藏传佛塔成为我国佛塔的重要类型。

总体来说，元代建筑较之前的建筑较为粗简，虽有民族特色的融入，但未形成较为明显的建筑风格。

山西省洪洞县重修于元代的广胜寺

山西省运城市始建于元代的永乐宫

第八节

化繁为简 严谨稳重

（明）

洪武帝，挥长鞭。

驱鞑虏，复汉权。

溯本貌，正清源。

绘蓝图，展新卷。

继宋元，承经典。

基稳固，壁立坚。

圆木柱，叠梁安。

空斗墙，砌体砖。

江西省宜黄县明代古宅门楼

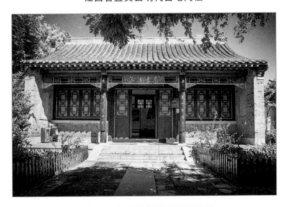

山东省烟台市蓬莱区戚继光故居

琉璃瓦，多色面。
带榫卯，卷杀简。
斗拱小，勾心连。
斜梁昂，增饰件。
硬山顶，无梁殿。
雕梁栋，绘彩檐。
重装饰，镶门面。

北京前门中的建筑彩绘

忆江南，水榭天。

明园林，呈蔚然。

杨柳青，湖波澜。

假山石，奇峰险。

园冶出，计成撰。

天人合，富贵园。

始建于明代万历年间的苏州留园

始建于明代正德年间的苏州拙政园

化繁为简 严谨稳重

———————————————

　　元朝末年，由于采取民族等级制度和横征暴敛，爆发了声势浩大的农民起义，穷苦出身的朱元璋加入郭子兴领导的红巾军，成为反元队伍中的一员，经过几年的军事斗争，朱元璋在陆续消灭了陈友谅、张士诚等割据势力以后，开始了推翻北元暴政的北伐，至洪武元年（公元1368年），朱元璋即皇帝位于应天府（今南京市），国号大明，同年秋天，攻占大都，结束了元朝的统治。随后又平定西南、西北、辽东各地，建立起了幅员辽阔的大一统封建帝国。

　　明初统治者为巩固其统治，推行了各种有利于社会发展的举措，使社会经济迅速恢复并得到了发展。到明朝晚期，封建社会内部已经萌芽早期资本主义，以手工业为中心的城市也大量涌现。

　　相对安定统一的环境和持续发展的社会经济，使明代建筑又呈现出了新的风格变化。建筑材料方面，砖已经广泛运用于民居砌墙。虽然砖的发明较早，但自明以前，历朝历代砖主要用于佛塔、陵寝、台基、铺地等方面，明代以后砖墙才真正发展起来。砖墙结构的大量运用也弱化了传统的土木结构，这时期的斗拱，其作为结构构件的作用已经很小，但出于统治阶级的需求，斗拱反而没有减少，而是大量运用在了宫殿及官式建筑，成为划分等级和彰示皇权的一种装饰件。琉璃瓦的大量使用，使建筑物在美观程度和防水性能方面都上了一个台阶。木结构方面，经过元代的各种简化，建筑风格虽不及宋代俊朗舒逸，但较为严谨稳重，呈现出一种新的美感。最令人瞩目的是，明代官式建筑的装饰彩绘。虽然建筑的装饰彩绘艺术到清代出现繁荣的局面，但自明代开始，各种装饰彩绘手法已有定型。

　　综明一代，人居工程大体呈现出了"化繁为简，严谨稳重"的艺术风格，它虽有唐代的质朴表现，但缺乏唐代的开朗气度，它虽有宋代精工细作，但不及宋代的潇洒飘逸。或许正是这种内敛、工整、严谨而又重视审美的建筑性格，才更符合一个由汉族地主阶级统治的大一统王朝。

第九节

雕梁画栋 精致俊秀

（早中清）

清入关，御皇辇。

执满旌，承汉传。

营造式，前朝延。

官民辨，秩次严。

北京故宫博物院全景

建筑群，沙盘演。

妙设计，应天干。

制式精，巧若仙。

留蓝图，成遗产。

水压法，木压弯。
连钢钉，铁箍拴。
玻璃窗，琉花全。
乾隆朝，人始见。
砖石构，工法变。
钟鼓楼，可窥见。

北京钟楼

北京鼓楼

巧雕琢，精装点。
秀玲珑，色彩艳。
画梁栋，描锦团。
寓文意，蕴内涵。

故宫中的建筑彩绘

故宫中的门窗

论造园，清至巅。
皇家林，胜画卷。
王府仿，深门羡。
北京城，三海苑。

北京北海公园

京郊西，畅春园。
承德庄，避暑闲。
江南韵，颐和园。
集华粹，圆明园。
皇苑深，民脂建。

颐和园

圆明园

颐和园十七孔桥

承德避暑山庄

苏杭地，私家园。

聚富贾，集达官。

悦诗酒，赏评弹。

觥筹错，宾主欢。

奇花香，池水涟。

种修竹，砌石墁。

山水秀，风景隽。

清代乾隆年间重建的苏州网师园

山西省临汾市襄汾县丁村清代民宅

北京四合院抄手游廊

清王朝，收四疆。

众民族，多风尚。

论民居，百花放。

围合院，礼序彰。

递进式，门第昌。

大宅院，续风光。

雕梁画栋 精致俊秀

  清朝是少数满族贵族对全国各族人民的统治，清初，统治阶层在满汉融合方面做了较大努力，在恢复社会生产和经济发展方面经历了较长的时间。清朝统治者采取高压政策，禁锢人们的思想，阻碍了科学文化的发展，最终落后于同时期的欧美国家，导致了晚清落后挨打的局面。

  清朝前期，经过统治阶层的励精图治，人口大量增加，手工业和商业大力发展，社会经济快速恢复，至乾隆时，清朝国力已至鼎盛。但这也加剧了统治阶层的掠夺，最直接的表现就是大兴土木，建造规模较大、品质较高、数量较多的宫廷苑囿。皇家园林的大量建造也带动了江南富庶之地私家园林的效仿。在建筑单体方面，主要还是继承明代以来的工艺作法，但在体现等级礼序方面较前代要严格得多，这一点在建筑上的体现，就是大量的粉饰彩绘和雕梁画栋。清代的工官制度也已发展完备，并且出现专门从事设计和预算的"样式房"和"算房"。因版图较大，幅员辽阔，境内少数民族较多，清代民居样式百花齐放，蔚为大观。

　　清朝是中国古代历史上最后一个封建王朝，集权与专制是封建王朝的特点，因此建筑样式与建筑风格在很大程度上体现了统治阶层的审美需求。清代建筑在继承传统汉族建筑的基础上，也融合了满蒙等少数民族的审美意趣，从而形成一种鲜明的艺术风格，其中也蕴藏着丰富的建筑文化和伦理内涵，成为中华人居工程宝库中的重要一页。

叁

中华人居工程变迁

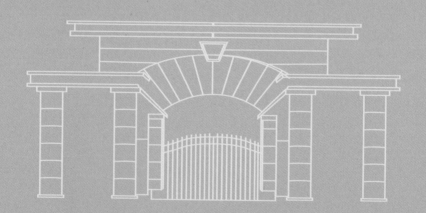

第三章 近代人居

第一节

西风东渐 新旧交织

（晚清至民国）

清政府，闭国关。

海内外，两重天。

社稷衰，民生艰。

西方炮，东洋舰。

先割地，再赔款。

划租界，设口岸。

输洋货，贩鸦片。

西洋风，成东渐。

半殖民，半封建。

国欲坠，生奴颜。

上海里弄石库门建筑

上海外滩

工部局，领事馆。

新洋行，大饭店。

罗马柱，带拱券。

拜占庭，洋葱冠。

哥特式，高耸尖。

巴洛克，多曲面。

小洋房，别墅院。

钢筋砼，斯际现。

西洋风，工艺变。

新材料，设备先。

混搭风，尤明显。

忧乱象，待新颜。

山东省青岛市八大关花石楼

影视城中的上海老南京路

西风东渐 新旧交织

世界近代史是以英国爆发资产阶级革命为起点的，中国近代史则是以鸦片战争为起点，所以，中国近代史比世界近代史晚了整整200年。近代化是进入现代化的初始阶段，是现代化的序曲，相较于英、法、美等"早发内生型现代化"，中国是属于"后发外生型"的，是在西方列强的坚船利炮下，打开国门，被迫接受现代化改造的。在建筑和人居方面，近代中国出现了三种特征：第一种是直接输入和引进的外国建筑，这些建筑首先诞生在沿海的通商口岸城市，以教会建筑为中心，出现了一批使馆、工部局、洋行、洋房别墅建筑等，这类建筑往往由外国建筑师设计，甚至直接采用国外的建筑工艺和工匠，原汁原味地保留了这些国家的建筑特色。第二种是随着城市的发展需要，出现了本土演进型住宅，如上海的里弄建筑，广东的骑楼、铺屋，侨乡的碉楼，沈阳、长春、哈尔滨等城市的大院等。第三种是受二元体制的影响，虽然近代中国的城市正在发生急剧的变化，但广大的乡村和偏远地区依旧延续着传统民居的形式，并未受到影响和冲击。因此，整体呈现出了西风东渐，新旧交织的时代特点。

　　近代中国是新旧建筑体系交替的时期，前期主要是以外国建筑师、设计师为主导，在沿海城市出现了一批洋房高楼。20世纪20年代，一批留学西方的中国建筑师归国以后积极投入到建筑的社会实践中，寻找中西建筑的融合点。其中尤以"建筑五宗师"（吕彦直、杨廷宝、梁思成、刘敦桢、童寯）贡献突出，无论是在理论拓展、建筑实践还是在史学研究、学科教育等诸多方面，他们与中国第一代建筑师为中国近现代建筑事业打下了坚实的基础并作出了杰出贡献。

　　1927年民国政府定都南京以后，也着手改造南京城的"首都计划"，在这些规划活动中，中国的建筑师已成为主体。但许多计划因军阀混战没有落地实施，很快抗日战争爆发，中国进入了救亡图存的艰难岁月。

民国时期的小洋楼

电影片场中的老上海街景

肆

中华人居工程变迁

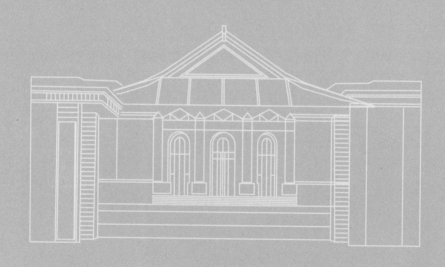

第四章　现代人居

第一节

古今中外 皆为我用

（中华人民共和国成立初期至改革开放前）

驱日寇，共抗战。

求解放，历艰难。

国土焦，生涂炭。

四九年，开新篇。

共和国，迎庆典。

四万万，喜笑颜。

各民族，心相连。

百废兴，立业艰。

建筑风，仿苏联。

学而优，形渐变。

中国农业展览馆

民族文化宫

中式顶，阔立面。
主楼高，回廊缓。
观远近，呈庄严。
北京城，添新颜。

建国初，献礼篇。
民族宫，农展馆。
大会堂，北京站。
中国风，时境迁。

中国人民革命军事博物馆

中国美术馆

北京站

中国国家博物馆

工薪族，安居变。

筒子楼，开始建。

房舍小，毗邻肩。

户对门，串门便。

洗炊厕，共用间。

走廊长，灯光暗。

和睦处，邻里欢。

二十世纪六七十年代的筒子楼

小胡同，大杂院。

回廊长，兜兜转。

居户多，人杂乱。

空间窄，配置简。

共相处，集体观。

北京四合院内部场景

北京杂院生活场景

中国国家博物馆模型

古今中外 皆为我用

1949年10月1日，中华人民共和国成立，中国从此开启了一段伟大的进程，中国建筑事业也迎来了新的曙光。自中华人民共和国成立至1978年党的十一届三中全会召开，在近30年的时间里，由于特殊的国际环境和国情需要，建筑及人居的发展仍然处在比较自律的阶段。

中华人民共和国成立初期，由于连年战乱，土地荒废，人口锐减，房屋短缺，尽快恢复生产、让老百姓填饱肚子是摆在领导人面前的首要问题，所以对于建筑设计和城市规划，建筑学者和政治家有不同的考量。为了解决居住问题，城市中住房分配是当时贯行的政策，"筒子楼""集体宿舍""机关大院""部队大院"成为一代人的记忆，广大乡村依然延续着较为传统的居住式样，但个别地区在20世纪70年代进行了一轮农村的规划及建设，在土地集约利用、缓解村民居住压力和改进交通出行等方面，进行了有益的尝试。

这一时期比较突出的是公共建筑，如20世纪50年代北京出现的"建国献礼十大建筑"，这些建筑工程，工期短、规模大、占地广、用人多，但仅在10个月内就完成了从设计到竣工的全部过程，堪称奇迹。当时周恩来总理提出"古今中外，皆为我用"的原则，鼓励设计师们自由设计，大胆发挥。无论是以中式屋顶为表现特点的中国农业展览馆（这种风格被称为"大屋顶"），还是古典风格的北京人民大会堂，亦或是苏联模式的中国军事博物馆，设计师们都很巧妙地将中国传统建筑的元素和符号融入其中，使其在整体风格上保持相对统一的同时，又气度非凡，展现出一个新生社会主义国家的姿态。建国十大献礼建筑，采用折中主义手法，成为那个时期，中国建筑的一种特色，后来人们也将其总结为"中国的新古典主义"或"新中式建筑的开端"。

　　但我们必须认识到的是，在当时的政治经济条件下，不可能产生类似"十大献礼建筑"这类的普遍创作。后来出现的历次政治运动，也很快消磨了建筑师们的思维活跃性和创造力，等他们从边远的山村、干校，重新回到工作岗位上的时候，面对国外先进的仪器和工具，再看看自己手中的圆规、直尺，竟然一时无从下手。

北京展览馆

伍

中华人居工程变迁

第五章 当代人居

第一节

体系重建 高速发展

（改革开放至今）

七八年，转折点。

改革风，遍地暖。

从沿海，到偏远。

思想观，大转变。

深圳潮，全国掀。

大方略，破时艰。

施良策，助发展。

弄潮儿，敢为先。

1978 年 5 月 11 日《光明日报》发表的特约评论员文章
《实践是检验真理的唯一标准》

改革开放初期的深圳

城市化，人口迁。
住房紧，急兴建。
房改策，大举措。
市场化，城乡变。

规模扩，总量增。
高楼起，入云端。
轻规划，少前瞻。
重速度，质难兼。
低配套，留忧患。
环境论，丢一边。
粗放期，要改观。

20 世纪 80 年代城市中的棚户区

联产制，责任田。

五谷丰，百业繁。

仓廪实，身渐胖①。

千村落，添万间。

人始富，浮风现。

争房高，比檐宽。

伪科学，积弊端。

---

① "胖"此处指生活富足、衣食无忧后的一种满足心态。

大厦沿，遮光线。

东西厢，主房连。

气不畅，碍远观。

高天井，封闭院。

夏炎热，阻循环。

内外装，料混乱。

弃环保，损康健。

新时代，新发展。

新人居，新理念。

前车鉴，观念转。

人居观，理性变。

重规划，谋长远。

上海浦东新区陆家嘴

风格新，呈多元。

建筑好，质优先。

配套佳，功能全。

讲科学，生态观。

天人合，遵自然。

193

城市化，大变迁。

一体化，城乡间。

品质高，宜居显。

人为本，文明延。

安广厦，笑开颜。

人居篇，蔚大观。

江西省婺源县新农村风景

体系重建 高速发展

1978年12月，党的十一届三中全会在北京召开，这次会议通过了将工作重心转移到经济工作上来，对内搞活经济，对外实行开放的方针政策，这次会议也成为中国实行改革开放的重大标志。以广东深圳和后来的上海浦东为代表的经济特区成为中国城市化进程的引爆点，开辟了城市化新模式，并获得了诸多先进经验。在四十年的时间里，中国大地发生了翻天覆地的变化，就城市化而言，由原来的计划经济时代转变为市场经济运行方式，使城市化相关产业焕发了生机，并取得了蓬勃的发展。住宅方面，20世纪90年代初开始的"房改"大举措，市场化的商品房经济促使住宅向更优良的方向发展。

在此期间，也暴露出一些问题，首先在乡村方面，经济的快速发展带来了人们思想观念的转变，出现了一些并不科学的民居式样。改革开放初期，一些有胆识、勤劳的人们率先投入到市场经济的大潮中，在相对较短的时间内迅速积累了财富，造成"头脑发热，心气浮躁"，在住宅上往往表现为过分攀比，追求"高、大、上"，相互仿效，样式雷同，不讲科学，忽视了住宅的本源，遗留了许多诟病。这种风气影响到了广大的农村，如房屋高宽比失调；超大厦檐遮挡光线；东西厢房与主房相连，造成视野受限，空气流通不畅等。这些不科学的观念及其做法使民宅失去了原本的居住功能和村落特色，千篇一律的建造方式，对乡村文化的延续存留造成了一定程度的不利影响。在城市方面，20世纪90年代开始的房地产开发也经过了一段时间的粗放式发展，缺乏科学的规划设计，照搬照抄，粗制滥造，品质低下。这些现象是客观存在的，但存续时间较短。人们在迅速认识到这些问题以后，转变了居住理念，开启了科学理性的城市化进程新阶段，从重视规划设计入手，创新建筑风格，不断提升建筑品质，逐步完善配套功能，使各级城市快速步入了人文和谐、自然宜居的新时代。城乡人居工程也开启了崭新的篇章。

北京国贸商务中心区全景

第二篇

区域人居工程篇

陆

中华人居工程变迁

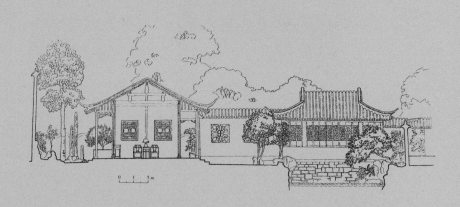

第六章　特色人居

华夏域，地广宽。

栖居式，呈多元。

草原上，牛羊见。

天山下，敕勒川。

冰雪乡，炕头暖。

江南隅，雨绵绵。

云贵川，叠峰峦。

黄土坡，沟壑连。

沿海岸，碧蓝天。

循节令，察自然。

遵风俗，寻渊源。

百花放，姿态千。

地域异，风格鲜。

特色居，传世篇。

第一节

蒙古族 蒙古包

蒙古包古时称为"穹庐",是蒙古族的传统民居形式。蒙古包呈圆形尖顶,顶上和四周以一至两层厚毡覆盖。包门朝南或者东南方向开。包内主要结构有:哈那、天窗、椽子和门。蒙古包通常以哈那的多少区分大小。蒙古包从外面看起来虽小,但内部使用面积很大,而且空气流通,采光好,冬暖夏凉,不怕风吹雨打,因此特别适合于逐水草而居的游牧民族。

内蒙古蒙古包

塞外地，大草原。

蒙古包，游牧苑。

柳木骨，皮为毡。

桩可移，木能迁。

逐水草，随车辇。

防风雪，避暑寒。

跨骏马，羊归圈。

毡包里，酒香甜。

内蒙古蒙古包内部

内蒙古蒙古包外观

第二节

新疆维吾尔族 阿以旺

　　阿以旺是新疆维吾尔地区的传统民居，平顶和镂空的花墙是它最明显的特点。维吾尔地区属于大陆性气候，这种传统民居可以抵御风沙，遮蔽烈日，兼具晾晒的功能。阿以旺有"夏室"与"冬室"的功能划分，带天窗的前室，称"夏室"，有起居、会客等多种用途；后室称"冬室"，是卧室，通常不留窗。住宅的平面布局灵活，室内设多处壁龛，墙面大量使用石膏雕饰。墙体以土坯为主，多为带有地下室的单层或双层拱式平顶，农家还用土坯块砌成带有镂空花墙的晾制果干的晾房。

阿以旺民居中的大门

天山下，大漠旁。

旱穿皮，午纱裳。

昼如火，夜寒凉。

日头烈，风沙扬。

古民居，阿以旺。

夏冬室，区分强。

防冷暖，土坯墙。

抗风沙，平顶房。

墙镂花，透风光。

葡萄架，果飘香。

塔克拉玛干沙漠边缘的阿以旺民居

阿以旺单体建筑

第三节
东北木屋

　　木屋是东北、西南林区过去常见的一种居住形式，属于井干式木结构。井干式木结构的房屋是一种古老的房屋结构，最早可以追溯到商代。这种构造方式，在绝对尺度和开设门窗上都受很大限制，因此通用程度不如抬梁式构架和穿斗式构架。中国只在东北林区、西南山区尚有个别使用这种结构建造的房屋。

东北雪乡井干式木屋

东北关，雪漫簌。

林场区，树连树。

井干式，木屋殊。

木连木，无梁柱。

井干叠，百层束。

子母扣，榫端部。

面阔短，四壁固。

进深浅，空间促。

冬有暖，夏无暑。

溯本源，追远古。

张衡记，西京赋。

东北雪乡木屋院落

东北雪乡民居

213

第四节

朝鲜族民居

朝鲜族民居外观俊秀隽永，屋顶坡度缓和，是中国传统建筑中的庑殿顶，俗称"四坡水"，两头是翘立的飞檐，角度较大，远观好似一只飞鹤。屋顶的材料有草圃的，也有瓦铺的，所以朝鲜族民居虽常被称为"青瓦屋"，却并非全为青瓦。

"青瓦屋"屋身较为平矮，门窗比例窄高，使得平矮的屋身又有高起之势。传统的朝鲜族民居没有窗子，而是用带隔扇的落地抽拉门代替，出入方便。门前设有偏廊，夏季可以乘凉，也可以存放杂物。偏廊廊板下是短木桩，既可通风，又能防潮。朝鲜族人民习惯席地而坐，因此进入屋内前，要在偏廊处脱鞋，赤脚进屋，居室白天用作起居，晚上用作卧室。这种生活方式与日本相似，颇有唐代遗风。现在，唐代的民居建筑已经不得见了，但根据推测，朝鲜族的民居外观朴素大方，又兼有丰富隽永的诗情，可能是在唐代民居建筑基础上演变而来的。

朝鲜族民居 "青瓦屋"

长白山，林海间。

朝鲜族，居延边。

大长襟，衣白素。

重礼数，善歌舞。

温突邦[①]，席地聚。

乳白墙，青瓦屋。

挠屋面，涓流淌。

屋脊端，飞鹤翔。

有草囤，有瓦装。

石台基，短木桩。

矮屋身，土坯墙。

---

① "温突邦"也称"温突"，类似于我国东北地区的暖炕，与"炕"不同的是，"温突"是地面下分布烟道，是一种地面全铺式采暖，特别适用于低坐卧式的起居方式，是朝鲜族民居中的一个特色。

朝鲜族民居中的建筑装饰

朝鲜族民居中的抽拉门

椽挑檐，垄瓦当。
山脊坡，四角昂。
抽拉门，形狭长。
门前廊，可纳凉。

入门内，有火炕。
高烟囱，青烟上。
朝鲜居，承大唐。
延至今，遗风彰。

朝鲜族民居门廊

朝鲜族民居青瓦屋顶

第五节

藏族民居

　　藏族民居极具特色，藏南谷地的碉房、藏北牧区的帐房、雅鲁藏布江流域林区的木构建筑各有特色。宗教聚落的形成与发展增添了西藏民居的魅力，如拉萨的八廓街民居群是围绕大昭寺发展起来的，是城镇宗教聚落的典型代表。农牧区民居聚落的形成多以寺院为中心，自由分布、彼此错落，形成不相联属的格局。

　　藏族是善于表现美的民族，对于居所的装饰十分讲究。藏民居室内墙壁上方多绘以吉祥图案，客厅的内壁也常施以彩绘。富有浓厚的宗教色彩是西藏民居区别于其他民族民居最明显的标志。西藏民居室内、外的陈设显示着神佛的崇高地位，无论是农牧民住宅，还是贵族上层府邸，都有供佛的设施。

藏族民居室内场景

雪域地，高原上。

藏民居，白云旁。

土坯垒，砌石墙。

红白壁，梯形窗。

层叠层，厢别厢。

三层内，设经堂。

中住人，下畜养。

着富丽，彰粗犷。

藏民宅，称碉房。

西藏碉房建筑单体

布达拉宫

说起西藏建筑，人们最先想到的是雄伟壮丽的布达拉宫，这座始建于公元7世纪的宫堡式建筑群，距今已经有1300多年的历史，普遍流行的一种说法是，布达拉宫是松赞干布为迎娶文成公主所建，但近些年有人对此事提出了疑问。不管布达拉宫是否为文成公主而修建，文成公主带去大量的书籍、工匠、种子，并向藏区人民传授了先进的生产技艺和生活技术，繁荣了藏区人民的生活，这一点无疑是肯定的。吐蕃王朝覆灭后，布达拉

宫大部分毁于战火，17世纪重建后，成为历代达赖喇嘛的冬宫居所，为西藏政教合一的政务中心。1961年，布达拉宫成为中华人民共和国国务院第一批全国重点文物保护单位之一。1994年，布达拉宫被列为世界文化遗产。布达拉宫的主体建筑为白宫和红宫两部分，整座宫殿具有藏式风格，高200余米，外观13层，实际只有9层。由于它起建于山腰，大面积的石壁又屹立如削壁，使建筑仿佛与山岗融为一体，气势雄伟。

第六节

青海庄廓院

历史上的河湟谷地地处甘肃、青海交界处，是中国古代多个王朝与少数民族势力的分界线，作为重要的边塞要冲，这里的建筑往往以防御性较强的堡垒为主要形式，这样的历史原因也深刻地影响了民居住宅的走向。

庄廓，也作"庄窠"，是一种防御性较强的民居。庄廓一般墙高而坚实，约5m高的院墙能够防止贼人潜入；大门一般不大，但较为厚实，且门闩较粗，外人很难破门而入；房屋均为平顶，可以上房顶，居高临下，抵御强敌。所以庄廓算得上微缩版的城堡了。

庄廓院

河湟谷，古战场。

多刀戈，烽火长。

筑高壁，御强梁。

打庄廓，广积粮。

夯土厚，宜居养。

单扇门，粗闩框。

夜闭户，睡梦香。

平房顶，御风狂。

居高处，放眼量。

庄廓院，堡垒岗。

青海庄廓院平房顶

青海庄廓院板筑土墙

围合式，仿中原。

庭院里，设神龛。

长条几，摆明间。

主次间，板壁掩。

敬香火，祈平安。

梢间里，做隔断。

碧纱橱，暖炕沿。

热茶煎，话家常。

前出廊，圆木柱。

方胜扣，步步锦。

砖木雕，精装裹。

青海居，属庄廓。

青海庄廓院门廊过道

青海庄廓院梢间中的火炕

第七节

陕北窑洞

　　窑洞是中国北部地区黄土高原一种古老的居住形式，它的前身是原始社会时期穴居中的横穴。根据考古发现，窑洞至少已经有4000多年的历史。窑洞主要分布在我国豫西、晋中、陇东、陕北及新疆吐鲁番等地，其中尤以陕北窑洞给人印象深刻。窑洞是利用高原厚土层，直接进行开挖修筑的一种房屋，它因地制宜、因势利导，具有简单易筑、省材省料、坚固耐用、冬暖夏凉等诸多优势，是人与自然和谐共生的一种绿色建筑。

窑洞村落

周古公，有亶父[①]。

徙岐山，陶复穴。

黄土坡，黄土厚。

因地宜，凿窑洞。

省物料，减艺工。

凸字形，顶穹隆。

生态居，暖凉宫。

立壁嵌，固实用。

晋陕豫，留影踪。

---

① 此句出自《诗经·大雅·文王之什·绵》。原句为"古公亶父，陶复陶穴，未有家室"。

窑洞内部

山西省吕梁市李家山窑洞

陕北窑洞

修庄子，深刨挖。
剔拱顶，日光洒。
土坠子，山墙扎。
白窗纸，红窗花。

泡馍香，秧歌飒。
舞腰鼓，吹唢呐。
喜事添，问谁家。
红军来，救中华。

两万五，只等闲。

瓦窑堡，共抗战。

十三载，弹指间。

杨家岭，油灯燃。

自更生，克时艰。

开垦忙，大生产。

植桑麻，纺车转。

星星火，终燎原。

窑洞里，挽狂澜。

宝塔山，红歌传。

延安杨家岭中央统一战线工作部旧址

中共七大会议旧址

第八节

晋陕窄院

晋陕窄院指的是分布在山西晋中地区及陕西关中地区的一种较为窄长的大院式住宅。这些宅院规模宏大、建筑精良、文化丰富，被誉为"民间的故宫"。这种大院的兴起与晋商的崛起是离不开的。晋商在获取大量财富以后，开始修整扩建自己的府邸宅院，他们视野开阔、思想先进，引进南方的精工良匠，采用北方的合院式布局，精雕细琢，匠心独运，最终形成了一批规模宏大、兼具南北建筑文化的民居建筑群。其中最具代表性的有乔家大院、渠家大院、申家大院、王家大院、常家庄园等。这些大院以深邃富丽著称，将木雕、砖雕、石雕陈设一院，融绘画、书法、诗文于一炉，姿态各异，又各具特色，充分表现了中国古代劳动人民的卓越才能和匠作水平，称得上是中国北方民居极具代表性的一种形式。

山西省晋中市王家大院建筑细部

朱元璋，兴汉邦。

驱北元，戍边疆。

三晋地，设关防。

将士多，乏给养。

开中制，盐易粮。

朝廷允，兴晋商。

走西口，闯四方。

丝绸路，泉州港。

涉北地，下南洋。

开票号，设商行。

山西省晋中市曹家大院多福院

山西省晋中市平遥古城局部

财富聚，业兴旺。

置产业，拓宅房。

竞相仿，院阔广。

显门第，富堂皇。

晋中院，历沧桑。

东西窄，南北长。

递进院，多厢房。

单坡顶，厚砖墙。

多门槛，宜攻防。

精雕栋，细画梁。

高门第，气势扬。
防匪盗，甬道长。
大照壁，石敢当。
松鹤图，竹节镶。
狮子鼓，立两旁。
砖木石，融一墙。
诗书画，共墨香。
花鸟鱼，照霞光。
友渔樵，读华章。
庭院里，人文藏。

山西省晋中市王家大院门楼

山西省晋中市王家大院照壁

山西省晋中市王家大院

凝厚重，存风古。
步步景，皆典故。
奈细品，韵味足。
忆驼铃，万里路。
追往年，若梦途。

金银散，晋风延。
至如今，数百年。
繁荣景，不复见。
大院里，情义绵。
晋商居，诉变迁。

山西省晋中市太古区曹家大院多寿院建筑细部

山西省晋中市太古区曹家大院

第九节

齐鲁民居

　　齐鲁大地地处中原，具有深厚的文化积淀和悠久的历史传承，作为儒家文化的发源地，山东地区的民宅形制受儒家文化影响较深，可以说，传统民居是以儒家文化为主导的，这一点体现在住宅中，就是封建等级次序分明的合院式住宅。历史上，京杭大运河贯通南北，山东多地受运河文化的影响，民居住宅的一些造型或细部，在保留北方厚重的同时，又兼具南方的婉约。较长的海岸线，又使沿海一带的民居呈现出如"海草房"这样别具特色的住宅，促成了齐鲁传统民居在相对统一的同时又兼具多样性。

山东省栖霞市牟氏庄园大门

孔孟乡，仁义邦。

齐鲁居，礼智倡。

合院式，别少长。

掖县粮，黄县房。

胶东脊，栖霞庄。

牟氏园，远名扬。

渔村里，沿海旁。

原始貌，石砌墙。

威海卫，海草房。

山东省栖霞市牟氏庄园

山东省威海市海草房

山东省济南市曲水亭街

山东省济南市百花洲雨荷居

北枕水，南冈峦。

天下泉，出济南。

三面柳，四面莲。

半城湖，一城山。

曲水绕，青石板。

溪水旁，屋连连。

抱朴拙，守性宽。

历山下，明湖前。

北地雄，南方婉。

泉城居，赛江南。

齐鲁地，丘陵长。

合院式，宅基方。

乡村落，墼屋房。

院方正，门南向。

两耳室，三间堂。

儿女住，东西厢。

宽过道，迎壁墙。

厕占角，畜养旁。

山东省栖霞市牟氏庄园院内

山东省临朐县九山镇原临朐县政府办公场所复原图

古村落，尤有庄。

隐士村，抱山冈。

临朐北，有井塘。

齐鲁宅，雷同样。

重实用，不张扬。

中庸风，继世长。

山东省临朐县五井隐士村传统民居

山东省栖霞市牟氏庄园雪景

第十节
北京四合院

作为北京的传统民居，四合院在长期的规制约束和技术发展中，形成了比较规范且成熟的做法，它是皇权思想及封建等级制度在中国传统民居建筑中的一种体现，主要表现为对称严谨、格局方正、秩序井然、做工精良、等级明确。北京的四合院以三进院最为典型，分为前院、内院和后院三部分，色彩以较为朴素的青灰色为主色调，但在细部处又有各种颜色的配饰，让人感觉严谨活泼却不杂乱。四合院南北若有增加，被称为"进"；东西若有增加，被称为"跨"。四合院最大的进深是两个胡同之间的距离，约77m，北京的四合院成就了北京的胡同，北京的胡同又限制了四合院，使其较为规矩方正。

四合院与胡同是北京的城市名片，它们承载着这座古都厚重的人文历史，历来受到中外游客的重视和喜爱。现在对于北京四合院和北京胡同的保护、复原已经如火如荼地展开。在高楼林立，飞速发展的当下，人们依然可以通过那一座座四合院和一条条胡同去触摸和感受这座古城的历史与故事。

北京四合院门口的石狮子

老北京，聆京腔。
皇城根，子民房。
四合院，秩序详。
追溯源，弥久长。
六四合，标准样。
围合式，对称房。
复层少，单层广。

北京南锣鼓巷

北京四合院天井

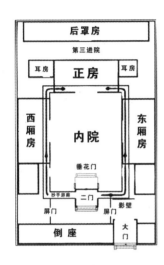

传统三进式四合院平面图

四合院，多制式。

中轴线，定位桩。

座朝北，门南向。

户主尊，居中堂。

子女寝，东西厢。

倒座间，仆安床。

厕占角，畜养旁。

接望处，叫门房。

大门口，饰堂皇。

正对街，影壁墙。

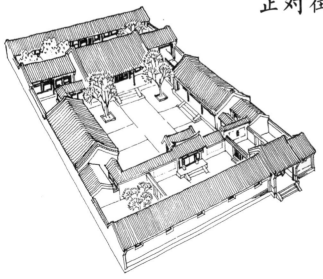

传统三进式四合院布局图

后罩房^①，女眷藏。

女仆住，下人忙。

垂花门^②，迎来往。

防雨雪，抄手廊^③。

庭院内，花木香。

---

① 后罩房，指的是四合院建筑中位于正房后的一排房屋，古时多作为女儿、女佣等女眷的起居住所。
② 垂花门是四合院建筑中分隔内宅与外宅的一道门，俗称"二门"，因檐柱不落地，柱头常以花瓣形状装饰，因此被称为"垂花门"。作为内外宅的分界线，垂花门也是家中女眷迎接或话别亲友的地方。
③ 抄手廊指的是四合院中的"抄手游廊"，或叫"抄手回廊"。它与垂花门相连接，是围绕正房、厢房一圈的走廊，抄手游廊平时可以供人小坐休憩、欣赏院内景致，如遇雨雪天气还可以遮蔽雨雪、供人行走。

北京鼓楼胡同

小胡同，深又长。

院跨院，巷连巷。

吆喝急，买卖忙。

朝更替，时过往。

四合院，绵延昌。

第十一节
江南民居徽派建筑

　　徽派建筑指的是流行于古徽州（今黄山市、宣城市、江西婺源等）及浙江金华、衢州一带的传统民居样式，徽派建筑的崛起与徽商有重要关系，是徽文化的重要组成部分。

　　徽派建筑融江南山川之灵气，汇中华民居之精华，结构严谨、用料严苛、工法高超、雕镂精湛，无论是乡村规划、平面布局还是空间处理，都极具巧思，其中以砖、木、石三雕名扬于世，又以"青瓦白墙、马头墙"最具特色，风格鲜明，成为中华传统人居中的瑰宝，历来受到中外建筑学界的重视。

江西省婺源县乡村晨曦

江南地，富庶乡。
人丁兴，百业忙。
山水情，世族昌。
氤氲气，绕水乡。

承祖训，尊纲常。
天井院，气运畅。
小青瓦，马头墙。
防火灾，御盗抢。
围合式，天井敞。
晨沐阳，夜观象。
春雨来，水归堂。

浙江省建德市新叶古村

江西省婺源县徽派建筑细部

门楼厅，备弄堂。

美人靠，冬瓜梁。

翘脚檐，格栅窗。

镇宅兽，屋脊镶。

砖木石，徽州帮。

精雕琢，美名扬。

南京市溧水区周园庭院

处以学，行以商。
贾好儒，读文章。

江西省婺源县徽派建筑群落

万贯财，院里藏。
千字文，声朗朗。

第十二节

云南滇中"一颗印"

"一颗印"是云南中部地区的一种传统民居形式，因外观较为方正，犹如一颗印章，被称为"云南一颗印"，主要分布在昆明、大理、普洱、墨江、建水、邵通、沾益等地。云南地处高原多风地带，所以外墙一般不开窗或开小窗，采光主要依靠天井。"三间两耳"是常见的住宅形式，即正方三间，两侧各有耳房。墙体结构主要是土坯砖或外砖内土，当地人称之为"金包银"（北方地区称之为"里生外熟"）。屋架采用穿斗式。

"一颗印"结构紧凑，节约土地，既可联排成行，也可独栋居住，且成本不高，所以受到滇中人民的欢迎，现在已不多见。

"一颗印"古民居天井

滇中部，合院多。

形正方，两层阁。

下盛物，上憩作。

一颗印，巧匠琢。

堂三间，两耳房。

小耳屋，大主堂。

外墙壁，少留窗。

小天井，石板镶。

"一颗印"古民居建筑单体

"一颗印"古民居内部场景

挖地基，砌石桩。

立屋架，上檩梁。

木楼板，土墼墙。

独门庭，小户房。

屋紧凑，嵌单窗。

可单栋，可联行。

汉彝融，共情长。

一颗印，绽金光。

第十三节
白族民居

　　聚居在云南省大理白族自治州的白族同胞，自古以水稻种植为主，与汉族一样属于农耕文化，因此特别注重居住条件，其布局与北方合院有一定的相似性，比如围合式、照壁、房屋的布局等。但又有所不同，首先北方院落一般是坐北朝南，而白族民居一般为坐西朝东；其次北方民居一般为一层平房，而白族民居一般都是两层；在建筑风格上，北方合院较为朴素庄重，不事张扬，但白族民居装饰性较强，题材丰富，寓意吉祥的木雕、石刻、粉画随处可见，且屋檐翘角较大，表现得潇洒飘逸。白族人崇尚白色又喜爱花木，因此建筑以白色为主基调，房前屋后、庭院里外均有花木装饰。这些都表现出白族传统民居的民族特点。

云南省大理市喜洲白族传统民居中的戏楼

苍山雪，洱海月，
古南诏，大理国。
白族居，诗境夺。
大飞檐，刺天河。
白墙心，竹影挪。
围合式，汉风多。
民族风，舞婀娜。

云南省大理市张家花园大门

坐朝西，门向东。

两耳室，主堂中。

三坊间，一照壁。

天井院，夜朦胧。

格子窗，筛月明。

杜鹃美，桂香浓。

云南省大理市张家花园建筑细部

云南省大理市严家大院内部庭院

精木雕，巧天工。

大理石，作玉屏。

题材广，意蕴丰。

文人诗，入丹青。

上关花，下关风。

绿树掩，流水映。

历几代，院落成。

白族居，清雅净。

第十四节
侗族民居侗寨

　　位于贵州东南部的侗族自治州和铜仁地区，世代生活着一支古老的民族——侗族，他们的居住形式被称为"侗寨"，一般选择依山傍水的区位，其单体建筑多是西南地区常见的干阑式吊脚楼，一层或贮藏农具，或蓄养牲畜，二层作为生活起居的屋舍，顶层阁楼层高较矮，主要用于贮存粮食和食物。

　　侗寨最具特色的建筑是风雨桥和鼓楼，黔东南多奇峰大川，依山而建，面水而居不仅可以满足生活需求，而且也具有很好的防御性。架设风雨桥既是满足寨中人的出入需求，也是防御的要塞，起到一夫当关、万夫莫开的作用。鼓楼是侗族标志性建筑，一般为方形或多边形底，多重檐，楼顶与底部贯通，底部配以长凳，是族人们聚会议事、对歌迎宾的公共场所。

贵州省从江县小黄村侗寨

古夜郎，黔东南。

山陡峙，雨绵连。

侗族郎，辟天险。

依山势，择水源。

扎侗寨，胜桃园。

至如今，逾千年。

贵州省肇兴古镇侗寨傍晚

干阑式，吊脚楼。

建侗寨，对称轴。

风雨桥，木结构。

连廊式，扼道口。

艺精湛，夺人眸。

势巍峨，不胜收。

侗寨中的风雨桥

侗寨中的干阑式民居（吊脚楼）

侗鼓楼，列典范。
方形底，多重檐。
长凳围，顶通贯。

贵州省黔东南肇兴侗寨

族里规，村里约。
迎宾客，对大歌。
鼓楼里，议事多。

287

第十五节

布依族民居石板屋

　　位于贵州中部的石板屋是布依族的传统民居形式。黔中地区为喀斯特地貌，土质较为松软，地下多为岩石，生存环境较为恶劣，生长在此的布依族不惧艰难，因地制宜，就地取材，采用石板垒砌的方式，解决了居住问题。石板屋除了檩条、椽子采用木材外其余全部用石材建造，就连桌椅板凳、灶台道路也采用石材，看起来朴实无华、原始粗犷，这种石板屋冬暖夏凉且防火防潮，但采光较差是一个弱点。

　　这种较为原始的住宅最大的特色是，随着季节的变化所反映出的颜色不同，石板屋形成聚落，往往深藏山间田野，掩映在树木花草之中，四时不同，石板屋的房顶配合周边景物形成不同的光影变化，煞是好看。

石板屋村落中的街道

石板屋村落鸟瞰

西南隅，唱黔歌。
山地险，民族多。
黔中地，喀斯特。
土质松，石材婀。
石板屋，秉特色。

布依族，石筑屋。

石城墙，石铺路。

梯村落，台上筑。

远观形，鳞次铺。

近赏质，美异殊。

石头寨，蕴古朴。

石板屋村落

石板屋屋顶

石板顶，最靓眼。

四时回，颜色换。

春日酥，绿意满。

檐花开，霞色染。

树蝉鸣，任人眠。

急雨毕，洗镜面。

稻花香，鱼儿翻。

秋景至，油画添。

寒冬烈，百屋暖。

似写意，若影展。

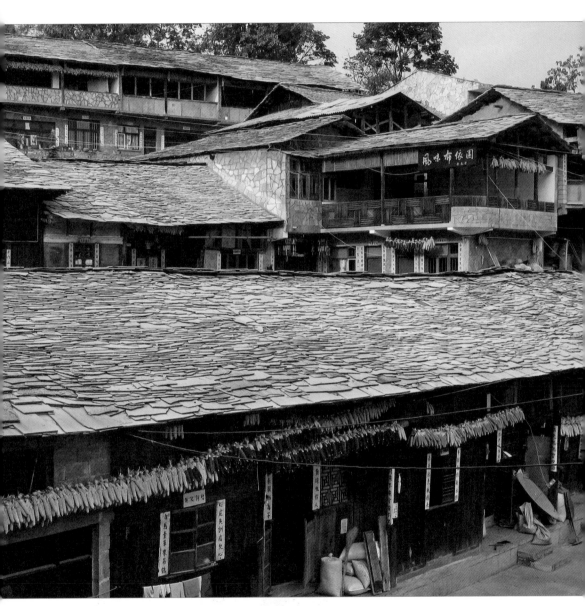

贵州省贵阳市花溪区镇山村石板屋

第十六节
川渝民居

四川盆地，素有"天府之国"的美誉，这里土地肥沃、物产丰富、气候温和，且四周山峦高耸，李白曾有"蜀道难，难于上青天！"的感叹，也正因如此，这里与外界相对隔离，形成了巴山蜀水的自然风貌与风格独特的建筑艺术风格。

川渝民居大多依山而建，就山势走向，运用曲轴手法，或两翼展开，或上下层叠，各抱地势，远观如游龙卧山，自然灵动。在单体建筑构造方面，为适应四川盆地湿热多雨的气候特点，采用穿斗式、捆绑式和土石墙阁柃式，围护结构多用竹编夹泥墙，这种墙透气性好，被人们称为"会呼吸的墙"。大出檐、多层挑、斜撑弓、宽街沿、山面喜加眉檐等，使整个建筑通透空灵，潇洒飘逸。在建筑装饰方面，虽精工细作，但较为内敛，色调素雅，不事铺张，图案也比较节制，有的地方甚至保留原材本色，体现了川渝人民质朴率真的审美趣味。

川渝民居单体

古巴蜀，孕渝川。

川纵横，蜀道险。

随地势，依伏峦。

川东俏，画飞檐。

川西素，饰淡颜。

川北犷，门楣宽。

川南透，融天然。

川西民居中的大门

川西民居

曲轴法，如游龙。

重重叠，空玲珑。

穿斗式，竹木融。

连框架，夹泥层。

祛寒湿，气潜行。

小青瓦，屋脊空。

四川省成都市宽窄巷子中的民居建筑局部

斜屋顶，薄板封。

叠级翘，斜出弓。

长挑斗，宽檐撑。

山面喜，简洁风。

加眉檐，若轻盈。

大通廊，多角亭。

抱厅法，成天井。

木骨夹泥墙

川西民居与水车

装饰易，色调冷。

有节制，格调清。

砖木石，匠艺精。

陶泥灰，简敛风。

融山色，古意浓。

川渝居，见空灵。

川渝民居建筑中的飞檐翘角

第十七节

福建土楼

　　土楼是粤东、赣南、闽西、闽西南、闽西北、闽南等地客家人传统民居的一种主要形式。客家是自秦代开始以来由中原地区迁徙至此的汉族人民。这些人来到陌生的土地上，首先要与原住民争夺生存空间，同时也要与其他族群展开争斗，械斗常有发生，因此兼具防御性与居住性的堡垒式建筑应运而生，那就是土楼。土楼虽外观别致，但内含丰富的中原建筑文化，如选址一般依山傍水且坐北朝南，采用围合式布局，讲究中轴对称，内有祠堂、学堂，在注重防御功能的同时又没有忽视居住功能，因此是中原建筑文化因地制宜、移风易俗的一种体现，同时也是中国移民建筑的代表性作品。

福建省龙岩市永定区振成楼

闽粤地，客家风。

汉移民，系同宗。

夺土地，械斗争。

建筑物，重御功。

结构简，布局精。

土楼筑，族共用。

福建土楼内部场景

板筑墙，基石重。

红土壤，黏性增。

硬竹木，胜劲弓。

见方圆，土楼顶。

人字坡，排雨洪。

双折面，遮日凶。

福建南靖田螺坑土楼群

千选址，万观象。
门向南，为惯常。
或圆形，或正方。
大天井，易采光。
院中间，立祠堂。
奉祖先，训家纲。
石坪边，设学堂。
启蒙童，习文章。

合院式，百丈墙。

中轴线，正中央。

围墙厚，调暖凉。

内一圈，外一趟。

一二层，少留窗。

三四层，框箭窗。

回廊连，风雨挡。

福建省南靖县田螺坑土楼回廊

福建省土楼院内场景

第十八节
海派民居

　　近代中国的建筑，除了直接引进国外的一些建筑手法和样式，还有一种是在本土建筑基础上，为适应城市发展和居住需求诞生的一种本土演进式住宅，这种住宅中，最具代表性的就是上海的里弄建筑。从喧嚣繁华的外滩到市井烟火的里弄，仅有百年历史的海派建筑，却融合了世界各地的建筑文化元素。包容与创新是海派建筑的基因，各种西式古典建筑和东方韵味混合在一起，形成了怀旧又摩登的海派风格。其中尤以"石库门"和"老洋房"最具特色。

上海石库门建筑组成的街区

老上海，民居房。

旧里弄，故事藏。

石库门，老虎窗。

三合院，扶梯长。

前天井，后花庄。

落地柱，空斗墙。

木楼板，片子床。

外镶贴，西式装。

上海石库门建筑（中共一大会址）

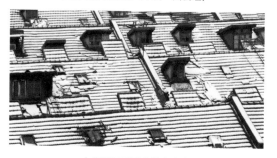

上海里弄民居中的老虎窗

叹清末，国力丧。

失主权，庭欲亡。

半殖民，民遭殃。

划租界，开洋行。

通口岸，掠宝藏。

风云变，强盗猖。

百姓惮，何以往。

难民入，栖寒帐。

租界区，醉梦乡。

营住宅，造豪房。

毗连式，幢邻幢。

广式弄，红砖墙。

上海滩，十里场。

车如水，时如光。

洋人骄，富作腔。

世有待，春雷响。

民国时期上海街景

上海徐家汇老洋房 "百代小红楼"

上海孙中山故居

吾田园，欧美乡。

三层墅，老洋房。

万国风，聚一堂。

罗马柱，巴黎墙。

林荫道，碧眼郎。

公馆邸，名气响。

上海老洋房"爱庐"

上海思南公馆花园酒店

名人居，上流宴。

觥筹间，一时选。

转眼逝，成云烟。

人已去，楼已闲。

谈笑中，岁月迁。

回眸处，换人间。

上海思南公馆别墅保留区中的老洋房

上海马勒别墅

第十九节
广式骑楼

　　骑楼是近代出现的一种商住两用式建筑，普遍存在于南亚、东南亚各国以及我国的海南、福建、广东、广西等沿海侨乡地区。骑楼的兴盛与中国近代东南沿海城市商业兴盛有很大关系，这些城市夏季炎热多雨，带外廊的骑楼所组成的商业街，可以为行人游客提供遮阳挡雨的公共走廊，同时又是向室内的过渡，但随着城市发展，过于拥挤的骑楼并不符合城市未来发展规划，有学者提出，骑楼是一种"畸形的设计"，是以牺牲居民生活质量为代价的一种不科学的居住形式，因此，20世纪30年代以后，骑楼的建设被叫停。但这种富有南洋风情的建筑，作为特定时期的产物，却在中国东南地区的很多城市遗留下来，丰富了中国建筑的历史与文化。

福建省厦门市中山路商业街中的骑楼

东南域，骑楼现。

上为宅，下为店。

铺前里，过廊连。

避雨雪，遮夏炎。

大进深，开间窄。

联排状，西式参。

女儿墙，围栏杆。

房连廊，营商便。

海南省海口市骑楼

第二十节

侨乡碉楼

碉楼是西洋建筑与中国传统民居结合的一种产物，主要分布在广东、福建的侨乡地区，其中尤以广东开平的碉楼建筑群最负盛名，因此也被称为"广东碉楼"或"广式碉楼"。碉楼的最初发起者是"下南洋"的富商，近代侨民往往有比较广阔的域外视野，同时又积攒了一定的财富，他们仿照欧美等地的庄园、城堡，建造了一批外西内中，同时又兼具防御功能的住宅，被称为"碉楼"。这种住宅以"三间两廊"为主要平面布局，整体呈方形，一般有两到三层，也有的更高，既可以满足日常起居，又有居高临下的防御功能，同时体现出中西交汇的建筑特色，是近代中国本土演进型住宅的一种形式。

广东省开平市瑞石楼

岭南地，多侨邦。

谋生计，下南洋。

衣锦时，还故乡。

建庄园，振祖邦。

异国风，引时尚。

中西汇，耀南疆。

侨乡居，碉楼昌。

广东省开平市铭石楼

三间房，并两廊。

外形方，室敞亮。

多楼层，大开窗。

避洪涝，御安防。

似古堡，仿西洋。

或穹顶，或亭廊。

砖砼搭，清水墙。

罗马柱，铁门窗。

粤开平，名四方。

千余栋，溢星光。

广东省开平市碉楼全景

图书在版编目（CIP）数据

中华人居工程变迁/王学全著. —北京：中国建筑工业出版社，2022.6

ISBN 978-7-112-27362-1

Ⅰ.①中… Ⅱ.①王… Ⅲ.①民居—建筑艺术—中国 Ⅳ.①TU241.5

中国版本图书馆CIP数据核字（2022）第074948号

责任编辑：仕　帅
责任校对：党　蕾

中华人居工程变迁

王学全　著

*

中国建筑工业出版社出版、发行（北京海淀三里河路9号）

各地新华书店、建筑书店经销

北京锋尚制版有限公司制版

北京富诚彩色印刷有限公司印刷

*

开本：787毫米×960毫米　1/16　印张：20¾　字数：250千字

2022年8月第一版　2022年8月第一次印刷

定价：**135.00**元

ISBN 978-7-112-27362-1

（39537）